토박이 마을

땅이름과 나무

토박이 마을
땅이름과 나무

권순채 지음

리얼북스

땅이름 찾아 구만리

사람들이 사는 곳이라면 어디든지 옛날부터 전해오는 토박이 땅이름이 있다. 또 사람이 살았던 곳이거나 거쳐간 흔적이라도 있는 곳엔, 거기에 따른 땅이름이 있게 마련이다. 사라져가는 땅이름을 찾아내기 위해 산천의 구석구석 헤매는 일은 말할 수 없는 고통이 따랐다. 그러나 발걸음이 닿는 곳마다 우리의 역사가 살아서 숨쉬고 있다는 사실을 확인할 때마다 더할 수 없는 기쁨도 있었다. 우리 조상들이 써오던 고유한 땅이름은 점차 사라지고 이제는 기억조차 할 수 없게 되어 버렸다.

법정리와 동은 한자식 이름이고, 행정리와 통은 숫자식이고, 자연적으로 생긴 마을의 이름은 우리의 순수한 토박이 이름이다. 건물은 외래어 이름이 많을 뿐 아니라 전세계 말의 이름이 다 모인 것 같다. 그래서 여기가 우리나라인지 외국인지 분간하기 어려울 때도 있다. 요즈음 새로 생긴 도로명 주소를 보면 뒤죽박죽이다. 외래어는 물론 한자식, 영어, 숫자식, 우리말 등 세계 각국의 언어가 다 모인 것 같다.

국토 개발로 인하여 거대한 산더미가 무너지고, 강과 내의 위치도 바뀌고, 댐 저수지 공사로 수십 개 마을이 한꺼번에 수장되는가 하면, 경지정리로 논과 밭의 모양이 변하면서 고유한 땅이름은 점점 사라지고 있다. 어디 그뿐이가. 범람하는 외래문화에 밀려 상가의 이름마저도 외래어 표기 일색이 아닌가.

토착 종교는 미신 취급이나 당하고 동제 또한 하루가 다르게 사라지고 있으니, 우리의 문화를 우리가 가꾸고 지켜가지 않는다면 누가 우리의 맥을 이어나간단 말인가? 나는 농촌에서 태어나 농사를 지으며 살아가는 농사꾼에 불과하다. 육십 년 넘게 살았지만 경주지방을 떠나 한 달 넘게 살아본 적도 없고, 한 마을에서만 400여 년을 살아온 진짜 토박이다. 하지만, 한반도의 지도를 펴놓고 볼 때, 땅이름은 모두가 한자어나 일본말투로 되어 있어, 역사 속에서 외세에 침략 당했던 흔적을 생생하게 보는 것 같아 그 분함을 참을 수가 없었다.

오늘에 와서도 그나마 살아있는 우리의 문화가 점점 사라지는 것을 바라 볼 때, 안타까운 마음을 금할 수가 없었다. 이러한 현상을 보다 못해, 1985년부터 사라져 가는 우리의 고유한 땅이름을 건져내기로 했다. 다음 해인 1987년, 당시 근화여자중고등학교 교장 선생님으로 계시던 정의순(베드로) 수녀님께 의논드리게 되었다. 그때 수녀님께서도 이 일에 관심을 가지고 기꺼이 동참하셨다. 나를 그림자처럼 지켜 보시던 수녀님은 언제나 훈훈한 격려의 말씀으로 용기를 북돋워 주셨다.

지금도 시골에 가면 순박하게 살아가는 사람들을 자주 만날 수가 있다. 마음이 순박한 나머지 오래된 나무와 바위 등을 신령스럽게 여기며, 마을의 안녕과 질서를 위해 동제를 지내던 당수나무와 오래되고 괴상한 희귀, 노거목을 함께 조사하기로 했다.

이 책에 실린 토박이 땅이름과 동제 나무는 내가 살아가는 경주군 내남면과 경주시 옛 탑정동과 (현)황남동 일대에 산재해 있는 것들을 한데 묶은 것이다. 전국의 땅이름을 모두 조사하고 싶었지만, 그건 마음뿐이었다. 혼자 힘으로는 도저히 엄두도 못낼 일인데도 일부에 그친 것이 못내 아쉽기만 하다. '그런 짓을 하고 다니면 돈이 생기나 명예를 얻나' 이런 식의 핀잔을 받기가 일쑤였고, 때로는 수상한 사람으로 몰린 적도 허다했다. 또 땅이름의 유래를 성가시게 캐묻다가 말다툼을 벌인 때도 한두 번이 아니었다. 그러나 사소한 일에 연연할 수만은 없지 않은가. 무조건 참고 견디며 열심히 뛰어다닌 결과가 오늘에 와서 다시 한 권의 책으로 묶어내는 가슴 벅찬 보람을 맞이하게 되었으니 이 얼마나 다행한 일인가.

우선 땅이름의 뜻보다는 어느 마을에 어떠한 땅이름이 있는가를 조사하는데 더 많은 힘을 쏟았다. 그래서 땅이름의 뜻을 전달하면서 더러는 미흡한 부분이 있을 줄로 안다. 그러므로 독자들의 많은 이해를 구하고자 한다. 저와 함께 조사를 함께 해주신 정의순 수녀님께 고마움을 드린다. 그리고 저에게 땅이름을 아는 데까지 알려준 여러분께도 고마움을 전한다. 지금까지 집이 너무나 가난하여 책 내는 일이란 엄두도 못 내어서 경부고속철도 공사장 막노동일과 공공근로 문화 발굴 등 닥치는 대로 일을 하여 돈을 마련하여 책을 내게 된 것이다. 나라는 존재는 너무나 둔재라서 돈 안 되는 일만 골라서 하고, 남에게 바보 취급이나 받는 어리석은 사람이다.

남이 알아주거나 알아주지 않거나 모든 것은 기록으로 남겨야 한다. 기록이 없으면 아무리 훌륭한 인물이라도 알 수가 없기 때문에 기록을 중요시해야 한다. 그래서 이 시대에 이러한 땅이름이 마을마다 있었다는 것을 알 수 있도록 조사하게 된 것이다. 그리고 땅이름이 얼마나 중요한가는 우리 모두 알아야 한다. 모든 기록을 할 때는 먼저 그곳의 도시 이름이나 거기에 따른 땅이름을 적기 때문이다. 큰 사고가 나면 그곳의 땅이름을 말하게 되니 땅이름이 그냥 우리가 부르는 것이 아니라 세계적으로 알리게 된다는 것을 알아야 한다. 아무리 훌륭한 인물이고 문화와 문명이 발달한 나라도 기록이 없으면 묻히는 법이다. 지구상에 수많은 만족과 나라, 사람이 있지만 기록이 없으니 알 수가 없어 사라진 것이 얼마나 많은가 말이다.

내가 조사 못한 것은 후대에 하기를 바라지만 차마 강하게 부탁하지는 못하겠다. 바쁘고 바쁜 세상 먹고 살기 위해 돈 안 되는 일을 하니 말이다. 조사해 놓으면 누구든지 연구는 할 것 아니겠는가 생각하는 바이다. 그래서 땅이름의 뜻풀이 보다는 조사를 중요시 한 것이다.

최고는 못되더라도 최선을 다하여 탑을 쌓되 아름답고도 튼튼하게 영원히 무너지지 않게 쌓으며, 부지런히 일하면서 열심히 배우는 것을 꾸준히 하며, 무엇이든지 아끼고 보살피며, 선의로써 남을 돕고 살아가면서 후대에 부끄러움이 없이 살아가고자 노력하면서 틈이 나는 대로 땅이름뿐 아니라 사라져가는 우리말과 전설, 나무 등 모든 풍속과 풍습들도 조사 연구해 볼 것이다.

돈 안 되는 일이라고 도와주려 하지도 않고 책을 내면 비판부터 먼저 하는 것이 사실이다. 남이 조사할 때는 아무리 해도 안 알려주면서 조사해서 책이 나오면 비판을 하는 사람 말고 바른길로 알려주면 어떨까 하는 바람이다.

여기에는 모든 사람들의 도움이 필요하다. 하찮게 내뱉는 한마디말 속에 우리 역사와 얼, 정이 살아 있음을 알아야 한다. 이 책이 나오게끔 해주신 리얼북스 최병윤 사장님, 아내 원옥자와 첫째 아들 유들과 특히 둘째 아들 유름과 며느리 배윤경에게도 고마움을 전하는 바이다.

벌써 30여 년의 세월이 흘렀다. 매년 조사를 하면서도 땅이름은 계속 변하고 있다. 앞으로도 생활이 허락 되는대로 땅이름을 찾고 바로 잡는 일에 최선을 다하고자 한다. 독자여러분의 고견 또한 귀담아 들었다가 참고하고 싶다. 도움 말씀이 있으면 언제든지 연락 주시기 바란다.

2016년 12월 21일 동짓날

이조 갬디미 마을 둥매 서실에서
둥매 권순채

제1장

내남면

형산강의 젖줄 신라의 맥 내남면

높은 곳은 밭이요
낮은 곳은 논이로다.
냇가에 옹기 종기 모인 집들
높고 높은 고사리 마을 샘물
돌고 돌아 살거내로 흘러 오면
치술령 혼 받은 배내가 달려와 만나고
마석산 맷돌 바우 바탕골 쇳물이
홈실내와 만나
비룡산 굽이굽이 돌고 돌아
미역냇물이 되어 부체수 덤비에 턱 부딪쳐
굽이 치다 달처럼 둥글게 흐르다 보면 달산이 좋아라 내다 보면
달밤에 갈대 서걱이는 갈대소리 아름답게 들리고
멀리 진주봉 푸른 안개 속에 말기른 옛날이 그립다.

하늘룡 경주남산
큰룡 마석산
나는 룡 비룡산 사이 흐르는
별내의 빛나는 물 신을내와 만나
천룡바위 비치어 아름다운 상내거랑 이루고
개밭골 갈미봉 바라 보며 흘러 이망 받이 햇살 받아
밝은 박달못 거쳐 오면
화랑의 얼 단석산물 받아 흘러와
양쪽의 물 만나 셋을 이루는 양삼에서 만나고 흐르면서
맑은 물을 각을 이루고 구트란에서 굽이쳐 틀려 나오면서

덕천의 큰샘으로 받아 스며들고
활굽은 구일 마을 신당내 흘러
느븐드리 고인돌 옛정 못잊어
신을내 만들어 총각 처자 바위 안고 돌아
상내에서 갯더미 이루어
앞은 전포요
뒤는 갬디미라

문바우, 도꼬불 골짜기 물 흘러오면
성부산 오랜 전설
경주와 서울 광주 이어주는 뾰족한 산 소두방산으로 부르고
둥근 망산의 넋을 안고 흐르는 기린내
둥근산 밑 둥근 물길 흘러 오면
용장골 매월당 넋남기고 아흔아홉 골짜기 흘러 오는 물줄기
모이고 모인 강정청수 머수와 물 멀리 하면서
신라의 낙화암 핑구의 슬픈 전설 아무도 몰라
답답하나마 망산의 푸른 기상
경주 남산은 거룩한땅
부처님의 나라 이루고
신라고도 경주시가지로 마구 흘러 가는데
기린내 푸른물결
신라의 맥
화랑도 정신이 서린 곳이로다
옛 정신 간직한 채
내와 산
들판의 기름진 모습
이 고장의 보배로다

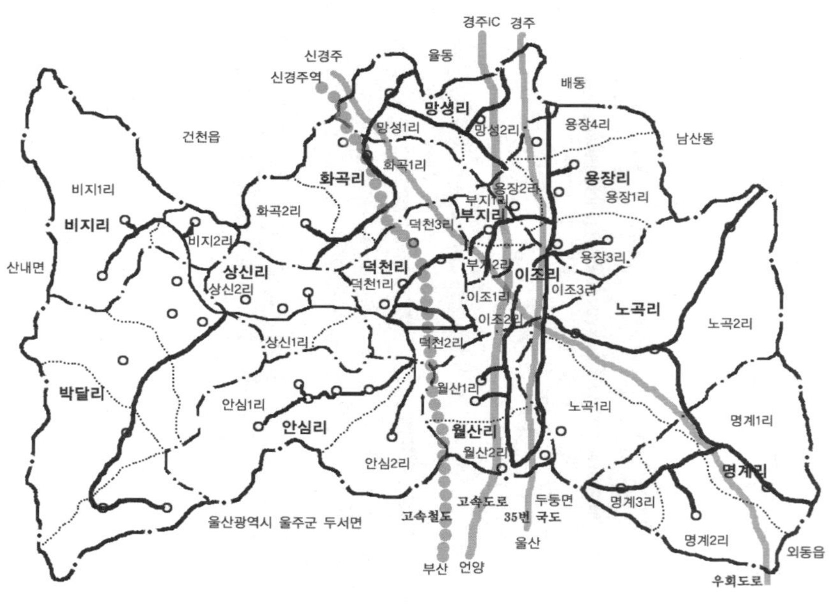
경주IC 경주
신경주
신경주역
율동
배동
건천읍
망성리
망성1리
망성2리
용장4리
남산동
비지1리
화곡리
화곡1리
용장리
용장1리
비지리
화곡2리
용장2리
부지1리
비지2리
덕천3리
부지리
용장3리
산내면
상신리
상신2리
덕천리
덕천1리
부지2리
이조리
이조1리
이조3리
노곡리
이조2리
노곡2리
상신1리
덕천2리
박달리
월산1리
안심1리
노곡1리
명계1리
안심리
월산리
월산2리
명계리
안심2리
고속도로
두동면
명계3리
울산광역시 울주군 두서면
고속철도
35번 국도
명계2리
외동읍
부산 언양
울산
우회도로

내남면의
내력

옛날부터 경주부의 남쪽에 있다는 뜻으로 경주군 부남면으로 부르다가 일제가 제멋대로 행정구역을 개편하면서 경주부의 남쪽 안에 있다 하여 경주군 내남면(內南面)이라 했다. 1955년 경주읍이 시로 승격되면서 탑리(1.2.3리)가 경주시로 편입되고, 1975년 10월 율동(1.2.3.4리)과 배리(1.2리)가 경주시로 편입됨으로써 현재는 용장(1.2.3.4리), 부지(1.2리), 노곡(1.2리), 명계(1.2.3리), 비지(1.2리), 월산(1.2리), 이조(1.2.3리), 덕천(1.2.3리), 안심(1.2리), 상신(1.2.3리), 박달(1.2.3.4리), 화곡(1.2리), 망성(1.2리)리로 나누어져 있다. 면적은 121.84㎢이고 인구는 5000여 명, 위치는 경주시 남쪽 중앙에 있다. 동에는 외동읍, 서에는 산내면과 건천읍, 남에는 울산광역시 울주군 두동면과 두서면, 북에는 경주시 황남동과 접하고 있다.

내남면 중앙으로 흐르는 형산강을 사이에 두고, 동에는 경주에서 언양으로 가는 35번 국도가 있고 서쪽에는 새로이 산업국도와 경부고속도로 경부고속철도가 있고, 고속철도 경주 역사가 있는 건천읍 화천리와 외동읍을 잇는 우회도로와 동해 남부권 철도가 지나가고 있다. 울산광역시에서 발원되어 내려오는 본류인 살거내와 동에서 흘러 오는 배내와 만나 미역내을 이루면 명계에서 흘러오는 홈실내와 만나 부체수듬비를 이루면서 달내를 만들어 흐르다 보면 별내가 흘러오고 박달내와 빌기내가 만나 마신내를 이루며 흘러와 신당내와 만나 신을내를 만들어 상내를 이루고 화실내와 마도랑이 만나 기린내를 이루고 흘러 모랑내와 대천이 만나 서천내를 이루며 형산강본류를 만들어 흘러간다. 동에는 경주 남산과 마석산, 서에는 단석산, 남에는 치술령과 진주봉, 북에는 벽도산과 망성산이 솟아있다.

그 중앙에 있는 성부산을 비룡산 줄기가 굽이굽이 휘감아 돈다. 형산강을 사이에 두고 양쪽으로 넓은 들이 있으나, 대부분 산지로서 경지율은 20.2%에 불과하다. 쌀, 보리 이외에 예전에는 사과와 배등의 과수도 재배하고 있으며, 산골에서는 예전에는 인삼을 재배하기도 하였다. 비육우도 사육하며 요즘은 비닐하우스에서 고등채소도 재배하고 있다. 특히 내남 딸기가 유명하다.

내남면 소재지인 이조1리(갬디미)에는 면사무소(1992년에 용장에서 옮김)와 우체국, 농민상담소, 내남새마을금고, 농협, 보건지소, 예비군 중대본부 삼성생활예술고등학교가 있다. 이조3리(용산)에는 면민 회관이 있었으나 지금은 면사무소 내 복지회관이 건립됨으로서 유명무실하게 되었다. 또 오일장이 서기도 했으나 지금은 없어진 지 오래다(1988년경 없어졌다). 용장1리(용장)에는 내남파출소와 경주국립공원 경주남산 분소, 용장4리(비파)에는 경주 교도소가 있고, 부지(냄비)에는 내남초교, 명계1리(홈실)에는 명계초교, 노곡1리(노실)에는 노월초교, 덕천1리(구왕골)에는 광석초교, 박달1리(양삼)에는 박달초교(1992년 폐교), 비지1리(빌기)에는 학동초교가 있었으나 모두 폐교되고 지금은 부지1리에 있는 내남초등학교뿐이다. 망성리와 화곡리의 학생들은 경주시의 율동초교에 다니다가 98년도에 학교가 폐교되고부터 경주시 사정동에 있는 신라초등에 다닌다. 경주남산과 용장사지와 천룡사지가 유명하며 경덕왕릉과 민애왕릉, 희강왕릉, 망성리 도요지, 와요지, 망성리 고분군을 비롯하여 이조1리 갬디미 마을의 개무덤과 충의당 이조3리 용산의 용산서원과 느븐드리의 고인돌과 곳곳에 산재해 있는 절터와 고분과 문화유적지가 많이 있다. 그리고 성부산과 치술령 개무덤의 전설도 유명하다.

수많은 문화유적지를 간직하고 있는 경주남산은 불교문화의 보고로서 가히 세계에 자랑할 만한 세계 문화유산이다.

들은 형산강을 중심으로 양쪽으로 이루어져 있는데 망성, 용장, 부지, 이조, 월산, 노곡, 덕천등 넓은 들이 있으며 백운대와 명계, 안심, 상신은 중간 들이라 할 수 있으나 박달, 비지, 화곡등에는 작은들이 이루고 있는데 특히 화곡2리(소리미, 어링) 박달4리(고사리) 비지2리(돌꽂이)등은 산골이다.

제1경 둥굴의 장자태만디와 천장봉

둥굴 뒤산이 장자태만디인데 큰 반달 모양이다. 그 아래 작은 반달 같은 천장봉이 있는데 장자태만디 아래는 둥굴 윗마을이 형성되어 있고 천장봉 아래는 아랫마을이 자리 잡고 있다. 멀리서 보면 반달 두 개가 겹친 것이 매우 보기 좋다.

제2경 망산과 핑긋소

경주시가지에서 보면 남쪽으로 경주 남산과 망산이 있는데 남산은 남자 같은 산으로 남자신이 선산이라면 망산은 경주시가지에 있는 고분 같이 둥근 산으로 여자신이 선 여자같이 생긴 산으로 언제나 푸른데 그 동쪽에 신라의 낙화암으로 불리는 핑긋소가 있다. 그래서 경치가 매우 아름답다.

제3경 강정산과 청소, 서릿발못

전설에 의하면 모내기철에 농부가 써레로 논을 서리다가 소가 누운 것이 강정산이 되고 서레가 걸린 곳이 서릿발못이 되었다고한다. 그런데 강정산을 중심으로 동쪽에는 형산강 중류인 기린내가 굽이치면서 청소를 이루고 서쪽에는 서릿발못이 있는데 어느 쪽을 보아도 경치가 매우 좋다. 강정산에 정자가 있을 때는 기린 냇물이 흘러오는 것이 얼마나 좋은지 모른다.

제4경 용장사 계곡

신라시대 절터인 용장사터에는 지금도 삼층석탑과 삼륜대좌불과 마애석조여레좌상이 있을 뿐 아니라 매월당 김시습이 여기서 우리나라 최초의 한문소설인 금오신화를 지은 곳이기도 한데 산 아래서 보면 삼층탑은 하늘에 뜬 듯이 매우 아름답다.

제1경 둥굴의 장자태만디와 천장봉

제2경 경주 남산서 본 망산

제3경 강정산과 서릿발못

제4경 용장사터

제5경 개무덤과 숲

이조1리, 캠디미 마을은 내남면에서 유일하게 산이 없는 마을인데 마을 뒤편에 신라시대 이름 없는 고분이 있는데 이것을 보고 개무덤이라 하고 여기에 대한 전설도 있다. 그리고 이 마을에서는 제일 높은 곳이기도 하다. 그런데 이 고분을 바다에 떠 있는 배의 돛대로 생각하면 갑판이 있어야 한다는데서 서쪽에 소나무를 심었는데 지금은 북쪽을 막아주는 마을의 방풍림 역할을 하지만 멀리서 보면 배가 서쪽에서 동쪽으로 가는 것같이 매우 아름답게 보인다.

제5경 개무덤

제6경 성부산과 쇠비산

전설의 산 성부산은 사방 어디를 보아도 삼각형으로 뾰족한 산인데 망산은 둥근 산인데 비해 성부산은 삼각형 산이다. 전설에 의하면 경주와 서울, 광주와 관계있는 산이다. 그리고 오늘날도 벼슬을 하기 위해 많은 꾀를 쓰고 있지만, 옛날에도 그렇게 하다가 아들을 잃은 산이기도하다. 그리고 이 산의 줄기에서 동남쪽 제일 끝으로 뻗어 나간 산이 쇠비산이며 이쪽에서 보면 쇠비산뒤에 성부산이 뾰족하게 솟은 것이 너무나 아름답게 보이는 것이다.

제6경 성부산

제7경 비룡산과 마석산

비룡산은 명계리와 노곡리에 걸쳐 있는 산인데 마치 용이 날아갈 듯한 산이다. 그리고 마석산은 노곡리인 백운대 마을과 명계리 홈실마을의 경계에 있는 산인데 이 산은 큰룡에 비유하기도 한다. 이 두산이 만나는 곳이 덕고개이다. 나는 용과 큰 용이 만나서 쌍용이 되는데 임진왜란 때 명나라 장수 이여송이 덕고개의 혈을 끊었다고 한다. 두 용이 만나면 얼마나 좋겠는가 말이다.

제7경 비룡산

제8경 고당사

제8경 구왕골 고당사

덕천1리 구왕골 마을에 고당사라는 숲이
있는데 들 한복판에 나지막한 바위산이
있는데 이곳에 이 마을 동제단이 있기도
하다. 이 숲이 봄에 잎이 필 때 보면 매우
아름답다. 옛날에는 이 숲 밑으로 내가
흘러갔으나 오랜 세월이 흘러 내도 멀어
지고 남쪽은 마을로 이루어지고 북쪽은
들판이다.

제9경 청두말 역산

제9경 청두말 역산

안심1리 청두말에 가면 촛대같이 쭉 뻗은
산이 있는데 남자의 성기 같다하여 역산
이라고 한다는데 정말 신기할 정도로 솟
아오른 산봉우리다. 청두말서 보면 산이
어찌 저렇게 생겼나 할 정도로 보기 좋은
산이다.

제10경 도진뱅이 천지바위

제10경 천지바우

박달2리 도진뱅이 마을에 가면 천지바
위라는 곳이 있는데 바위가 병풍처럼 넓
게 높고도 마치 방의 벽처럼 펼쳐진 바위
가 있다. 보통 보면 바위면 이 조금 펼쳐
지는데 이 바위는 많이 펼쳐져 있는 것이
보기 좋은 것이다.

제11경 돌꽂이 마을과 숲메기

제11경 돌꽂이

밖에서 보면 이곳에 마을이 있는지조차
모를 일이다. 산골짜기 마을인데 마을 앞
에 숲이 우거져 마을을 막음으로써 마을
이 보이지 않는 것이다. 돌이 많이 꽂혀
있는 것이 마치 꽃처럼 아름답다는 것이
다.

제12경 미역내와 부체수덤비

제12경 미역내

굽이쳐 휘돌아 오는 미역내 물이 부체수
덤비에 와서 휘감아 가면서 청소를 이루
고 덤벙을 이루는 곳이기도 하다. 은하수
물처럼 흐르는 미역냇물이 부체수쪽에
와서 휘감아 흐르니 경치가 매우 좋은 것
이다.

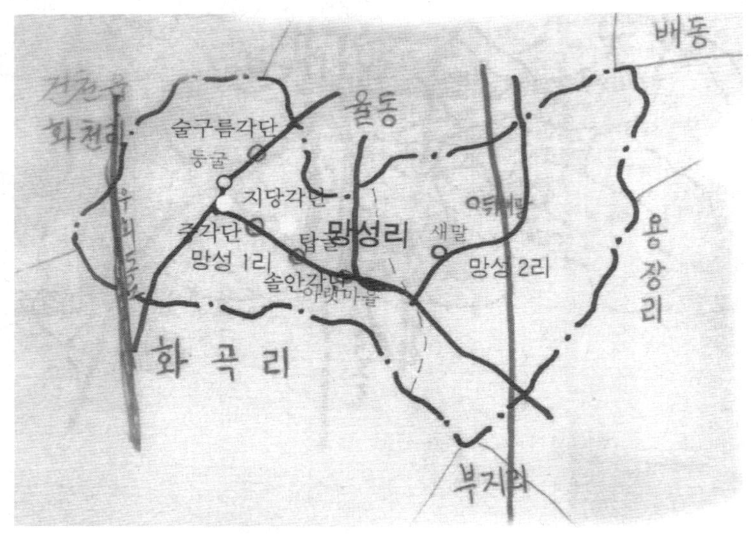

배동
전천읍
화천리
술구름각단
둥굴
율동
지당각단
뒤뜸
촛각단
탑골 망성리
새말
망성1리
망성2리
솔안각단 아랫마을
용장리
화곡리
부거리

01

망성리
(望星里)

망성리는 일제가 1914년 행정구역을 개편할 때 둥굴의 안동 권씨들은 두동(杜洞)으로 하자 하고 새말의 월성 이씨들은 신리(新里)라 하자고 의견충돌이 있었다. 그래서 두문중간의 논한 결과 두 마을의 동쪽에 있는 망성산의 망(望)자와 전설의 산인 서쪽 성부산의 성(星))자를 따서 망성리(望星里)라 하였다 한다.

그리고 안동 권씨와 곡산 한씨가 많이 살고 있는 둥굴을 망성1리 월성 이씨가 많이 살고 있는 새말을 망성2리라고 하였다.

망성1리(둥굴)
솔구름, 지당, 솔안각단, 탑골, 박수골, 두릉(아랫마을)

둥굴

이 마을 탑골이라는 곳에 절이 있었는데 주지 스님이 두응스님인데 현재 율동에 있는 염불 못을 두 군데나 막았다고 해서 처음 경주 김씨가 살 때는 마을 이름을 두응동 또는 두응동(斗應洞)이라고 불렀다. 곡산 한씨가 들어온 후 두능(민애왕릉, 희강왕릉)이 막고 있다 해서 두릉 또는 두산 능선이 겹치고 막고 있어 두릉(杜陵)이라 불렀고 안동 권씨가 정착하면서 사방 둥근 산이 둘러싸여 있으면서 초생달 모양의 마을이고 벽도산줄기인 장자태만디 산봉우리가 그 앞에 있는 천장봉을 안고 있는 것이 둥굴고 둥근 산 아래 있는 마을이라 둥굴이라 부르게 되었다. 굴은 골짜기를 뜻한다. 골짜기를 뜻하는 말로 실, 굴, 골, 곡(谷) 등이 있다. 그런데 굴과 실은 골짜기를 뜻하는 말로 신라 때부터 써온 말이라 한다, 한마디로 말하면 둥근 골짜기 마을이다. 이 마을에는 처음에 경주(월성) 김씨가 살 때는 두응동 하다가 곡산 한씨가 들어와서 살면서 두릉 하다가 안동 권씨가 살면서 둥굴 하게 되고 한자로 두동(杜洞)이라고 부르고 요즘 행정적으로 망성1리라 한다.

망성 1리 둥굴(경주 남산 비파골에서 본 전경)

둥굴

탑골 절 두응스님 목탁 두드리며 염불만 하다 보니
나즈막한 고개 너머 넓은 들이
가뭄에 메말라 가는 들판보다 못해
망산에 기우제 지내
물 내려 주지만
가둘곳이 없어
두응스님 나타나
염불하며 두 곳에 못을 막았다네
두응스님이 두 웅덩이를 막았다고
두응동이라 한다네
숙천 한부사 정착하여 보니
마을 뒤 천장봉은 작은 반달이요
그 아래 왕릉 같은 큰 무덤 있고
벽도산 장자태만디는 큰 반달이라
그 아래는 민애왕릉이라는 무덤과 희강왕릉이라는 큰 무덤이 있어
보면 볼수록 둥글고 둥근 마을이라
매헌 권 선비 이 마을에 의병모아
왜적 물리치려 오니
장자태 만디는 범등이고 목재는 목인데,
범우굴 범머리에 범입이 크게 벌리고 범꼬리 고미산에
범바우, 예수바우, 천장봉, 원고개 토해내니,
둥글고 둥근 망산이 우뚝솟아 둥굴이라
염불지 못에 물이 가득,

범은 성내면 꼬리치켜들고
보기 좋아 고미산이라 하고
방매 덕고개 불성곳 밀개등이 밀려 오면서
천장봉을 마주칠 듯 마주하고
병풍 바우, 섶갓은 병암산이라
길게 뻗어내린 진등 아래 굼밭에 구매
진사들이 많이 살던 술구름고개밑에 수레가 왔다 갔다는 술구름 각단
지당각단 지당파서 화재 막고

가운데 중각단
순솔백이 안쪽은 솔안각단
두능이 막고 있다는 아래마을은 두릉이라 부르고 있네

술구름 각단은 높은산 아래
밭은 많으나
들이래야 뒷골이 넓은데 그것도 들이라고 조그마한 것을
지당각단 논들은 거랑가에 조금씩 조금씩 일군 것뿐이고
중각단은 앞에 조그마하게 잿골골짜기에 이어지고
솔안각단은 당수재들이라지만 들이라 할 수 없는데
그래도 넓다고 들이라고 부르네
아래 마을은 그래도 어운굴, 삼밭골 산비탈에 들이 있고
평정 윗골 쇠정들 그래도 들같이 보도 있고 못도 있네
앞도 트이어 잘 보이네

동제는 술구름각단,솔안각단,아래마을에서 지냈으나
언제인가 마을 중심 솔안각단 당수나무에 지내고
동사도 솔안각단에 있었네
세월이 변하고 변하여
동사는 없어지고 회관이 되고
동짓달 보름날 지내던 동제도
정월달 대보름날로 옮기고 있으니
세월은 변하고 변하네

술구름각단, 지당각단은 윗마을
중각단, 솔안각단, 탑골은 중마을
두릉은 아래마을이라 불렀지
옛날에는 술구름각단에는 월성 김씨들이 살면서 진사까지 했는데
언제 떠나간지 모르고 진사묘와 살던 집도 있었고,그리고 김씨들 묘가 많
이 있다.
지당각단은 안동 권씨들이 옥수골에 처음 정착하였는데서
거기에 가묘도 있고, 안동 권씨들이 많이 살면서 세력을

뻗쳐 김씨들이 가버린 술구름각단과 중각단 솔안각단까지 살면서
율동, 못안, 선두말, 매바우, 화실까지 살면서 좁은 골짜기 농토가 없어,율
동과 화실까지 가서 농사를 짓기도 한다.
아래마을은 곡산 한씨들이 처음 정착하여 솔안각단에도 많이 살았는데
언젠가 자꾸 아래로 내려가면서 일가를 이루던 곳으로 농사도 윗골, 쇠
진, 평정, 어운골, 달들, 새말앞들까지 많이 짓기도 한다.
지금은 위로는 안동권씨요
아래로는 곡산 한씨로다.
타성은 몇집도 안되네.

옛날에는 크고도 큰마을이지
과객들은 이 마을에 재산주고 죽었으니
아직도 그들이 남긴 흔적 곳곳에 있네
동답,과객묘답,과객미등이라네
그래서 과객들을 받들고 묘를 보살피고
묘제도 지네주고,
아직도 옛 동사는 허물어져 가는데도
지탱하고 버티고 있는데도 보존하고 지키고
마을의 전통을 이어주네.
이렇게 고풍스런 옛고가의 멋을 간직한
동사는 어느 마을에도 없을 것이다
그래서 지금도 권(權), 한(韓) 양 성씨가
뜻모아 잘 살아가고 있네.

| 내가 본 둥굴의 8경 |

제1경 천장봉과 장자태만디

아랫마을 뒤 둥근 천장봉과 윗마을 뒤의 장자태만디가 겹치므로 해서 숙천한 언호가 처음 정착할 때 두 능선이 겹친다 해서 두릉하다가 매헌 권사민이 임진왜란때 정착해서 둥근 골짜기라 하여 둥골하던 것이 둥굴이라고 불리게 되고 한자로 두동(杜洞)이라 했다.

제2경 예수바우와 염불지

예수바위에 가서 보면 염불지 못과 망산. 경주 남산이 일직선으로 모두 보이는데 아마도 이 산봉우리뿐 인가 보다.

제1경 천장봉과 장자태만디

제2경 예수바우와 염불지

제3경 섶갓과 병풍바우

병풍바우가 마을에 보이면 처녀들이 바람이 나고 나쁜 일이 생긴다고 울섶을 하여 막다가 나무를 심어 울섶처럼 우거지게 한 것이 봄에는 이 산의 나뭇잎이 어디까지 피면 못자리와 모내기를 하고 가을에는 어디까지 단풍이 들면 가을걷이를 한다고 하는 산일 뿐 아니라 가을 단풍이 정말 아름답다.

제4경 진등과 안산

마을 앞쪽에 길게 뻗어 내려와서 마을 한복판에 묘지가 있고 푸른 솔이 있는 작은 산을 이루고 있는 것이 멀리서 보면 매우 아름답다.

제3경 섶갓과 병풍바우

제4경 진등과 안산

제5경 당수나무

지금은 느티나무 두 그루 뿐이지만 예전에는 팽나무와 느티나무가 몇 그루 숲을 이루었는데 이 나무의 잎이 일시에 피면 모내기를 한꺼번에 하고 띄엄띄엄 피면 모내기를 띄엄띄엄하게 된다고 한다. 잎 피는 봄에 보면 아름답다.

제6경 순솔백이

둔옹 한여유의 묘가 있는데 순수한 소나무만 심었다고 해서 부르는데 이마을의 윗마을 아랫마을 중간지점이라 동네의 놀이터인데 특히 봄의 솔빛이 아름답다.

제5경 당수나무

제6경 순솔백이

제7경 어운굴

얼음같이 차가운 물이 샌다는 우물인데 우물가에는 닥나무가 있고 앞 논둑에는감나무가 있는데 여름에 땀띠가 났을 때 씻으면 잘낫는다고 해서 60년대까지만 해도 줄을서서 씻을 때도 있었다. 이 우물의 정기는 문둥병 환자가 씻고 나서 병을 고친 후에 정기가 없어졌다고 한다. 최근까지도 비는 사람들이 있다. 여름에 등물하기 위해 줄을 선 것이 매우 아름다운 것이다.

제8경 아랫마을 당수나무

지금은 들판에 외로이 서 있지만 예전에는 숲을 이루고 있었다고 한다. 그런데 들판에 외로이 있는 나무라 여름에 쉬기에는 매우 좋은 곳인데 특히 가을 단풍이 일품이다.

제7경 어운굴

제8경 아랫마을 당수나무

| 동제 |

나무 : 느티나무(귀목나무, 나이 500여 년), 느티나무 세 그루(한 그루는 87년 태풍에 넘어지고 없음. 포구나무 한 그루가 있었는데 2007년도 초에 넘어져 죽고 현재는 느티나무 두 그루가 있다.) 느티나무는 보호수로 지정되어 있는데 수명은 500여 년이 된다.

제일 : 동짓달 보름날 새벽,(음 11월 15일), 1993년부터는 음력 정월 대보름날(음 1월 15일)지냄

제관 : 흉사를 당하지 않은 깨끗한 사람을 선택해서 지내고있다. 1980년까지는 동제 지내는 집에서동제답(옛날에 이 마을에 와서 죽은 과객이 희사한 논두마지기)을 부치면서 지내왔으나 한락만씨, 권오중씨, 최진식씨가 지내다가 93년부터 지낼 사람이 없어서, 이장, 새마을지도자, 마을 유사가 지내기도 하였다.

제물 : 동제 지내는 사람이 장만.

망성1리(둥굴) 당수나무(느티나무) 보호수

동제 축문(洞祭 祝文, 權赫璡 서)

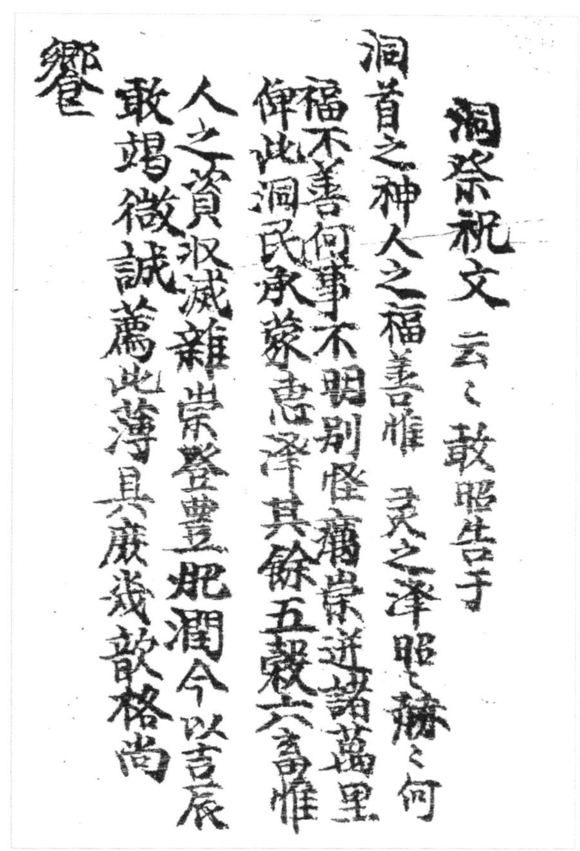

동제 축문(한글 풀이)

유세차 (간)(지) – 지내는 그 해 간지 – 0월 (간)(지) – 지내는 달 초하루 간지 – 삭 0
일 유학(성)(명)은 엎드려 감이 밝혀 아뢰옵니다.

마을을 지켜주시는 으뜸가는 신(神)이시여 사람들의 선(善) 이옵니다.

오직 그러한 덕택만이 위대하시고 밝으시오니 어떠한 베푸심인들 선(善) 이 아니오
며 무슨 일인들 밝힘이 없겠사옵니까?

기괴한 일이나 무서운 악질은 만 리 밖으로 물리쳐 주옵소서,

그리하여 힘든 마을 사람들이 두루 신의 가호를 입게 해 주옵소서.

그밖에 온갖 곡식과 가축은 우리 동민들의 자산이오니 잡스러운 재앙을 떨치고 풍
년과 윤택함을 더하게 해 주옵소서,

이제 길일(吉日)을 가려 작은 정성이나마 각가지 음식을 차려 올리오니 흠향해 주
옵소서.

동산신제 축문(洞山神祭 祝文, 權赫璡 서)

동산신제 축문(한글풀이)

유세차(간)(지) ○월(간)(지)삭○일(간)(지)유학(성)(명)은 엎드려 감이 밝혀 아뢰옵니다.

땅의 신(神)이시여.

우르러 생각하옵건대 존신(尊神)께서는 하늘을 대신해 이곳에 내려오사 우리 마을을 수호해 주시며 백성들게 조화를 베풀어 주시니 동민(洞民)의 안락(安樂)은 오직 신(神)이 내려주심이요 배부르고 따스한 삶도 오직 신(神)의 도움이 옵니다.

우리는 지극한 덕으로 이끌어 주시고 은혜로 감싸 주옵소서.

비록 저희가 몽매하오나 어찌 신(神)의 은덕을 잊겠사옵니까.

이에 마을에 사는 모든 이가 자신의 몸을 다 바쳐 지성으로 받드옵니다.

삼가길일(吉日)을 가려 제를 올리옵나니 달(月)도 밝습니다.

비록 희생과 술의 차림이 보잘 것 없사오나 저희의 작은 정성이오니 오직 신(神)께서 강림하시어 저희의 어리석은 충정을 가납하시고 은연중 도움을 내려주시어 처음과 끝을 같게 해 주시옵소서.

신(神)이시여 흠향하옵소서.

술구름각단

옛날 이곳에 수레가 많이 굴러다녔다 해서 술구름 각단이라 한다. 각단이란 큰 마을 안에 있는 작은 마을을 뜻한다. '수레굴럼'이 '술구름'으로 변한 듯하다. 임진왜란 때 이 마을 안동권씨 입향조인 매헌 권사민이 왜군을 물리치기 위해 수레에 무기를 싣고 이 고개를 넘어 댕명골(당병골)이라는 곳에 가서 의병을 훈련했다 한다. 그래서 이고개를 '술구름고개'라 한다. 한자로 표기할 때는 차월현(車越峴)이라 한다. 그리고 이곳에는 김진사 권진사 등이 살고 있었는데 수레를 많이 타고 다닌 마을이라고 전한다.

망성1리 둥굴 술구름 각단 전경

술구름각단

임진왜란때 매헌 권 선비 의병 모아 수레에 무기 실고와
댕명골에 훈련시켜 방송진에서 왜적을 방어 했으니
수레가 굴러 단닌고개 술구름 고개 마루에 참나무가 외로이 지키고 있네
권진사,김진사가 이웃하여 살면서
수레가 많이 왔다 갔다 굴러 다닌 곳
모든 산이 경주 중심지로 향하는데 오직 한줄기가
핑 돌아서 여우같이 간사스런 예수 바우
큰부자가 살았다는 장자태 만디
장자가 심었다는 서나무
장자가 살았다는 절태
장자의 무덤 돌무더기
장자가 일군 팔밭
물이 나면서 번저 나가는 물밤 번디기
참나무 백이 우물은 온 동네 소식통이기도 해라
고미산 끝의 범바우
정자태 만디는 범등
범우굴은 범머리
범목의 목재에서
풀짐 받쳐 놓고 땀 식히며
쉬어 넘던고개
질매재에서 옛 추억 되살려 보며
옛날 수레가 넘나들던 고개는
지금도 도로가 생기면서
수레대신 차가 왔다 갔다 하네

장자태 서나무

장자의 흥으로 심어진 서나무
비바람 눈 보라에
수천 년 지내 오면서
사방 팔십리 보인다 하였으나
하루밤 몹쓸바람에
넘어진 나무 둥치에
또 다시
천 년 만 년 잇게
돋아나는 움초리
사방 팔십리 보이게 하여라

홰나무거리 : 홰나무가 있는 앞길. 옛날에 집에서 진사나 급제를 하면 자손 대대로 벼슬을 하라는 뜻에서 홰나무를 심고, 딸을 낳으면 시집갈 때 장롱을 해주려고 오동나무를 심는데 이 홰나무도 그런 뜻에서 심은 나무이다. 1992년도에 베어 버리고 없고, 지금은 절이 있다.

술구름고개 : 수레가 넘어 다녔다는 고개. 둥굴 술구름 각단에서 못안으로 넘어가는 고개.

뒷골짜기 : 술구름 각단 뒤에 있는 골짜기. 예수바위와 뒷번디기 사이에 있다.

예수바우 : 여우굴이 많이 있는 바위산으로 옛날에는 여우가 많이 살았다 함. 이 지방에서는 여우를 예수라 함.(여우: 예수). 경주시가 중심 쪽에서 보면 다른 산은 모두 경주 쪽으로 향하고 있는데, 이 바위산만은 돌아앉아 있는 모양이라 간사스러운 여우에 비유하여 예수바위라 하고, 이 바위산의 모양이 머리를 풀고 염불지 못에 머리를 감는 여인의 형상을 닮았다는 데서 옥녀봉(玉女峰)이라고도 한다. 또 맑은 물이 솟는 샘이 있다 해서 '여수(濾水)바위' 라 한다는 설도 있다. 지금도 이 산 아래바위의 구멍에 맑은 물이 새어 나오고 있다. 전설에 의하면 모든 산의 줄기가 경주로 향하고 있으나 이 산줄기만은 돌아서 있다고 해서 장기로 귀향 보내고 난 뒤 고을원님이 세금을 받으러 왔는데 산이 없어짐을 알고 어찌 된 지 물어보니 장기로 귀향 보냈으니 그곳에 가서 받아 가라고 했다고 하는데 그곳에 가서 받아갔는지 안받아 갔는지는 알 수가 없다고 한다.

술구름 고개

예수바우

질매재 : 소질매(짐을 싣기 위해 소 등에 얹은 V자 모양의 기구, 소길마를 보고 이 지방에서는 소질매라 함) 같이 생긴 고개. 둥굴에서 율동으로 넘어가는 고개.

아랫서나무백이 : 질매재에 있는 서나무. 장자태 서나무에 비하여 아래에 있다는 나무. 서나무는 자작나무과로 낙엽교목으로 공업용, 관상용으로 쓰인다. 특히 고개마루나 산등성이에 많이 있다.

새앙만디 : 새앙굴이 있는 산마루. 이 지방에서는 마루를 만디라 함. 새앙굴은 경주시 율동에 있으며, 산과 산 사이의 안쪽에 있는 골짜기로 동쪽으로 향하고 있다.. 새

는 동쪽을 뜻하기도 하는 데서 동쪽의 안골짜기라고 함. 앙은 옆으로 깊은 것을 말하는 데 안쪽을 말한다. 안이 앙으로 말이 바뀐 것이다 롱은 밑으로 깊은 것을 뜻하는데 '롱' 이란 뜻이다.

범우굴 : 범이 살았다는 굴이 있는 산. 범의 굴이 부르기 쉽게 범우굴이라 한다. 범의 머리같이 생긴 산이라 한자로 호혈두(虎血頭) 라한다.

목재 : 사람의 목같이 생긴 고개. 둥굴서 두대로 넘어가는 고개. 범의 목같이 생긴 고개라고도 한다.

윗서나무백이 : 장자태만디에 있는 서나무로서 아랫서나무(질매재에 있는 서나무)에 비하여 위쪽에 있다는 뜻

장자태 서나무 : 장자태 아래에 있는 서나무를 말한다. 큰 서나무는 1978년 초에 죽어서 넘어지고 그 근방에 작은 서나무들이 몇 그루 있었는데 지금은 40여 년이나 된 서나무 한그루를 두대마을에서 보호하고 있다. 전설에 의하면 장자가 심었다고 한다. 지금도 서나무가 40여 년 된 것이 있다. 1985년 1월 본인이 정의순수녀님을 모시고 가서 그중에 한그루 골라 손질한 나무가 지금 있는 서나무이다.

절태 : 장자태 만디에 있는 집터로서, 장자가 살았던 집터인지 절터 인지 흔적이 남아 있음. 40~50년 전에 나무꾼들이 나무하러 다닐 때는 이곳을 절태라고 불렀다 하며 절은 빈대 때문에 망해 버렸다고 한다

장자태만디 : 장자란 큰 부자를 가리키는 말인데 이 산마루에 장자가 살았다고 하여 장자태 만디라 함. 지금도 이 산마루에 장자가 살았던 흔적으로 보이는 집터와 우물, 그리고 방아 찧는 돌홈(돌호박), 밭을 일군 자리가 있다.

장자태 돌무디기 : 옛날에는 이 주위에 기와 조각도 많았다고 한다. 이 산마루에 큰 돌무더기가 있는데 어떤 사람들은 봉화 올리던 곳이라고 하지만 이 산마루에 살던 장자의 무덤이라는 사람도 있는데 그렇다면 틀림없는 적석총이다.

적석총이란 돌무더기 무덤을 말한다. 선도산에도 이와 같은 돌무더기 적석층이 있다. 선도는 익은 복숭아를 말하고 벽도는 푸른 복숭아를 말한다.

불성굴 : 옛날에 촛불을 켜 놓고 치성을 드리던 바위가 있는 곳으로 이 산마루에 절이 있었다고 전한다.

복판등 : 산 중앙에 있는 등으로, 장자태 만디에서 한복판으로 뻗어 내려온 산등성이다.

분등 : 옛날에 풋거름를하기 위해 풀을 가꾸면서 베던 산등성이. 풀등이 발음 변화에 따라 분등이 되었다.

분등만디 : 옛날에 풋거름을 하기 위해 풀을 가꾸면서 베던 산등의 마루.

분등골짝 : 옛날에 풀을 많이 벤 산등, 아래에 있는 골짜기.

불선방구 : 불을 켜고 빌던 바위. 치성을 드리던 바위. 바위를 이 지방에서는 '방구'라 한다.

물밤번디기 : 물이 늘 새어나와 번져 나가는 곳. 물이 샌다는 것을 이 지방에서는 난다고 한다. 그래서 물남이 물밤으로 바뀌었다.

뒷번디기 : 마을 뒤에 있는 넓고 편편한 산등성이.(번디기란 넓고 평평한 등성이를 말한다.

참나무백이 : 참나무가 서 있는곳. 박혀 있다는 뜻이다.

참나무백이 고개 : 참나무가 있는 고개

참나무백이 우물 : 참나무아래있는우물.

장수미 : 장군의 묘가 있는 곳, 이 지방에서는 묘를 '미'라고 함. 옛고분인데 언젠가 도굴한 흔적이 있다.

예수바우 어심이 : 예수바우에 있는 엇비슷한 산의 길. 어심이란 엇비슷한 산길을 말함.

무지태 : 예수바우에 있으며 기우제를 지내던 곳.(무지태: 기우제터') '무지'란 물의 제사 란 뜻이다. 기우제를 '무제' 또는 '무지'라 한다.

큰갓 : 옛날 부자인 큰집소유의 산을 말한다.

큰갓골짜기 : 옛날부자집 큰집산의 산골짜기

안산 : 술구름 앞쪽에 있는산

당수나무태 : 옛날에 당수나무가 있었던 터,이곳에 있던 당수나무는 일제 때 베어 버렸다고 한다

둥매봉 : 예수바우 산봉우리를 말한다. 내가 이 산봉우리를 올라가면 염불지, 망산, 경주남산과 경주시가지를 볼 수 있다고 널리 알린 데서 2012년 10월 3일 문화유적 답사 갔을 때 모두가 감탄하면서 내가 가장 좋아하고 많이 알린 곳이라고 둥매봉 하는 것이 좋다고 붙인 이름이다. 둥글고 매끈한 바위가 있는 산봉우리.

둥매바위

둥매바우 : 둥매봉에서서 제일 높이 있는 바위인데 이 바위위에 올라가면 염불지, 망산, 경주 남산이 일직선으로 보이고 경주시가지가 훤이 보이는 둥글고 매끈한 산봉우리 바위이다.

거북바우 : 바위가 마치 거북등 같이 생긴 바위, 이 바위를 누군가 깨어 집을 짓는데 쓰려다가 영험있는 바위라 못쓰게 되었다고 한다. 이 바위는 고인돌이다.

김진사미 : 경주(월성) 김씨 진사의 묘이다. 그동안 이 묘는 실묘 상태인데 1960년대 초 비가 어느집 앞 냇가에서 빨래돌로 사용되고 있는 것을 보고 옛 어름들의 증언을 듣고 김진사묘임을 알고 찾았다고 한다.

김진사집터 : 김진사(김의장)가 살던 집으로 알려진 곳, 이 집의 정침이 해체할 때 상량문에 '용 상지 192년(임오) 7월 입주 상향구'라고 쓰여 있었다. 조선조 말 순조 때부터는 왕을 상지라고 많이 쓰므로 상량한 때는 고종 19년 즉 1882년이다.

지당각단

이 마을 앞에 지당(池塘)이 있어서 지당각단이라 한다. 옛날, 부잣집 앞에는 지당이 있게 마련인데, 불이 났을 때 집 앞에있는 지당의 물을 퍼다가 불을 끄기 위해 만든 것도 있고, 정원으로 이용하기 위해 만든 것도 있다. 평상시에는 집 정원의 연못으로 이용하고 불이 났을 때는 물을 퍼다가 불을 껐다고 한다.

이곳에 있는 지당은 권두엽씨(1930~1997)의 윗대 조상이 만든 것으로, 이 집 앞의 지당으로 말미암아 이곳을 지당 각단이라고 부른다. 1990년도 초에 도로를 내면서 없애 버렸다.

망성1리 둥굴 지당 각단 전경

| 토박이 땅이름 |

서쪽각단 : 지당 각단 서쪽에 있는 작은 마을.

댕명골 : 이곳에서 매헌 권사민(1557~1634, 정조때 승정원 좌승지에 추증)공이 임진왜란 때 의병을 모아 훈련하던 곳이라고 함. 원래 당병골 이라고 하던 곳이 와전되어 댕명골이라고 부르게 되었음.

동맹골 : 해만 뜨면 언제나 동쪽이 밝다는 골짜기

윗어심이 : 어심이 길 중에서 위쪽에 있는 산길

중간어심이 : 어심이 길 중에서 중간에 있는 산길

아래어심이 : 어심이 길 중에서 아래에 있는 산길

지당각단

매헌 권선생 모신 가묘
성부산을 바라 보고 있는데
그 앞에 둥근 넙떡 번철
머리에 쓴 갓 같이 보이나
이것이 불꽃이라
불막는다고
가묘앞 큰집앞에 지당파서 물가두어
불나면 불끄고
불 안나면 정원이로다
청수골 폭포는 삼복 더위에 여인네들 물맞고
계곡과 계곡 사이 감돌밭인데
약물먹으로 가마타고 온 감돌밭
옥수골 부자 전설 처럼 들리고
흙빛깔 좋아 흙파낸 흙구딩고개
새벽한다고 흙파낸 치백이 논도가리
새북골 흙은 얼마나 고운가
붉은티 고개 넘어가면
김디미에 갓치질
진등위에 불밝힌 장등밭
옛 전설처럼 들리네
병풍바우 이마 같이 툭 튀어나옴에
보기 싫다 울섶하여 막다 하다못해
나무심어 울섶같이 막은 섶갓아래는 갓치질
댕명골 의병 길러
방송진서 왜군 물리친 아련한 옛날이여.
옛 풍수지리 따라
지당파서 불길 막았다지만
이제와서 그런 것이 안통하는 지
도로 낸다고
지당 묻어버리고 흔적도 희미해
차만 잘 다니고
살기만 잘하네

방송진 : 방어진지라는 뜻. 임진왜란 때 매헌 권사민 공이 이곳에서 왜적을 막았다고 함. 또는 반송이 있던 곳이라고도 한다.

된비알 : 매우 가파른 산비탈로서 사람이 다니기에 힘들다는 곳(비탈을 이 지방에서는 비알이라 하고 힘들다는 것을 되다고 한다.

갓재 : 매우 가파른 고개를 말한다.

갓재 만디 : 가파른 고갯마루

어심이 : 갓재 에서 팔밭 쪽으로 가는 엇 비슷한 산길로서 위쪽에 있는 길을 윗 어심이, 중간에 있는 길을 중간어심이, 아래 있는 길을 아래어심이라고 함.

망성 1리 둥굴 구판장에서 권혁중씨와 필자

배나무골 : 돌배나무가 많이 있던 산골짜기

팔밭 : 화전을 이루었던 밭. 산이나 들에 불을 지른 다음 흙을 파서 일구어 농사를 짓는 밭. 팔밭이란 파서 일군 밭이란 뜻이다.

청수골 : 폭포 밑에 청소(淸沼)가 있어서 청수골이라 부름. 청소를 이곳에서는 청수라고 함. 옛날 삼복더위에 특히 여인들이 물맞이를 많이 하던 곳이라 한다.

감돌밭 : 옛날에 약물탕이 있었는데 가마를 타고 약물을 먹으러 와서 가마를 돌려 갔다고 해서 '가마돌이밭' 이 '감돌밭' 이 됨, 이 약물을 먹고 앉은뱅이, 문둥병 등을 고쳤다고 전한다. 그리고 골짜기와 골짜기 사이에 있는 돌밭이란 뜻인 간돌밭이 감돌밭이 되고 거기에 따른 전설이 생겨 전하게 된 것이다.

새앙골 : 섶갓 북쪽에 있는 골로서 산과 산 사이 맨 안쪽에 있는 깊은 골짜기. 또는 동쪽으로 된 골짜기의 안이라 함. 새는 동쪽을 말하고 앙은 안쪽을 말한다. 새안골이 새앙골로 불리게 된 것이다.

고내 고개 : 둥굴서 화천(꽃내)으로 넘어가는 고개. '꽃내의 고개' 가 변한 말 '꽃' 의 옛말이 '곳' 이다.

고내곡 속등 : 고내고개의 속에 있는 산등성이.

당병골 : 임진왜란때 의병을 훈련 시키던곳이라 한다

약물탕 : 감돌밭에 있던 약물나던 우물을 말한다. 전하는 바로는 이물을 먹고 앉은뱅이 문둥병을 고쳤다고 한다. 벽암지를 막으면서 없애버렸다.

벽암지 : 근래에 막은 저수지로서 벽도산의 '벽(碧)' 자와 섶갓 병풍바위의 바위암(岩) 자를 따서 벽암지라 했다.

새북골 : 섶갓 북쪽에 있는 골짜기로 옛날에 종이가 없어서 이곳의 흙을 파서 방벽에 발랐다함. 새 흙을 벽에 발랐다는 뜻. 새벽→새북, 옛날에는 가을걷이를 다 하고 나면 집의 안밖 벽에 새흙으로 발랐다.

옥수골 : 약물탕이 있다고 해서 그 맑음을 옥에 비하여 '옥수골' 이라고 부름. 이 약물을 먹고 앉은뱅이, 문둥병 등을 고쳤다고 함. 특히 둥굴 옥수골 부자가 유명하다.

두동지 : 근래 막은 못으로 둥굴 마을 이름을 따서 한자어로 두동(杜同)이라고 한데서 유래됨.

치백이 도가리 : 7자 같이 생긴 논 도가리(논배미)로 방송진 아래 냇가에 있음. 옛날에 종이가 없어서 이 곳의 흙을 파다가 집의 벽에 칠했다고 해서 칠벽이란 말이 치백이로 변함. 도가리란 뚝을 경계로 한 일부분, 논,밭을 말할때는 동가리를 뜻한다, 즉 논배미를 말함.

붉은 티고개 : 지당 각단서 김디미로 넘어가는 고개로서 흙이 붉은 고개.

진등고개 : 산등이 길게 내려온 중앙에 있는 고개, 지당각단서 김디미로 넘어가는 고개

장등밭 : 진등위에 있는 밭으로 옛날 밤에는 마을에 불을 밝히기 위해 등을 달았던 밭.

김디미 : 긴등 뒤에 있다는 뜻. ‘김’ 은 ‘진다’ 는 뜻이고 ‘디미’ 는 ‘더미’ 를 말한다.

갓치질 : 섶갓 밑에 있다는 뜻. ‘섶갓 치지락’ 의 준말로서 ‘갓’ 은 산을 말하고 ‘치지락’ 은 산기슭을 말함.

섶갓 : 이 산에 병풍바우라는 바위가 있는데 이 마을에서 보이면 해롭다고 해서 옛날에 동민들을 동원해서 울타리를 만들고 이 바위를 안보이게 했다는데서 섶갓이라고 부름. 전설에 의하면 병풍바위가 이 마을에서 보이면 처녀들이 바람이 나서 많이 도망을 갔다고 했다.

평풍바우 : 섶갓에 있는 바위로서 병풍같이 펼쳐진 바위. 병풍을 경주지방에서는 평풍이라고 한다.

병암산 : 병풍바위가 있는 섶갓을 말함.

고미산 : 범우굴과 새앙만디를 범의 머리로 생각하고 목재를 목으로 하면 장자태 만디는 몸통에 해당되고 이 산은 범의 꼬리로 보면 됨. 범은 성을 내면 꼬리를 치켜드는데 그것이 아름답다는 데서 고미산(高美山)이라 함.

범바우 : 범이 앉았던 바위라고 하고, 범같이 생긴 바위라고도 함. 바위에 범이 살았다는 굴이 있는 바위. 새앙만디와 범우굴을 범머리로 생각하고 장자태 만디를 몸통으로 하고 고미산을 범꼬리로 하면 이곳은 범꼬리 끝에 있는 바위이다.

김디미 갓골짝 : 옛날 갬딤댁이라는 택호를 가진 집의 산과 그 산의 골짜기를 말함. 옛날 갬딤댁이란 집이 하도 부랑해서(인심이 사나운 것을 이 지방에서는 부랑다 함.) 이 산에 나무를 하지 못하도록 했다는 데서 산이름이 붙은 듯하다.

흙구딩이 고개 : 둥굴에서 화실로 넘어가는 고개. 옛날에 흙을 많이 파낸 곳이 있음. 이곳의 흙은 색깔이 좋아서 집의 벽에 바르려고 파낸 곳이다.

긴디미 고개 : 긴디미에 있는 작은 고개.

만어리등 : 산마루에 있는 허리등. 혹은 산마루에 있는 말허리 같이 생긴 산등이라고도 한다. 산허리를 보고 이 지방에서는 산어리 라고 함.그리고 산허리가 산어리로 바꾼 것이다.

지당 : 지당각단 앞에 있는 작은 연못. 성부산이 이 마을에 보이면 불이 많이 난다고 해서 연못을 파고 막았는 데 평상시에는 정원이 되고 불이 났을 때는 이곳의 물을 퍼서 껐다고 한다.

고내곡분등 : 고내고개에 있는 분등.

뒷골운굴 : 뒷골에 있는 우물'. 우물' 을 이 지방 에서는 '운굴' 이라고 한다.

새갓 골짜기 : 섶갓의 동쪽에 있는 골짜기로 동쪽으로 향한 산의 골짜기란 뜻이다.

서쪽각단 운굴 : 서쪽각단에 있는 우물

지당 밑논 : 지당 밑에 있는 논

모개나무도가리 : 옛날 모개나무가 있던 논. 모과나무를 이지방에서는 모개나무라고 한다

성주골 : 성스러운 골짜기 인데 옛날 절이 있었다는 골짜기

김디미갓 : 옛날 갬딤댁이라는 집의 택호를 가진 집의 산, 갬디미를 김디미라 부른 것이다 지금의 이조 1리를 갬디미라 하고 그곳에서 시집 온 사람의 택호를 갬딤댁이라 흔히들 한다.

새갓 : 동쪽으로 향하고 있는 산을 말한다,

샛갓골짜기 : 동쪽을 향하고 있는 골짜기.

평풍바우 범우골 : 섶갓에 있는 평풍바위에 있는 굴로 옛날 범이 살았다 한다.

충효비각 : 매헌 권사민(1557~1634)의 충과 효를 기려 세운 비각이다. 공은 정조 5년(1781년) 충의로 승정원 좌승지에 증직, 정조 6년(1782년) 효성으로 정려가 내려졌다.

가묘 : 옛날 안동 권씨 입향조인 매헌 권사민공의 가묘이다.

정려각 : 매헌 권사민공의 충효를 기려 세운 비각이다.

거북등 : 거북이 등같이 생긴 산등

중각단

이 마을의 중간에 있다고 해서 중각단이라 한다. 술구름. 지당각단을 윗마을로 하고. 솔안각단과 아랫마을은 아래에 있는 마을로 하면, 이 마을은 그 중간에 있는 마을이다.

망성1리 둥굴 중각단 전경

| 토박이 땅이름 |

뒷골 : 중각단 뒤에 있는 들 이름.
엉굴 : 땅속에서 물이 많이 솟아 나오는 곳. 즉 지하수로이다. 얼음이 얼었을 때 밑에 굴같이 물이 흐른다는 뜻이다.
엉굴 도가리 : 엉굴(지하수로)이 있는 논도가리. '도가리' 는 논배미를 일컬음. 도가리는 동가리를 뜻한다. 둑을 경계로 한 것을 말한다.
미기방구 : 진등거랑가에 있는 바위로서, 바위틈 물속에 메기가 많이 있었다고 붙은 이름. 메기를 이 지방에서는 '미기' 라하고 '바위' 를 '방구' 라 한다. 1998년 예니호 태풍때 없어졌다.
진등거랑 : 진등 밑을 흐르는 내 이 지방에서는 '길다는' 것을 '질다고' 하는데서 '긴' 을 '진' 으로 부르고 있다 '. 내' 를 '거랑' 이라고 한다.
딱밭 도가리 : 중각단 앞에 있는 논으로 논둑에 딱(닥)나무가 많이 있었다고 해서 붙

중각단

마을에서 제일 중간에 있는 마을이로다
위로는 지당각단,술구름각단
아래로는 솔안각단,아래마을(두릉)이로다.
병암산 섶갓 내다 보는데 진등이 길게 뻗어내려 오더니
마을 한 복판에서 멈추어 안산을 이루고
그 아래 굼밭과 구메를 이루는데 내가 숨은듯이 흘러가네
진둥 너머 솔밭속에 옥수골 부자 묘가 있고
기와굽던 잿골이 있고
매사냥 하며 기르던 방매와
연두빛 찬란한 곡식 심은 연두밭 골짜기에
둥성이 고개인 덕고개와 넙떡번철은
옛 추억 간직된 곳
집앞에 엉글 도가리, 칼치도가리
안산도가리, 딱밭도가리, 모시도가리
논마다 이름 있네

담뱃대에 막힘에 후비는 대찔개 같이 생긴 대찔개 도가리
지핑가 얼어죽은 지핑도가리
지금은 이름조차 희미하여
잊혀져 가네
그래도 옛정은 남아
정답게 보이네

은 이름이다. 1998년 태풍 예니호에 없어졌다. 닥나무를 이 지방에서는 딱나무라고 한다.

모시 도가리 : 중각단 앞에 있는 논으로 논둑에 모시풀이 많이 있었다는 논

안산 도가리 : 중각단 앞에 있는 논으로 안산 가까이 있어서 붙은 이름이다.

진등 : 산등성이가 길게 뻗어 내려온 곳'. 진'은 '긴(長)의 방언이다'. 길다'는 것을 이 지방에서는 '질다'고 하는 데서 '긴등'을 '진등'이라 한다.

안산 : 길게 뻗어 내려온 진등의 끝에 있는 산으로서 마을안에 있음. 현재 묘가 10여 기가 있다. 권필대(1801~1849)의 비, 영월 신씨묘와 그 후손의 묘가 몇 기 있고 주인 없는 크고 작은 묘들이 있다.

진등 너머 : 진등 너머 있는 들.

진등 솔밭 : 진등 너머에 있는 솔밭. 무덤을 지키기 위해 심은 소나무밭으로, 지금은 어린 소나무 몇 그루와 무덤이 있다.

잿골 : 기와 굽던 가마터가 있던 곳. 옛날에는 기와를 '재'라고 하고 기와집을 '잿집'이라 일컬음. 1980년 봄(3월 말) 농로 넓힐 때 기와 굽던 가마터가 두 군데 있는 것을 필자가 직접 보았다.

대찔개 도가리 : 옛날 노인들이 담뱃대가 막혔을 때 후비는 쇠꼬챙이(J모양) 같이 생긴 논으로 잿골에 있다.

방매 : 매를 놓아먹이던 곳. 혹은 산 모양이 매같이 생겼다고 방매라 함.

못밭 : 옛날 못이었던 곳에 일군 밭. 옛날에 여기 못이 있을 때 어느 여자종이 빠져 죽었다 한다.

과객미 : 방매만디에 있던 묘. 두기가 나란히 있었다. 옛날 이 마을에 과객이 와서, 죽은 후에 잘 보살펴 달라며 재산을 내놓았다 함. 이 묘는 마을에서 해마다 벌초를 하고 묘제를 지내고 관리해 왔으나 2007년 도로공사로 인해 이장하고 없다. 지금 이 마을 소유의 논은 그 과객이 준 논이라고 함. 과객이란 자식 없이 떠돌아다니는 사람을 말한다.

방매만디 : 매 같이 생긴 산의 마루를 말한다,또는 매를 놓아 먹이던 산의 마루를 말한다.

연두밭 골짜기 : 녹두를 심어서 연두밭이라고 하는데, 옛날에는 녹두를 연두라 불렀다 함. 연두라는 것은 연한 곡식을 말하지만 녹두의 토종이 연두이므로 같이 여기고 쓴 듯하다.

작은 덕고개 : 둥굴서 박수골로 넘어가는 고개. 덕고개보다 사람들이 덜 이용하는 고개.

넙떡 번철 : 덕고개와 불성곳 사이에 있는 산등으로, 등성이가 매우 넓고 평평하여 번철같이 생겨서 붙은 이름.(덕고개 동쪽에 있는 산등성이)

덕고개 : 고개가 별로 가파르지 않아서 넘나드는데 별로 어려움이 없다하여 덕(德)고개라 함. 또 고갯길이 이리저리 여러 군데 덧난 길이 많다 해서 덧고개 → 덕고개, 매가 산을 덮친 형상이라 하여 덮고개→덕고개로 보는 견해도 있다.

산등위로 난 고개를 말하는데 등고개가 부르기 쉽게 덕고개가 된것이라 한다. 그리고 이곳에 고인돌 같은 돌이 많이 있는 고개라고도 한다.

덕고개 밑 : 덕고개 밑에 있는 들 이름.

잿골 거랑 : 잿골에서 흘러내리는 내.

지핑 도가리 : 지핑이 라는 사람이 얼어 죽었다는 논 도가리.

구매밭 : 굼턱진 곳에 있는 밭.

굼밭 : 이 밭에 기와 조각과 기와 쌓은 흔적이 많이 있는 것으로 보아 기와 구운 밭이라고 군밭이라 한듯하다. 옛날 밭이란 뜻이다. 구운밥 토기와 같은 것을 구운 밭으로 보면 된다.

구메 : 다른 지대보다 낮은 곳에 있는 집. 즉 굼턱진 곳에 있는 집을 말한다.

금실 만디 : 금실 쪽에 있는 산마루, 금이 나왔다는 금실의 산마루. 금실은 화실에 있다. 실이란 골과 골짜기, 곡(谷)으로 보면 됨 '. 마루' 를 이 지방에서는 '만디' 함

건내 : 중각단의 내 건너에 있는 집을 말한다

진등만디 : 진등위에 있는 마루를 말한다.

방매밭 : 방매 있는 밭을 말한다. 그곳에서 중심이 되는 밭을 보고 그 곳의 이름을 붙이어 부르기도 한다.

방매골짜기 : 방매있는 산골짜기

안산만디 : 안산위에 있는 산마루

칼치 도가리 : 칼치 같이 긴 논도가리

새논 : 새로 만든 논

진등 고개 : 종각단서 방매 잿골로가는 고개, 1970년대 초에 길이 떨어져서 못 다니게 되었다

앞갓계중논 : 권칭형(1711~1785) 후손들 계중 논으로 잿골에 있다. 부인 동래 정씨 묘가 이 마을 앞산에 있을뿐 아니라 후손들 묘도 앞산에 많이 있기 때문에 그 후손들이 모은 계중을 앞갓 계중이라 하고 그기에 딸린 논을 앞갓 계중논이라 한다.

방매못 : 방매 있는 못

안산 고개 : 중각단서 방매. 잿골, 진등 넘어가는 고개 1970년도 초에 길이 다 떨어져서 못 다니게 되었다.

안산밭 : 안산 위에 있는 밭

진등밭 : 진등 위에 있는 밭

군밭 : 옛날 기와 조각이 많이 나오는 밭이라 한다. 또는 진등 끝에 푹꺼진 밭이란 뜻이다.

방매서나무 : 방매만디에 있는 서나무 2007년 봄 도로 공사로 인해 베어졌다.

명밭 : 옛날 목화를 재배하던 밭. 목화를 이 지방에서는 '명' 이라한다.

떵띠밭 : 질땅이라 곡식이 잘 안되는 밭이다. 이곳의 흙이 좋아 기와 굽는데 많이 사용했는 데 흙을 이기며는 질어도 진 줄 모르고 되어도 된 줄 모르는 데 곡식만을 잘되지 않았다. 흙은 부드러운데 질흙도 아니고 미사토도 아닌 것이 없다. 그래서 기와 굽는데 많이 사용한 듯하다.

솔안각단

소나무로 둘러싸인 순솔백이 안쪽에 있는 마을이다. 둔옹 한여유(1620~1709)의 묘
를 수호하기 위해 도래솔(묘 둘레에 심은 소나무)을 심은 곳을 순솔백이라 하는데,
그 안쪽에 있는 마을을 말한다.

망성1리 둥굴 솔안각단 전경

솔안각단

둔옹 한선생 묘 도래솔이 순수한 소나무만 있다해서 순솔백이라
부르는데 그 안쪽에 있는 마을이란다.
내가 태어나고 자라고 살던 곳
봄이면 불성곳에 허들어지게 핀 참꽃 꺾으로 가고
여름이면 당수나무 그늘에 놀다가 소먹이로 덕고개로 가서
금실너머 옹당못에 목욕하고 놀다가 남의 밭에 소 넣어 소뺏겨 혼이나고
가을이면 방매로 가서 남의 밤나무밭에 밤 따 먹으러 가고
겨울이면 미나리꽝에 얼음지치고
뒷밭에 보물찾기 즐기다가
순솔백이 가서 뒹굴고
초등학교는 순솔백이,탑골,못안고개, 자래바우,큰못 화련당으로 해서 다니
다가
중ㆍ고등학교는 기차 통학 하느라 십오리길 걸어 가는데 화련당, 율동, 솔
끝, 용맷골, 도둑골, 매바우, 이무리 봇도랑 두대 모팅길로 걸어갔다.
이 모든 것이 추억일 따름이다.
지금 생각하면 꿈같은 이야기다.
이렇게 학창 시절 다 보내고
양친 부모 모시면서 농사 짓는다고
논은 어운굴
밭은 방메
겨울에 나무는 불성곳,금실로 단녔지

하늘에 불맞아 갈라져 염험있다.
불서고 빌던 바위 있는 곳
불성곳이라 하지만 먼 옛날 토기 만들고 굽던 곳이네
가마에는 언제나 불을 때서 이글이글 거리게 하니 불성굴이겠지

당수나무는 귀목과 포구나무 있었으나
다 사라지고 지금은 느티나무 두그루만 지키고 있네

물도 흐르고
세월도 흘러 가는데
모든것이 변하고 변해가니

아쉽고 아쉽기만 하지만
변해가는 세월 어쩔 수 없다.
그때 그 시절
그 소나무숲
지금도 푸르고 푸르구나

세월의 흐름에
모든 것이 변하는 가운데
산천도 변하고 사람도 변하고
하는 가운데
좁다란 길이 넓게 트이고
굽은 논뚝이 곱고 똑바른 가운데
그래도 살아가는 사람들이 있어
아름답기만 하여라

앞거랑 : 마을 앞을 흐르는 내.

순솔백이 : 순수한 소나무만을 심었던 곳. 둔옹 여유(1620~1709, 죽은 후 영조25년에 사헌부 지평이 추증되었으며 선후천도설, 건곤변36궁해, 왕로제논설 등을 지었음) 의 묘가 있는 곳, 묘를 수호하기 위해 도래솔을 소나무만으로 심은 곳이다. 이곳은 이 마을 중간에 있어서 이 마을 놀이터와 같았다.

순솔백이, 둔옹 한여유의 묘

아래미땅 : 순솔백이 아래에 있는 묘로써, 둥굴에 살고 있는 곡산 한씨(둔옹 한여유 후손)의 묘가 있는곳, 즉 아랫대의 묘가 있는 곳.경주 지방에서는 '묘의 땅'을 '미 땅' 이라 한다

탯밭 : 옛날에 집이있었던 밭.경주 지방에서는 터를 태라고 한다

서당밭 : 서당이 있었던 자리에 있는 밭.

묵밭 : 불성곳에 있는 밭인데 1950년대까지 논을 하다가 숲이 우거지고 산골짜기가 파여 나가서 물을 못대서 밭으로 농사를 지었는데 지금은 산이 되어있다.

거랑논 : 전에는 내였으나 지금은 내를 논으로 만들었다. 이 지방에서는 '내' 를 '걸' 또는 '거랑' 이라 한다.

당수재 : 이 마을의 수호신인 당나무가 있는 곳, 당수나무가 있는 재방이란 뜻이다. 지금은 당수나무와 내가 많이 멀어졌지만 옛날에는 이 나무밑으로 내가 흐른 데서 '당수재' 라고 부른듯하다. 그리고 '당수지' 라고도 부른다.

당수재 거랑 : 당수재에 흐르는 내.

불선바우 : 불을 켜면서 빌던 바위로서 본래는 바위가 하나였으나, 옛날에 벼락을 맞 아 바위가 갈라졌다. 즉 하늘의 불을 맞은 바위라는 뜻인데 근래까지(1985년) 불을 밝히고 비는 사람이 있었다.

불성곳 : 옛날에 이산의 불선바우에 불을 밝히고 공을 드리면서 불을 켰다는 곳이다. 지금도 이곳에 공을 드리는 사람이 있다.

불성곳 고개 : 둥굴서 화실(금실) 넘어가는 고개. 불성곳의 이름을 딴 곳. 1990년도까 지만해도 겨울 나무하러 많이 다닌 고개이다.

파굼태 : 불성곳에 있으며, 수십 년 전에 묘를 파낸 곳. 묘를 썼다가 이곳에서 바로

보이는 윗마을에서 소가 죽고 해서 불상사가 생겨서 묘를 다른 곳으로 옮겨간 터. 굼태란 굼턱진 곳의 터란 뜻. 즉 묘를 파낸 굼턱진 곳이다.

불성곳 만디 : 불성곳 산중에서 제일 높은 산봉우리, 만디는 마루를 말한다.

돼지산 : 돼지같이 생긴 산

오태방구 : 당수재 냇가에 있는 바위로서 오태라는 사람을 위해 옛날 그 어머니가 정월 보름날에 돈을 놓았던 바위. 오태라는 사람은 권씨로서 이 마을 탑골에 살다가 1976년 봄 부산으로 이사 갔다. 1999년 봄 수해복구할 때 없애 버렸다.

큰길 : 술구름 고개에서 술구름각단, 지당각단, 중각단, 솔안각단, 아랫마을에 거쳐 원고개까지 뻗어 있는 길로서 이 마을에서 제일 큰길이다.

깨골짝 : 흙이 깎여 나가서 생긴 골짜기. 깎여 나간 것을 이 지방에서는 깩여 나갔다 고 한다.

뒷내거랑 : 솔안각단 뒤에서 흐르는 내

동사 : 지금의 마을회관이 있기 전인 1975년 이전에는 이 마을 동회의를 이곳에서 하고 동사지기도 여기에 살았다. 한식골기와 집이 두 채 있는데 큰 채는 3칸인데 부엌 한 칸 방 두 칸이고 사랑채도 방 두 칸에 칠한 칸이다. 여기에 마을 소유 상여를 보관하였다.

집태밭 : 권필복(1757~1777)이 살림 나와 살았는 데 딸 한 명 남기고 일찍 죽고, 태운(1825~1855)을 양자로 삼았는 데 일찍 죽고 아들 인우(1855~1939)공이 살림을 많이 늘리어 살았는 데 1920년 대에 876번지로 이사 가고 밭으로 사용하다가 1961년 팔았는 데 산 집에서 1965년에 새로 집을 짓고 살고 있다.

미나리깡 : 옛날 미나리를 재배하던 논. 옛날에는 대가족이기 때문에 식구가 많은 큰 집에서는 미나리를 재배하는 일이 있었다. 봄에는 미나리를 재배하여 봄날 반찬으로 많이 했다.

순솔백거랑 : 순솔백이 아래 흐르는 내.

순솔백이 논 : 순솔백이 아래 있는 논.

앞운굴 : 솔안각단 앞에 있던 우물

왕글도가리 : 옛날 왕골을 지배하던 논이다 왕골을 이 지방에서는 왕글이라 한다. 방동사니과의 1년생초이며, 자리, 거적, 방석등을 만드는데 쓰인다.

동사거랑 : 동사앞을 흐르는 내

동사앞운굴 : 동사앞에 있는 우물

불성곳 골짜기 : 불성곳에 있는 골짜기, 불성곳 골짜기에 흘안개 넘어가면 큰비가 온다는 속담이 있듯이 깊은 골짜기이다(흘안개는 흘러가는 안개를 말한다).

새논 : 밭을 새로 논을 만든 곳

건네논 : 내 건너 있는 논

번답 : 물이 번쩍번쩍 잘마르는 논으로 옛날 보리를 갈던 논으로 이모작이다.

당수재 시불구시 : 당수재 있는 수렁이다. 수렁을 이 지방에서는 시불구시라 한다.

방구도가리 : 당수재 있는 논인데 논 복판에 바위가 두 개 나란히 있었다. 1992년도에

없애버렸다. 이 바위가 고인돌의 고임돌이었다.

불성굴 : 불을 서고 빌던 굴이 있는 곳. 즉 토기 굽던 도요지가 있는 곳. 1998년 9월 30일 태풍예니호때 산사태가 났기에 유름이를 데리고 갔는데 무엇인가 만지작거리며 가지고 놀기에 보니 토기 조각이었다. 신라시대 것부터 조선조까지의 토기 조각이 나오고 도끼, 칼등 쇳조각도 나왔다. 토기를 굽는 데는 흙이 좋아야 하고, 나무를 구하기 쉽고 물이 가까이 있어야 하는데 여기는 물이 조금 먼 것 같다. 그런데 토기 굽는 곳은 어디든지 찾아보면 수렁이 있게 마련인데 여기도 당수재 수렁의 물을 이용한 듯하다.

운굴도가리 : 우물이 있는 논도가리

등끝바우 : 산등 끝에 있는 바위.

빌바우 : 사람들이 빌던바위 1985년까지 빌던 사람이 있었다.

못자리 도가리 : 매년 못자리하던 논도가리

지당 도가리 : 옛날 지당을 논으로 만든 논.

화명산(化明山) : 해발195m인 산인데 불성곳 산중에서 제일 높은 산봉우리인데 불을 밝히고 빌던 곳이 있는 산의 봉우리.

종가밭 : 곡산 한씨 종가밭.

당수지 : 당수나무가 있는 곳.

불성곳 돌무더기 : 이 돌무더기는 누군가 묘터가 좋아 묘를 쓸려는 것을 말리려고 동민들을 동원해서 모아둔 돌무더기이다. 이곳에 묘를 쓰면 윗마을에 소가 죽고 불상사가 많이 일어나서 당시 주민들이 모아둔 돌무더기라 한다.

등대바우 : 붉은 산등성이에 있는 바위

토끼바우 : 토끼가 있었다는 바위

둥매바우 : 둥글고 매끈한 바위

탑골

옛날에 이곳에 절이 있었는데, 절에 탑이 있었다고 해서 탑골이라 한다. 이곳에 있던 절의 주지 스님이 경주시 율동 염불지 못을 막았다 한다. 근래까지만 해도 탑이 있었다고 하는데 언제 없어 졌는지는 모른다. 이 절의 주지 스님이 두응인데 염불하면서 못을 두 군데나 막았다고 해서 두응동 또는 두웅동이라고 불렀다고 한다.

망성1리 둥굴 탑골 전경

| 토박이 땅이름 |

운굴도가리 : 우물이 있던 논.
못안 고개 : 둥굴서 못안 넘어가는 고개.
장대댁논 : 옛날 장대댁 소유의 논인데 옛날 날이 가물어서 율동염불지 못이 말랐을 때 고기를 잡고 오다가 이 논에서 발을 씻었다는 말이 있듯이 물이 질긴 논이다. 옛날에는 못이 마르면 고기를 잡는 풍속이 있었다.
초산댁논 : 옛날 초산댁의 논이다
갱미댁논 : 옛날 갱미댁 논이다
노실댁논 : 노실댁의 논이다
명계댁 : 옛날 명계댁의논이다
매국댁논 : 옛날 매국댁 논이다

탑골

옛날 전해오는 이야기로는
이 곳 절 주지 스님이 두응인데 염불소리에 놀라
못을 두군데나 막았는데
염불지라 하고 마을은 두응동이라 했다네
그래서 이 마을 사람들은 고개너머
못밑에 농사를 짓는다지
절도 없어지고
탑도 없어졌지만
그래도 흔적만은 남아
지금은 절과 탑대신 서당이 있다.

탑있던 앞에는 이름없는 큰 무덤있고
뒷산에는 민애왕릉으로 전해지는 왕릉 있고
앞 천장봉에는 희강왕릉이란 큰 무덤 있는데
이 왕릉도 탑골의 절과 관계가 있겠지
순솔백이 숲 앞 막고
숲너머 불성곳이 아련히 보이는 곳
학문닦던 서당에 많은 문도 길러 내더니
그것도 세월따라 없어져 가고
집만 덩그렇게
옛날을 그리워하네

사태만디 : 붉은흙이 사태진 곳의 마루.

능갓 : 국가지정 문화재인 사적 190호로 지정된. 전민애왕릉이 있는 산. 산을 이곳에서는 갓이라고 부른다. (민애왕 : 신라 44대왕(제위838~839) 836년 희강왕을 즉위시킨 후 상대등이 되었으며, 838년 시중, 이홍 등과 함께 희강왕을 협박, 자살하게 하고 즉위하였다. 이후 균정의 아들 우징과 장보고 군에 의하여 피살되었다. 꼭 민애왕릉이라고 할 수가 없다고 한다.) 릉은 호석을 두르고 긴 장대석을 기대어 놓은 무덤인데 필자가 알기로는 3번 도굴범들이 팠으나 실패한 것 같다. 가장 근래는 1980년 12월 22일 밤에 도굴하다가 실패하고 도망간 것이다.

망성1리 둥굴 전 민애왕릉(사적 190호)

능갓골짜기 : 전 민애왕릉이 있는 산골짜기

능갓만디 : 전 민애왕릉이 있는 산마루

서당뒤산 : 옥연서당 뒤에 있는 산

옥연서당 : 임진왜란 때 의병을 모아 전공을 세운 매헌 권사민을 추모하기 위해 세운 서당이다.

과객미 : 못안고개 너머 천장봉에 있는 묘인데. 한기가 있다. 이 마을에 와서 재산을 주고 죽은 과객의 묘라고 한다. 지금 이 마을 소유논은 그 과객들이 준 논들이라 한다.

말미 : 탑골에서 못안고개를 오르다 보면 왼쪽에 길쭉하고 두둑한 곳이 있는데, 이것을 보고 이곳 사람들은 말미라고 한다. 말(馬)이 죽으면 묘를 길쭉하게 만들었다고 한다. 묘를 이 지방에서는 '미' 라고도 함.

고래장 : 탑골 마을 앞에 있는 고분. 고려 시대 것이라 해서 고래장이라 부름. 이 고분은 전에는 지금보다 크고 높았으며 정교하게 다듬은 돌도 많았는데 언제 없어진지 모른다 함. 1910년경에 어떤 사람이 말 타고 이 묘를 찾으러 온 일도 있었다 한다.

탑골만디 : 탑골 고개가 있는 등 위의 마루로 현재 밭으로 되어 있다.

복만이밭 : 옛날 이복만이라는 사람 소유의 밭.

서당앞밭 : 옥연서당 앞밭으로 서당에 딸린 밭이다.

서당운굴 : 서당옆 종가에 있는 우물.

장오댁집터 : 옛날 장오댁집이 있던 터 1976년 봄 부산으로 이사 갔음.

동답: 옛날 이 마을 소유였으나 마을에서 팔아서 지금은 개인 논이다.

탑골고개 : 중각단서 탑골로 넘어가는 고개.

박수골

박수(남자무당)무당이 살던 곳이라 한다. 1988년 2월초(5일경) 이곳에서 얼마 떨어지지 않은 화곡1리 벤다골에서 한영흔 씨가 자기 집 근처에 있는 산에 돼지우리를 지으려고 굴찾기로 터를 고르던 중, 신라 시대 것으로 추정되는 돌홈 속에 화장한 사람의 뼈를 넣은 골호와 흙으로 만든 십이지신상을 발견하 바 있다. 이 사실로 보아 이곳에 절이 있었을 것이고 절에는 스님과 남자 무당이 살았을 것이라 추측된다. 함지박을 엎어 놓은 듯한 산에 물이 많이 새는 곳이라 한다.

망성1리 박수골 전경

박수골

둥글고 둥근 둘국만디서
뻗어내려온 큰등 아래
쿵쿵거리는 쿵쿵미
박수무당 미가 아닌지
박수무당 어디서 어떻게 살았는지
죽어서도   쿵쿵거리는 쿵쿵미가 되었는지
방구많고 물많은 곳
뱀등같이 가는 뱀이
함지박같은 함박등
요리 조리 가는 토끼같은 꼬부랑 고개 토깽길
토깽길에 비하면 누운 듯이 썰매 타듯 넘어간다는 누운살매
양쪽 산비탈은 넘살매 비알
범끄리의 범바우
옛날 풀가꾸며 베던 분등
돌촉같이 뾰족한 도초바우
절있던 절태바우
이름도 가지 각색
옛 나무꾼들이 많이 다니던 곳이라
나뭇꾼들이 이름 지어내고 나무하던곳
지금은 희미한 기억속에 사라져만 가네.

분등 : 둥굴과 박수골 사이에 있는 산등성이로서 옛날에 풋거름을 하기 위해 풀을 많이 베던 산등. 풀등이 분등으로 발음이 변한 것이다.

분등비알 : 둥굴과 박수골 사이에 있는 산등성. 즉 둥굴과 화실을 분할하는 산비탈로서 옛날에 풀을 많이 베던 등의 비탈을 말한다.

분등만디 : 둥굴과 박수골 사이에 있는 산마루로 분등 위쪽의 산마루를 말한다.

큰등갓등 : 큰등의 제일 가장 자리에 있는 산등성이.

함박등 : 함지박을 엎어 놓은 듯한 산등성이.

뱀이등 : 뱀등 같이 가느다랗게 뻗어 내린 산등성이.

둘국만디 : 사방이 두리두리한 산봉우리. 박수골서 제일 높은 산마루이다.

큰등 : 산등이 매우 큰등인데 이 산에서 제일 큰등이다.

누운살메 : 누운 듯이 비스듬한 고갯길. 썰매를 이 지방에서는 살메라고 말한다.

넘살메비알 : 넘어다니는 고개가 있는 산비탈. 누운 살메 양쪽의 산비탈.

토깽길 : 꼬부랑 길을 말한다. '토끼'를 산에서 쫓으면 이리저리 잘 가기 때문에 꼬부랑길을 보고 토깽길이라고 한다. 토끼를 보고 이 지방에서는 '토깽'이라고 한다.

주산 : 신한 주씨 소유의 산

도초방구 : 이 바위에 올라가면 도초가 보인다는 바위. 도초마을이 있으므로 해서 도초가 보인다고 하지만 도초마을은 보이지 않는다 그런 것을 보면 돌이 뾰족한 것을 보면 돌촉바위가 도초방구라 불리게 된 것이다.

쿵쿵미 : 묘에 올라가서 뛰면 쿵쿵거린다고 해서 붙은 이름이다. 지금도 묘 위에 올라서서 뛰면 어른이 뛰어도 쿵쿵. 어린애가 뛰어도 쿵쿵거린다.

맷돌방구 : 맷돌같이 생긴 바위.

절태방구 : 옛날 이 바위 위에 절이 있었다고 한다.

안솔밭 : 골짜기 안쪽에 있는 솔밭.

된살메 : 매우 가파른 산비탈로 오르면 고되다는 산비탈. 즉 썰매를 타고 오르면 된다는 뜻이다.

두리봉 : 두리번한 산봉우리를 말한다.

된살메 비알 : 된살메에 있는 산비탈.

토깽길너머 : 꼬부랑길인 토깽길 너머 있는 골짜기를 말한다.

주산속등 : 주산의 산깊숙이 있는 산등

박수지 : 박수골에 있는 못.

뱀사등 : 뱀같이 가느다란 산등성이.

아랫마을(두릉)

둥굴의 아래쪽에 있는 마을이라서 아랫마을이라고 부른다. 혹은 두릉이라고도 하는데 동쪽의 두릉(민애왕릉, 희강왕릉)이 막고 있다 해서 두릉이라고 한다. 동서로 두 산 능선이 뻗어 내려와서 막고 있다 해서 두능이라고 부른다고도 한다. 술구름, 지당, 중각단, 솔안각단과 탑골을 윗마을이라고 하고, 이곳은 마을의 아래쪽에 있다고 해서 아랫마을이라 한다. 혹은 술구름, 지당각단을 윗마을, 중,솔안각단 탑골을 중각단이라 하고 이곳을 아랫마을이라 하기도 한다.

아랫마을(두릉) 전경

| 동제 |

나무 : 느티나무 한 그루(나이 400년 정도)로 보호수다.

제일 : 매년 동짓달 보름날(음 11월 15일), 1962년부터 안지냄. 그전에는 지냈으나 그 후 망성3리에서 망성1리로 통합되면서부터는 한마을에서 두 군데나 지낼 수 없다는 데서 안 지냈다함.

제관 : 송동어른(한락만:1894~1971)께서 지냈으나 망성1리와 통합되면서 안 지내게 되었다.

망성1리 둥굴 아랫마을 당수나무(느티나무)

아랫마을(두릉)

둥굴에서 제일 아래 있는 마을이라 아랫마을이란다.
큰 반달같은 장자태만디서 뻗어내려온 산등성이에 전민애왕릉이 있고
그 아래 천장봉에 희강왕릉으로 여기는 큰 고분이 있어 두릉이라 하는지,
천장봉 뒤에 장자태만디를 업고 있어
천장봉 작은 반달
장자태만디 큰 반달 겹치고 겹치니 두 능선이 막고 있어 두릉이라 하네
밀개 등이 밀려와 만날 듯 만날 듯 이어질 듯하는 사이
곡산 한씨 종택이 있네
그 앞에 맑은 내가 흐르고
내 건너 불성곳 돼지산의 밀개등이 밀려오면
어운굴 물이 더 차갑게 다가와
마을의 생명수로 여기고
여름이면 물맞이 한창이고
평평한 평정들에
무쇠 정자 있었다는 쇠정들
기와 굽고 토기 구운 윗골,오리밭에 오랜 세월후에 오부지 못박고
자기 실어 나른 자지고개
이름따라 전설 이어지고
고을원님 지나다가 쉬어 넘던 원고개
서당이 있어 가는 서당고개
얼마나 물이 귀했는지
겨울에 물 흘러 보냄 아쉬워 도랑파서 물가두다
그 곳에 못 막아 도랑못이라 부르네

지금도 이곳엔 곡산 한씨들이 많이 살고 있는데
오래된 종택엔 백일홍 붉은 꽃이 만발하고
옛스런 정취가 풍겨나네

천장봉 : 천장군 묘가 있는 산봉우리. 천장군 묘라 부르던 것을 신라43대 회강왕릉이라 하여 지금은 국가지정문화재 사적 220호로 지정하고 있다.

희강왕 : 신라 43대왕(재위 836~838) 원성왕의 손자로 흥덕왕이 후사 없이 죽자 삼촌인 균정과 왕위 다툼을 하다가 시중 김명, 아찬, 이홍 등의 옹립으로 즉위하였다. 즉위하자 김명이 난을 일으키자 자살하였다. 삼국유사에 의하면 소산에 장사 지냈다고 하는데 어디가 소산인지 알 수가 없다. 일설에 의하면 새말 뒷산이 소산이란 설이 있다. 그곳에 회강왕릉이라고 여기는 고분이 지금도 있다. 일설에 의하면 조선조 말 회강왕릉이 탑골의 동쪽에 있다는 말을 듣고 탑골에 와서 동쪽으로 가니 산봉우리 부분에 큰고분이 있는데 그것을 회강왕릉으로 알고 지정하였다고 한다. 실제 탑골은 무시밭에 절이 있고 탑이 있었는데 그 동족인 새말 뒷산에 회강왕릉으로 여기는 고분이 있다고

신라 회강왕릉(사적 220호)

한다. 그곳 주민들도 그렇게 믿고 있다. 그곳 주민들도 그렇게 믿고 있다. 그래서 아랫마을 곡산 한씨 중에서 누군가 회강왕릉으로 여기는 고분에 와서 능제를 지내는 것을 보고 누구 능인지도 모르고 지낸다고 한데서 곡산 한씨들이 한동안 수난을 당했다고 전한다.

평정보 : 평정들에 물을 대는 보.

섬논 : 평정 봇물을 대는 논. 평정보 가까이 있는 논으로, 사방이 도랑으로 둘러싸여 섬 같은 형상을 한 논이다. 또, 다른 논은 가마니로 벼의 수확을 셈한다면 이 논은 섬으로 많은 수확이 난다는 뜻으로, 그만큼 땅과 물이 좋다는 논이다. 한 가마니는 열 말이고 한 섬은 두 가마니다(2000년 초 경지정리 하면서 없어졌다).

밀개등 : 밀개같이 생긴 산등성이. 밀개는 곡식을 멍석 위에 말릴 때 얇게 펴는 도구('고무래'를 이 지방에서는 '밀개'라 한다).

삼밭골 : 옛날 이곳에서 삼을 많이 재배하여 삼밭골이라 한다고도 하고, 윗마을에서 보면 산 밖에 있는 골짜기라 해서 산밖골이라 한다고도 한다.

삼밭재 : 둥굴서 화실 넘어가는 고개. 삼밭골에 있다.

어운굴 : 얼음운굴의 준말.(우물을 이 지방에서는 운굴이라 한다.) 여름에 얼음같이 차가운 물이 솟아나오는 우물이란 뜻이다. 땀띠가 났을 때 이 우물물로 씻으면 땀띠가 없어진다 하여 1960년대 말까지만 하여도 줄을 서서 목욕을 한 때도 있었다. 그리고 이 우물을 약물탕이라 하는데, 옛날에는 온갖 질병이 있을 때마다 씻으면 잘 낳았으나 문둥병 환자가 목욕하고 병을 고친 뒤부터 물의 정기가 없어져서 지금은 효과가 없다고 한다. 최근까지도 여기서 비는 사람이 있었다.

어운굴 들 : 어운굴이 있는 들.

운굴 도가리 : 어운굴이 있는 논 도가리.

길입새 도가리 : 길가에 있는 논 도가리. 어우물 들에 있는 2000년 경저정리 때 없어졌다

방천 도가리 : 방천(돌로 쌓은 둑)이 잘 무너져서 붙인 이름. 높은 곳에 있는 논 인데 방천처럼 돌로 둑을 쌓고 논을 만 들었다. 어운굴 들에 있는 2000년 경지

어운굴

정리 때 없어졌다. 본래는 묘가 있었으나 묘를 수십 년 전에 다른 곳으로 옮기고 그 곳에 돌로 둑을 쌓고 논을 만들었다고 함. 돌로 쌓은 둑이 무너진 것을 방천 났다고 함.

못자리 도가리 : 수십 년 동안 이 논에서만 못자리를 하고 있는데, 그만큼 물과 땅이 좋아 물못자리의 적지임. 어운굴 들에 있음. 이 논의 흙이 모래참흙이라 옛날 물못 자리 할 때는 모가 잘 되었다(2000년경지정리 때 없어짐.).

반티 도가리 : 어운굴 들에 있는 논으로 반티(함지)와 같이 생긴 작은 논. 네모지게 만 든 함지를 이 지방에서는 반티라 한다. (2000년경지정리 때 없어짐.)

몽에 도가리 : 소의 몽에(멍에를 이 지방에서는 몽에라 함.) 같이 생긴 논 도가리. 어 운굴들에 있었는데 경지정리 때 없어졌다.

약물탕 : 어운굴들에 있는 우리논의 우물인데 이 우물은 물이 하도 차가워 여름에 땀 띠가 났을 때 씻으면 잘 낳는다고 해서 약물탕이라고 한다.

대추나무골전(고논) : 대추나무가 있었던 고논. 어운굴 들에 있는 우리논인데. 고논을 부르기 쉽게 골전이라 하고 있다. 그런데 밭에도 물이 많으면 논과 같다는 뜻으로 언제나 물이 고여 있다는 밭과 같다는 뜻이다. 2000년 경지 정리때 없어졌다.

칼치도가리 : 칼치처럼 길게 생긴 논 도가리로 어운굴 들에 있음.(경지정리 때 없어짐.)

술통 도가리 : 도랑물을 대는 수통이 있는 논으로 어운굴 들에 있음.(경지정리 때 없 어짐.) 수통을 이 지방에서는 '술통' 이라 한다.

반달 도가리 : 반달 같이 생긴 논 도가리. 어운굴 들에 있음.(경지정리 때 없어짐.)

길발패 도가리 : 길 바로 위에 있는 논 도가리로서 길 가는 사람들이 많이 밟고 다니 는 도가리. 어운굴 들에 있는 논인데 경지 경리 할 때 없어졌다.

두마지기 : 어운굴 들에서 제일 큰 논도가리로 벼 수확이 두 마지기 정도 된다는 논 이다.(논 한 마지기는 200평정도 이지만 일정하지는 않지만 1마지기에 벼2섬(4가마 니) 수확이 난다고 보면 두 마지기는 4섬(8가마니)가 수확나는 논을 말한다. 평수에 관계없이 벼가 네 섬 정도 난다는 논으로 보면 된다.

돌무더기 도가리 : 이곳에 논 만들 때 돌을 많이 모아 둔 도가리. 어운굴 들에 있 음.(경지정리 때 없어짐.)

구들논 : 이곳에 돌이 많아 밑에는 돌을 넣고 위에 흙을 덮어 구들같이 만든 논. 어운

굴들에 있음(경지정리 때 없어짐).

평정 : 이 마을에서 가장 평평한 곳에 있는 들.

평정 봇도랑 : 평정 봇물을 평정들에 대는 도랑.

독수골 : 독서하는 서당이 있던 곳. 독서가 독수로 발음이 바뀐 것이다.

서당앞 : 옛날 곡산 한씨 서당이 있던 앞.

서당못 논 : 서당이 있던 앞의 못을 없애고 만든 논. 해방 직후 토지개혁 때 이 못 아래 있는 논과 못이 본래는 한 집 소유였으나, 못 아래 논은 연부답으로 농사지어 주던 사람이 다 차지하고 못만은 연부답으로 안 넘어가서 못을 논으로 만든 것이다. 지금은 둥굴 곡산 한씨 문중 소유논이다. 연부답이란 해마다 논을 부치는 것을 말한다.

독사골 : 독사가 많이 있는 골짜기.

부처골 : 아랫마을 독수골 뒤에 있는 산골짜기로 옛날에 절이 있어 부처가 있던 곳이다.

불상골 : 부처가 발견된 곳. 일제 때 금동불상이 발견 되었던 곳. 공동산의 반대쪽 산.

서당고개 : 서당이 있던 고개. 둥굴 아랫마을에서 어운굴로 해서 화실 넘어 가는 고개

새난 지질 : 동쪽을 '새' 라고 하는데서 동쪽으로 난 '땅' 이란 뜻이다. : 쇠가 났다는 산. 옛날에는 금이 나왔다고도 함. 이 땅은 원래 옛 무덤터라 금속이 많이 나온 곳임. 지질은 산자락을 말한다. 동쪽으로 된 산기슭이란 뜻이다.

공동산 : 이 마을의 공동묘지가 있는 산. 일제 때 묘지를 개인산에 허가해 주지 않고 마을마다 공동묘지를 정해 주고 강제로 거기에 묘를 쓰게 했는데서 둥굴의 공동 묘지이다.

오부지 : 옹기 굽기 위해 흙을 파낸 곳에 못을 막은 곳. 지금은 오리밭못 이라고도 함.

오리밭 : 옹기를 굽던 곳 인데 '옹기밭' 이 와전되어 오리밭이라 한 것이다. 망성리 도요지가 있는 곳. 지금도 오부지 못 근처에 토기 파편이 많이 있다. 망성리 도요지에서는 토우가 붙은 토기가 출토되기도 하고 이곳의 토기가 신라 왕경지구에 많이 보급된 것이다.

오리밭못 : 오리밭에 있는 못토기를 굽기 위해 흙을 파낸 곳에 먼 훗날 못을 막은 것이다

오람못 : 자지고개 마루에 있는 못으로, 이곳으로는 사람이 안 다니므로 사람이 많이 오라는 뜻으로 붙인 이름이다. 또는 옹당못이란 뜻이기도 하다.

자지고개 : 고개가 한쪽으로 기울어진 고개 화실 쪽에서는 편편하게 오다가 동굴 쪽에서는 경사지게 길게 내려가기 때문이다. 둥굴서 화실 넘어가는 고개.

그리고 자기를 굽던 가마가 있던 고개.또는 굽은 토기를 싣고 많이 넘던 고개로 어연, 화곡선작골, 서당너머 도요지의 토기를 이 고개를 넘어 신라 왕경지구에 많이 날랐기 때문이다 토기를 이 지방에서는 자기라 하고 발음이 잘못되어 자지가 되다 보니 거기에 대한 전설이 전해져 오고 있다. 옛날 어느 봄날 한 일꾼이 이 고개 중턱의 논에서 일을 하고 있는데 어느 여인이 올라오기에 뒤따라 갔으나 용기가 나지 않아 뒤돌아 오다가 성기(자지)를 끊어버렸다는 이야기가 전해오고 있다. 한쪽으로 기

울어진 고개, 자진고개가 자지고개로 되었다고 한다. 이 지방에서는 한쪽으로 기울어진 것을 자져졌다고 한다.

강당산 : 옛날 서당이 있던 '강당의 뒷산' 이란 뜻으로 해석됨. 서당에는 으레 강당이 있었기 때문이다.

모시고개 : 오부지와 서리밭못 사이에 있는 고개. 못새고개가 모시고개로 된 것임. '새'를 이곳에서는 '시' 라고 부른다. 모시풀이 많은 고개라고 하기도 한다.

윗골 : 외를 많이 재배하던 곳이라고도 한다. 기와 굽던 곳이라고도 하는데 '외'는 기와를 뜻하기도 한다.

윗골 못바지 : 오부지 못물을 받아대는 들로서 기와 굽던 곳이라고도 한다. '외'가 기와를 뜻하기도 하는데. 외는 부정확한 발음에서 '왜' 와 통하며 왜는 '와' 와 통하기에 그럴듯한 풀이라 하겠다. 기와는 한자로 와(瓦)로 부르기에 와를 이 지방에서는 '외'로 쉽게 부르고 있다.

윗골 봇도랑 : 윗골 보받이에서 윗골들에 봇물을 대는 도랑

윗골 보받이 : 윗골 봇물을 받아 농사짓는 들.

동제답 : 이 마을 동제를 지내는 사람이 농사짓는 논, 그러나 2000년 경리정리 때 없어졌다

동답 : 이 마을 소유의 논. 이 논은 과객들이 준 논이라고도 한다. 본래 여러 도가리였으나 경리정리 할 때 동제답과 동답합해서 두 도가리가 되었다.

방구 배미 : 바위가 있는 논. 옛날에 바위가 논에 있어 일하기에 불편하므로 바위를 없애 버렸는데, 일하기는 좋으나 벼가 잘 안 되어 다시 그 자리에 바위를 갖다 놓으니 벼가 잘 되었다고 한다. 윗골 보받이이면서 오부지 못물을 이용하는 논이다. 그러나 1991년도에 바위를 없애 버렸다.(이 바위가 고인돌이라, 2000 년 경지정리 때 발굴작업을 하였다.)

윗골보 : 윗골들에 물을 대는 보.

숲에논 : 아랫마을 당수나무 근처에 소나무 숲이 우거져 있었는데 나무를 베어내고 논을 만들었다 해서 그 근처를 지금은 '숲에논' 이라고 한다.

원고개 봇도랑 : 원고개 들에서 원고개 봇물을 대는 도랑.

원고개보 : 원고개 들에서 물을 이용하는 보.

쇠정보 : 쇠정들에 물을 대어 주는 보.

쇠정 : 무쇠 정자가 있었던 곳의 앞 들. 둥굴 마을에서 보면 정동 쪽이므로 새정이 되므로해서 무쇠정자가 있었다고 전한다.

무시밭 : 무쇠 정자가 있었던 곳이라 전하는 곳이다. 이곳에 옛날에 무쇠 정자가 있었다 해서 구경 온 사람도 있었다 고 전한다. 이곳은 수많은 고분과 경주 남쪽에서는 제일 큰 고인돌이 있는데 무쇠밭이 부르기 쉽게 무시밭이 된 것이다.

파발당 : 묘를 파낸 곳. 무시밭 뒷산에 있다.

문수산 : 문수보살이 있었던 절 뒤의 산. 옛날 이곳에 절이 있고 탑이 있었는데 조선조 말에 신라 왕릉을 찾을 때 탑골 동쪽에 가면 희강왕릉을 찾을 수 있다는 데서 이

곳의 동쪽에 신라 희강왕릉이 있는데 누군가 둥굴의 탑골을 알려주었는데 그 동쪽 산 위에 가니 큰 고분이 있어서 그것을 왕릉인 줄 알고, 그곳을 희강왕릉으로 정하고 오늘날 사적220호 정한 신라43대 희강왕릉인 것이다.

원고개 : 둥굴 아랫마을에서 경주시 율동 못 안으로 넘어가는 고개. 고을 원이 자주 지나다니면서 쉬었던 고개라 한다. 언양, 양산, 동래 등의 원님이 다니던 고개인데 전설에 의하면 동래원님이 이곳을 지나는데 타고 가던 가마가 너무 크고 무거워서 내버리고 다른 것으로 바꿔 갔다는데 그때 고을 원님이 내버린 가마를 둥굴마을에서 주워다가 상여로 사용하고 있는데 지금 사용하고 있는 상여가 그때 것이라고 전한다. 그런데 그 나무는 가죽나무라고 한다.

방매 : 매 같이 생긴 산으로 골짜기가 큰 곳을 큰방매, 작은 곳을 작은 방매라 함. 그리고 옛날에 매를 방목하던 산이라 한다.

큰방매 : 매 같이 생긴 산으로 매를 방목하던 산, 원고개 너머 있는 산으로 골짜기가 큰 곳.

작은방매 : 매 같이 생긴 산인데 매를 방목하던 산으로 방매라고도 함. 밤같이 생겼다고도 하는데, 작은 골짜기.

도랑못 : 옛날 율동 염불지 못이 가뭄에 말랐을 때 둥굴앞 냇물을 겨울에 율동 염불지 못에 끌어 들이려고 염불지 못쪽과 둥굴 내쪽에서 도랑을 파고 가다가 그 당시 어떤 일이 있었는지 중단 하였는데, 오랜 세월이 지난 후에 그 곳에다 못을 막았으므로 도랑못이라고 한다.

원고개 들 : 원고개 아래에 있는 들을 말한다.

과객미 : 원고개 동쪽 산기슭에 아래위로 두 기가 있는데 여기 묻힌 과객이 둥굴마을에 와서 죽으면서 많은 재산을 주었다는데서 지금까지 마을에서 벌초를 하고 묘제를 지내면서 수호하고 있다. 그런데 여기 있는 과객 묘에는 비를 세웠던 비 받침이 있는데 언제 누가 어떤일로 없앴는지 모른다. 그래서 근래에 동민들이 다시 비를 세웠다. 지금 둥굴마을 소유의 논은 이들 과객이 준 것이라 한다. 과객이란 자식 없이 떠돌아다니는 길손을 말한다.

몽에 배미 : 소 멍에 같이 생긴 논으로 원고개 들에 있었는데.(2000년도 경지 정리 때 없어졌다.)

한길 : 한양 가는 큰길. 부산, 동래, 양산, 언양 등지에서 한양 갈 때는 이 길을 통해 갔다고 한다.

나팔봉 : 나팔같이 생긴 산봉우리.

윗골거랑 : 윗골보에서 쇠정보까지를 말한다. 즉 윗골들 앞을 흐르는 내. 내를 이 지방에서는 거랑이라 함.

향나무운굴 : 향나무가 있던 우물인데 2000년 경지정리 때 없어지고 향나무는 대구 사람이 가져갔다고 한다.

복판운굴 : 아랫마을 복판에 있었던 우물 2000년 경지정리 때 없어졌다.

아래우물 : 아랫마을의 아래쪽에 있는 우물, 1980년 초에 없어졌다.

물푸는 도가리 : 물을 퍼서 농사짓는 논.

벌초 도가리 : 묘 벌초하면서 부치는 논.

들백이 : 들어 엎혀 있는 논.

납작도가리 : 납작한 논을 말한다.

망산바우 : 망산 쪽에 있는 바위인데 고인돌이다. 경주 남쪽에서는 제일 큰 고인돌이다.

망산 골짜기 : 망산 쪽에 있는 골짜기.

음달갓 : 어운굴의 음달 쪽에 있는 산.

양달갓 : 어운굴의 양달 쪽에 있는 산.

서당너머 가는 길 : 아랫마을서 서당너머로 가는 길인데 어운굴로 해서 가는 길이다. 어운굴들에 있는 두마지기와 길밭패도가리 사이로 서당너머 가는 길이다, 경지정리 때 들길은 끊어지고 산길은 아직 있다.

윗 서당고개 : 서당고개 중에서 위쪽에 있는 고개인데 옛서당 있는 곳에서 화실못 가는 고개.

아래 서당고개 : 서당고개 중에서 아래쪽에 있는 고개인데 어운굴서 옛서당 있는 곳으로 넘어가는 고개, 고개 어귀에 1970년대 까지만해도 나무 표지석이 서 있었다.

건네들 : 아랫마을 건너 있는 들.

평정거랑 : 평정보에서 윗골보까지를 말한다. 즉 평정들 앞을 흐르는 내.

쇠정거랑 : 쇠정보 아래를 흐르는 내. 즉 쇠정들 앞을 흐르는 내.

쇠정봇도랑 : 쇠정들에서 쇠정봇물을 대는 도랑.

과객묘답 : 독수골에 있는 논으로, 이 마을에 와서 자기 재산을 남기고 죽은 과객의 묘를 관리하고 묘제를 지내는 논. 이 마을 소유로 전에는 동사지기가 이 논을 경작하고 과객묘 다섯 위를 벌초하고 묘제를 지냈으나, 동사지기가 없고 부터는 이 논을 부치는 사람이 벌초를 하고 묘제를 지내 왔다. 요즈음은 이 마을 유사가 벌초를 하고 묘제를 지내고 있다 그런데 이 논도 언제인지 마을에서 팔았다고 한다.

어계골 : 어운굴 들 위에 있는 산골짜기를 한자로 표기할 때 부른다.

인수도랑 : 윗골봇도랑을 말하는데 서리밭못이 겨울에 말랐을 때는 윗골봇 물을 윗골봇도랑을 이용해서 넣기 위해 돈을 주고 인수했다는데서 지금도 겨울에 서리밭못에 물을 넣을 때는 이 도랑을 이용해서 물을 대고 있다.

어운굴산만디 : 어운굴에 있는 산마루로 옛날 아랫마을 사람들이 달 보던 산이다.

장군미 : 어운굴 위 산등에 있는데 곡산 한씨 장군의 묘라고 전한다. 통훈대부 절충장군 용양위 부호군 한익관(1793~1876)의 묘인데 어운굴 산에 있다.

밤나무도가리 : 논뚝에 밤나무가 있었던 논, 삼밭골에 있다.

감나무도가리 : 논뚝에 감나무가 있는 논, 삼밭골에 있다.

큰논도가리 : 삼밭골에 있는 논으로 근처에서 제일 큰 논.

운굴도가리 : 삼밭골에 있는 논으로 우물이 있는 논.

어운굴윗못 : 삼밭골에 있는 못으로 어운굴의 위쪽에 있는 못.

긴도가리 : 윗골 못바지에 있는데 논가리가 길게 생긴 논.

안단마지기 : 안쪽에 있는 다섯 마지기를 단마자기라고 부른다.(한 마지기는 보통 200평인데 일정하지는 않지만 보통 한 마지기는 네 가마니 두 섬 기준이다. 한 가마니는 열 말이고 한 섬은 두 가마니이다. 옛날에는 평수와 관계없이 한 마지기는 네 가마니(두 섬)인 것이다. 그렇기 때문에 땅이 좋아 수량이 많이 나면 평수 관계없이 마지기가 늘어나고 땅이 나빠 수량이 적게 나면 평수는 많아도 마지기 수가 적음을 알 수 있다. 예를 들면 600평이 네 마지기가 있는가 하면 1000평 가까운 평수 에도 세 마지기가 있다.)

어운굴 아랫못 : 어운굴에 있는 못인데 아래쪽에 있는못 2003년 봄에 논 주인이 없애 버렸다.

바같단마지기 : 바같에 있는 다섯마지기 논이다.

산밖골 : 윗마을에서 보면 산 바깥쪽에 있는 골짜기라 한다.

번철 : 어운굴과 삼밭골사이에 있는 산등성이로 넓은 번철같이 생긴 산등.

배나무 도가리 : 옛날 논 뚝에 배나무가 있었던 논.

서원밭 : 둔옹 한여유를 향사 지내던 두릉서원이 있던터로서 지금은 밭이다.

계중논 : 권성적(1735~1814)묘의 위토답이다.

어운굴만디 : 어운굴 위의 산마루를 말한다. 옛날 아랫마을에서 달맞이하던 곳이다.

망성산 : 옛날에는 시망산이라 했는데 별을 바로 볼 수 있다는 데서. 신라시대 왕이 1년에 몇 번씩 올라가 하늘에 제사 지내던 곳이다. 1960년대까지만 해도 월성군의 무제(기우제) 지정산이었다. 무제 지정산이라 함은 군수가 제주가 되어 군민을 거느리고 무제 지냄을 말한다. 망성산을 망산이라고도 한다. 그리고 신라 때 부녀자들 이 화랑을 맞이하던 산이라

망성산 기우제단에서 필자

한다.전설에 의하면 문천에서 여인이 빨래를 하는데 남쪽에서 남자신과 여자신이 다가오는데 산같은 사람 봐라! 해야 할 것을 산봐라 한데서 두신이셨는데 남자신이 선 것은 울퉁불퉁하게 골짜기도 많고 바위가 많은 남자같이 생긴 경주 남산이 되고 여자신이 선 것은 여자같이 곱고 아름다우며 둥굴고 푸르른 망산이 되었다고 한다.

망성산

형산강 기린내 맑은물
망성산 돌고 돌아
핑구에 굽이쳐 흐르고
벽도산 장자봉 뻗어내려
망성산이 우뚝 솟고
빌고 빌어
모은 정성으로
내린 빗물
염불지에 모아
못바지 들에
뿌렸도다

기우제 축문(祈雨祭 祝文, 權赫璜 서)

祭洞山祈雨祝文 本土居民幼學姓名
維歲年月日干支朔 送擇一人謹告于
主山之神 伏惟名山有 神代天宣仁主義
地方當我生民 惟此民生大本於農 東依既
力不敢怠墮 方歲大旱 民有憂孔殷穀空
既焦未種則日 衆心如焚 豈天有偏定
土異疆惟神有掌民功 其望如魚其涸如
鴈其哦神明攸燭 庶加臨慈上告于帝帝勞
及其 靈乞賜惠 霈注下滂沱 俾百憂俾
渥灘俾霑俾百苗勃然 俾有佳穀甘澍
繼時俾至大熟 謹具酒牲略薦微誠 尚
饗 自豈天有偏民切其望二句用捨

기우제 축문 풀이

유세차(간)(지) ()월(간)(지)삭()일(간)(지)유학(성)(명)은 엎드려 아뢰옵니다.

명산(名山)에 신(神)이 계시어 하늘을 대신해 어짐을 두루 베푸시어, 우리의 고을을 맡으시고 우리의 삶을 보살펴 주시니, 다만 우리 농민(農民)은 농사를 대본(大本)으로 삼아 해마다봄이 되면 힘써 밭 갈아 감히 게을리하지 않았사옵니다.

하오나 금년에 큰 가뭄이 들어 백성들은 근심에 젖어 씨 뿌린 농토가 말라 터지는 것을 보며 마음은 물끓듯 합니다.

어찌 하늘에 편협이 있어 우리들의 농토를 이렇게 만들었겠습니까?

오직 신(神)만이 가호하사 백성들의 갈망을 풀어 주옵소서.

물고기 떼 메마른 못에 있으며 날아가는 기러기도 슬피 우는 듯하옵니다.

신(神)이시여 촛불을 밝혀 지성을 드리오니 이 백성을 보살펴 주옵소서.

위로 상제(上帝)께 고(告)하옵고 여러 신령께 알리시어 패연히 비 내리기를 물 붓듯 하시어 백성들의 근심을 없애주시고 사택(四澤)에 물이 가득하여 온갖 곡식의 싹터 돋아날 때 맞추어 무럭무럭 자라나게 하사 크게 풍년을 들게 해주옵소서.

삼가 술과 희생을 갖추어 작은 정성이나마 차려 올리오니 신(神)이시여 흠향하옵소서.

망성리 노거수

망성리 둥굴 아랫마을 느티나무

곡산한씨 입향조인 숙천 한언호가 심었다고 전함. 숙천 한은호(1554:?) 평안도 숙천 부사를 지냈으며 사관원 감정으로 임진왜란이 일어나자 창의하여 공을 세워 선무원 종공신 2등에 녹훈된 통훈대부이다.

- 나무이름 : 느티나무 한 그루, 옆의 소나무는 2012년 베어 버림
- 나무나이: 400년
- 둘레 : 470cm
- 첫가지높이 :
- 나무높이 : 20m
- 목적 : 보호수(기념식수)
- 나무상태 : 양호

망성리 둥굴 아랫마을 배롱나무

본 둥치는 죽고 껍질이 살아 거기서 나온 가지가 살아 굵게된 나무 이다.
- 나무이름 : 배롱나무(목백일홍) 한 그루
- 나무나이 : 200년
- 둘레 : 120cm

- 첫가지높이 : 밑둥치에서 갈라짐
- 나무높이 : 5m
- 목적 : 곡산 한씨 종택 가묘앞 조경수
- 나무상태 : 불량

망성리 둥굴 아랫마을 미타사경내 뽕나무

이 절에서는 다른 나무는 다 베고 이 뽕나무와 집뒤 배나무는 남겨 두었는데 뽕나무도 몇 번이고 베려는 것을 내가 못 베게 해서 지금까지 이어 오고 있다.

■ 나무이름 : 뽕나무 한 그루
■ 나무나이 : 200 년
■ 둘레 : 230cm
■ 첫가지높이 : 2m
■ 나무높이 : 9m
■ 목적 : 300년 전에 곡산 한씨가 큰집에서 살림 나와서 누에를 먹이기 위해서 심은 나무임
■ 나무상태 : 양호

망성리 둥굴 아랫마을 배나무

집 뒤에 심어서 배가 달리기 까지 하였었다.

■ 나무이름 : 배나무 한 그루
■ 나무나이 : 200년
■ 둘레 : 140cm
■ 첫가지높이 : 6m
■ 나무높이 : 9m
■ 목적 : 유실수 및 조경수
■ 나무상태:불량
2009년초 베어 버림

망성리 둥굴 아랫마을 야타리 포플러

몇 년 전만 해도 포플러가 많았으나 지금은 주위에서 좀처럼 볼 수가 없다.

- 나무이름 : 포플러 풍치림
- 나이 : 50년
- 높이 : 30m
- 둘레:310cm, 230cm
- 첫가지:360cm, 240cm

망성리 둥굴 아랫마을 먀타사 무량수전 뒤 배나무

미타사 법당인 무량수전 뒤에 있는데 아직까지 배가 열리고 맛도 좋다. 순수한 우리 토종 배나무다. 2015년 절에서 축대 공사를 하면서 없애 버렸음.

■ 나무이름 : 배나무 한 그루
■ 나무나이 : 250년
■ 둘레 : 160cm
■ 첫가지높이 : 5m
■ 나무높이 : 12m
■ 목적 : 유실수
■ 나무상태 : 양호

망성리 둥굴 어운굴 닥나무

둥굴의 아랫마을 어운굴이란 우물가에 있는 닥나무인데 이곳에 와서 빌면 자식 없
는 사람과 아들 못낳는 사람은 아들 낳고 자식을 얻게 되고 무슨 소원인지 잘 이루
어진다고 해서 많이빌던 곳이다. 그리고 1960년대까지 만해도 이 마을에서 여름에
목욕하던 곳으로 유명하다.

■ 나무이름 : 닥나무풍차림

■ 나이 : 100여년
■ 높이 : 3m
■ 둘레 : 90cm

망성리 둥굴 방메 뽕나무

수령 60년 된 뽕나무로 기운이 왕성하고 주위에서 제일 굵고 크다.

- 나이 : 60년
- 높이 : 8m
- 둘레 : 125cm

망성리 둥굴 천장봉 희강왕릉 숲

희강왕릉 숲 왕릉 보호림으로 망성1리 둥굴의 천장봉이란 곳에 신라 43대 희강왕릉이라 전하는 능(사적 220호)이 있다. 이곳의 능 아래 오래된 소나무들이 숲을 이루고 있다.

망성리 둥굴 민애왕릉 숲

신라 44대 민애왕릉이라고 전하는 능이 있는데 사적190호이다. 이 주위에 소나무가 숲을 이루고 있다.

망성리 둥굴 목연서당 뒤 소나무

목연서당 뒤에 수백 년된 소나무가 몇 그루 있는데 그 중에서 제일 수령이 오래된 것은 200여 년이 된다. 목연서당은 매헌 권사민공을 추모하기 위해 세운 서당인데 조선조말 훼철된 후 1959년 강당 및 대문과 군암정만 복원하여 오늘에 이르고 있다.

- 나무이름 : 소나무
- 나무나이 : 200여 년
- 둘레 : 165cm
- 나무높이 : 20m
- 나무상태 : 양호

망성리 둥굴 호두나무

옛날 밭가에 유실수로 심은 나무이다. 호두나무로서는 이 지방에서는 보기드물게 오래된 고목이다.

- 나무이름 : 호두나무추자나무 세 그루
- 나이 : 100여년
- 높이 : 15m
- 둘레 : 210cm
- 첫가지 : 20cm
- 목적 : 유실수

망성리 둥굴 중각단 안산의 도래솔

안동 권씨묘와 무묘가 10여기 있는 곳이다. 나의생가 5대조비 영월신서포가 있다. 둥굴 중각단의 안산이란 곳인데 수백 년 된 소나무가 아름드리가 많은데 육송과 해송이 많이 있다.

망성리 둥굴 술구름각단(술구름고개) 참나무

1970년대 나무 둥치에 벌이 집을 지어 나무 둥치 중간까지 벌이 드나들기도 했다.

- 나무이름 : 참나무(상수리나무) 한 그루
- 나무나이 : 240 년
- 둘레 : 230cm
- 첫가지높이 : 6m
- 나무높이 : 15m
- 목적 : 안동권씨묘역
- 나무상태 : 양호

망성리 둥굴 솔안각단 느티나무

봄에 이마을 당수나무(당산나무)인 느티나무가 잎이 일시에 피면 모내기가 한꺼번에 되고 띄엄띄엄 피면 모내기가 띄엄띄엄 된다고 한다. 이런 현상은 모내기가 한꺼번에 되는 것은 비가 한꺼번에 많이 와서 한꺼번에 되는 것이고 모내기가

띄엄띄엄 되는 것은 비가 조금씩 조금씩 감질맛나게 내려와서 띄엄띄엄 되는 것이다. 마을 동제목으로 본래 음력 동짓달 보름날 지내왔으나 동제 지내는 사람에게 너무 가리는 것이 많아서 1991년부터 음력정월 보름날 지내고 있다.

- 나무이름 : 느티나무(두 그루) 보호수
- 나무둘레 : 430cm, 204cm
- 나무높이 : 15m
- 나무상태 : 양호(팽나무 2007년고사)
- 나무나이 : 450년
- 첫가지높이 : 200cm
- 목적 : 동제목(보호수)

망성리 둥굴 순솔백이 소나무

조선조 학자인 둔옹 한여유(1642~1709)의 묘가 있는 곳인데 영조때 사헌부 지평에 추증되었다. 저서로 선후천도설 36궁해가 있다.

- 나무이름 : 소나무 한 그루
- 나무 나이 : 300년
- 둘레 : 230cm
- 첫가지높이 : 210cm
- 목적 : 곡산한씨 문중묘역 도래솔
- 나무높이 : 7m
- 나무상태 : 양호

망성리 둥굴 순솔백이 도래솔

곡산 한씨 문중묘역인데 조선조 영조 대학자인 둔옹 한여유의 묘가 있는 곳으로 순수한 소나무만 심었다고 해서 순솔백이라고 하는데 마을 한가운데 있는 숲이다. 옛날 이 마을의 놀이터와 같았다. 여기서 씨름도 하고 각종 놀이를 하면서 뛰놀던 곳이다.

망성리 둥굴 덕고밑 소나무

망성리 둥굴의 덕고개 아래 있는 나무인데 매우 싱싱하면서 왕성하게 자라고 나무가 용트림하듯 휘감아 오르고 있다.

- 나무이름 : 소나무 한 그루
- 나이 : 200
- 높이 : 5m
- 둘레 : 220cm
- 첫가지 : 15m
- 나무상태 : 양호
- 목적 : 묘 도래솔 안동권씨 묘역 나의6대조부 산소 앞에 있는 나무다.

망성리 둥굴(당수재) 왕버들

당수재 냇가에 두그루가 뚝제방 보호수로 있었는데 2000년 1월 경지정리 할 때 캐내고 없애버렸다. 나이가 150~200년 정도 되었을 것이고 높이는 5m정도, 둘레는 3m정도 되었다. 두 그루 다 보기 드물 정도로 나이가 많았다.

■ 나무이름 : 왕버들(떡버들) : 풍치림

1999년 없어지기 전 망성1리 둥굴(당수재) 왕버들

2014년 없어진 후 왕버들 나무가 있던 자리

망성리 둥굴(방매) 서나무

나이 200년 정도 된 서나무가 방매만디에 있어서 옛날 나무꾼들의 고개마루 쉼터 역할을 했는데 2010년 봄 경주시 건천읍 화천리 서양 남면으로 가는 우회도로 부지에 편입되어 베어버리고 없다.

■ 나무이름 : 서나무(정자나무)

1999년 없어지기 전 망성리 둥굴(방매) 서나무 한그루

2014년 망성1리 둥굴 없어진 후 모습(도로공사 중)

망성리 둥굴 팽나무

망성1리 둥굴의 당수나무인데 1987년 여름 태풍때 느티나무 한 그루가 부러지고
2007년에는 팽나무가 고사되어 2010년 초에 넘어지고 없다.

1987년 1월 없어지기 전 느티나무 세 그루, 팽나무 한 그루

2013년 없어진 후 느티나무 두 그루

망성2리(새말)

새말

본래는 박씨네들이 많이 살았는데 안심으로 가고 난 뒤 조선조 중기 월성 이씨들이 새로이 정착하면서 부자가 많이 나와 '새말' 이라 부르게 되었다한다. ' 새말' 은 새로 생긴 마을이란 뜻이다. 안심에 가면 강릉박씨들이 많이 살고 있으며 새말 뒷동산에는 박씨들 묘가 있는 것을 보면 전해 오는 말이지만 다 맞아 떨어지는 것이다. 현재 월성(경주) 이씨들이 많이 살고 있다.

망성2리 새말 전경(위), 망성2리 새말 고택(아래)

새말

오랜 옛날에는 어떤 성이 살았는지 몰라도
박씨들이 살았다고 전해지는데 일설에 의하면 안심으로 갔다고 하는데
조선조 중엽에 내 건너 이씨들이
이 마을에 새로이 정착하여
새부자가 많이 나온 마을이라 새말이라네
처음 올때 심은 느티나무
지금도 흔적 남아 있네

서레가 걸린듯한 곳에 막은 서릿발못
파래 걸어 물푼 곳인데 팔래걸이 하던것이 여덟집이 새말 사람을
상대로 팔 걸고 싸움 했다고 전해지고
새로 만든 논이라 신답 하는것이 납드받이라 부르고
납신(申)자 신씨가 살았다고 하고
샘도랑 받이인데 새도랑받이라 하고
해가 제일 늦게 진다는 낙끝
달이 제일 먼저 뜬다는 달들
높이 들어 얹쳤다고 들백이
물이 늘 고여 있다고 골애
자주 싸웠다는 사웃갓
기장 심은 지정매
납작한 나박등
음달, 양달, 장산골
넓은 들판이 펼쳐지는 들판에
큰 강물이 흘러
큰보에
비닐 하우스에 정 붙이고 살아가는 사람들
내 건너 경주 남산 보면 볼수록 아름답기 그지없네

마을 앞 강정산 소가 누은 듯하여 서레가 걸린듯
못 한복판에 뜻이 있던 서릿발 못 이 마을 정원처럼 아름답네
성부산이 보일듯 말듯 뾰족하게 보이네
경부고속도로가 마을 앞 들판을 힘차게 달려가네

| 동제 |

나무 : 느티나무(귀목나무) 두 그루(보호수로 지정된 나무이다.) 나이 300여년 이나
　　　 무는 월성 이씨들이 처음 정착 할 때 심은 나무이다.
제일 : 해마다 동짓달에 날을 정하여 지내다가 1989년부터 정월 대보름날(음력 1월15
　　　 일)지냄.
제관 : 여러 사람이 지냈음.
제물 : 동자금으로 장만

망성2리 새말 당수나무(느티나무 보호수)

| 토박이 땅이름 |

오방굴 : 옛날에 다섯 집이 모여 살았던 곳.
유벼슬 골짜기 : 유씨들이 벼슬을 많이 하면서 살았던 골짜기. 화계 유의건이 태어난
곳이기도 하다
납드받이 : 새로 만든 논들인데 논을 한자로 표기할 때는 답(畓)이라고 하는데서 논
을 받든다고 해서 답드받이가 납드받이로 말이 바뀌고 되니, 납신(申) 자를 쓰게 되
고 해서 납신(申)자 신씨들이 살았다고 한다. 옛날에 논을 새로 만드는 것을 보고 논
뜬다고 하는데 답뜨받이가 납드받이로 변한 것이다. 논을 새로 만든 들이다.
신다보 : 새논을 신답이라고 하는데서 신답이 신다가 되었는데 이것을 잘못 알고 납

신(申))자 신(申)씨들이 농사를 짓기 위해서 막았다고 전한다. 신답보가 신다보로 말이 바뀐것이다

서릿발못 : 신지못이라고도 하며 요즘은 새마을 못이라고도 함. 옛날에는 명견지라 하기도 했다 함. 물이 서서히 들어오고 서서히 빠진다는 뜻. 또는 물이 서레발에 걸린 것 같다 해서 서리굴이라고도 함. 전설에 의하면 농부가 써레로 소를 부리다가 소가 누워 버렸는데 소가 누운 곳이 강정산이 되고 써레가 걸린 곳이 서릿발못이 되었다 한다. 1970년대 말까지만 해도 못 한복판에 뚝이 있어서 써레가 걸린 듯 하였는데 지금은 복판에 있는 뚝을 없애 버린 것이다.

새도랑받이 : 새어나오는 물을 받아서 농사 짓는 논이 있는 곳이라는 뜻이다. 샘도랑받이가 새도랑 받이로 불리게 된 것이다.

들백이 : 높이 들어앉혀 있는 논.

골에 : 늘 물이 고여 있는 논이 있는 곳.('고논'을 이 지방에서는 골에라고 한다.)

낙끝 : 이 마을에서 해가 제일 늦게 지는 곳을 말한다'. 날'이 '낙'으로 변한 것이다. 날끝이 낙끝이 된 것이다.

낙끝 도랑받이 : 낙끝에 있는 도랑물을 이용해서 농사짓는 논들.

청소산 : 청소(淸沼, 맑은소)가 있는 옆산.

샛갓 : 산과 산 사이에 있는 산. 혹은 쇠가 난 산. 금이 나온 산이라고도 함. 고분이 많은 산인데 동쪽을 향하고 있는 산이다

양달갓 : 이 마을에서 보면 양지 바른 쪽에 있는 산.

음달갓 : 이 마을에서 보면 음지쪽에 있는 산.

봇갓 : 봇물을 이용해서 농사 짓는 사람들 소유의 산. 지금은 철근 콘크리트로 보를 튼튼히 막고 있지만 옛날에는 나무말목과 덮을 걸어 물을 막아 봇물을 댓는데 해마다 해야 되기에 보소유의 산에 가서 나무를 해서 막고 하여서 보소유의 산이 꼭 필요한 것이다

강정산 : 강정 마을 뒤에 있는 산. 강정 마을 한가운데로 고속도로가 남에 따라 지금은 마을 앞에 있음. 전설에 의하면 농부가 소를 부리다가 누워 버린 것이 강정산이 되고, 써레가 걸린 것이 서릿발못이 되었다 함.

앞거랑 : 마을 앞을 흐르는 내.

나박등 : 산등성이가 납작한 등.

쇠길곳 : 무쇠 정자가 있던 산의 골짜기.

지정메 : 지정(기장)을 심었던 밭. 기장을 보고 이 지방에서는 지정이라 한다. 그리고 망성리 와요지가 있는 곳을 말하는데 신라시대 기와굽는 지정산이 있었는지 모른다. 이곳의 기와는 안압지를 비롯하여 신라 왕경지구에 나오는 명문과 이곳에서 출토된 기와명문이 일치하기 때문이다. 기와굽던 지정산이기 때문에 지정메라 한 것을 근래에 '기장'의 방언이 '지정'이기 때문에 기장을 심은 곳이라 하는 것이다.

머수봇갓 : 머수에 있는 보에 딸린 산.

장산골 엉굴 : 길게 뻗어 내린 산 끝에 물이 많이 새어나오는 곳.

임실 골짜기 : 숲 골짜기. 숲 사이에 모래가 많은 곳. 임사 골짜기라고도 함.(마사토가 많은 숲의 골짜기)

사웃갓 : 오방굴과 새마을 사이에 있는 산인데 오방굴에 있는 다섯집과 새마을 사람과 자주 싸우던 산이라고 전한다. 그러나 새말과 뒷새말 사이에 있는 산이다.

서당골 목창 : 새말 월성 이씨들 서당이 있는 골목길.

섶갓 : 울섶같이 나무를 둘러 심어 그 산의 나무를 못 베어 가게 하여 산을 우거지게 만던 산. 즉 마을의 보호림. 마을의 서쪽에 있는 산으로 쇠가 난 산이라고도 한다. 마을의 서쪽 바람을 막아 주는 방풍림 역할을 하기 때문에 마을에서 말리고 울섶같이 우거지게 한 산.

비선등 : 유화계 아랫대 지중이란 사람의 묘에 비가 서 있다고 해서 붙인 이름.

중목골 : 새말 앞들의 중간에 나무가 있는 들.

팔래걸이 : 용두레를 이 지방에서는 파레라 한다. 파레를 걸어서 물을 푸던 들이다. 파가 팔로 변했다. 그래서 여덟 집이 살면서 새말 사람을 상대로 팔을 내 걸면서 자주 싸우던 곳이라 전하게 되었다.

외새 : 기와 굽던 가마터가 있던 곳의 아래에 있는 들.

달들 : 이 마을 제일 위에 있는 들로서 달이 뜨면 달빛이 제일 먼저 비친다는 들.

명견지 : 언제나 물이 맑고 깨끗하다는 못인데 서리발못을 말한다.

신지못 : 새로운 땅의 뜻인데 새말못이란 뜻이다.

서리골못 : 서레가 걸린 못이란 뜻이다.

서리밭 못바지 : 서리밭 못물을 받아 대는 논들.

솔배기 : 물이 솔솔 잘 빠지는 논이 있는곳.

뒷새말 : 새말 뒤쪽에 있는 마을로 조선조 영조대에 유명한 학자인 화계 유의건이 태어난 곳이기도 하다.

연당 도가리 : 옛날에 연당(작은 연못)을 없애고 만든 논.

방구 배미 : 바위가 있는 논. 이 논의 바위가 옛 고인돌이란 설도 있다.

칼치 도가리 : 갈치같이 길게 뻗친 논으로 길이가 이삼백 미터나 된 논이었으나 지금은 경부 고속도로에 들어가고 없다.

서리굴못 : 물이 서서히 들어오고 빠진다는 못, 서리 발못을 말한다.

신답보 : 새로 만든 논에 물대기 위해 막은 보.

윗메등 : 위쪽에 있는 묘등.

낙끝만디 : 낙 끝에 있는 산마루.

백각단 : 바깥 각단이란 뜻. 밖을 이 지방에서는 백이라 함 '. 밖' 이 '백' 으로 불리게 되 것이다. 각단이란 '큰 마을 안에 있는 작은 마을' 을 말한다 즉 뜸뜸이 있는 마을이다.

뒤포고나무밑 : 마을 뒤에 포고나무가 있는 밑 이란뜻. 팽나무를 이 지방에서는 포구나무라고 한다,

안각단 : 안쪽에 있는 각단이란 뜻.

핑구 : 지금은 논이지만 옛날에는 이곳으로 강물이 흘러가서 굽이치면서 핑 돌아 굴러갔다는 곳이다. 핑굴이 핑구로 변한 것이다. 이곳이 신라의 낙화암이 라는 설도 있는데 이것은 후백제 견훤이 침입하여 포석정에서 놀고 있는 경애왕을 죽이고 궁녀들을 데리고 가는데 궁녀들이 여기에 빠져 죽었다는 곳이다.

불선방구 : 불을 밝히면서 빌던 바위로 뒷새말의 망산 기슭에 있다.

굴통미기 : 신다보 입구에 있는 들. 즉 보의 굴통 앞에 있는 들. 미기는 메기를 말하는데 목 또는 입구 들머리라고도 말한다.

못밑 : 서리밭 못 밑에 있는 논들.

장산골 : 장산골 엉굴 앞에 있는 들. 길게 뻗어 내려온 산으로, 이 엉굴이 있는 뒷산에 신라 고분이 많은 것으로 보아 임금이 묻힌 산으로 볼 수 있이다. 이 산 아래 있는 엉굴을 장산골 엉굴이라 하고 그 산 아래 있는 들을 장산골이라 함.

작은 망산 골짜기 : 망산 동쪽에 있는 골짜기로서 서쪽에 있는 골짜기에 비해 작으므로 이렇게 부른다.

당수나무 밑 : 이 마을의 수호신인 당수나무가 있는 근처.

장산골거랑 : 장산골에 있는 내

큰망산 골짜기 : 망산밑 골짜기로 큰골.

임사골짜기 : 모래땅 즉 미사토로 이루어 진땅인데 숲이 우거진 곳이라 한다.

뒷새말

새말 뒤쪽에 있는 마을, 조선조 영조 때 학자인 화계 유의건이 여기서 태어났다고 한다. 그런데 유씨들이 언제 떠나갔는지 서서히 떠나가고 다른 성씨들이 정착해서 살게 되었다.

망성2리 뒷새말 전경

| 동제 |

제단 : 바위 (고인돌) 3기
제일 : 음력 정월 보름날 (1월 15일)
제관 : 동민 중에서 깨끗한 사람.
제물 : 동 자금으로 장만

망성2리 뒷새말 동제단(고인돌)

뒷새말

화계 유의건 선비 태어나신 곳
유씨들이 벼슬 이룬 유벼슬 골짜기
다섯집이 살았다는 오방굴
물굽이 치면서 소 이룬 핑굿소에
신라말 낙화암 전설 전해지고
불밝히고 빌던 불선바우
비가 서 있는 비선등
좋은 이름 많기도 한데
새말뒤라 뒤 새말이라하네

물굽이 쳐 밀려오는 물줄기 맞이하는 사이
망산줄기 뻗어 내려오는 끝에 큰 돌덩이 고인돌에 동제 지내고
넓은 갯벌에
큰강물 멀리 밀려가고,
경주 남산 마주 보며,
대화 하듯 정다운 곳

지금은 고속도로가 막아
답답하기만 하네

그래도 정 붙이고
살아가는 사람들
보기만 하여도
아름답기도 해라.

오방굴 : 다섯집이 이루어 살던 곳이다

유벼슬 골짜기 : 유씨들이 벼슬하면서 살던 곳. 화계 유의건이 태어난 곳이다.

큰망산 골짜기 : 망산 골짜기 중에서 큰 골짜기.

작은망산 골짜기 : 망산 골짜기 중에서 작은 골짜기.

비선등 : 비가 서 있는 산등. 화계 유의건의 아래대인 지증이란 분의 묘에 비가 서 있어서 이산등을 비가선등이라 비선등이라 한다.

핑구 : 물이 핑 굴러간 곳이라 한다.

핑굿소 : 물이 핑 굴러간 곳에 생긴소 인데 신라55대 경애왕이 포석정에서 후백제 견훤의 침입을 받아 죽음으로 해서 후백제군이 궁녀들을 데리고 가는데 이곳에서 빠져 죽었다고 해서 신라의 낙화암이라 전해 오고 있다. 지금은 형상강 중류인 기린내가 멀어졌지만 옛날에는 이곳으로 물줄기가 와서 부딪치면서 소을을 이룬 곳이기도 하다. 지금도 산아래 작은 물웅덩이 소가 있다.

낙끝 : 이 마을에서 해가 제일 늦게 진다는 산의 끝에 있는 들.

낙끝만디 : 해가 제일 늦게 지는 산의 마루

임사골짜기 : 마사토가 많은 숲의 골짜기.

칼치도가리 : 칼치같이 길게 늘어진 논.

솔배기 : 물이 솔솔 잘 빠진다는 논

방구배미 : 바위가 있는 논. 이 바위가 고인돌이다.

샛갓 : 이 마을의 동쪽편에 있는 산이다.

불선방구 : 망산 중턱에 있는 바위인데 불을 켜면서 빌던 바위. 불을 켠다는 것을 불을 선다고 한다. 불을 밝히면서 치성을 드린 바위이다.

망산 : 신라시대 화랑들이 전쟁터에 나갈때와 돌아올 때 부녀자들이 맞이 하던 산. 산 정상에는 기우제를 지내던 기우소가 있다. 전설에 의하면 경주 문천에서 여인이 빨래를 하고 있는데 기린내를 사이에 두고 님자신과 여자신이 다가 오는데 산같은 사람 봐라 해야 할 것을 산봐라 한데서 남 자신이 선 것은 울퉁불퉁하게 골짜기와 바위가 많은 남자 같이 생긴 경주 남산이 되고, 여자신이 선 곳은 둥글고 아름답게 푸른 여인 같이 생긴 망산이 되었다 한다.

낙끝도랑받이 : 낙 끝에 있는 도랑물을 이용해서 농사짓는 들.

망성2리 노거수

망성2리 새말 느티나무

월성 이씨 입향조 5형제가 심었다고 전함. 이 근처에 5형제를 기르기 위해 느티나무 다섯 그루를 심었는 데 경부 고속도로 건설 때 세 그루가 없어지고 지금 있는 나무도 1990년대 나무에 불이 나서 대수술을 거쳐 살린 나무이다.

- 나무이름 : 느티나무(두 그루) 보호수
- 나무상태 : 고사 위기
- 나무나이 : 300년
- 둘레 : 530cm
- 첫가지높이 : 2m
- 나무높이 : 15m
- 목적 : 동제목(보호수)

망성2리 새말 서릿발못가 나무들

서릿발못가에 오래된 왕버들이 십수 그루가 있고 아카시아 그리고 동쪽에는 참나무 류인 떡갈나무와 상수리 나무들도 있다.

〈이조리 약도〉

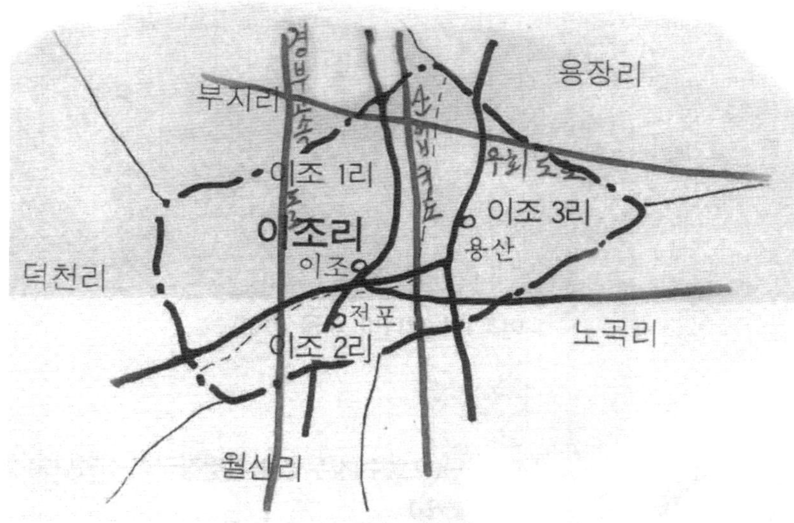

이조리
(伊助里)

세 갈래의 시내가 한데 모여서 갯더미를 이루는 뒷마을이라 해서 갯더미 또는 갯뒤미 하던 것이 갬디미가 되었다. 개모듬이라고도 한다. 행정구역 개편 때 한자로 표기하면서 이조리(伊助里)라 하고 갬디미(개무덤)를 이조1리라 하고 전포(새각단)을 이조2리, 용산을 이조3리라 하였다.

이조1리(갬디미(가암,개무덤))

갬디미(개무덤)

여러 갈래에서 내려오는 내가 한데 모여서 갯벌을 이루고 있는 마을이므로 갯모듬
이라 했던 것이 오랜 세월 동안 발음이 변하여 갬디미 또는 개무덤으로 되었다. 그
런데 이 마을 뒤에 개무덤으로 잘못 알려진 큰 옛 무덤이 있는데, 이무덤을 보고 모
두들 개의 무덤으로 알고, 또한 여기에 대한 전설이 전해지고 있다.
천룡사 천룡바위가 이 마을에서 보면 아름답게 보일뿐 아니라 앞 냇가에 비치는 것
이 너무나 아름답다 해서 한자로 가암(佳岩)이라 한다.
그리고 이 마을은 여러 갈래의 내가 모이는 곳으로 갯더미를 이루는 뒤라 해서 갯뒤
미가 말의 변천에 따라 부르기 쉽게 갬디미라 부르게 된 것이다. 전포, 용산 사람들
은 주위에서 제일 큰마을이라해서 큰 마을 또는 큰각단 이라고도 부른다.
이 마을은 월성 최씨들이 많이 살고 있다. 이 마을 중심으로 경치 좋은 8곳을 이천8
영이라 하여 전해 오기도 한다.

이조1리 갬디미 마을 전경

| 동제 |

나무 : 홰나무 한 그루 나이 400여 년(보호수), 정무공 최진립장군이 심었다고 함
제일 : 정월 대보름날 아침(음력 1월 15일)
제관 : 본래는 상을 당하지 않은 깨끗한 사람을 선정해서 지내 왔으나, 지금은 인원
　　　제한없이 아무나 참석 할 수 있다.
제물 : 마을 기금으로 장만함

이조1리 갬디미 당수나무(홰나무) 보호수

이즈1리 동제(음력 1월 15일 새벽)지내는 모습(2012)

갬디미

감태봉 물이
살거내로 흘러오면
배내가 흘러 내달려 오면
홈실내와 만나
부체수 듬비에서 한바탕 굽이쳐
둥글게 달내를 이루고 흘러오면
냇가의 갈대가 춤을 추는 사이
신을내와 만나다 보면
어느새 별내가 내달려 합수되어
상내거랑 이루다 보면
밭뚝밑의 맑은 물에
천룡바위 아름답게 비치어
가암촌(佳岩村) 이루었네

미역내
신을내
별내가 모이어
갯더미 이루는 뒤편이라
갬디미라 부르는데
이름없는 옛무덤
개무덤으로 부르고
전설이어져 온 곳
이 마을에서 제일 높아
돛대로 여겨 천작도라 부르고
갑판처럼 소나무 숲을 이루며
북풍을 막고
마도랑 남에서 북으로 내달려 가네

마을 지켜주는 큰바위
깨뜨려 지면서
북으로 마구 걸어 가는데
어느 여인이
돌도 걸어 가네 하는데서
앞서가다 넘어진 것이 누운돌백이요
늦게가다 선것이 선돌백이
줄줄이 줄감나무
교촌 최부자 처움 벼슬이룬 화지백이

정무공 최장군 혼이 담긴
충의당 고색창연함에
홰나무는 어젖함 모습

십이대 만석꾼에 구대 진사
교촌 최부자는 아름다운 부자의 상징
한국의 개혁운동 선구자 수운 최세우는
민족정신의 지도자로다.
모두가 이 마을 상징이요
최 장군 후손들이더라
개무덤이 아니라 갯모듬이요
갯모듬의 뒤라
부르기 쉽게 갬디미라 부르네
내처럼 모인 부자와 사상 선구자의
고향 이로다.

維歲次○○ 正月○○ 朔十五日○○ 幼學○○○ 敢昭告于
伊助佳巖村之祖上님께서 天龍山을 案山으로 삼아 五百
年前傳統儒教마을을 形成하고 福된터전입니다 氣運
이 和하고 밝은 물이 合水하며 人心이 厚하고 敦睦하며 忠
良烈士와 學德이 高邁한 人材가 代를 이은 人傑地靈한
名門의 故鄕입니다 오늘 ○○年 대보름 未明에 貞武公
께서 손수 심으신 槐木靈驗하신 堂樹나무앞에서 삼가
告由를 올리오니 堂神께서는 굽어 살피시와 兩順風調
하여 해마다 豊年이 들고 三災를 물리치고 마을이 泰平하게
守護하여 주옵소서 삼가 수품 酒果를 갖추어 再拜祝願
하오니 흠향하옵소서 尙

饗

伊川八詠 이천팔영

鳳岡春日 봉강춘일
봉뎅이의 봄은봄날 지저귀는새소리

松翠秋月 송고추월
용단의 솔사이로스며드는가을달빛

牛山落照 우산낙조
쇠비산위에떨쳐진찬란한저녁노을

伊川疎雨 이천소우
상내의정근비옥쌍쌍이나는백로

鰲山翠烟 오산취연
금오산의중허리를감도는므르른안개

獐峀丹楓 장수단풍
비단에수놓은듯ㅅ그럭골의오색단풍

龍寺晓鐘 용사효종
구름밖에울려오는천룡사의새벽종소리

蘆村晚遂 노촌만저
너분들을타고부는그촌의갈때도리

비각거리 : 정무공 최진립 장군의 정려비각이 있는 주변

줄감나무 : 감나무가 줄을 선들이 서 있는 곳

중골애 : 들의 중간에 있는 골애들 논바닥에 물이 새어 나와 고여 있는 논을 보고 골애라 한다.

난끝에 : 동보거랑이 끝나는 자리. 끝난자리란 뜻이다.

새보선창 : 새로 생긴 들에 물대는 보가 있는 곳에 있는 선창. '창' 이란 가로 물이 흐르는데 새로로 물이 흘러가게 만든 장치

활인당 : 옛날에 전염병 환자를 격리 수용하던 곳이라 전한다.

천룡밭뚝 : 옛날 천룡사 소유의 밭이 있던 곳, 밭뚝 밑에 냇물이 매우 맑게 흐르는데 천룡사와 천룡바위가 비치는 것이 하도 아름다워 이 마을을 가암(佳岩)이라고 한다. 밭뚝 밑 냇물에 천룡사와 천룡바위가 비친다고 천룡 밭뚝이라 한다.

가암들 : 이 근처에 아름답고 큰바위가 있었다 하여 가암(佳岩)들이라 한다.

갬디미들 : 이조에 있는 들. 갬디미 마을에 있는 들이란 뜻

신을내 : 신을 쪽에서 흘러 내려 오는 내을 말한다.

별내 : 노곡2리의 별내 쪽에서 흘러오는 내를 말한다.

개무덤 : 이 마을 뒤에 신라 시대의 옛무덤이 있는데. 이름없는 이 무덤을 개무덤이라 부르고 있다.보통 이 지방에서는 주인없고 이름 없는 무덤을 보고 개무덤 또는 말무덤이라 전해 오는 곳이 많다. 이곳은 먼 곳에 산은 보이지만 내남면에서 유일하게 산이 없는 마을 중 하나인데, 이 무덤을 산같이 여기고 있다. 전해 내려오는 전설은 다음과 같다. 옛날 이 마을에 어느 여인이 살았는데 남편을 일찍 사별하고 두 남매를 훌륭하게 키워 출가시킨 뒤에 죽었다. 염라대왕이 여인을 어여쁘게 여겨 아들의 집을 지키는 개로 환생하게 해 주었다. 개가 자츰 자라서 큰 개가 되자 아들이 잡아먹으려 하였다 이를 알아챈 개가 어디론가 도망을 가 아들이 개를 찾아다니다가 한 스님을 만났는데. 그 스님이 하는 말이 지금 당신이 찾고자 하는 개는 당신 어머니의 혼이 환생한 것인데 이승에서 당신 남매를 키우시느라 절 구경도 한번 하지 못하시다가 세상을 떠나셨으니 구경이나 잘 시켜 드리십시오. 그 개가 지금쯤 당신의 누님 집에 가있을 것입니다 라고 일러 주기에 아들은 그 말을 듣고 자기 누님 집에 가보니 진짜 개가 와 있었다. 그래서 아들은 개를 업고 팔도강산을 두루두루 돌며 전국의 명산과 대천을 구경시켜 주고 집으로 돌아오는데 이곳에 이르니 개가 갑자기 땅을 파더니 죽었다고한다. 아들은 너무 애통하여 슬피울면서 개를 정성껏 묻었다 한다. 먼 훗날 사람들은 이곳을 개무덤이라 하고 개를 업고 팔도강산을 구경시킨 그 사람의 후손들은 이 부근에 살면서 대대로 부귀영화를 누렸다고 한다. 또 다른 전설에 의하면 이 마을에사는 어떤 사람이 부인을 두 사람을 두었는데 둘째 부인보다 첫째 부인이 먼저 어린애를 낳았는데 아들이었다. 그런데 둘째부인이 심술이 나서 첫째 부인 모르게 어린애를 갖다 버렸다. 그래서 온 집안 사람과 동네사람들이

찾아 나섰는데 어느 바위 밑에서 집에서 기르던 개가 어린아이에게 젖을 먹이고 있더란 것이다. 그래서 어린아이와 개를 데리고 집에 와서는 둘째 부인을 내보내고 어린아이를 키우는데 어느날 개가 갑자기 죽기에 고이 묻어 주었다고 한다. 그 개의 무덤이라는 것이다. 그리고 그 아이가 커서 장성이 되어 잘 살게 되고 그 후손들이 대대로 부귀영화를 누리고 큰 부자를 이루고 살아가고 있다고 한다.
우리 주위에서 주인 없는 큰 무덤을 보고 개무덤 혹은 말무덤으로 불리는데 이 고분도 그런것인데 신라시대 고분인데 석실분일 것이다.

이조1리 갬디미 개무덤 숲

이 마을에서는 산이 없기 때문에 무덤위에 천작도라 새긴 비석을 세우고 바다의 배가 돛대 역할을 한다고 여기고 배의 돛대가 있으면 갑판이 있어야 한다고 해서 배가 서쪽에서 동쪽으로 향하게끔 서쪽에 소나무을 심어 갑판 역할을 하게 되었는데 요즈음은 이마을의 북쪽 바람을 막아주는 병풍림 역할을 한다. 무덤에는 소나무 네 그루, 은행나무 두 그루, 느티나무가1두 그루가 있고 갑판 역할을 하게 끔한 숲에는 소나무가 6일곱 그루, 은행나무 네 그루, 참나무가 두 그루, 느티나무가 네 그루, 그 외 작은 소나무와 잡목들이 있다.

천작도 : 이 마을에는 산이 없는데 개무덤이라 잘못 전해져 어는 무덤 위에 세워진 돌을 말한다. 산이 없는 이마을에 이렇게 큰 흙무덤이 있으니 꼭 바다에서 노를 젓는 것 같은 지형이라서 세워 둔 돌비석이다. 이 마을에는 산이 없기 때문에 이 무덤을 산과 같이 여기고 바다로 말하면 배의 돛대 같은 역할을 하는데 돛대가 있으면 배에는 갑판이 있어야 하므로 고분의 서쪽에 길게 소나무를 심어 꼭 바다에 배가 떠 있는 모습같이 하였다. 그리고 요즈음은 마을 북쪽을 막아주는 방풍림 역할을 한다.

평지에 있는 경주의 옛무덤들을 보면 무덤 주인공은 대체로 머리를 동쪽으로 향하고 있다. 따라서 이 무덤 위에 천작도라 돌비석을 세우고 그 서쪽에 소나무 숲을 만들어 배가 서쪽에서 동쪽으로 향하게끔 만든 것이다.

선돌백이 : 선돌이 서 있는 곳이다. 선돌이란 옛날 부족과 부족 간의 경계에 세워 둔 돌인데 개무덤 마을에서 보면 북쪽에는 이 선돌이지만 남쪽으로 가면 또 선돌이 있다. 전설에 의하면 이 바위가 양동마을 앞 냇가에 비치기만 하면 마을에 흉년이 들고 질병이 많아 어느날 양동마을 사람들이 이 바위를 몰래 깨뜨리고 갔다. 그러자 갬디미 마을 사람들이

선돌백이

이 깨뜨린 바위 조각을 모아 무덤을 만들고 그 위에 하늘에 떠 있는 배의 돛대란 뜻으로 천적도란 비석을 세웠다고 한다. 그리고 선돌은 깨뜨린 바위가 있던 곳에 세운 것이라 한다. 이 바위가 깨뜨려지기 전 모양이 매우 아름다워 이 마을을 가암이라 했다고 한다.

또한 경주시 양동마을에서 부터 울산광역시 울주군 두서면 가람정 마을까지 중간에 산이 없고 형산강이 흘러내리는 주위가 모두 들이다. 이 큰바위가 이 마을 북쪽을 막아 주었는데 양동마을사람이 몰래 와서 깨뜨렸다 해서 다시 주위 모아 무덤을 쌓고 마루에 돌비석을 세우고 소나무를 심어 숲을 만들어 북쪽을 막은 것이라 한다.

또 다른 전설에 의하면 개무덤 주변에 있는 큰바위가 깨뜨려 지면서 마구 걸어 가는데 지나가던 여인이 보고 돌도 걸어가네 하는데 일찍가다 넘어진 것이 누운 돌백이가 되고 늦게 가다 선 것이 선돌백이가 되었다고 한다.

누운돌백이 : 누운 듯이 있는 돌이 있는 곳을 말한다. 경지 정리할 때 없어졌다. 전설에 의하면 개무덤 주위에 크고 아름다운 큰바위가 깨뜨려져서 걸어가는데 지나가던 여인이 돌도 걸어가네 하는데서 먼저가다 넘어진 것이 누운 돌백이가 되었다. 이 돌을 고인돌이라고 한다.

가암 : 선돌이 크고 아름다웠다고 해서 부르는 것이다. 이 마을은 옛날 여러 갈래의 내가 모이는 곳이라 냇물이 맑아 천룡마을에 있는 천룡 바위가 물에 비쳐 매우 아름답게 보인다는 데서 유래한 이름이라고도 한다. 그리고 천룡사와 천룡 바위가 이 마을에서 보면 아름답게 보인다고 해서 가암(佳岩)이라고도 한다.

가암

중봇거레 : 중간에 보가 있는 거리를 말한다.

화실 못도랑 : 화곡 저수지의 못물이 흘러 내려오는 도랑. 화곡을 화실이라고도 한다.

갬디미 봇도랑 : 갬디미 봇물이 흘러 내려오는 도랑

갬디미보 : 갬디미 들에 물을 대기 위해 막은보

선창 : 봇물이 흘러 내려오는데 중간에 물을 흘러 내 보내는 곳, 가로로 물이 흐르는데 세로로 흘러내러 가게 만든 곳.

샘바대 : 들에 샘이 있는 바닥을 말한다. 바닥을 보고 이 지방에서는 바대라고 한다.

한운굴 : 큰 우물이 있는 곳을 말한다. 우물을 보고 이 지방에서는 운굴이라 한다.

뒤거랑 : 이 마을 뒤에서 흐르는 내, 내를 이 지방에서는 거랑이라 한다.

종가밭 : 정무공 최진립공이 살던 집인 충의당 앞에 있는 밭인데 지금은 충의공원으로 꾸며 놓고 동상도 세워져 있다.

작대 : 정무공 최진립 장군이 낚시 하던 곳이라 한다.

기엉굴 : 게가 살던 엉굴이라 한다. 바다에 있는 '게'를 보고 이 지방에서는 '기'라 하고 땅속으로 물이 흐르게 만든 것을 엉굴이라 한다. 얼어 있는 굴이란 뜻인데 얼음이 언밑에 물이 흐른다는 뜻이다.

주막각단 : 옛날 주막이 있던 작은 마을을 말한다.

울릉도각단 : 울릉도 같이 뚝 떨어져 있는 작은 마을

봇자리 : 옛날 보가 있던 자리

홈바대 : 홈을 걸어 물을 받아 대는 들이 있는 곳.

화지백이 : 옛날에 과거 급제를 하여 깃발을 세웠다는 곳.

새보 : 새로 막은 보를 말한다.

새들 : 새로 만든 들이란 뜻이다.

앞갱빈 : 이조 마을 앞 강변을 말한다. '강변'을 이 지방에서는 '갱빈'이라고 한다.

함수 : 박달 신을 쪽에서 내려오는 냇물과 울산 두서면 활천을 거쳐 미역내로 내려오는 냇물과 별내가 만나는 곳.

삼락당 : 삼락당 최찬(1732 __1785)공이 지어 후학을 양성하던 곳이다.

하바대 : 갬디미들의 아래쪽에 있는 들바닥이란 뜻의 들

상평들 : 갬디미들의 위쪽에 있는 들을 말한다.

하발체 : 갬디미들의 아래쪽에 있는 들

중바대 : 갬디미들의 중간에 있는 들

상바대 : 갬디미들의 위쪽에 있는 들

남강서당 : 선비 최언경이 지어 후학을 가르치던 서당인데 근래 헐어서 없어졌다

원보 : 갬디미마을 위쪽에 막은 보로서 가암 보 중에서 원래부터 있던 보라 한다.

원봇도랑 : 원봇 물이 흘러 내리는 도랑

마도랑 : 이조마을 북쪽에 있는 도랑인데, 남에게 북쪽으로 흐른다는 뜻이다. 또는 임진왜란 때 말에게 물을 먹이던 곳이라 한다. 그리고 조선조 말엽에는 이도랑 뚝으로 말을 타고 다녔다고 해서 마도랑이라고 한다.

충의당 : 정무공 최진립 장군이 살던 집이다. 최진립은 병자호란 때 남한산 성에서

적과 싸우다가 경기도 용인 험천에서 전사하였다.

상내거랑 : 천룡사의 천룡바위가 비친다는 아름다운 내란 뜻으로 물이 아름답고 맑다는 내.

감나무물푸레 : 감나무가 있는데 물을 막아 대는곳 물을 막아 대는 것을 보고 물푸레라 한다.

활원당 : 옛날 경주 최부자가 이 마을에 살 때 빈민구제를 위하여 곳간을 지어 놓고 가난한 사람들에게 곡식을 나누워 주었다는 곳. 또한 흉년에 솥을 걸어 놓고 오가는 사람들에게 밥을 해서 나누워 주었다고도 한다.

동파밭 : 경주 최부자 집안을 흔히 동파라 하는데 이조1리(가암) 갬디마을 최씨 입향조인 최진립에게 아랫대 6형제가 있었는데 장자는 중파, 둘째는 서쪽편에 살림 나갔다고 서파, 셋째는 동쪽편에 살림 나갔다고 동파라 하는데 경주 교동 최부자집이 바로 셋째 아들인데 그 후손들이 살림 나가서 살던 집으로 1948년 혼란기에 집이 불타고 지금은 밭으로 되어 있다.

이조리 노거수

이조리 갬디미 회나무

정무공 최진립 장군이 심었다고 전함, 정무공 최진립은 임진왜란때 참가하여 공을 세웠을 뿐 아니라 병자호란때 순절한 장군이다. 2013년 4월 장군의 동상이 회화나무 앞에 세워졌다.

■ 나무이름 : 회화나무(홰나무) 한 그루

■ 나무나이 : 400년

■ 둘레 : 550cm

■ 나무높이 : 10m

■ 나무상태 : 양호

■ 첫가지높이 : 200cm

■ 목적 : 동제목(보호수), 기념식수

이조리 갬디미 충의당 회양목

정무공 최진립의 사당 앞에 심은 회양목인데 사당을 세울 때 심은 나무이다.

■ 나무이름 : 회양목 한그루

■ 나무나이 : 300년

■ 둘레 : 50cm

■ 첫가지높이 : 220cm

■ 나무높이: 6 m

■ 목적:조경목(보호수)

■ 나무상태:고사 위기

이조리 갬디미 개무덤숲

전설이 있는 무덤인데 신라시대 석실분이다. 개무덤 위 소나무 네 그루 은행나무 두 그루 느티나무 12그루, 숲 소나무 육십칠 그루, 은행나무 네 그루, 참 나무 두 그루, 느티나무 네 그루

■ 나무이름 : 소나무숲, 개무덤숲

■ 목적 : 방풍림

■ 나무나이 : 100년

■ 나무상태 : 양호

이조리 갬디미 충의공원 배롱나무

충의당밖 충의공원 도로변에 있는 나무인데 누가 언제 심은지는 모른다.

- 나무이름 : 배롱나무(목백일홍) 정원수
- 높이 : 4m
- 첫가지 : 80㎝
- 나이 : 300년
- 둘레 : 130㎝

이조리 갬디미 충의당 매화나무1

충의당 안채 동쪽 장독대에 있는 나무인데 언제 심은지는 몰라도 200여 년이 되었을 것이라고 한다. 아직 수세가 왕성하여 매실이 많이 열리고 있다.

- 나무이름 : 매화나무 정원수 한 그루
- 나무나이 : 200년
- 높이 : 5m
- 둘레 : 130cm
- 첫가지높이 : 20cm

이조1리 갬디미 충의당 매화나무2

임진왜란 때 혁혁한 공을 세우고 병자호란 때 순절한 정무공 최진립장군이 살던 고택인 충의당에 있는 나무이다. 충의당 동쪽 사당 앞에 잘 가꾸어진 정원에 있는 나무이다. 속부분은 썩었으나 겉 부분이 살아 아직 생육상태가 좋다.

- 나이 : 200여 년
- 높이 : 6m
- 둘레 : 20cm
- 첫가지높이 : 220cm

이조1리 갬디미 동파밭 닥나무

주위에 큰 닥나무가 여러 그루가 있다. 이조1리 경주 최씨 입향조인 정무공 최진립의 셋째 아들이 살림 낼 때 등쪽 편에 내었다고 동파라 하는데 바로 교동 최부자 집안을 말한다. 그 집터인 밭 앞에 있는 닥나무이다.

- 나이 : 100여 년
- 높이 : 8m
- 둘레 : 220cm
- 첫가지높이 : 밑둥치에서 여러 가지로 갈라짐

이조2리(전포)

전포(새각단)

옛날에 큰 홍수가 나서 마을을 모두 쓸어 버려서, 내 앞에 새로 마을이 이루어졌다 하여 전포 또는 새로 이루어진 마을이라 하여 새각단이라 부른다. 그런데 이조1리 갬디미 마을 사람들은 새각단이라 부르고 다른 마을 사람들은 전포라고 부르고 있다. 이 마을은 예부터 월성최씨들이 많이 살고 있다.

이조2리 전포 전경

| 동제 |

지내지 않는다(지금은 행정 구역상 이조2리이지만 옛날에는 이조1리 갬디미와 한 마을이기 때문에 안 지낸 것이다).

전포

갯더미 이룬 내앞에 이루어진 마을이라
전포라 부르는데
물난리에 쓸어 버리어
새로 이루어진 마을이라
새각단이라고 부른다네
물많고 맑은 내가
남에서 북으로 흐르는 미역내
서에서 동으로 흐르는 신을내가
만나는곳이 삼내 거랑
새로 만든 새 방천 넘어가 둘넘어

서쪽산 부엉이 많이 우는 부웅디미
왜적 물리치려고 군사 숨겨놓은 비봉태기
최씨네 마을앞이라 최평들 넓어 끝이 없구나.
산좋고 물 맑은 산수골에
산수유꽃이 허들어지게 피고
신을내 맑은 물가에
처자, 총각바우 옛 전설 전해주고

버드내, 밀밭 도가리, 냇가라 벌운굴이 유명하구나
뒤는 내요
앞은 끝없이 펼쳐진 들판에
미역내 물이 흘러오면
양쪽 산이 호위하는 가운데
포근히 안기는 마을

동해 남부선 철도가
마을 앞에 지나가
그 넓고 아득한 들판을
볼 수 없어
아쉬움 속에
지나가는 세월
언제나 행복한 날이 오겠지.

최평들 : 최씨네 마을 앞에 있는 들이란 뜻이다.

부엉디미 : 부엉이가 많이 와서 울던 산. 디미는 많다는 뜻인데, 이 지방에서는 많다는 것을 덤비기라 한다.

산수골 : 최씨들 묘(산소)가 있는곳, 묘를 산소라 하는데 산소가 산수로 변한 것이다.

총각바우 : 처자바위와 조금 떨어진 곳에 있는 바위. 전설에 의하면 처자가 어린애를 업고 가다가 굴러 냇바닥에 굴러 떨어져 떠 내려올줄 알았는데 중간에 걸리어 바위가 되기에 매우 안타까이 여기어 기다리다가 돌이 된 바위.

이조2리(전포) 이장이 총각바위를 가리키며

상천 : 위에 있는 내.

뒷걸 : 마을 뒤에 있는 내.

중도랑 : 보 중간에 있는 봇도랑이 있는 들.

말랑도랑 : 보 제일 위에 있는 도랑. 제일 꼭대기를 이 지방에서는 말랭 또는 말랑이라 함.

하괘 : 봇물을 댈 때 밑에 있는 논을 말함.

보듬 : 봇물 대는 중에서 제일 물이 잘 빠지면서 마르는 논 '보둥성이란 뜻이다.

벼락바우 : 벼랑바위를 부르기 쉽게 벼락이라고 함. 산중에서 제일 벼랑진 곳인데 옛날에 벼락을 맞은 바위라고도 한다.

새각단 : 새로 이루어진 마을 이라고 한다.

앞섶갓 : 마을 앞에 있는 우거진산 즉 울섶을 하듯이 우거지게 한 산.

복병태기 : 엣날에 병사들이 잠복하던 곳이라고 한다.

합수 : 박달쪽에서 내려오는 물과 노곡쪽에서 내려오는 물이 합쳐지는 곳.

삼내거랑 : 세 내가 합쳐지는 곳(이 지방에서는 내를 거랑이라 함). 박달쪽에서 내려오는 신을내와 별내 그리고 형산강 본류인 미역내가 만나는 곳을 말한다.

범디미 : 범의 굴이 있는 곳으로 범이 많이 있었다는 곳. '디미'는 더미를 말함. 즉 무더기를 말한다.

선창 : 이중보를 말함. 가로로 내가 흐르면 그 위로 세로로 물을 흐르게 만든 곳 또는 중간물을 빼게 만든 장치

새방천 : 새로 돌을 쌓아 만든둑. 이 지방에서는 돌로 쌓은 둑을 방천이라고 한다.

둘너메 : 둑 너머라는 뜻.뚝을 이 지방에서는 둘이라 한다. '넘어' 는 이지방에서는 '너메' 라고 한다.

달안지 : 달을 안은 골짜기. 달같이 생긴 산의 안쪽을 말한다.

애장골 : 어린애들이 죽었을 때 많이 묻은 곳. 혹은 작은 무덤이 많은 곳

앞거랑 : 마을 앞에 흐르는 내

상괘 : 봇물을 대는데 위쪽에 있는 논

재나무밭 : 재나무가 많이 있는 곳 노린재나무를 이 지방에서는 재나무라 한다. 꽃이 피며는 재 색깔 같다고 해서 재나무라 한다.

처자바우 : 냇가에 있는 바위로, 애를 없은 것 같이 보이는 바위. 처녀를 흔히 처자라고 한다. 옛날에 처녀가 어린애를 업고 가다가 신이 벗겨져서 신을 주워도 가다가 미끄러져서 굴러 떨어져서 바위가 되었는데 지금도 어린애를 없은 듯이 보인다고 한다.

갱빈 : 내가 비었다는 뜻이다 냇가를 말한다. 흔히 강가에 있는 묵지가 있는 것을 보고 갱빈이라고 한다. 강의 빈자리인 것이다.

버든들 : 옛날 버드나무가 많았다고 한다. 버든들에는 다음과 같은 전설이 있다. 조선조말에 초가을 어떤 사람이 미꾸라지를 잡으려고 통발을 놓기위해 날씨가 쌀쌀하여서 섬을 가지고가서 앉아 있는데 저 건너편에서 불빛이 보이기에 왠 사람이 말을 타고 오는 줄 알았는데 냇뚝을 뛰는데 보니 범이었다. 그래서 가지고 간 섬을 뒤집어쓰고 있으니 냄새를 맡더니 그 넓은 냇물을 뛰어 넘어 가더란 것이다. 그래서 이 소식을 들은 경주 부윤이 명포수를 동원해서 범굴을 찾아가서 포수가 발가벗고 있으니 범이 오기에 총으로 쏴서 잡으니 얼마나 큰지 장정이 8명이 목도를 해서 경주 관아 위처마에 거니 땅에 닿더란 것이다.

범굴 : 옛날 범이 살았다는 굴이 있는 곳.

버드내 : 냇가로서 옛날에 버드나무가 많이 있던 논들.

둘넘 : 둑 너머 있는 들 '뚝' 을 이 지방에서는 '둘' 이라 한다.

골애도랑 : 물이 늘 고여 있는 고논이 있는 들에 있는 도랑

줄감나무 : 감나무가 줄을 선 듯이 있는 곳.

앞섶갓비알 : 마을 앞 산으로 울섶을 한 듯이 우거진 산의 비탈 섶갓은 마을에서 보면 외관상으로 보기 안좋은 산이나 바위가 있는 곳을 마을 사람들이 나무를 못하게 말리면서 우거지게 한 산들이다.

지은골 : 깊은 골짜기을 말한다. 깊은 것을 이 지방에서는 지푸다고 하는데 깊은골을 지은골이라 부른다.

방구매미 : 바위가 있는 논떼기.

여들마지기 : 여덟마지기 정도 되는 수량의 수확이 되는 논. 한마지기는 4가마니 섬으로는 두섬정도 수확하는 만큼 8마지기는 32가마니 섬으로 말하면 16섬 나는 논이다.

보임계 서당 : 보임계 소유의 서당.

일곱떼지기 : 한마지기는 안되는데 한마지기를 10으로보면 7정도 되는 논 다시 말하면 10분의 7정도 되는 논이다.

석메 : 옛날 연자 방아가 있던 곳. 연자 방아를 이 지방에서는 석메라 한다.

들백이 : 다른 논보다 높이 들어 얹친 논.

벌운굴 : 모래로 이루어진 곳에 판 우물로서 버글 버글 하다는 뜻의 우물.

양정보 : 양수작업을 해서 내 보내는 물을 막은 보라는 뜻임. 물을 펴올려 양수작업을 해서 물대는 곳에 있는 보. 양수가 양정으로 불리게 된 것이다.

둘넘버드나무숲 : 둑너머 있는 버드나무 숲 둑을 이 지방에서는 둘이라 한다.

산수골도랑 : 산수골에서 물이 흘러 내려오는 도랑.

도시장거리 : 옛날 석매는 소로서 돌리어서 방아를 찧기 때문에 돌의 시장이 있는 거리란 뜻이다.

두마지기 : 두마지기 정도 수량의 벼가 수확 되는 논 한마지기는 200평정도 이지만은 일정하지 안다. 지금은 평수(1평은3.3㎡)로 해서 200평이 한마지기라 하지만 옛날에는 논에 벼 수확 나는 수량을 보고 마지기를 정한 것이다.

뒷갱빈 : 마을 뒤쪽에 있는 강변..

삼굴 : 옛날 삼(대마)를 익히던 굴이 있던 곳.

돌논 : 돌이 많은 논.

밀밭도가리 : 옛날에 밀을 재배 하던 논.

꼬부랑도가리 : 논이 꼬불 꼬불한 논 떼기.

딱밭도가리 : 둑에 닥나무가 있는 논 떼기 '닥나무' 를 이 지방에서는 '딱나무' 라 한다.

들언친도가리 : 다른 논 보다 높이 엏친 논.

절답 : 옛날 절 소유의 논.

당고개 : 고개마루에 돌무더기 당이 있는 고개.

당태 : 옛날 서낭당 터가 있던 곳.

버들밭 : 옛날에 버드나무가 많이 있었던 곳의 논들

개구리방구 : 개구리 같이 생긴 바위, 손가락새가 해마다 여기 와서 빌던 바위라 한다.

비선당 : 비가 서 있는 산등성이. 배씨 가진 사람의 묘에 비가 서 있기 때문이다.

밤나무골짜기 : 밤나무가 많이 있던 골짜기

절태 : 옛날 절이 있던 곳, 지금도 기와 조각이 많이 나온다.

줄산 : 월성 최씨들 묘가 줄을 있고 있는 산, 또는 산줄기가 줄을 선듯이 보이는 산.

산수골 못 : 산수골에 있는 못.

골애 : 언제나 물이 고여 있는 논, '고논' 을 이 지방에서는 '골애' 라고 한다.

비봉태기 : 비가 서 있던 산봉우리의 터란 뜻이다. 이곳 사람들은 기와 조각이 나온다고 절태라고 하면서 절에 큰 비가 있었다는 터란 뜻이다.

이조2리(전포) 노거수

이조2리 전포 마을숲

은행나무 열두 그루, 느티나무 다섯 그루, 팽나무 한 그루
1986년 마을숲 조성하면서 은행나무, 느티나무를 심었고 팽나무 한 그루는 본래부터 있던 것인데 수령이 70년 정도 되어 보이고, 높이 13m, 둘레 196cm이다.

이조3리(용산)

용산

용머리 같이 생긴 산이 있다 하여 용산이라 한다. 그리고 경주 남산의 천룡사가 있던 산아래에 용이 꿈틀거리듯 움직이는 산같이 생긴 산이 있는 마을이라고도 한다. 이 마을에는 월성 최씨와 김해 김씨가 많이 살고 있다.

이조3리 용산 전경

용산

경주 남산 천룡이 굽이 굽이 꿈틀 꿈틀
노움산 용오머리
머리 가마 처럼 돌돌 말린 가마돌이 돌고 돌아
길고 긴 산끝이라 진산골 넓은 들
도로 공사 때문에 옛 이야기가 되었구나.

시끌 벅적 장날은 어데가고
인적 끊긴지 오랜데
장태만 남았구나

옛 절터 불영골에
용산 서원 자리잡고
고색 찬연함에 느티나무가 이정표고
은행나무,회화나무가 선비 정신으로 서원앞을 지키면서
신도비각 어젖하게 보이고
비는 크고도 우람하고
귀부는 솜씨가 너무 좋아
신라적 솜씨로 보네

천룡산 돌고 돌아 내려 오다 보면
용오머리 꿈틀 꿈틀
휘감은 산끝 진산골에 이르면
별내거랑,물빛받아 영수바대 그림자 이루고
흐르는 물길따라 장 이루던 마을
지금은 사라지고
팔밭골,산막골,등메밭 기슭에
마을 이루다 보면
모두다 따뜻한 정이 오가고
새갓골 소나무는 온갖 풍상
다 격고 하다 못해
굽고 굽은 것이
아름답기만 하여라

나무 : 느티나무 한 그루(본래는 소나무였으나 고사되고, 느티나무를 다시 심어서 지
　　　　내고 있음) 느티나무는 30년쯤 되었다.
제일 : 음력 정월 대보름날(음1월 15일)
제관 : 마을에서 선정해서 지냄.
제물 : 마을 공동 소유인 논 300여평에서 나오는 이익금으로 장만 함.

이조3리 당수나무(느티나무)

| 토박이 땅이름 |

진산골 : 긴 산 끝에 있는 들. 이 지방에서는 길다는 것을 질다고 하고, 긴을 진으로
발음한다.
영수바대 : 물이 맑아서 밤에 별이 비친다는 들. 바대는 바닥을 말한다.
골안 : 골짜기 안에 있는 마을
새갓비알 : 산과 산 사이의 산비탈. 사이를 이 지방에서는 '새' 라 하고, 비탈을 비알
이라 한다. 그리고 이 마을에서 보면 동쪽에 있는 산이란 뜻이다. 동쪽을 '새' 라 한
다. 특히 이조1리 갬디미서 보면 동쪽에 있는 산을 말한다.
팥밭골 : 밭을 파서 일군다는 뜻인데, 화전을 뜻한다. 옛날에 파서 일군 밭이 있는 골
짜기

아림메 : 마을 아래쪽에 있는 산.

무지등산 : 옛날 무제(기우제)를 지내던 등성이, 기우제를 이 지방에서는 무지라고 하는데 무지란 물의 제사 즉 물제 인 것이다. 옛날 비가 안 올 때는 마을마다 기우제를 지낸 것이다.

가매돌산 : 머리에 있는 가마 같이 돌돌 말린 골짜기에 있는 산.

큰걸 : 마을앞의 내로서 크다는 내.

낙시태 : 옛날 낚시하던 곳이라 한다.

지핑골 : 지핑이라는 사람 소유의 산이 있던 곳이다. 지팡이는 옛날 노실 역마장이라고 전한다.

대냇골 : 큰 냇골이란 뜻이다.

돼지골 : 돼지같이 생긴 골짜기.

새각단 : 새로 이루어진 마을.

장태 : 얼마 전까지만 해도 시장이 열리던 곳(장날1일,6일)이다. 그러나 장이 없어진 지는 1980년대 말쯤 된다. '터' 를 이 지방에서는 '태' 라고 한다.

울릉도각단 : 울릉도 같이 멀리 떨어진 마을을 말한다.

용오머리 : 용머리 같이 생긴 산이라 한다. '용의머리' 라 부르는 것이다.

노움산 : 용머리산의 끝부분을 말한다. 용머리를 놓은 산이라 한다.

가매돌이 : 가마를 돌 듯이 깊은 골짜기 가마를 이 지방에서는 가매라 한다. 그리고 토기나 자기를 굽던 가마가 있던 곳이다.

소망태골 : 옛날에 소를 많이 매어 놓고 먹이던 곳이다.

삼밭골 : 삼(대마)을 재배하던 밭이 있는 골.

불영골 :옛날에 절이 있던 곳 지금의 용산서원 주변.

간듬비 : 여러 내의 줄기가 모여 덤벙을 이루던 곳이다. 덤벙을 이 지방에서는 듬비라 한다.

등메밭 : 마을 뒷등에 있는 밭.

송단 : 소나무가 울창한 곳. 이천 팔영의 한 곳이라 한다.

서원갓 : 용산서원 뒷산을 말한다.

도덕골 : 도와 덕을 쌓던 곳이다.

초구네골 : 풀이 많은 골짜기라 한다.

용산서원 전경

공동산 : 이 마을의 공동 묘지가 있는 산.

못안골 : 못안에 있는 골짜기, 못안쪽에 있는 골짜기.

진등 : 산등이 길게 뻗어내려온 등.

용산서원 : 정무공 최진립 장군을 모신 곳으로 옛날에는 절이었다. 2003년 여름, 이 곳에서 보수 공사를 하던 중 담장 아래서 석등 간주석이 두기가 나오고, 여기에 쓰인 부재들이 절에서 사용하던 것이 많았다. 정무공 최진립은 선조27년(1594)에 무

과에 급제하고, 정유재란 때 서생포에
서 적을 크게 무찌르고, 권율 장군과 함
께 도산에서 적을 무찔러 무공신이 되
었다. 경기수군절도사와 삼도 통제사를
겸하고 공주영장이 되었다가, 병자호란
때 종으로 있던 기별, 옥동과 함께 남한
산성으로 가던 도중 청나라군과 맞싸우
다 전사하였다 한다. 후에 자헌대부 병
조판서에 추증되고, 충신 정려가 내려지
고 청백리에 녹훈되었다. 숙종37년(1711)
에 숭열사우란 사액이 내려졌는데, 고종
7년(1870)에 훼철된 것을 1903년 단을 모
아 재향하다가 1963년에 복향하였다. 경
주 교동 부자도 윗대는 이조1리 갬디미
마을에서 살다 갔는데, 정무공 최진립의
후손이다.

정무공 최진립의 신도비

신도비 : 정무공 최진립의 신도비가 있
는 주위를 말한다. 신도비의 글은 용주
조동이 짓고, 관찰사 조명겸이 쓴것이라고 한다. 요즈음 신도비 귀부가 조각 솜씨가
너무 좋아 신라 시대 작품이 아닌가 의문을 제기 하고 있다.

진등만디 : 진등에 있는 마루.

강매둘 : 강의 뚝이란 뜻. 마을앞 강둑.

별내 : 모래 자갈이 많은 벌내인데 이것을 별내라 하고 물이 맑아 별이 보인다는 내
이다. 별내 마을쪽에서 내려오는 내이다.

천주암골 : 옛날 천주암이란 절이 있던 골짜기.

새갓 : 이 마을에서 보면 북쪽이지만 이조1리 갬디미 마을에서 보면 동쪽에 있는 산
이다. 그래서 새각이라 한다.

이조3리 노거수

이조3리 용산 느티나무

이 마을 동제목으로 본래 소나무는 고사되고 다시 느티나무를 심어 모시고 동제를 지내는 데 음력 정월 보름날 지내고 있다.

- 나무이름 : 느티나무(동제목) 한 그루
- 나이 : 40여년
- 높이 : 10m
- 둘레 : 90cm
- 첫가지높이 : 150cm

이조3리 용산 소나무숲

이조3리 용산마을 앞 용산서원 입구에 수백 년 된 소나무가 숲을 이루고 있어 보기도 좋다. 이 숲의 가을 달빛이 이천 팔영 중의 하나라고 한다.
- 나무이름 : 소나무숲(풍치림)

이조3리 용산 느티나무

용산서원 입구에 있는 나무인데 용산서원을 건립할 때 이정표로 심은 나무 같다. 아
직 수세가 왕성하고 최근에 주변을 정비하여 잘 가꾸고 있다.

- 나무이름 : 느티나무 정자나무
- 나이 : 200여 년
- 높이 : 8m
- 둘레 : 4m
- 첫가지높이 : 250cm

이조3리 용산 새갓골 소나무숲

용장리 틈수골서 이조리 용산사이 경주서 언양가는 옛국도 서쪽 편에 수백 년된 소
나무가 숲을 이루고 있으며 조선조말에 경주부윤을 지낸 노영경의 선정비가 1기 있
는데 근래 세운 것이다.

- 나무이름 : 소나무숲풍치림

이조3리 용산서원 뒤 소나무숲 풍치림

용산서원 묘우 뒤에 소나무가 온갖 풍상 다 겪으면서 자라는 데 지금 와서는 몇십 그루가 숲을 이루어 보기가 매우 좋다.

- ■ 높이 : 12m
- ■ 둘레 : 140cm
- ■ 첫가지높이 : 8m

이조3리 용산서원 은행나무

정무공 최진립 장군을 추모하기 위해 세운 용산서원이 있는 곳이다.

■ 나무이름 : 은행나무(보호수)

■ 나무나이 : 300년

■ 둘레 : 350cm

■ 첫가지높이 : cm

■ 나무높이 : 20 m

■ 목적 : 용산서원을 건립하면서 서원 앞에 심은 나무

■ 나무상태 : 양호

이조3리 용산서원 회화나무

홰나무는 가지가 이리저리 자유롭게 자라고 있기에 보기도 좋고 시원한 반면 은행
나무는 무성하게 자라고 있다.

■ 나무이름 : 회화나무(홰나무) 한 그루

■ 나무나이 : 300년

■ 둘레 : 220cm

■ 첫가지높이 : cm

■ 나무높이 : 25 m

■ 목적 : 용산서원을 건립하면서 서원 앞에 홰나무 한 그루, 은행나무 한 그
루 심은 것임.

<부지리 약도>

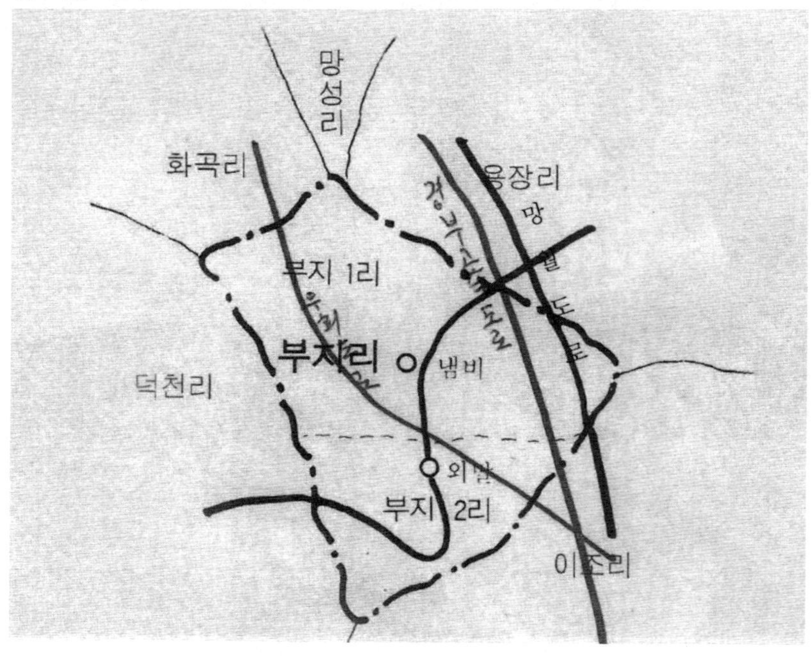

03

부지리
(鳧池里)

냄비 마을 앞에 오리 모양의 산이 있다 해서 오리 부(鳧)자를 따고 외
말에 기와 굽던 곳이 있었다 하여 기와 와(瓦)자와 땅지(地)를 써서
와지라 하는데서 냄비 마을의 오리 부(鳧)자와 외말의 한자어인 와지
(瓦地)의 땅지(地)자를 따서 부지(鳧地)라고 해야 하는데 오리는 물에
산다는 데서 오리 부(鳧)자와 못 지(池)자를 사용해서 부지(鳧池)라
한 것이다. 일제시대 1914년 행정구역 통폐합 때 냄비를 부지1리라고
하고 외말을 부지2리라 했다.

부지1리(냄비)

냄비

옛날에는 이 마을 앞까지 냇물이 밀려왔는데 하도 맑아서 내에 잘 비추었다고 해서 내비가 냄비가 되어서 한자로 표기할 때는 내면(內面) 또는 천면부(川面鳧)라 했다고 한다. 그리고 내가 옛날에는 마을 앞까지 흘러와서 내를 바라 본다는 데서 한자로 표기 할 때는 내면 하던 것이 냄비가 되었는데 오랜 세월이 흐른 후 내가 멀어지고 비었다는 데서 냄비가 되었다고 볼 수 있다. 마을 앞에 오리 모양의 산이 있는데 오리가 있으면 내가 있어야 한다는 뜻에서 이곳을 내 바닥에 비유해서 내면 부락, 또는 한자로 천면부로 부르던 것이 냄비가 되었다고 한다. 본래는 내바닥인 것이 지금은 비었다고 해서 냄비라고 한다는 것이다. 즉 내비→냄비로 바뀐 것이다. 그리고 오리 모양의 산이 있는데 앞내를 바라보고 있다. 하여 내면 한자로 천면이라 한다. 내면이 발음 변화에 따라 냄비가 되었다. 또 냄비는 내 안쪽 마을이라면 외말은 바깥 마을로도 볼 수 있다. 월성 최씨들이 많이 살고 있다. 일제시대 이 마을에 내남면 사무와 내남초등학교가 있었는데 해방 후 면청사는 용장1리 용장으로 옮겨가고 내남초등학교는 지금도 그냥 있다. 그리고 2016년 9월 12일 경주대지진의 진앙지가 이 마을이라 더욱 유명하게 되었다.

부지1리 냄비 전경

냄비

냇가 마을로 밀려 올때는 마을이 내에 비치어 빛나고
냇가 멀어져감에 내가 빈 마을이 되었네
지금은 여천 맑은물에 마을이 비치고
냇가에 느티나무가 기세 당당히 푸르기만 하다

냇물이 밀려 왔다 멀어져감에 새로이 들이 생긴 새들과 갯전들
물 도둑질 하도 해 가서 하다 못해 이름조차 도둑들
물이 귀해 은동이로 물을 받을 듯이 비오면 벼 잘되는
은동이 받이
금이 나온 김전들이
경주 지진의 진앙지가 금보다 더 빛나는 것인지도 몰라
관같이 생긴 관산
물이 잘빠진다는 바대물 논
기와 굽던 지당산
깊은 골의 심골밭
마을 앞에 숲우거진 숲메산을 숲메산이라 부르는데 마을앞 내를 바라보는
산이라
물있는 마을서 넘어가도 물 있는 물몽고개
길다는 진도보.
늦게 비가와 동오에 물 담듯 내린 빗물을 대는 늦동오보
쇠꼬리 같이 생긴들에 물대는 쇠초리보
갈대많은 산의 물 받아대는 갈메보
쪽박으로 물푸는 쪽박샘에 판개운굴
옛신라적 우물은 이름도 없이 옛 그대로 전해저만 오네

| 동제 |

나무 : 느티나무 한 그루(보호수)
안지냄.

부지1리 냄비 당수나무(느티나무)

| 토박이 땅이름 |

굴운굴 : 굴같이 생긴 곳에 있는 우물.
하괘 : 논물을 대는 논 중에서 아래쪽에 있는 논들.
화실못도랑 : 화곡 저수지 물이 내려오는 도랑.
개안들 : 내 안쪽에 있는 들.
개답 : 냇바닥을 논으로 만든 논.
심골밭 : 매우 깊은 곳에 있는 밭. 심은 복판. 중심되는 곳을 말한다. 꼭지점
새각단 : 새로 생긴 마을을 말한다.
아래각단 : 이 마을의 아래쪽에 있는 마을
윗각단 : 이 마을 위쪽에 있는 마을
큰각단 : 이 마을에서 제일 큰 마을
진도보 : 긴게 늘어진 보란 뜻
김전보 : 김전들에 물대는 보.

윗갈메보 : 갈대가 많이 나는 산아래 있는 보인데 위쪽에 있는 보

아래갈메보 : 갈메보중에서 아래 있는 보.

쇠초리보 : 소꼬리 같이 생긴 곳에 있는 보. 또는 동쪽 끝에 있는 보 동쪽을 새라고 하고 '초리'는 꼬리를 말한다.

늦동오보 : 논의 물사정이 안좋아 늦게 비가 많이 올 때 동오로 받아 놓은 물을 이용해서 농사 짓는다는 보 '물동이'를 이 지방에서는 '동오'라 한다.

갈밭 : 갈대가 많이 우거진 산.

물몽고개 : 이고개에 올라다보면 기린 냇물이 보이고 화곡 못이 보인다는 곳의 고개.

여천거랑 : 물이 언제나 맑다는 내.

솔고개 : 소나무가 있는 고개.

서당앞산 : 서당이 있는 앞산.

서당뒷산 : 서당이 있는 뒷산.

진동보 : 긴보로서 동쪽에 있는 보.

호식골 : 옛날 사람이 범에게 물려간 곳이라 한다. 범의 먹이가 되었다는 골짜기.

서남고개 : 서나무가 있는 고개 서나무가 서남으로 불리게 된 것이다. 냄비서 숯가마 골로 넘어가는 고개.

관산 : 관 같이 생긴 산.

판개우물 : 판자로 만든 바가지로 물을 푸는 우물.

쪽박샘 : 쪽바가지로 물을 푸는 샘.

공동산 : 이마을 공동묘지가 있는 산.

관산들 : 관같이 생긴 산 아래에 있는 들.

여천들 : 물이 없는 데도 오리가 살고 있다는 들. 물이 맑아서 잘 비친다는 냇가에 있는 들.

금전들 : 토금이 나온 들.

새들 : 새로 이루어진 들.

개안 : 내안에 있는 들.

도둑들 : 가을에 벼를 쌓아 놓으면 도둑을 잘 맞는다 해서 말 할 수 있으나 봇물을 이곳에 사는 사람들이 많이 훔쳐 대었다는 데서 연유함. 쉽게 말하면 물 도둑들인 것이다.

상괘 : 봇물을 댈 때 위에서 대는 논.

중괘 : 봇물을 댈 때 중간에서 대는 논.

담안 : 도둑을 막기 위해 쳐 놓은 담안에 있는 들.

뒷메 : 마을 뒤에 있는 산

지당 : 기와를 굽던 터가 있는 곳. 기와집을 잿집이라 하는데서 재는 기와를 뜻하므로 '재가' '지'로 변한 것이다.

갈바산 : 갈대가 많이 난 산. 즉갈밭산이란 뜻. 갈밭이 갈바로 변했다.

갓메산 : 갓 같이 생긴 산

호수골 : 범이 많이 나타났다는 골짜기.

교천갓 : 경주교천 최부자 집의 산. 경주 교동을 교촌 또는 교천이라고도 한다.

형제산 : 두 산봉우리가 의좋은 형제 같이 솟아 있는 산.

서당고개 : 호수골에서 숯가마골로 넘어가는 고개. 옛날 서당이 있었다.

지질메 : 물이 새면서 흙이 진 산.

바대물논 : 물을 받아서 대는 논. 번답이기 때문에 물이 자꾸 새어 나가므로 물을 귀
하게 받아 농사짓는 논이라 해서 이렇게 부른다.

삼태봉 : 산봉우리가 세 개인 산.

기린내 : 기린목 같이 길게 흘러 내리면서 바로 형산강 본류에 들어가지 않
고 길게 흐르는 내. 대천(모량천)과 형산강 본류가 만나는 곳까지를 말함.

은동이 받이 : 은동이로 물을 받아 농사 지을 만큼 물이 귀하다는 논으로, 물이 흔할
때는 벼가 잘 된다는 논. 그리고 이곳에서 은동이가 나왔다고 함.

지당산 : 기와 굽던 곳. 즉 질땅. 진흙을 가지고 기와를 굽던 곳이라 함.

기린봉 : 기린목 같이 길게 생긴산 봉우리.

여천 : 물이 맑아서 빛나게 흐른다는 내.

못뚝 : 옛날 못이었을 때 못 뚝이 남아 있는 곳.

못안들 : 옛날 못이였을 때 못의 안에 있는 들.

못밑들 : 옛날 못뚝밑의 들.

삼밭골 : 옛날 삼(대마)를 재배하던 밭이 있는 골.

갓메 : 머리에 쓰는 갓같이 생긴 산.

숲메 : 숲으로 이루어진 산.

술메산 : 오리 같은 산이라 한다.

감나무운굴 : 옛날 우물가에 감나무가 있었던 우물

면소태 : 일제시대 내남면 청사가 있던 터, 지금은 밭으로 되어 있다. 일제시대 이곳
에 면사무소가 있었으나 해방 후 용장1리 용장으로 옮겼다가 지금은 이조1리 갬디미
마을로 옮겨가 있다.

호수고개 : 냄비서 숯가마골로 넘어가는 고개인데 옛날에 호랑이가 많이 나온 고개
라 한다.

부자리 노거수

부자리 냄비 느티나무

- 나무이름 : 느티나무 한 그루
- 나무나이 : 1000년
- 둘레 : 590cm
- 첫가지높이 : cm
- 나무높이 : 20m
- 목적 : 정자목(보호수)
- 나무상태 : 양호

부자리 냄비 산수유

산수유가 있는 밭은 1930년대에 내남면 청사가 있던 곳인데 이 나무가 그전부터 있었는지 아니면 면사무소 청사 지을 때 심은 나무인지 모른다

■ 나무이름 : 산수유 두그루

■ 나무나이 : 150년

■ 둘레 : 320cm, 220cm

■ 첫가지높이 : 밑둥치에서 갈라짐

■ 나무높이 : 5m

■ 목적 : 집에 조경 및 약용으로 이용

■ 나무상태 : 불량

부자리 냄비 김전들 느티나무

화곡저수지 아래 김전들에 있는 오래된 느티나무인데 정자나무 역할을 하고 있는
나무이다.

■ 나무이름 : 느티나무 정자 나무 한 그루

■ 나이 : 200여년

■ 높이 : 12m

■ 둘레 : 320cm

■ 첫가지높이 : 아래서 움이 터서 잔가지가 많음

부지2리(외말)

외말

임진왜란 당시 왜적을 물리치기 위해 말을 기른 곳이라 한다. 그것을 잘못 알고 왜 놈들이 말매 놓은 곳이라 하기도 한다. 이 마을의 생긴 모양이 누운 소와 같다고 하여 와거라고 불렀는데, 조선조 말엽에 이곳에서 기와를 구웠다는 데서 와지라 부르다가 후에 말하기 쉽게 외말로 부르고 있다. 그리고 냄비를 안마을로 보면 외말은 바깥마을, 외마을인 것으로 보면된다.

부지2리 외말 전경

| 동제 |

나무 : 소나무였으나 사라지고 현재는 느티나무 나이 50여 년 주변에 느티나무 세 그루, 단풍나무 한 그루.
제일 : 정월 대보름날 새벽.

외말

기와 굽은 곳이라 외말이 외말이 되었다고
임진왜란때 왜놈들이 말 매 놓은 마을이라고 속되게 말하지만
그 보다는 왜적 물리치고자 말기른 곳으로 보면 되겠지
냇뚝으로 말타고 다닌 곳이라고 마도랑이라하고
냄비는 내 마을 안마을이고 외말은 바깥마을 외마을인것을
홈걸어 물대는 홈밭들
경덕왕릉있어 이름도 가지 각색
능있다 능고개
왕릉 만드느라 장판 벌린 장밭
장밭아래 늘어진 마을
솔고개 소나무 사라지고
느티나무 심어 동제신으로 모시고
마을 쉼터가 되었네

반티이고 넘던 반티고개
내안이라 개안들
마을 숲이라 섶갓
동쪽산 모팅이라
새갓 모팅이라 불리네
언덕아래 죽 늘어진 마을
한폭의 그림과 같이 아름답네
닥밭밑에 늘어진
딱밭밑 각단

느른 들판에 고속도로에 차가 싱싱
내다보면 언덕아래 늘어진 마을
보기도 좋아라

제관 : 마을 사람 중에서 깨끗한 사람이 지내오다가 동민 몇 사람이 지냈음.
제물 : 밭 200여 평, 논 500여 평을 경매 보아서 나오는 돈으로 장만.
2011년 부터 안지냄.

부지2리 외말 당수나무

| 토박이 땅이름 |

섶갓밑 : 마을앞에 울섶을 한 듯이 우거진 산의 밑.
솔밭 : 소나무만 있는 곳.
무지당 :옛날 가물 때 기우제를 지냈던곳, '기우제'를 이곳에서는 '무지' 지낸다 함 '무지'란 무제인데 무제는 물의 제사 지낸다는 뜻이다.
쇠비산 : 소꼬리 같이 생긴 산. 소의 꼬리
인 소의비가 쇠비가 됨.
홈밭들 : 홈을 걸어 물을 대는 들.
능골 : 경덕왕릉(국가지정문화재 사적23
호)이 있는 산. 경덕왕:신라35대왕(재위
(742~765) 효성왕의 아우로 제도를 당
나라에 따라 개편하는 한편 당과의 교역
을 꾸준히 하여 산업발전에 힘썼다. 754
년 황룡사 대종의 주조 석굴암의 축조

경덕왕릉

등 불교 중흥에도 노력했다. 이때가 신라의 황금기였다. 왕릉은 호석이 있고 십이지
신상이 새겨져 있고 난간석과 상석이 신라시대 작품이 그대로이다.

장골 : 신라때 시장이 있었다는 곳. 경덕 왕릉이 있는 앞들. 나라의 어른 즉 왕이 묻
힌 곳이다.

술메산 : 오리같이 생긴 산으로 숲이 우거진 숲산이라 한다.

홈밭동내 : 홈을 걸어 물대는 곳에 있는 동네.

딱밭 밑각단 : 닥나무가 있는 밭 밑의 마을.

섶갓 : 울섶을 한 듯이 나무가 우거진 산.

마도랑 : 도랑이 굽지않고 바로 생긴 곳. 즉 똑바른 도랑뚝으로 말을 타고 많이 다녔
다고 한다.

솔고개 : 소나무가 있는 고개. 이 마을의 수호수인 당수나무가 소나무인데 그곳에 있
는 고개. 외말에서 냄비가는 고개. 지금은 소나무는 없고 느티나무가 당수나무이다.

목고개 : 목같이 생긴 고개. 외말에서 쇠비산 마을로 가는 고개.

진등산 : 산등성이가 긴 산.

김전들 : 토금이 나왔다는 들.

쇠비산들 : 쇠비산 아래에 있는 들.

능고개 : 경덕왕릉이 있는 곳에 있는 고개. 외말서 숯가마골로 가는 고개.

장두들 : 경덕왕릉이 있는 앞의 둔덕. 두들이란 다른 지대보다 높은 언덕.

갈밭들 : 갈대가 많은 들판.

쇠비산모팅 : 쇠비산의 모퉁이.

진등 : 산등이 길게 내려온 등성이.

화실못도랑 : 화곡저수지 못물이 내려오는 도랑.

개안 : 내안 쪽에 있는 들.

개답 : 냇바닥을 논으로 만든 곳.

새갓모팅 : 이 마을 동쪽에 있는 산의 모퉁이.

딱밭 : 닥나무가 많이 있는 밭. 닥나무를 이 지방에서는 딱나무라 한다.

시전 : 홈바대 보의 시작부근을 말한다. 시작이란 뜻이다.

고개만디 : 경덕왕릉뒤 고개마루를 말한다.

목골 : 사람 목같이 푹들어간 골짜기. 외말서 숯가마골로 가는 고개.

새갓 : 이 마을 동쪽에 있는 산.

시전보 : 이 마을이 시작되는 곳에 있는 보.

홈골 : 홈질어 물대는 곳이 있는 곳.

베락태 : 옛날 벼락이 친 곳. 벼락을 이 지방에서는 '베락' 이라고 한다. 전하는 말에
의하면 경덕왕릉을 도굴하고 가던 도굴범이 벼락 맞아 죽은 곳이라 한다.

못안고개 : 외말서 숯가마골로 넘어가는 고개인데 숯가마골에 있는 못 안으로 가는
고개란 뜻이다.

반팅골 : 반타같이 푹들어간 골짜기. 또는 옛날 반티이고 많이 다니던 골짜기라 한

다. 목판을 이 지방에서는 반티라고 한다. 목판이란 나무로 네모지게 엇비슷하게 만든 그릇인데 음식을 나를 때 쓰는 그릇이다. 특히 여인들이 머리에 이고 많이 다니었다.

반팅고개 : 반팅같이 푹들어간 곳에 있는 고개. 또는 반티를 이고 많이 다닌 고개라 한다. 외말서 숫가마골 골안으로 넘어가는 고개.

섶갓너머 : 섶갓넘어 있는 들.

선창 : 봇도랑 같이 긴 도랑의 물을 중간에 빼내어 흘러내리게 만든 장치, 긴 도랑의 창문 역할을 한다는 뜻이다.

선창보 : 선창 부근에 있는 보.

쇠비산보 : 쇠비산 아래 있는 보.

능갓 : 신라35대 경덕왈릉이 있는 산.

부지2리 노거수

부지2리 외말 경덕왕릉숲

신라 제5대 경덕왕릉이 있는 곳에 소나무 숲이 우거져 있다. 사적 제3호인 소나무는 온갖 풍상 다 겪었는지 굽고 굽어 억지로 자라왔지만 보기는 좋은 숲이다. 아마도 토질이 안 좋고 자꾸 굽어서 그렇게 된 나무도 있을 것이다.

■목적 : 경덕 왕릉 보호림

부지2리 외말 느티나무

본래 이곳에 소나무가 있어서 여기 있는 고개를 솔고개라 했는데 소나무가 고사되고 난 뒤 느티나무를 심어서 동제목으로 섬기다 2011년부터 동제도 안 지낸다.

■나무이름 : 느티나무 세 그루, 단풍나무 한 그루

■나무나이 : 100년

■둘레 : 220cm

■첫가지높이 : 1.5m

■나무높이 : 6 m

■목적 : 동제목

■나무상태 : 양호

<용장리 약도>

경수시 (배동)
산업국도
35호 국도
망성리
비파
용장 4리
강정
배양굴
경주시
(남산동)
화곡리
용장리
용장 2리
용장
냄비
등알
용장 1리
부지리
틈수골
천룡
경부고속도로
이조리
용장 3리
노곡리

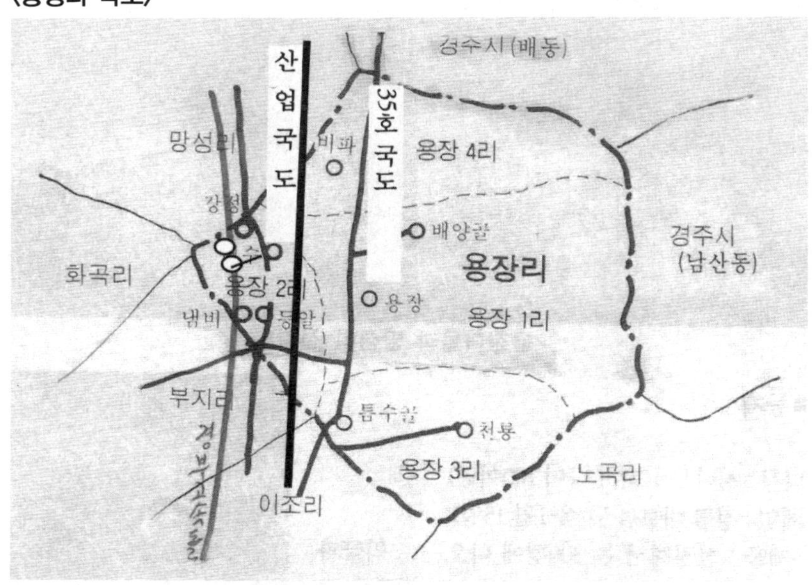

용장리
(茸長里)

경주 남산에 신라 때 용장사라는 절이 있었는데 지금은 절이 없어지고 절터와 불상과 석탑이 남아 있다. 그래서 용장사지라 부르고, 이 절의 이름을 따서 이 마을을 용장이라고 부르고 있다. 행정구역 개편으로 인하여 오늘날은 용장과 배양골을 용장1리, 냄비일부와 등알, 머수, 강정을 용장2리, 틈수골, 천룡을 용장3리, 비파(앞비파, 뒤비파)는 용장4리라 한다.

용장1리
용장,배양골

용장

경주 남산에 신라 때 용장사라는 절이 있었는데 조선조 세조 때, 생육신의 한 사람인 매월당 김시습(1435~1493)이 이 절에 은둔하면서 유명한 금오신화를 지었다 한다. 지금은 절이 없어지고 용장사지라고 부르고 있는데 불상과 석탑이 있으며 이 절의 이름을 따서 이 마을을 용장이라 부른다. 또 이 마을 앞에 옛날에는 큰 강물이 흐르면서 강가에 풀이 무성하게 자라 풀용(茸)자와 긴장(長)자를 쓰면서 용장(茸長)이라 했다 하기도 한다. 그리고 이마을 뒤 용장사 절터가 있던 용장골에 시느대(대나무의 한가지 높이 6m쯤으로 마디 사이가 길며 잎은 좁은 바소꼴이다. 5월에 원뿔꽃차례로 꽃이 피며 가을에 이삭 열매가 익는다. 낚시대나 그릇 따위를 만드는데 쓰인다. 특히 담뱃대로 많이 쓴다.)가 옛날에 많이 있었다고 해서 용장이라 하였다고 한다. 이 마을은 본래 월성이씨들이 많이 살았다.

용장1리 용장 전경

용장

용장사 깊은골 목없는 부처님 표정은 모르지만
자세는 언제나 인자한 모습
그뒤에 바위에 새겨진 부처님
맑고도 밝게 티없이 바라 보시는 모습
산등성이 바위위에 우뚝 솟은 탑은
하늘위에 떠 있는듯 높기만 하여라
매월당 김 시습 설잠스님으로
시누대 우거진 골에
매화향기 맡으며
금오신화 지으신 곳
세월의 흐름에 모든 것이 잊혀지고
터만 남았네

크고도 우람하고
전설 많은 깊은골 아래
어우러진 마을
풀이 긴 용장이라네
그래서 그런지 기린내 틀어감에
옛적에 버들이 허들어지게 늘어진 곳에 막은 태로보
산은 시누대요
냇가는 버들과 풀이로다

이엉재 동 서 이어주고
봉호골 봉화 올린곳
노루미기 열반골 넘어가며
끝없는 부처님 세계
둥글고 둥근 돌위에 부처님 모신 곳, 아래는 둥근 돌 있는 아래라 둥굴 밑
이라 부르고
금수골 금나왔다네
탑상골에 탑과 불상 있고
절골에 부처님 목없이 슬프게 계신곳
돌축대 무너진 곳곳에 옛 흔적 남겨 있고
은적골 매월당 은둔생활하며 적막하게 지내고

매월당이 명월당이라 부르는 곳에서
금오신화 지어내고 사라진곳
중굼부리 중굴러 어디갔는지
전설만 남았네
면소재지때 시끌벅끌 하더니
옮겨간뒤 조용한가 싶더니
용장 계곡 찾는 사람 많고 많다
옛날 찾던 사람은 내남면 사람이고
지금 찾는 사람은 등산 관광객이로다
유서 깊고 전설 많은
용장골 깊은골
돌틈마다 질기고 질긴 생명력을 가진
나무 풀 자라나고
앞들판 유유히 흐르는 냇가에
우거진 숲들 사이로
삶의 터전 일구며 사는 사람들
아름답기만 하여라

| 동제 |

나무 : 서나무 한 그루(나이 100여 년)
제일 : 정월 대보름 날(음 1월 15일)
제물 : 선정해서 논 300평에 나오는 수익금과 마을 구판장에서 나오는 수익금으로
　　　　제물을 장만하고 제관을 선정했다 함.

용장1리 용장 당수나무(서나무)

| 토박이 땅이름 |

번답 : 물이 잘 마르는 논이 있다하여 번답이라 한다. 번답이란 물이 잘 빠지며 잘 마
르는 논을 말한다.
태련들 : 틀려서 나가는 보의 물을 대는 들. 즉 구부러진 곳에 있는 보의 물을 대는
들. 트런보를 한자로는 태련(太)으로 받아쓰게 되었다.
중번답 : 번답들 중에서 중간에 있는 논들.
트런봇들 : 구부러진 곳에 있는 봇물을 대는 들. 트런 봇물을 대는 들.
트런보 : 구부러진 곳에 있는 보. 즉 물굽이가 틀어진 보라는 뜻. 그리고 강이 굽어
틀어진 곳에 버드나무가 많았다고 한다.
북녘골 : 이마을의 북쪽에 있는 골.
봉롱골 : 다른 지대보다 월등하게 깊은 산골짜기. 아마 봉롱이 길다는 뜻과 관련이

있는 듯 하다.

노루미기 : 용장서 천룡 넘어가는 고개인데 노루 목과 같이 길게 생겼다는 고개.

이엉재 : 용장에서 남산으로 넘어가는 고개. 용장과 남산을 이어주는 고개라는 뜻. 그만큼 긴 고개이다.

새바다보 : 새로이 보를 막아 놓은 곳인데 보를 막아 놓음으로 해서 바다처럼 넓다는 뜻이다.

봇갓 : 보 소유의 산. 산을 이 지방에서는 갓이라 부른다. 지금은 시멘트 철근 콘크리트로 단단하게 하지만 1970년대 까지만 해도 큰 강의 보는 말목을 치고 덮을 걸어 물을 막았기 때문에 보에 딸린 산이 있어 그 산의 나무를 베어 해마다 보를 막았다고 한다.

통일동산 : 남북통일을 염원하면서 나무를 심은 산. 박대통령이 마을 마다 통일동산을 만들기로 지시한 까닭에 70년대 생긴 이름.

남녘골 : 이 마을의 남쪽에 있는 골짜기.

금수골 : 금이 나오고 물이 새는 곳이라해서 금수골이라 한다. 금을 캔 굴이 지금도 있다.

안섶갓 : 이마을의 울타리 역할을 하는 산으로 마을 안쪽에 있는 산.

밖섶갓 : 이마을의 울타리 역할을 하는 산으로 바깥쪽에 있는 산.

줄봉산 : 산봉우리가 줄을 잇고 그 산으로 이어진다는 뜻임. 경주 남산은 금오산 봉우리(486m)와 수리산, 고위산 천룡봉(494m)으로 부르는 산봉우리가 있는데, 이 산봉우리가 금오산 봉우리보다 높은 고위산인 줄봉산 이다. 이산은 경주 남산에서 제일 높으며 제일 남쪽의 산봉우리로서 남산의 모든 산봉우리가 이곳으로 줄을 잇고 있다는 뜻이다.

대밭양달 : 양지쪽에 있는 대밭.

은적골 : 은둔생활을 하면서 적막하게 지낸 골짜기. 매월당 김시습이 경주 남산에 처음와서 생활하면서 적막하게 지낸 산골짜기라 함. 지금도 절터가 있다.

진풍골 : 바람이 매우 세차게 휘몰아치는 골짜기.

참나무밭골 : 참나무가 많은 골짜기.

새갓양달 : 마을에서 보면 동쪽편에 있는 산인데 양달쪽에 있는 산.

새롱골 : 마을 동쪽편의 깊은 골짜기.

탑상골 : 탑과 불상이 있는 골짜기.

배양골 : 양씨가 백집 살았다 해서 백양골이라 했는데, 그후 부르기 쉽게 배양골로 바뀜. 그리고 다른 설로는 양씨가 다른 성씨의 배나 살았다고 한다. 지금도 마을 어귀에 양씨들 묘가 있다.

명월당 : 매월당 김시습이 이곳 용장사지에서 은둔하면서 금오신화를 지었는데, 김시습의 호를 따서 매월당이라고 부르던 것이 와전되어 명월당이라 부르고 있음. 이곳은 신라 때 용장사절이 있었던 용장사지이다. 몇 년 전부터 필자가 주선하여 전국에 계신 문학인과 금오신화를 좋아하는 사람들을 모시고 이곳에서 금오신화제를 지

내고 있다.

태봉만디 : 여인이 아기를 분만하고 있는 듯하다는 산봉우리. 산봉우리가 두 개 있어서 형제봉이라고도 부름. 산봉우리가 두 개 나란히 있으니 꼭 사람의 엉덩이 같이 생기니 여자의 엉덩이에 비유하여 태봉이라 한 것 같다. 그리고 이산 어딘가 옛날 누군가 태을 묻었다고도 한다.

할매방구 : 허리를 꾸부린 할머니 같이 생긴 바위.

개바우 : 개같이 생긴 바위.

예수바우 : 간사스런 여우같이 생긴 바위.

꼬내기바우 : 고양이같이 생긴 바위 '고양이'를 이 지방에서는 '꼬내기' 라고 함.

범바우 : 범이 살았다는 굴이 있는 바위인데 옛날 불상을 안치한 흔적도 있다.

장판거랑 : 옛날 장의 판이 열린 옆에 있는 들. 냇바닥이 장판처럼 단단한 돌로 되어 있어서 부르게 된 이름.

장태거리 : 옛날에 장이 있었던 곳.

갯전 : 내를 논으로 만든 곳.

새번답 : 새로 논을 만든 곳인데 물이 잘 빠지는 번답이기 때문에 붙인 이름.

술숭기 : 소나무를 심은 곳임. 솔심기 솔숨기 솔숭기로 됨. '심는다' 는 것을 이 지방에서는 '숭군다'고 말함.

골애 : 논에 물이 언제나 고여 있는 논.

원말들 : 고을원이 지나가면서 쉬도록 지어놓은 집이 있던 들. 원막들이 부르기 쉽게 원말들로 부르고 있다. 지나가는 길손이 쉬어가도록 만든 원막이 있던 들.

장판들 : 옛날 장이 열린 옆의 들.

갯전보 : 갯전들에 물을 대는 보.

새들보 : 새들에 물을 대는 보.

새각단 : 새로 생긴 마을.

울릉도각단 : 울릉도 같이 외따로 떨어진 마을.

열반골 : 열반의 세계로 간다는 골짜기, 천룡사로 가는 골짜기인데 천룡사를 열반으로 가는 곳으로 여겼기 때문이다.

지푼골 : 골짜기가 깊은 곳. '깊다' 는 것을 이 지방에서는 '지푸다' 고 한다.

잡탕골 : 좁고 작은 골짜기라 한다.

미수앞 : 묘의 머리앞이라 함. 옛날 나무꾼들이 많이 쉬던 곳이다.

범우거랑 : 범이 살았다는 곳에서 흐르는 내.

봉호골 : 옛날 봉화대가 있던 아래 골짜기.

봉호재 : 용장서 백운대로 넘어가는 고개인데 봉화대가 있던 곳의 고개.

봉호골못 : 근래 막은 못인데 봉호골에 있는 못.

고래장태 : 신라시대 고분이 많았는데 모두 훼손하고 밤나무를 심었다 함.

장태걸 : 옛날 장이 있었던 곳의 내, '내'를 이 지방에서는 '거랑' 또는 '걸' 이라 한다.

예수골 : 여우가 살았다는 굴이 있는 곳. '여우'를 이 지방에서는 '예수' 라 한다.

범우골 : 범이 살았다는 굴이 있는 곳

권진사미태 : 둥굴의 권진사묘가 있었던 터. 지금은 이장하고 없음. 권진사는 권규운 (1854~1925)인데 조선말에 진사를 지냄. 처음 이곳에 묘를 섰다가 최근에 이장하고 없다.

장구판 : 장기판 같이 생긴 바위가 있는 곳. 이 지방에서는 '장기'를 '장구'라고 부른다.

밤나무 밭 : 밤나무가 많은 산.

형제봉 : 산봉우리가 두 봉이 똑같아 형제같이 의롭다는 산봉우리..

신평봇도랑 : 새로생긴 들에 물대는 봇도랑.

신평들 : 새로 생긴 들.

중굼부리 : 전설에 의하면 중이 굴러 떨어진 곳이라 한다.

동굴밑 : 둥근 돌이 있는 밑이라는 뜻. 용장사터 삼륜대좌불이 있는 아래를 말한다. 삼륜대좌불의 둥근 돌밑이라는 뜻임.

섶갓비알 : 섶갓에 있는 비탈.

뒷골에 : 마을 뒤에 있는 골짜기.

넙떡바우 : 바위가 넓적한 것을 말한다.

태로보(太櫓) : 물이 굽이 치는 곳에 버드나무가 많았는데 그곳에 막은 보.

법당골 : 절의 법당이 있던 골짜기.

범굴 : 범이 살았다는 굴.

돼지바우 : 돼지 같이 생긴 바위.

건들바우 : 건드리면 흔들거린다는 바위.

이무기 바우 : 큰 뱀같이 생긴 바위인데 전설에 의하면 용이 되다가 못되어 바위가 되어 굳어 버렸다 한다.

갱의암 : 편편한 바위. 전설에 의하면 여자귀신이 옷갈아 입던 바위라 함.

절골 : 옛날 절이 있던 골짜기.

부처바우 : 불상이 새겨진 바위.

태련보 : 강물이 틀려 나가는 곳에 막은 보인데 옛날에 버드나무가 많았다고 한다.

형제봉 : 산봉우리가 두봉이 똑같아 형제 같이 아름답다는 산봉우리.

이무기바우 : 바위가 이무기 같이 생긴 바위.

섶갓 : 이 마을에서 말리는 산으로 울섶 같이 우거지게 한 산

새갓 : 이 마을 동쪽에 있는 산.

새갓음달 : 이 마을 동쪽에 있는 산으로 음달쪽.

이무기바우

용장1리 용장사터 삼층석탑

용장사터 삼륜대좌 불상 앞에서 독일인과 함께(오른쪽 필자)

배양골

양씨가 백 집 살았다고 백양골 했는데 그 후 부르기 쉽게 배양골이 되었다. 그리고 양씨가 다른 성씨 보다 배나 살았다고 해서 부른다고도 한다. 마을 어귀에 양씨들 묘가 있다.

용장1리 배양골 전경

| 동제 |

나무 : 본래는 서나무에 지냈는데 고사 되고 옆에 있는 큰 귀목(느티나 무)나무에 지냄. 느티나무한 그루 나이 200여 년

제일 : 음력 정월 대보름날.(음 1월 15일)

제관 : 논 500평 정도 농사를 짓는 사람 이 제물을 장만하고 지냄.

용장1리 배양골 동제단

배양골

양씨들이 백집이나 살았다고 하는 마을
큼직한 양씨들 묘가 있기는 있네
이 좁은 골짜기에 양씨가 백집이나 살았다고
백집이 산것이 아니라 다른 성씨보다 배나 살았겠지
언제 어디로 갔는지 양씨들 묘는 있는데 사람들은 잘 보이지 않네
추울때는 볕 잘들어 따뜻하고
더울때는 푸르른 버드나무 벗삼고 살아간 사람들
둥글고도 곱게 자란
느티나무 동제신으로 모시고
돌곳에 돌 많은 곳인지
산대미 각단 어떤지
이씨들 제실 있는 제공골
장판처럼 단단하고 장의 판 벌어진 장판들

용장1리 배양골 당수나무(느티나무)

| 토박이 땅이름 |

돌곳에 : 돌이 많이 있는 곳으로 꽃처럼 아름다운 곳으로 꽃이 많이 피는 곳이라 함.

오랄들 : 옛날에 절이 있었는데 절이 성할 때 많이 오라는 곳에 있는 들. 지금도 절터가 있다.

범어걸 : 돌이 버글버글하다는 내. 버걸이 범어걸로 바뀐 것임. 내를 이 지방에서는 걸 또는 거랑이라 함.

삼대미각단 : 산대미 같이 생긴 마을. 삼대미란 대나 싸리로 얼금얼금하게 엮어 만든 광주리로 옛날에 삼을 삼아 담던 그릇을 말한다. 그만큼 집이 듬성듬성 있는 마을이다.

삼굿달 : 옛날에 삼을 익히던 굴이 있는 곳. 삼 익히는 일을 삼굿다고 한다. 그래서 삼굿다가 삼굿달로 불리게 된 것이다.

제공골 : 경주(월성)이씨 제사가 있는 골

장판들 : 내 바닥에 장판 같이 돌이 많이 깔려 있는 내의 옆에 있는 들. 또는 옛날 장의 판을 벌이던 곳에 있는 들.

동사골 : 이 마을 동사가 있던 골.

제공산 : 월성 이씨 제실(제사)에 딸린 산.

앞산 : 이 마을의 앞쪽에 있는 산.

큰골 : 이 마을에서 제일 큰 골.

새말갓 : 새말 사람 소유의 산.

양씨미 : 양씨들 묘를 말한다

용장리 노거수

용장리 배양골 느티나무

이 마을에서 동제목으로 섬기는 나무로
음력 정월 보름날 동제를 지내고 있다.
부채살 같이활작 펼쳐진 나무로 보기도
좋고 생육상태도 좋다.

- 나무이름 : 느티나무 한그루
- 나무나이 : 200년
- 둘레 : 400cm
- 첫가지높이 : 120 cm
- 나무높이 : 15m
- 목적 : 동제목
- 나무상태 : 양호

용장리 용장 팽나무

용장1리 동1제목으로 음력 정월 보름날
동제를 지내는 나무인데 생육상태는 매
우 좋다.

- 나무이름 : 팽나무 한 그루
- 나무나이 : 100년
- 둘레 : 190cm, 183cm 밑둥치 두 가지
갈라짐
- 첫가지높이 : cm
- 나무높이 : 6m
- 목적 : 동제목
- 나무상태 : 양호

용장2리
등알,머수,강정,냄비 일부

강정

옛날에 이 마을 앞에 큰 청소가 있고 청소 옆산에는 큰 정자가 있었다 하여 강정이라 부른다. 강가에 정자가 있었던 마을이다. 지금도 산 정상 부분에 정자터가 있다.

용장2리 강정 전경

옛 강정마을 터

| 동제 |

현재는 안 지냄.

강정

은하수처럼 강물이 굽이쳐 밀려오는 산 마루에 정자가 있었던 마을
멀리 물 줄기가 밀려와 산 아래 청소 이루던 그곳에 집들이 옹기 종기
정자 있던 산은 강정산이라 부름에
그 산아래 강가에는
봄날엔 버들이 춤을추고
여름이면 물놀이 즐기고
가을이면 넓은 들판이 황금 물결이루고
겨울엔 하얀얼음에 눈이 부시니
강물이 넘실거리는 사이
황금 물결이 일면
경주 남산 황금빛 단풍에 빛나 부처님 웃움지으면
내건너 봇갓, 함박등은 강물빛 받아 빛난다

굽이치며 이룬 청소
물맑아 산마루 정자에 이는 바람 시원도 하여
찾아오는 사람들
다 어디가고
정자터만 남았네.

강정산 기린내 물빛받아
더욱 빛나고.
지나가는 세월 만치나
변해가는 물빛
벗삼아 살아가는 사람들.

강정갱빈 : 강정 앞 강변 '. 강변' 를 이곳에서는 '갱빈' 이라 말함.(강변→갱빈)

강정산 : 본래 강정 뒤에 있었던 산이었으나 취락 구조 사업으로 인해 지금은 마을이 이 산 뒤로 옮겼으므로 강정 앞산이다.

목고개 : 사람 목같이 생긴 고개.

진등 : 길게 생긴 산 등성이.

넙떡등 : 산등이 넓적하게 생긴 등성이.

중마고개 : 강정서 등굴, 새말, 율동으로 가는 고개인데 마을 중간에 있는 고개.

뒷산 : 마을 뒤쪽에 있는 산.

팔밭골 : 파서 일군 밭이 있는 골.

넙떡방구 : 넓적한 바위를 말한다.

앞거랑 : 마을 앞을 흐르는 내.

태로보 : 큰 버드나무가 많은 곳에 막은 보. 옛날 태로원 주변에 막은 보.

청수산 : 청소가 있는 곳의 산.

청수비알 : 청소가 있는 산의 비탈.

강정청수 : 강정 마을 앞에 있는 청소. '청소' 를 이 지방에서는 '청수' 라 한다.

샛갓 : 동쪽 편에 있는 산.

송곳등 : 송곳처럼 뾰족한 산등.

트런보(태련보) : 구부러진 곳에 막은보. 트런보라고 하는 것은 틀어진 보라는 뜻. 한자로 옮겨 쓸 때 태련보라 쓴다.

함박등 : 함지박을 엎어 놓은 듯한 산의 등.

봇갓 : 머수앞에 있는 보소유의 산. 태련보 소유의 산. 이 산의 나무를 베어 말목을 치고 덮을 걸고 하여 보를 막았다고 한다.

안산 : 마을 앞쪽에 있는 산.

지정메 : 옛날 기장을 재배하던 곳 '기장' 을 이 지방에서는 '지정' 이라 한다. 신라시대 왕궁과 왕경지구에 사용할 기와를 지정한 곳으로 안압지등에 사용한 기와명문과 여기서 나온 명문이 일치하는 것을 보면 기와를 지정하여 만든 곳으로 보면 될 것이다. 이곳은 흙과 물, 나무를 구하기 쉬운 곳이다.

자지고개 : 강정 새말서 화실로 넘어가는 고개 옛날 자기 토기를 많이 실어 나르던 고개, 자기고개가 자지고개로 부르게 된 것이다.

머수(혹은 머소)

옛날에 강물줄기가 마을 안으로 들어오면서 굽이쳐 갈 때는 소멍에(몽에) 같이 생겼다 하여 멍에가(駕) 자와 물연(淵)자를 써서 가연(駕淵)이라 했다가, 오랜 세월동안 강물줄기가 마을 안으로 들어오면서 이루어 놓았던 청소와 마을 안으로 굽이치던 강물줄기가 멀어짐에 따라 머수 혹은 머소라 부르고 있다. 일선 김씨들이 많이 살던 곳이다.

용장2리 머수 전경

머수, 물이 멀어진 마을

머수

물이 굽이쳐 마을 안으로 들어와 청소 이루면서 굽이쳐 흘러 갈때는
소를 이룸에서 멍애같이 흘러간다 하여 가연이라 불렀다네
세월 흘러 물줄기 멀어지고 청소 멀어져 감에 머수라 부르기도하고
머소라고도 하네
청소 있던 늪비알
엄행어사 박문수 화계선생 찾아와 물 끌어 들이는 내기 하던 물몽고개
머수들 넓고도 나락 잘된다 유명한 들 복판 당수나무,귀목은
고속도로 공사에 베어지고 터만 남았네
그 넓고도 넓어 유명한 머수들이 고속도로 때문에
골짜기 아닌 골짜기 마을이 되어 멀고 먼 물이 더 멀어만 졌네

굽이 치는 물굽이 청소 이룸에
산과 산사 이 깊은 곳에 자리잡은 마을
어느새 물과 청소가 멀어져간 터에
넓은 들판 이루고
암행 박어사, 화계 유선비 전설 전해지고
산등 너머 화실못
청청한 기린내 머수물 끓어 들이려한
물몽고개 옛 전설 어디간지
늪비알 나무만 푸르고
그 넓은 머수들 점점 사라져 가는 사이사이
농사짓는 사람들
은하수 처럼 밀려오는 푸른 강물만
바라 보네.

나무 : 느티나무 한 그루.
제일 : 정월 대보름날(음 1월 15일)
제관 : 한사람이 지냈으나 1968년 경부고속도로 건설할 때 당수나무가 사라지고 현
재는 안 지냄. 그러나 그 터는 남아 있다.

용장2리 머수 당수나무터

머수앞산 : 머수마을 앞에 있는 산을 말함.
머수뒷산 : 머수마을 뒤에 있는 산을 말함.
머수들 : 머수마을 앞에 있는 들.
안골산 : 마을 안 깊숙이 있는 산.
기린내 : 울산 울주군 두서면 내와리에서발원되어 흘러내려 오는 물이 살거내(활천)와 배내가 합류되어 홈실내와 만나 미역내가 되고 둥굴게 굽이 치면서 달내가되어 흘러 별내와 만나고 신을내와 만나 상내를 이루고 이곳에서 화실내와 만난 곳이 기린목 같이 길게 이어진다고 기린내라 한다.
봇갓 : 보소유의 산, 태련보 소유의 산.
물몽고개(민망) : 머수서 화실 냄비, 김전들로 넘어가는 고개인데 이 마루에서 보면 기린내와 화실쪽 화실못이 보인다는데서 물을 바라 본다는 물망이 물몽으로 바뀐 것임. 전설에 의하면 암행어사 박문수와 학자인 화계 유의건이 화실에 있는 화계서당에서 내기를 하였는데 화계선생이 어사 박문수가 보는 앞에서 머수앞에 있는 내의 물을 이 고개를 통해서 끌어들이어 화계서당에 다가 불을 밝히게 되어서 어사 박문수에게 너무 민망하게 되었다고 해서 민망고개 라는 것이 오랜 세월이 흘러 물망고개가 되었다고 한다.
서당만디 : 서당이 있던 뒤산마루.
모랑지 : 산모퉁이.
밭도가리 : 밭을 논으로 만든 곳.
칼치도가리 : 칼치 같이 길게 늘어진 곳.
아래새들 : 새들 중에서 아래 있는 논들.
기린내거랑 : 기린 목같이 길게 늘어진 내.
트람보 : 틀려진 냇가에 버드나무가 많이 있는 곳에 막은 보.
가연재 : 몽애와 같이 굽게 틀려 나간 곳이란 뜻의 마을에 지은 일선김씨들의 재실.
질매질 : 길마 같이 생긴 고개길 '길마' 을 이 지방에서는 '질매' 라 하고 길을 질이라고 부름.
샛거랑 : 마을 새에 있는 내. 내를 이 지방에서는 거랑이라 한다.
당수나무태 : 옛날 이 마을에서는 동제 지내던 당수 나무가 느티나무였는데 1968년 경부고속도로 건설 때 베어 버렸다 한다. 전설에 의하면 옛날에 어느 머슴이 비를 피하려고 이 나무밑에 갔다가 벼락을 맞아 죽었는데 큰 나무 가지가 부러졌다고 한다.
앞산 : 머수 앞쪽에 있는 산.
늪비알 : 늪지대 이던 옆의 산비탈. 옛날 이곳으로 강물이 휘몰아 갈 때 생긴 늪의 산비탈.
안골 : 마을의 안쪽 골짜기.

윗새들 : 새들중에서 위쪽.

화실못도랑 : 화실 못물이 흐르는 도랑.

새들 : 새로 이루어진 들.

민망고개 : 머수서 냄비, 화실로 가는 고개인데 전설에 의하면 화계 유의건이 암행어사 박문수가 보는 앞에서 머수앞 냇물을 이 고개를 통해 화실못쪽으로 끌어 들이어 화계서당에 불을 밝히게 되었는데 할 수 없는 일을 하게 되어 민망하게 되었다고 한다.

필자가 용장2리 머수 가연정에서 땅이름을 조사하면서

등알

산등성이 아래에 있는 마을이다. 경부고속도로가 나면서 취락 구조 사업으로 마을
은 본래 도로에 인근해 있던 마을을 좀더 도로에서 떨어지도록 옮겼다. 그러나 역시
산등성이 밑에 있다. 등알이란 '등아래', 즉 산등성이 아래라는 뜻이다.

용장2리 등알 전경

| 동제 |

현재는 안 지냄

등알

산등성이 아래 이루어진 마을
고속도로 때문에 옮기어간 곳이
화실 냄비로 거쳐오는 기린내가 마을을 감사고 기린목같이 길게뻗어   머
수앞으로 흘러가고
그 앞에는 외말을 거쳐 세차게 흘러 오는 마도랑 물이 인천에 이르면 형
상 강물이 유유히 흐르고

옛 산등성이 아래 마을이
지금은 내가 겹겹이 흐르는   가에 자리 잡았네
아래 새들 윗새들에 개답이 있고
냇물이 바로 안 흘러가고
기린목같이 길게 길게 나아가다 흘러가는 기린내
기린내 물빛은 오늘도 빛나며 흐르네

구왕골, 남생미, 외말 앞을 거쳐흐르는 마도랑은
뚝길로 말타고 단닌곳
등알에서 멈추면
화실 냄비에서 흘러오는 물이
길게 길게 물멀어진 머수앞에 이르면
기린목 같이 길게 흐른내라
기린내라 부르네
산등 아래 냇가라
산등 아래서 내를 안고 살아가는 사람들
산처럼 푸르고 물처럼 맑은 사람들이 부럽기만 하네.

기린내 : 기린목 같이 뻗어 흘러 내려 형산강 본류에 길게 닿은 내. 울산 광역시 울주군 두서면 내와리 감태봉(일명 백운산)에서 발원되어 흘러 내려오는 내와 화곡리에서 내려오는 내가 만나는 곳에서 대천(모량내)이 만나는 곳까지를 말함. 그런데 한자로 인천(麟川)이라 한다.

인천교 : 부지서 용장1리로 가는 길에 있는 다리. 옛날에는 나무다리였으나, 지금은 철근 콘크리트 다리임. 옛날에는 홍수나 천재지변으로 허물어지면 다시 다리를 놓고서 그 마을에서 연세 많은 사람으로 평생에 험한 일 없고 자식 갖고 재산 많은 가장 유복한 사람을 제일먼저 다리를 건너게 했다는데, 일제 강점기 나무다리를 다시 놓고서 둥굴의 추계 권인우(1855~1939)공께서 제일 먼저 건너고 그때 돈으로 거액인 5원을 희사했다고 함. 이다리는 1975년 새마을 사업으로 다리를 놓았다가 낡고 허물어져서 2013년 다시 놓았다.

아랫새들 : 새로 만든 들로서 아래 있는 들.

윗새들 : 새로 만든 들로서 위에 있는 들.

도둑들 : 물을 도둑질해 간다는 들.

개답 : 내를 논으로 만든 논들.

개안 : 내의 안쪽에 있는 들.

새들 : 새로 만든 논들

선창아구리 : 선창 바로 앞을 말한다.

아래각단 : 이 마을 아래 있는 마을

윗각단 : 이 마을 위쪽에 있는 마을

뒷갓 : 이 마을 뒤에 있는 산

마도랑 : 이 냇뚝으로 말을 타고 다니었다 해서 마도랑이라고 한다.

앞거랑 : 이 마을 앞을 흐르는 내.

선창 : 긴도랑물을 중간에 빠지게 만든 장치.

냄비(일부)

이 마을에 오리 같이 생긴 산이 있는데 오리가 있으면 내에 물이 있어야 하는데 물이 없음으로 해서 내가 비었다는 뜻으로 냄비, 또는 내바닥이라 해서 내면이라 하고 한자로 표기할 때는 천면 부락이라 부르기도한다. 그리고 옛날에는 내였으나 지금은 내가 비었다고 해서 내비라하기도 하는데, 내비가 발음의 변화에 따라 냄비가 된 것이다. 그리고 내가 가까이 있어서 비친다는 뜻이기도 하다. 내빛이 내비가 되어 내비로 불리게 되었다고 볼 수 있다.

용장2리 냄비 전경

| 토박이 땅이름 |

새들 : 새로 만들어진 들
윗새들 : 새들 중에서 아래의 들
아래새들 : 새들 중에서 아래있는 들
도둑들 : 물을 많이 훔쳐 간다는 들
형제봉 : 두 형제가 나란히 있듯이 솟은 산봉우리
면소태 : 옛날 면사무소 있던 터
개안 : 내안쪽의 들
개답 : 냇가에 있는 논
삼형제봉 : 산봉우리가 세 개 솟아 있어 마치 의좋은 삼형제 갔다는 산봉우리

냄비

냇물이 밀려 왔다
어느새 밀려 갔는지
이름하여 냄비라 하거늘
골목 갈라 저쪽은 부지리고
이쪽은 용장이라고
한마을을 두동강내었으니 말이다
이러나 저러나
마을은 한마을이네

마을앞 기린내 길게 뻗어짐에
개안들 생기고
새들 만들어
물도둑들 생겨나고 했는데
뒷산의 쌍봉은
비어가는 내만 바라보네.

용장2리 노거수

용장2리 등알 느티나무

마을 회관 옆 쉼터에 있는 나무인데 수세가 왕성하다.

■ 나무이름 : 느티나무, 주위에 자귀나무 한 그루, 느티나무 두 그루, 사철나무 한 그루
■ 나이 : 30년
■ 높이 : 12m
■ 둘레 : 150cm

용장3리
틈수골, 천룡

틈수골

산골짜기가 좁으며 돌이 많이 있어 산골짜기에서 흐르는 물이 돌틈으로 스며들며 항상 마르지 않고 흐른다 하는 골짜기이다. 즉 틈으로 물이 흐르는 골짜기라는 뜻으로 틈수골이라 부른다. 그리고 산과 산사이에 있는마을로 마을 앞에 형산강이 흐르고 뒤에 산계곡물이 흘러오는 물틈에 있는 마을인것이다. 그래서 마을앞에 큰내가 있어서 마을 뒤에 흐르는 물을 막는 못이 있게되어 진짜 물틈에 있는 마을이 되었다.

용장3리 틈수골 전경

틈수골

산과 산사이에 있는 마을
골짜기 틈틈이 물이 새어 나와
앞은 큰 강물이 흐르고
뒤는 틈틈이 물이 흘러 나옴에
못막아 물 가두어 원동지라 하거늘
산과 산사이
물과 물사이
그 틈에 이루어진 마을
부체살 같이 펼쳐진 부체살에
어둡다는 어두목골
능이 있는 능 번디기
부처모셔 빌던 나마골
돌아 가는 도이동
사묘살이 몇 년인가 몰라도 시모산이 있고
차씨들 묘가 있는 차상미
태풍에 없어진 당수나무 아쉬움에
다시 심어
정자나무 되어 오가는 길손 맞이 하네
와롱통천 경치 좋아
교천 최부자 정자 지어
후학 길러 내고
학문 닦고
부자 단단히 다진곳
그 명성 언제 다시 찾을꼬
동쪽 청룡의 기상받아 높고 높은산 깊은 골몰 내려오는 사이
서쪽 푸른 강물 너머 너른 들판 바라보고 사는 사람들
서방 정토 극락세계 이루겠지.

| 동제 |

나무 : 느티나무(87년도 태풍에 떠내려가고 다시심 었음) 한 그루 나이 25년 정도.
제일 : 정월 대보름날.(음 1월 15일)
1981년부터 안 지냄.

용장3리 틈수골 당수나무(느티나무)

| 토박이 땅이름 |

꺼치말 : 거칠은 산의 골짜기란 뜻
새말갓 : 새말 사람 소유의 산
못안도가리 : 못의 안쪽에 있는 뙈기 논
줄미떵 : 묘가 줄지어 있는 땅 '. 묘' 가 있는 땅을 '미떵' 이라고 한다.
가내등 : 다른 산등 보다 가는 등
노루배미 : 노루가 많이 내려 오던 논으로 노루 같이 생긴 논이라 한다.
서녁 : 서쪽에 있는 골짜기.
분등 : 옛날 풋거름을 하기 위해 풀을 가꾸면서 베던 산등
분등골짝 : 옛날 풋거름을 하기 위해 풀을 가꾸면서 베던 산등의 골짜기
큰골 : 다른 골짜기에 비해 큰 골짜기.
어두묵골 : 산골짜기가 매우 깊어서 어둡다는 뜻. 어두목골 → 어두묵골.

178

소새등 : 소 혀 같이 생긴 산등 '. 새' 는 '혀' 의 사투리. 이 지방에서는 혀를 보고 '새' 라 함.

진등 : 산등성이가 긴등.

앞산 : 마을앞에 있는 산.

새들 : 새로 이룬 들.

원말들 : 고을 원님이나 또는 지나가는 길손이 지나가면서 자고 쉬도록 지은 원집이 있던 들.

새바다보 : 보를 최근에 막은 것이 바다처럼 넓고 물이 많다는 뜻이다.

뒷갓비알 : 마을 뒤에 있는 산비탈 이지방에서는 '산' 을 '갓' 이라 함.

능번디기 : 능 같이 큰 고분이 있는 산등성이로 넓고 편편한 곳인데 고분은 언젠가 도굴을 당하였다. 그기에 큰판석돌이 남아 있다.

순산골 : 경주 남산은 돌이 많아서 허옇게 보이면서 산같이 안보이나 이산은 경주 남산과는 달리 산이 푸르러서 순수한 산같이 보인다 하여 부른 것이다.

애기등미땅 : 노처녀의 묘인데 시집 안 간 처녀를 애기라고 불렀음. 묘를 이 지방에서는 '미' 혹은 '미땅' 이라고 부름. 어느 기생의 묘가 있는 땅이라 한다.

꺼치말골짜기 : 거치른 골짜기라는 뜻임.

만포장들 : 매우 넓은 들을 말한다.

가는등 : 산등이 가느다란 등성이.

공동산 : 이 마을 공동 묘지가 있는 산.

봇갓 : 보 소유의 산.

시무산 : 옛날 시모살이 하던 묘가 있는 산.

밭골짝 : 밭이 있는 골짜기.

운능번디기 : 능처럼 큰 옛고분이 있는 편편한 산의 위쪽 운은 위쪽을 말하고 능은 큰 옛무덤을 말한다.

진등양달 : 진등의 양달쪽.

원말들못 : 옛날 원집이 있던곳에 막은 못. 원말들에 물대기 위해 막은 곳.

복해 : 푹파인 곳으로 물 떨어지는 폭포가 있는 곳이다.

토끼골 : 산토끼가 많이 다니는 골짜기.

동해등 : 동쪽에 있는 산등을 말한다.

윗마실 : 이마을의 위쪽에 있는 마을.

소시등 : 소 혀같이 생긴 산의 등 '혀' 를 보고 '새' 라고 하고 부르기 쉽게 '시' 라고 한다.

주막앞 : 옛날 주막이 있던 앞쪽.

안산 : 마을 안쪽에 있는 산.

새말갓 : 새말사람 소유의 산.

보문갓 : 보문 사람 소요의 산.

산만디 : 산 마루라는 뜻. 이마을 뒷산 마루를 말함.

버들밭 : 강가로서 버드나무가 많은 곳.

진등산골짝 : 긴 등이 있는 산골짜기.

지름진이 : 산골짜기가 긴곳을 말한다.

큰등 : 산등이 큰 것을 말함.

북쪽골짝 : 이 마을의 북쪽산 골짜기를 말함.

비선미땅 : 비가 서 있는 묘. 묘를 이지방에서는 '미'라 함.

못논도가리 : 못이 있던 논도가리를 말함. 또는 못을 논으로 만든 것을 말한다.

샛갓양달 : 이 마을 동쪽편에 있는 산의 양달쪽.

고깔보만디 : 고깔 같이 생긴 산마루.

봉오산 : 옛날에 봉화불을 올리던 산.

원동지못 : 본래 마을이었던 곳에 막은 못.

안산도가리 : 마을 앞쪽 산아래 있는 논뙈기.

못안도가리 : 못안쪽에 있는 논뙈기.

작은어두묵골 : 어두묵골 중에서 작은골짜기.

부채살 : 부채살 같이 펼쳐진 산등.

어두목속등 : 어두운 골짜기의 깊숙한 곳에 있는등.

큰 어두목골 : 어두운 골짜기의 큰골.

와룡골 : 누운 용의 형상이라는 골짜기로서 와룡사 절이 있음.

와룡동천 : 와룡골에 있는 경치좋은 폭포가 있는 곳을 말한다.

용꼬리샘 : 누운 용의 형상이라는 산등성이의 끝에 있는 샘으로서, 누운 용의 꼬리의 자리가 된다 하여 1987년7월2일 내남면 지명 조사하면서 와룡사 스님과 함께 '용꼬리샘'이라고 지었음.

윗능번디기 : 능같이 큰 고분이 있는 위쪽의 편편한 산등.

아래능번디기 : 능같이 큰 고분이 있는 아래쪽의 편편한 산등.

나마골 : 절을 세우면서 제일 먼저 부처를 모신 곳이라 한다.

도이동 : 돌아간다는 곳.

돌도가리 : 돌이 많은 논.

범우골 : 범이 살살았다는 굴이 있는 곳.

평바우 : 바위가 편편하게 생긴 것.

불선바우 : 불을 켜고 빌던 바위.

산만지미 : 산등성이의 마루.

차상미 : 차씨의 묘가 있는 곳.

시모산 : 옛날 묘옆에 움막을 짓고 시모살이 하던 산.

진등음달 : 긴 산등의 음달진 곳

나막골 : 절을 지으면서 부처를 모아둔 곳의 자리

기생미 : 옛날 기생이 죽어서 묻은 무덤이라 한다.

천룡

신라 때 천룡사라는 큰절이 있었는데 지금은 없어지고 옛 천룡사 터만 남아 있는 곳이다. 천룡사가 있던 곳이라 해서 이 마을을 천룡으로 부르고 있다. 전설에 의하면용이 하늘로 올라 갔다고 한다. 그리고 천룡사는 이절을 지은 최제안에게 두 딸이있었는데 큰딸은 천녀이고 동생은 용녀인데 이 두딸을 위하여 지은 절이라 하여 천룡사라고 부르게 되었다고 한다.

용장3리 천룡마을 전경

용장3리(천룡) 천룡사터 삼층석탑

천룡

경주 남산은 천룡이요
남산 중에 제일 높은 산이 고위산이라 하거늘
경주 남산 줄줄이 모여든다고 줄봉산이라 하네
뱃머리같이 생긴 배바우가 천룡머리 입이란다

그 아래 넓은 터에
자리 잡은 천룡사 옛터에
허물어진 탑이 다시 세워지고
물통과 맷돌 돌거북이 옛날 찬란 했던 때를 알려주고
곳곳에 흔적이 남아 있는 곳
천녀와 용녀를 위해 지은 절이라 전설로 전해오고
이 절이 흥하면 나라가 흥한다고
순산골 푸르름에
노루미기 넘어오면
극락 세계 처럼 보이는
천룡사 옛터
찾는 사람 많네

산위에 올라서면
아득히 보이는 넓은 곳
탑이 오라고 손짓하고
돌 거북 편안하게 자리 잡은곳
돌탑과 물통 맷돌이
옛자리 지키고 있네

현재는 안 지냄

| 토박이 땅이름 |

두루봉 : 두리번 하게 둥근 산봉우리.
나반골 : 납작한 골. 맨 처음 생겨난 남자를 말하는데 그런데 이곳에서 제일
먼저 부처를 모신곳이라 한다.
북해골짜기 : 마을 앞에 푹파인 곳을 말한다.
순산골 : 경주남산은 돌이 많은 바위산이라 산같이 여기지 않고 이곳은 언제나 파아
란 순수한 산이란 뜻이다.
줄봉산 : 천룡뒤 고위산(496m)을 말하는
데 경주 남산중에서 제일남쪽에 있으면
서 제일 높아서 모든 산봉우리가 이곳으
로 줄을 선듯한 산이라 한다.
노루미기 : 노루목 같이 생긴 고개. 천룡
서 용장 열반골로 넘어가는 고개.
큰골 : 주변에서 제일 큰 골짜기.
배바우 : 천룡사 뒤에 있는 바위로 배같
이 생겼다 하여 배바위라고 하나 천룡사

줄봉산(고위산)

에서는 용머리같이 생겼다고 해서 용바위라 함.
소티골 : 소티사람 묘가 있는 골짜기. 소티는 현재 경주시 효현동에 있는 마을.
약수탕 : 천룡약물. 물맞는곳.
수통골 : 수통처럼 좁은 골짜기.
보문갓 : 보문 사람 소유의 산.
천주암골짜기 : 옛날에 천주암이라는 절이 있었다 함.
산만지만 : 틈수골서 천룡오는데 험한 길을 다 올라와서 편편한 산의 마루.
푸시등 : 푸석푸석한 산등. 부슬부슬한 산등이란 뜻.
나막골 : 부도가 있는 곳인데 천룡에서 부도가 제일 먼저 세워진 곳이라 한다.
안산 : 마을 앞의 안쪽에 있는 산.
보문못 : 천룡에 있는 못인데 보문 사람 소유의 못이라 한다.
분등골짝 : 거름을 하기 위해 풀을 가꾸면서 베던 산등.
새말갓 : 새말 사람 소유의 산.
소티갓 : 소티 사람 소유의 산.
앞등대 : 마을 앞 산등을 말한다.

돌물통골 : 돌물통(수조)가 있던 골짜기.

용바우 : 현 천룡사뒤에 있는 바위로 용머리같이 생겼다 해서 모두들 용바우라 부른다. 이 마을 사람들은 배머리 같다고 배바우라고 부르기도 한다.

분등 : 옛날에는 오늘날 같이 좋은 금비 즉 화학비료가 없어서 오직 풋거름만 장만했기 때문에 풀나무를 가꾸던 산등이 있었다. 그래서 봄에 모섬기풀 음력 7월에 베는 풀을 보리풀이라 하면서 가꾸던 산등을 말한다.

분등비알 : 분등의 산비탈

용장3리 노거수

용장3리 틈수골 느티나무

본래 느티나무가 있었으나 1987년 태풍에 떠내려 가고 그 뒤 다시 심은 나무이다. 전에는음력 정월 보름날 동제를 지냈으나 1988년부터 안 지냈다고 한다.

■나무이름 : 느티나무(정자나무) 한 그루

■나이 : 25년

■높이 : 12m

■둘레 : 160cm

■첫가지높이 : 210cm

용장4리(비파(앞비파,뒤비파))

비파

신라시대 귀족 들이 모여서 비파를 가지고 가서 놀던 바위를 비파바위라 하고 또는
비파같이 생긴 바위가 있다 하여 그 골짜기를 비파골이라 하였다. 그래서 이 마을을
두고 비파라 하는데 앞쪽에 있는 마을을 앞비파, 뒤쪽에 있는 마을을 뒤비파라 한다.

용장4리 비파(뒤비파) 전경

용장4리 비파(앞비파) 전경

비파

신라때 귀족들이 비파 가지고 놀다간 바위가 있는 비파골
비파같이 생겼다는 넙떡 바우에 비파 가지고 놀다간 사람들
잠능골 확트인 곳에 탑이 있어 빌고 빌어
석가사에 이르면 불무사는 어딘지 전설 이어지고
비파 가지고 놀았다는 넙떡바우 영험있다 빌고비네
약수골 부처님 우람도 하지
우거진 숲속에 목없이 덩치만 크게 보이네
큰 절골 작은 절골
윗 절태 아래 절태 이름도 모르고 그냥 부르고 있네
황새 그려져 있다는 황새선창
산아래 마을 있어
마을 아래 들이네
배고픔에 밥값주고 얻은 하지배미
지금은 밥먹는 식당이 되었네
마을 정자나무가 당수나무인데
죽고 다시 심은 느티나무
마을 지켜주고 또 지켜주며
오거는 길손 맞이하네
외로이 큰무덤 있는 외능골
풀속에 묻힌 풀무절태 굽이치는 음달이라 김임달
굽은 옥돌 나온다는 돌곱새
부처 모신 곳에 묘있는 부내미땅
하늘 같이 높다는 하늘재 만디
마당처럼 단단한 마당배미들
비파골 경주남산속 옛전설 이어져 내려오는
그리운 곳.
비파같이 생긴 비파바우 험한 산만디에 있고
귀한 사람들 비파가지고 놀다갔다는 넙떡바우
산치자락에 있어 이곳에 빌고 빌어 영험 있었다 하여
묘 아닌 바위에 벌초하는 사람 있네
비파 때문에 유명해진 마을
비파처럼 아름다운 소리 들리는 마을에
정붙이고 살아가는 사람들
아름답고 아름다와 보이네

| 동제 |

나무 : 느티나무 두 그루(보호수)나이 300년 정도, 한 그루는 고사되어 다시 작은 나
　　　무를 2010년도에 심어 놓았음
제일 : 정월 대보름날(음 1월 15일)
제관 : 이장과 새마을 지도자.
제물 : 마을에서 거두워서 장만함.

용장4리 비파 당수나무(느티나무)

| 토박이 땅이름 |

비파바우 : 신라시대 귀족들이 비파를 가지고 와서 놀던 바위. 또는 비파 같이 생긴
바위라고 함.
비파골 : 신라 시대 귀족들이 비파를 가지고 와서 놀던 골짜기.
앞비파 : 비파 마을의 앞쪽의 있는 마을.
뒤비파 : 비파 마을의 뒤쪽에 있는 마을.
약묵골 : 약물탕이 있는 골짜기인데 약물이 약묵으로 불리게 된 것이다.
큰절태 : 큰 절이 있었던 터.
작은절태 : 큰절태아래 있는 절터.
부앵이골 : 부엉이가 많이 와서 울던 골짜기. ' 부엉이' 를 이 지방에서는 '부앵' 이라

한다.

양새미갓 : 염소를 놓아 먹이던 곳 '염소'를 이곳에서는 '얌생'이라고 하는데 발음이 변하여 '양새미'라고 부름.

새말갓 : 새말 사람 소유의 산.

새갓 : 이 마을의 동쪽편에 있는 산.

봇갓 : 보 소유의 산.

동네산 : 이 마을 소유의 산.

긴달들 : 논이 길게 뻗쳐 있는 들.

번답들 : 물이 잘 빠지고 잘 마르는 논이 있는 들.

풀무절태 : 풀속에 묻힌 절의 터가 있는 곳.

삼형제방구 : 바위가 세 개 나란히 있는데 삼형제같이 생겼다 함. '바위'를 이 지방에서는 '방구'라 함.

새들 : 새로 만들어진 논이 있는 들.

갯전들 : 냇가에 있는 들.

안광정 : 넓고 바른 들로서 안쪽에 있는 들.

마당배미 : 마당처럼 단단하고 큰 논.

중보들 : 긴보가 있는데 중간에서 봇물을 대는 논들.

진등 : 산등성이가 긴 등.

큰절 : 큰 절이 있던 곳.

중아리보 : 큰보 다음에 있는 보. 중간의 아래 있는 보란 뜻.

바깥광정 : 넓고 바른 들로서 바같쪽에 있는 들.

태련보 : 구부러진 곳에 막은 보를 말함. 옛날 태로원이란 원이 있었는데 그 근처에 막은 보.

신평보 : 새들에 물을 대는 보. 일명 새바다 보.

잠등골 : 부처가 많이 잠들어 있는 골짜기.

돌골 : 돌이 많은 골짜기.

대밭골 : 대밭이 있는 골짜기.

하구배미 : 보 제일아래 있는 논.

새바다보 : 새로 막은 보가 바다처럼 넓고 물이 많다는 보.

새바다봇도랑 : 새바다 봇물이 흐르는 도랑.

부체바우 : 부처가 새겨진 바위.

둥천너미 : 언덕 넘어 있는 곳: '언덕'을 이 지방에서는 '둥천'이라 부른다. 또는 뚝 넘어 있는 곳을 말하는데 뚝을 이지방에서는 '둥천'이라 한다.

도로새 : 굽은 돌이 나온곳이라 함. 도로는 돌이란 뜻인데 굽은 돌을 어찌 보면 도라진 것 같아 보인다. 또는 곡옥(曲玉)을 만드는 돌이 나온 곳이라고도 한다.

넙떡바우 : 옛날 신라시대 귀족들이 비파를 가지고 와서 이 바위에서 많이 놀았다는 것으로 전한다. 이 바위가 영험 있는 바위라하여 빌어서 아들을 낳았다 .해서 지금

도 이 바위를 관리하는 사람이 있다.

공동산 : 이 마을 공동묘지가 있던 산인데 지금 경주교도소 자리다.

김임달 : 굽이치는 곳으로 낮은 곳의 음달진 곳이란 뜻이다. 김은 귀서리 즉 모서리를 뜻하고 임달은 음달을 뜻한다.

댓강 : 댓강(흄관)을 묻은 곳을 말한다. 큰 시멘트관을 묻은 곳을 말한다. '흄관'을 댓강이라 한다.

넙떡바우

댓도랑 : 댓강(흄관)을 묻은 도랑 큰시멘트관을 묻은 도랑.

돛갓 : 옛날 산돼지가 많이 나타나던 산.

광지 : 옛날 마을이 형성 되었을 때 광장처럼 넓은곳이라 한다.

장등골 : 산등이 길게 뻗어 내려온 산등성이가 있는 골.

중절태 : 산 중턱에 있는 절터를 말한다.

약수탕 : 약물이 새어 나온다는 곳.

큰적골 : 크게 적막한 골짜기란 뜻인데 큰골짜기 이다.

새들보 : 새들에 물대는 보.

광정들 : 크고 반듯하게 큰들.

태로보 : 내가 굽이치는 곳에 큰 버드나무가 있었는데 그곳에 막은 보. 옛날 태로원 주변에 막은 보.

작은적골 : 큰적골보다 작은 적골로 좀작게 적막한곳이라 한다. 절터가 있는데 좀 작다는 곳이다.

군아 : 굽어진곳의 아래란 뜻이다.

개전보 : 내을 논을 만드는 곳에 물대기 위해 막은 보.

개전봇도랑 : 개전들에 물대는 도랑.

개전들 : 내를 논으로 만든들.

번답 : 물이 잘빠지면서 마르는 논.

범우골 : 범의 굴같은 큰굴이 있는 곳.

태련보아구리 : 태련보 바로밑 '. 아구리' 는 '아궁이' 를 말한다.

새롱골 : 이마을에서 보면 동쪽 깊은 골짜기.

부체골 : 부처가 있는 골짜기.

황새선창 : 황새 같은 그림이 새겨진 돌이 있는 선창인데, 황새 같은 그림이 새겨진 돌을 언제 누군가 가지고 가고 없다 한다.

큰절골 : 큰절이 있었다는 골짜기.

작은절골 : 절이 있었다는 골짜기로 작은골.

약목골 : 약물이 새어 나오는 골짜기 '약물' 이 '약목' 으로 부른다.

약수골 : 약물이 새어 나오는 골짜기.

밤나무골 : 밤나무가 많은 골짜기.

윗절태 : 위쪽에 있는 절터.

아래절태 : 아래쪽에 있는 절터.

잠등골 : 부처가 많이 잠들어 있다는 골.

잠늠골 : 부처가 잠든 골짜기라 하는데 전설에 의하면 화적때(산적)들이 석가사 절에 많이 몰려와서 분탕질을 하고 갔다고 해서 잠늠골이라 한다고 함. 잠놈들이 많이 왔다는 곳이다.

귀인달 : 굽이 치는 곳의 아래쪽, 즉 귀서리의 음달진 곳이란 뜻 '귀서리'란 '모서리'를 말한다.

잠늠골 절터의 삼층석탑

돌곱새 : 굽은 돌의 나온 곳이란 뜻인데 굽은 돌은 곡옥을 말하는데 곡옥은 수정으로 만들기 때문에 경주 남산옥돌이 나온 곳으로 보면 된다.

외능 : 외롭게 능처럼 큰 고분이 있는 곳.

삼밭골 : 옛날에 삼(대마)를 재배한 곳.

삼밭골재 : 비파삼밭골에서 용장사지로 넘어가는 고개.

부내미땅 : 옛날 부처를 모신곳에 쓴 묘가 있는 땅이란 뜻.

하늘재만디 : 경주 남산 금오봉을 말하는데 이마을에서 보면 하늘처럼 높은 재마루처럼 보인다는 뜻.

하지배미 : 옛날 끼니를 해결 못할때. 끼니를 해결해주고 하기쪼로 받은 논인데 지금도 식당이 영업 중이다.

새말논 : 새말 사람 소유의 논인데 묘지관리하기 위한 위토답이다.

새말밭 : 새말사람 소유의 밭인데 묘지관리하기 위한 위토 밭이다.

남생미산 : 남생미 있는 사람 소유의 산.

피밭골 : 비파 바위가 있는 골짜기인데 비파골이 피밭골로 불리게 된 것이다.

대밭골 : 대나무가 많은 골짜기.

광진 : 넓은 집이있는 진지라는 뜻이다. 이 마을이 처음 형성된곳이라 한다. 요즈음 말하면 광장과 같은 곳이다.

중보 : 들 중간에 있는 보.

용장4리 노거수

용장4리 비파 느티나무

본래 느티나무가 두 그루 있었는데 몇 년 전에 한 그루가 죽고 그 자리에 다시 느티나무를 심은 것이다. 마을 동제목으로 매년 음력 정월 보름날 동제를 지내고 있다.

- ■ 나무이름 : 느티나무 두그루(고목 한 그루, 어린나무 한 그루)
- ■ 나무나이 : 300년
- ■ 둘레 : 250cm
- ■ 첫가지높이 : 150cm
- ■ 나무높이 : 12m
- ■ 목적 : 동제목(보호수)
- ■ 나무상태 : 불량

| 사라진 나무 |

용장4리 비파 느티나무

- ■ 나무이름 : 느티나무
(동제목)

느티나무 두 그루가 정답게 있었으나 몇 년 전에 한 그루가 죽고 그 자리에 어린 느티나무를 다시 심어 놓았다.

화곡리 약도

건천읍 화천리
서울경주속철도
망성
도꼬불
벤다골
화곡 1리
화곡 2리
화곡리도
철도
문바위
어렝이
화시
비지리
부지리
부지
소리미
덕천리
상신리
덕천
부산

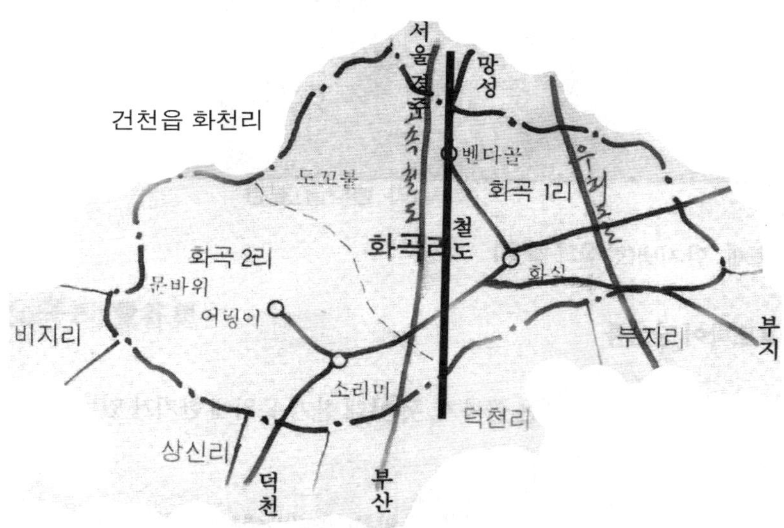

04

화곡리
(化谷里)

신라시대 화랑들이 도를 닦고 훈련하던 곳 이라 하여 화랑들은 젊고 꽃처럼 화려하다고 해서 화실이라고 하다가 그 후에 조선 영조때 '화계'라는 호를 가진 유의건 선비가 정자를 짓고 제자들을 양성한 곳인데, 선비의 호를 따서 화실이라 한다 하고, 또는 꽃이 많이 피는 곳이라고 이렇게 부르기도 한다. 그리고 이곳 산의 생긴 모양이 꽃 같다고 해서 붙인 이름이라는 말도 있다. 또한 옛날에 꽃피는 봄날 임금이 이곳에 자주 행차했다고도 한다. 그러하다가 일제시대인 1914년 행정구역 통폐합때 화곡리(化谷里)라 하였다. 화실 벤다골, 도꼬불을 화곡1리, 소리미, 어링이, 문바우를 화곡2리라 하였다.

화곡1리
벤다골, 화실, 도꼬볼

벤다골

지형이 한쪽으로 기울어진 것을 이 지방에서는 삐닥하다 해서 벤다골, 또는 둥굴의 변두리라해서 변다골, 볕만 나면 따뜻하다 해서 뺏다골이라 한다는 등 여러 가지 설이 있다. 1988년 2월 초 이곳 산 아래 사는 한영흔씨가 돼지우리를 지으려고 터를 고르던 중 신라 시대 것으로 추측되는 돌 홈 속에 화장한 사람의 뼈를 넣은 골호와 흙으로 만든 십이지신상을 발견했는데 이것으로 보아 이곳을 옛날에는 뼈다진골, 즉 뺏다골이 발음 변화에 의해 벤다골로 된듯하기도 하다. 그리고 한영흔씨 집 주위에 고분군이 밀집한 것으로 보아 죽은 사람의 뼈를 많이 다지고 묻은 곳으로 추측된다. 그러므로 뺏다골이 벤다골로 된 것 같다. 안동권씨들이 많이 살고 있다.

화곡1리 벤다골 전경

| 동제 |
안 지냄(화실과 같음)

빽다골

빽다골 빽다골
무엇을 말하는지
뼈를 많이 다지고 묻은 곳은 아닌지
아주 옛날 사람 무덤인 고인돌이 있는 바우골
화장한 뼈와 십이지신상을 묻은 화장묘도 있고
그 주위에는 묘가 얼마나 많은지
그것도 볕 잘드는 양지 바른 곳에
볕만 들면 따뜻한 곳이라고 볕다골
둥굴의 변두리라 해서 벤다골
이런 저런 이야기 많지만 그래도 경사진다는 것을
삐딱하다고
빽다골이라고   한다네

따뜻한 골짜기에 막은 못이라 방안지
주씨들 산이라 주산
주씨들 묘 들머리라 뚝딸미기
금이 나온 금실
마을 안 산등이라 동내등

주산을 가로 질러 고속 철도가 놓이면서
마을 앞에 세차게 열차가 지나가는 것이
삐딱하게 보이고
사람 사는 곳은
따뜻하게 보이네

바우골 : 바위가 있는 골짜기, 못 아래 한기 못위에 한기가 있는데 모두 고인돌이다.
바우골못 : 바우골에 있는 못.
방구도가리 : 바위가 있는 논. 바위를 이 지방에서는 방구라고 한다. 이 바위가 고인
돌이다.
금실시불구시 : 금실에 있는 수렁 '.수렁'을 이 지방에서는 '시불구시'라 한다.
덕고개 : 벤다골서 둥굴 중각단, 솔안각단으로 가는 고개, 둥굴에서는 산등으로 오다
가 중간쯤와서 박수골로 가는데 등고개가 덕고개로 변한 것 같다.
앞거랑 : 마을 앞을 흐르는 내.
금실못 : 금실에 있는 못.
금실넘어 : 큰금실 넘어 있는 골짜기.
주산맷돌바우 : 바위가 둥근 것이 두 개
겹쳐져서 맷돌같이 생긴 바위.
바우골못 : 바위가 있는 골짜기의 못. 못
아래위로 고인돌 1기씩 있다.
주연지 : 신안주씨 문중 소유의 논에 물
을 대기 위해 막은 못으로 산이 연꽃모
양 같다하여 주연지라 불려오고 있다.

방안지

2008년 10월 못과 논을 다서 정비 하면서 다시 못 이름을 지을 때 주연지가 맞다. 왜
냐하면 주씨들 산이 연꽃 같이 생겼다. 하여서 그렇게 부르는 것이 좋다고 하였다.
주산 : 신안 주씨 문중 소유의 산.
거랑논 : 냇가 논. 내를 이 지방에서는 거랑이라 한다.
금실 : 금이 난 산골짜기. 지금은 금을 판구덩이가 있다. '실'은 '골'을 말한다.
방안지 : 방안의 못이란 뜻. 즉 마을 안에 있는 못. 이곳은 볕만 나면 방안처럼 따뜻
하다는 말이 있다.
뚝딸미기 : 산이 뚝딱뚝딱 떨어지는 듯한 형상을 한 곳. 신안주씨 소유의 문중 묘와
산과 논. 재실이 있는 곳이다 '. 주갓미기'가 '뚝딸미기'로 변한것임. 주씨 묘와 논과
산의 목 또는 들머리란 뜻이다. 고속철도 공사로 인해 재실은 다른 곳으로 옮겨가고
논과 산은 그대로 있다.
동네등 : 마을 안에 있는 산등.
금구덩이 : 금을 파낸 곳.
불선고개 : 벤다골서 둥굴 불선 곳으로 넘어가는 고개.

화실

신라때 화랑들이 많이 활동 하던 곳이라 해서 화랑을 꽃에 비유해서 화실이라 하는 데 화랑과 관계가 있는 성부산 아래 있는 마을이다. 그후 조선 영조때 화계라는 호를 가진 유의건 선비가 이곳에 정자를 짓고서 제자를 양성한 곳으로, 이 선비의 호를 따서 '화실'이라 했다는 설도 있다. 또 이 골짜기가 꽃같이 아름다우며 산의 모양이 꽃같이 생겼고, 꽃이 많이 핀다 하여 그렇게 불린다고도 한다. 그리고 신라 때 횃불을 올린 성부산 아래 있는 마을이
라 해서 옛날에는 화(火)실이라 한 것이 세월이 흐름에 따라 화(花)실이라 부르게 되었다고 한다. 실은 골을 뜻하는데 신라시대부터 쓰인 우리말이라 한다.

화곡1리 화실 전경

| 동제 |

2004년 1월 경부고속철도부지에 들어가서 베어지고 안 지냄.

나무 : 포고나무 한 그루.나이 200년 정도.

제일 : 정월대보름 날(음1월15일) 새벽.

제관 : 선정해서 지냄.

화실

꽃 많이 피던 이 곳에
화랑도들이 훈련하며 꽃피던 이곳에 위급 할땐 성부산에 빌면
불덩이 날아가 나라 구한 곳
선작골,서당너메 도요지 많음은
토기 만드느라 꽃피던 곳에
불피워 굽어내니 꽃처럼 아름다워
자지고개 넘어 왕실에 바친 그릇 빛나기도 하였지

조선조 화계선생
서당지어 문도 길러내니
학문으로 꽃피던 곳이었네

고속 철도 공사로 꽃피더니
도로 공사가 한창이고
곧이어 철도공사가 벌어지니
건설공사로 꽃피는 곳이 되었네
앞으로는 고속 철도,철도,도로에 차 다니느라
차로서 꽃피는 곳이 되겠네

화랑들의 훈련으로 빌면서 나라구한 성부산은
솥뚜껑같이 생겼다 하여 소두방산이라 부르고
토기 선작업에 바쁜 선작골
여덟 바위가 있는 팔바우골
딸기 나무 많은 따박골
가뭄에서 물내려 준다는 수리줄 골짜기
이 마을 선두에서 물 내려오는 섬거랑

동쪽으로 향하는 둥근산 세창만디
옹기 구운 점태논
개오죽 많은 개오죽 골짜기
마을앞 삼랑운굴에 물깃느라 사람들이 모여들고 하던 마을
고속철도, 동해남부철도, 도로 공사로 마을이 꽃피웠으나
마을은 산산히 갈라지고 흩어지고

사람들 떠나간 마을이 되니
옛처럼 안온한 마을이 아니라
시끄럽고 산만한 마을이 되었네

지내던 동제는
고속철도로 당수나무 없어져 안지내고
그 자리는 흔적 조차 없어졌는데
알고보니 냇바닥이 되었네
그곳에 누가 당수나무 있었다 하겠노
옛날 화랑들이 훈련하면서 꽃피우던 곳이
조선조에는 학문으로 꽃피우더니
지금은 길공사, 건설로 꽃피우는데
앞으로는 고속철도와 철도, 도로에
차가 왔다 갔다 내달리느라
꽃피는 마을이 되겠다.

새미당 : 샘이 있는 곳으로 이 샘에 많이 빌었다 한다. 당이란 비는 곳이란 뜻이다.

팔바위골 : 여덟 바위골. 즉 바위가 여덟 개 있는 골짜기.

따박골 : 딸기나무가 많이 있는 골짜기. 딸밭이 따박골로 바뀐 것이다.

새창못안 : 세창못 안에 있는 들.

새창못 : 새창이란 동쪽창이란 뜻인데 해같이 둥근 산이 있는데 동쪽에 뜨는 둥근 해 같은 산이 있는 곳에 있는 못이란 뜻이다.

수리줄골짜기 : 이 산위에서 기우제를 지냈다 한다. 기우제를 지냄으로 해서 물내려 주는 골짜기다. 이 마을에서는 수리줄 골짜기에 흘안개 넘어가면 비가 온다고 한다. '홀안개' 란 '흘러가는 안개' 를 말한다.

방매 : 매을 방목하던 산..

뒷들 : 마을뒤에 있는 들.

선작골 : 선작업을 하던 곳이라 함. 이곳은 신라시대 토기를 굽던 도요지가 있던 곳이다. 토기를 구울 때 선을 긋는 작업을 하던 곳이란 뜻으로 선작골이라 함.

섬거랑 : 이 마을의 제일 위에 있는 내인데 선두에 있는 내란 뜻인데, 선두거랑이 선거랑 하던 것이 섬거랑으로 부르기 쉽게 된 것이다.

서당골 : 서당이 있던 골.

서당너메 : 서당 너머에 있는 들. 즉 둥굴의 곡산 한씨 서당이 있는 너머 란 뜻.

돌담밖 : 돌담이 있는 바깥.

개오죽골짜기 : 개오죽 나무가 있는 골짜기.

큰금실 : 금이 났다는 골짜기로서 큰 골짜기.

점태논 : 옹기를 구웠던 곳에 있는 논.

널나무골 : 널나무를 할 만큼 크고 굵은 나무가 있는 산골짜기.

강등산 : 서당의 강당뒤에 있는 산. 강당산이 부르기 쉽게 변하여 강등산이 되었다. 화계 유의건이 제자들을 가르치던 서당의 뒤 산이다.

새미골 : 샘이 있는 골..

새각단 : 이 마을에서 새로 생긴 집들이 있는 마을.

큰우물 : 커다란 우물이 있는 곳.

골목나무 : 당나무가 있는 곳을 말한다.

말허리산 : 말허리 같이 잘록한 산등성이.

가마골 : 옛날 도요지가 있던 곳.

소두방산 : 성부산의 별명으로 솥뚜껑같이 생긴 산이라 해서 소두방산이라 함.

이 산에 얽힌 전설이 3가지가 있는데 모두 삼국유사에 수록되어 있다.

화계 유의건의 서당

새창만디 : 새창못위에 있는 산마루. 해같이 둥근산이 있는데 해는 동쪽에서 뜨기 때문에 해가 뜨는 창이란 뜻이다.

돌담모팅이 : 돌담이 있던 모퉁이. 모퉁이를 이 지방에서는 모팅이라 한다.

화실못 : 지금의 화곡 저수지를 막기 전에도 못이 있었는데 신라 때 못이라고 한다. 여기에는 다음과 같은 전설이 전한다. 이 부근에 벼슬께나 한 큰부자가

성부산(소두방산)

살았는데 부인이 매우 아름다운 미모인데 질투심이 강해 남편이 벼슬이라도 하면 50리 정도 마중을 나갔다고 한다. 남편이 예쁜 여자 종의 손이라도 잡으면 그 여자종을 데리고 가서 손목을 잘랐다고 한다. 그래서 여자종들이 이 못에 빠져 죽었다고 한다. 그래서 그런지 이들 부부가 살아 생전에 모두 망해 버렸다고 한다. 또 다른 전설은 집주인이 남녀종들을 혹독하게 일을 시키기에 늙은 종이 아들들에게 분장을 하여 주인 아들에게 보이니 아들 3형제가 모두 시름시름 앓다가 죽었다고 한다. 이 사실을 뒤늦게 안 주인이 종들을 모아놓고 늙은 종 부부를 작두로 목을 잘라 이 못에 버렸다한다. 그런데 이후로 이 집은 자손이 끊기고 망해 버렸다고 전한다.

새창 : 해같이 둥근산으로 동쪽으로 향하고 있다. 해는 동쪽에서 뜨기 때문에 동쪽의 창이란 뜻이다. 그런데 동쪽으로 향해 있는 해 같이 둥근산이란 뜻이다.

대롱골 : 대나무가 있는 골짜기를 말하는데 대나무로 대롱을 만들 수 있다고 부른다.

섬거랑보 : 섬거랑에 있는 보.

윗보 : 이마을의 위쪽에 있는 보.

중보 : 이마을의 중간에 있는 보.

아래보 : 이마을의 아래에 있는 보.

주산맷돌방구 : 주산에 있는 바위로서 맷돌같이 생긴 바위. 둥근돌이 두 개 겹치어 쌓여 있어 마치 맷돌같이 보인다는 바위.

소두방산맷돌방구 : 소두방산에 있는 바위로서 맷돌같이 생긴 바위.

못안보 : 화실 못 안에 있는 논들에 물대는 보.

삼랑운골 : 세갈래 골목길에 있는 우물이란뜻.

부처골짜기 : 소두방산에 있는 골짜기로 옛날에 부처가 있었다는 골짜기.

칠성당 : 소두방산 서쪽에 있는 돌무더기 인데 옛날에 치성을 많이 드리던 곳이라 한다.

운골 : 구름이 많이 낀다는 골짜기.

새창만디운골 : 새창쪽에 있는 우물.

갓골짜기 : 머리에 쓰는 갓같이 생긴 골짜기.

큰각단 : 이 마을에서 제일 큰 마을.

화곡저수지 : 본래부터 못이 있었는데 이 못이 신라시대 못 이라한다. 지금 저수지는

1959년도에 막았다고 한다.

아래각단 : 이마을 아래쪽에 있는 마을.

약물탕 : 약물 같이 먹던 우물이 있던 곳

집앞들 : 집앞에 있는 들.

헉골짝 : 헛진 골짜기 한쪽 구석진 곳의 골짜기.

섬거랑들 : 섬거랑 봇물을 대는 논들

성부산 : 이 마을에서는 소두 방산이라 부르는데 솥뚜껑 같이 생긴 산이라 한다. 이산에 대한 전설은 일연이 쓴 삼국유사에 3가지가 전한다. 신라 서울 경주에 사는 사람이 벼슬을 하고 싶어서 그 아들을 시켜서 밤마다 이 산위에 올라가서 횃불을 들게 했는데 그 횃불을 보고 도성 사람들이 두려워하고 왕도 근심스러워서 일관에게 물어 보니 한집의 아

성부산 정상 표지석

들이 죽고 아비가 울징조라 하였다. 그래서 왕이 저산의 불을 없애는 사람에게 벼슬을 주겠다고 하니 그 아비가 응모 하였는데 그날밤 아들이 산에서 내려오다 범에게 물려 죽었다 한다. 그러니 아들이 죽고 아비가 울기 마련이다. 신라군이 한산성에서 고구려, 말갈군에게 포위되었을 때 김유신 장군이 달려와서 이산 어딘가 단을 쌓고 빌었더니 이산에서 큰독만한 불덩이가 적진의 진지에 떨어져서 신라군을 구했다는 것과 문무왕 서제 차득공이 무진주 안길에 관한 이야기인데 이산 밑에 있는 땅을 무진주 상수리의 소곡전으로 삼고 백성들이 가까이 가지 못하게 하였다 한다. 이곳에 풍년이 들면 무진주에 풍년이 들고 흉년이 들면 무진주에도 흉년이 들었다고 한다. 2011년 3월18일 성부산꼭대기에 표지석이 세워졌다. 필자가 건의하고 당시 내남면장인 김영제씨가 즈선하여 세우게 된 것이다.

도꼬불

산골짜기가 도끼같이 생겨서 나무에 도끼를 찍으면 불이 난다는 데서 도끼불이 라고도 한다. 날 나무꾼들이 나무 하러 많이 다니던 곳이다. 이곳에 신라 때 못이 있었다는데 하도 경치가 좋아서 임금이 자주 행차하여 봄에 꽃놀이를 했다고 하는 것으로 보아 '돋꽃불' (돋아나는 꽃이 불처럼 타오른다는 뜻)이 도꼬불로 발음이 변한 것이 아닐까? 이곳에 옛날의 못터가 아직 남아 있다. 전설에 의하면 신라시대 어느 왕이 이곳을 지나다가 도끼로 거저나무(자작나무의 사투리)를 찍으니 불이 났다 하여 도끼불 하던 것이 도꼬불이 되었다고 한다. 그리고 도깨비불이 많이 나타난 골이라 도끼불, 도꼬불이라 했다는 설과 이곳은 수많은 골짜기라 옛날 산적들이 많이 생활하면서 밤이면 도깨비불같이 이골짝 저골짝 다니면서 불을 밝히었기에 도꼬불이라 하였다 한다. 이곳에 일구었던 논밭터가 곳곳에 있는 곳으로 보아 옛날에는 사람들이 살았다고 한다. 요즈음은 사람이 살지 않고 재피나무와 자작나무 등이 많이 자라고 있다.

화곡1리 도꼬불 전경

도꼬불

옛날 이곳에 나무가 하도 많아 도끼로 나무를 찍으면 꽃불같이 활활 타올라
도끼불이라 불렀다네
골짜기가 하도 많아 도깨비불이 하도 많아서 도깨불이, 도끼불 도꼬불로 불리게 되었겠지
산짐승들이 눈에 불을 켜고 다니면 도깨비같이 보이기도 하였지
멧돼지가 많아서 도야지가 도꼬불이 되었다고 하는데
모두가 구구한 이야기 일뿐
전설에 의하면 옛날 어느 철없는 임금이 고개 넘어 오다 하니
굵은 거져나무가 밤에 하얗게 우람하게 보이면서 귀신인줄 알고 도끼로 마구 찍으니 산에 불이 났다네 그래서 도끼불 또는 도꼬불이라 했다지

산골짜기 깊어 양달갓 음달갓 사이에 바위하나
돌 던져 아들 낳고 딸 낳고 점치는 바위는 안거다미 방구
안소바탕 바깥소바탕에 숫돌난등에 질거러미 속등에 북골
소쿠리골에 새못안골,부앵방구에 삼밭티미,난재 넘기 어렵고
수박골재 둔옹 한 여유 전설 이어지고 남간갓에 벼슬 지낸 곡산 한씨 묘 있고
화장골 깊은골 골짝 이름 있건만
그래도 옛날사람 흔적 곳곳에 묻어나고
나뭇꾼들 시끌벅적 하던때가 엊그제 같건만
인적 끊긴지 오래다.

후평지 : 화곡마을 뒤에 있는 들에 물대기 위해 막은 못, 도꼬불 아흔아홉 골짜기 물이 흘러 내려도 못 맬개가 안 넘는다는 못. 고이는 물 분량이 그 만큼 안 된다는 못인데 양쪽 산이 돌로 이루어진 것이다. 물이 흘러와도 못에 물이 고이지 않고 새어나가는 양이 많기 때문이다.

양달갓 : 도꼬불 산골짜기를 양편으로 나누었을 때 양지바른 곳. 북쪽편 화실에서 들어가면 오른쪽.

음달갓 : 도꼬불 산골짜기를 양편으로 나누었을 때 음달진 곳, 남쪽편 화실에서 들어가면 왼쪽.

새빡골못 : 지금은 못이 없어졌지만 옛날에 못안에 샘이 있었다 해서 일명 '새미당못'이라고도 했다함.

은장골 : 은이 나던 곳. 지금도 은을 판 흔적이 있다고 함. 은판골이 은장골로 바뀐 것으로 봄. 그리고 시신을 임시로 묻은 곳이라고도 한다.

화장골 : 옛날에 이 골짜기에서 화장을 많이 하였다고 전한다. 범에게 물려가서 죽은 사람을 화장했던 곳이라 한다.

소구리골 : 소쿠리같이 생긴 골짜기. 삼태기를 이 지방에서는 소구리라 한다.

북골 : 도꼬불 골짜기에서 가장 북쪽에 있는 골.

속골 : 도꼬불 골짜기 안에 깊숙이 들어간 골짜기.

숫돌난등 : 칼 낫등을 가는 숫돌이 난 산등.

팥밭골 : 화전민들이 땅을 파서 일군 밭골.

질거러미 : 두르지 않고 바로 가는 길. 바로 가는 길을 이곳에서는 질러 간다고 함.

안거다미방구 : 돌을 던져도 잘 안 걸쳐진다는 바위. 이 바위에 돌을 던져 걸쳐지면 아들 낳고 안걸쳐지면 딸을 낳는다는 속설이 있다. 아들담이 바위라는 뜻. '아들담이'가 '안거다미'로 바뀐 것이다.

안소바탕우물 : 안소바탕에 있는 우물. 옛날에 나무꾼들이 목을 축이면서 쉬던 곳에 있는 우물.

안소바탕 : 소를 많이 매어 놓고 혹은 많이 먹이면서 소가 밟아 그 땅이 마당같이 단단하게 된 곳인데 산 깊은 안쪽 있는 것이 안소바탕임. 바탕이란 단단한 바닥을 말함.

바깥소바탕 : 소를 먹이면서 매어놓고 소가 많이 밟아서 마당처럼 단단하게 된 곳으로 바깥쪽에 있는 곳.

남간갓 : 남간 사람 소유였던 산을 말한다. 경주시 탑동 남간사는 곡산 한씨묘가 있는데 진사를 한사람 묘이다.

삼밭티미 : 삼밭모퉁이. 모퉁이를 이 지방에서는 '모팅' 또는 '티미'라 함

수박골재 : 이 근처에서 옛날에 수박을 많이 재배하였다고 하는데 전설에 의하면 둔옹 한여유라는 선비가 이 고개에서 쉬는데 수박 장수가 수박 한 지게를 지고 오기에

한여유가 수박 한덩이를 달라 하니 안주고 수박 씨앗을 하나 달라 하니 주기에 심었더니 금방 줄이 뻗어 나가면서 수박이 열렸다고 한다. 한여유가 수박 장수에게 '당신 지게를 보라. 수박 한덩이가 없지.' 하기에 살펴보니 정말 수박 한덩이가 없어졌더라 함. 한여유 선비가 '나는 지금 노자돈이 없으니 고개 너머 큰 기와집에 가서 받으라.'고 했다는데, 수박 값은 받아 갔는지 모르지만 그 때문에 수박골재라 한다 함.

토갱길너머 : 산이 매우 가파른 꼬부랑 산길인데 토끼는 산에서 쫓으면 요리조리 간다고 해서 꼬부랑 길을 토깽이길이라 하는 데 그 너머 있는 산골짜기를 말한다. '토끼'를 이 지방에서는 '토깽'이라고 한다.

새못안골 : 새어 나온 샘물을 보고 막은 못이라 한다. 또는 그 못아래 도꼬불에 있는 후평지 못을 새로 막으므로 못의 안쪽에 있는 못이란 뜻이다. 지금도 옛 못뚝의 흔적이 있다. 새로 막은 못의 안쪽 골짜기란 뜻.

부앵바우 : 옛날 부엉이가 와서 많이 울던 바위.

새미당못 : 옛날 물이 새어 나오는 샘이 있었다는데 많이 빌고 하던곳에 막은 못.

도꼬불못 : 도꼬불 어귀에 있는 못. 전설에 의하면 도꼬불 아흔 아홉 골짜기물이 흘러 들어가도 못맬개가 안넘는다는 못. 그 만큼 양쪽산이 돌덩이가 많아 새어 나가는 양이 많다.

화곡1리 노거수

화곡1리 화실 뚝딸미기 소나무

신안주씨의 문중 묘역에 있는 나무인데 근처 도래솔은 거의가 작은나무인데 이 나무만 유독 크게 자라고 있다.

- 나무이름 : 신안주씨묘 소나무 한 그루
- 나무나이 : 300년
- 둘레 : 170cm
- 첫가지높이 : 5m
- 나무높이 : 12m
- 목적 : 신안주씨 문중 묘역 도래솔
- 나무상태 : 양호

| 사라진 나무 |

화곡1리 화실 팽나무

200년 정도 되었는 데 동네에서 동제를 지내 왔으나 2004년 1월말 경부고속철도공사 시작할 때 베어버리고 지금 그 자리는 고속철도 옆 냇바닥이 되었다. 나무높이는 10m 정도 둘레는 2.5m 정도 였다.

- 나무이름 : 팽나무(동제목)

1992년 없어지기 전 화곡1리 화실 팽나무

2012년 없어진 후 옛 팽나무가 있던 자리(고속철도 옆 냇바닥)

화곡2리
소리미,어링이,문바우

소리미(송림)

마을에 소나무가 울창하여 솔림이라 한 것이 부르기 쉽게 소리미라 부르고 있음. 그래서 한자로 솔송(松)자와 수풀림(林)자를 써서 송림이라 부르기도 함. 그래서 이 마을에서는 전통을 잇기 위해 소나무 숲속에서 동제를 지내고 있다.

화곡2리 소리미 전경

| 동제 |

나무 : 소나무(소나무 숲속에 있음), 두군데 제단이 있다. 나이 100여 년.
제일 : 정월 대보름날(음력 1월 15일).
제관 : 선정해서
제물 : 동제답 두마지기에서 나오는 이익금으로 장만함.

소리미

마을앞에 턱 버티고 있는 숲이 솔숲인데 거기에 다가 동제 지내고 있으니
소리미는 솔숲인데 지금도 그 뜻 이어주고 있는 마을
옛날에는 온통 솔숲으로 덮힌 마을이었겠지
봄,여름,가을,겨울 사계절 내내 푸르른 마을
솔 숲속에 대문 단 듯한 대문달 고개
고종연 골짜기에 팥밭
인대구리 골짜기는 어딘지 말대가리는 어떤 곳인지
고장등 옛그릇 조각 많고
댕강등 : 댕그랗고
땅골은 단골인데 옛 절의 단이고
시모산은 시묘살이 하던 곳이란다.
느럭바우 늘어진 바우 못 물내려 보내고
재밭골짜기에 조를 가꾸던 옛 사람들 흔적찾아 이름찾고
닝징 찬물나고 웝실에 옛 그릇 만들던 곳
철바우 쇠 박혀 있고
태산은 태묻은 곳이고
배탈 물 없어 하얗게 잘마르는 곳이 아닌지
이런 이름 저런 이름 남긴 사람들 다 사연이 있다

어디를 가나 벼농사에 소먹이고
고추농사, 무우, 배추 조금 조금 하는 것이네

화곡2리 소리미 동제단

소리미 동제숲

| 토박이 땅이름 |

방매 : 옛날 매를 방목하던 산.

무제단산 : 무제(기우제)를 지내던 산.

대문달고개(대문고개) : 대문을 달 만큼 좁은 고개. 일설에 의하면 임진왜란때 '이여송' 이 산의 혈(줄기)을 잘랐는데 대문달만큼 좁게 잘랐다 해서 이렇게 부른다 함. 그러나 임진왜란대 왜적은 이곳에 오지 않았는데 알고 보니 솔숲이 우거진 마을은 피해 갔다고 한다. 이여송은 왜적이 오는 곳을 가지 않고 피해 다른 곳으로 갔다고 한다.

땅골 : 마을에서 따로 떨어져 있는 골짜기. 딴골→땅골. 또는 옛날 절이 있던 골짜기로 단이 있던 곳이라 해서 단골→딴골→땅골. 지금도 이곳에 가면 절터가 있다. 돌물통도 옛날에는 있었는데 누군가 팔았다고 한다.

범바우 : 범같이 생긴 바위. 범의 굴이 있는 바위라 한다.

서나무위 : 서나무가 있는 위쪽의 들.

닝징(냉정) : 찬물이 나오는 우물이 있는 들 이름. 냉정을 부르기 쉽게 닝징이라 한다.

당고개 : 성황당나무가 있고 돌을 많이 모아 둔 고개. 이 고개 넘어갈 때 돌을 세 번 던지고 침을 세 번 뱉는다 함. 돌 세 번 던지는 것은 복이 오라는 뜻이고, 침 세 번 뱉는 것은 액이 물러가라는 뜻임. 소리미에서 청각골로 넘어가는 고개. 그리고 당고개에 대한 전설이 있는데 다음과 같다. 옛날 장가 못간 몽달귀신(장가못가고 죽은 총각귀신)은 무덤도 없고 제사도 안지내주기 때문에 고개를 넘는 사람들을 언제나 괴롭혔다고 한다. 그래서 돌을 세 번 던지고 침을 세 번 뱉었다고 한다. 침 세 번 뱉은 것은 술잔을 3번 붓다는 뜻이다. 초헌 아헌 종헌 세 사람이 붓기에 술이 세잔 필요하기 때문이다. 돌 세 번 던진 것은 무덤이고 침 세 번 뱉는 것은 제물이라고 한다. 그래서 무사히 고개를 넘게 되었다고 한다.

숲들 : 숲이 있는 들. 소리미 당수나무가 있는 들.

오비들 : 다섯가지 비참한 일이 없다는 들. 이곳에 신라 시대 유리도요지가 있는 것으로 보아 옥배를 오비로 부르게 된 것이다.

마당재 : 마당 같이 단단하고 넓은 고개.

안산 : 마을 안쪽에 있는 산.

도장골 : 도장(창고)같이 생긴 골짜기. 또는 도장에는 쥐가 많기 때문에 쥐같이 생긴 골짜기를 보고 도장골이라 한다고 함.

병풍바위 : 병풍같이 펼쳐진 바위.

탕건바위 : 탕건같이 생긴 바위.

새미골 : 샘이 있는 골짜기.

팔밭골 : 화전을 일구기 위해 땅을 파서 일군 밭이 있는 골짜기.

난재 : 넘기가 매우 어려운 고개.

자라등 : 냉정에 있는 산등인데 자라같이 생긴 산의 등. 이 산등에 최부자의 터전을

쌓은 최국선의 묘가 있다.

잣나무골 : 잣나무가 많은 골짜기.

냉정 윗고개 : 냉정 고개 중에서 위쪽에 있는 고개.

냉정중고개 : 냉정 고개 중에서 중간에 있는 고개.

냉정아래고개 : 냉정고개 중에서 아래쪽에 있는 고개.

안소리미 : 소리미 마을의 안쪽에 있는 골짜기.

큰도장골 : 도장에는 쥐가 많이 있기에 쥐같이 생긴 골짜기를 보고 일컫는 데 큰 골짜기를 말함.

작은도장골 : 도장골 중 작은 골짜기.

외빌 : 기와를 굽던 곳이란 뜻. 기와를 굽던 곳을 왓골 또는 윗골이라 함. 기와를 굽기 위해서는 다듬고 빗어야 하기 때문에 외비 또는 외벌이라고 하던 것이 외빌로 불리게 된것이다.

냉정어기 : 냉정어귀에 있는 들. 이 지방에서는 '어귀' 를 보고 '어기' 라 한다.

문디골 : 옛날 문둥이가 살았던 곳 문둥이를 이 지방에서는 '문디' 라 한다.

서나무밑 : 안소리미의 서나무가 있는 아래들.

제당 : 마을의 동제를 지내는 당이 있는 곳.

마뚝 : 남쪽에서 북쪽으로 된 뚝을 말한다.

말허리등 : 말허리 같이 잘룩한 산등.

봇골 : 보가 있는 골짜기.

앞산 : 마을의 앞쪽에 있는 산.

재밭골짜기 : 조를 심은 골짜기, '조' 를 이 지방에서는 '재' 라고 한다.

기린재 : 기린 목 같이 길게 생긴 고개를 말한다. 소리미서 마신 양지 마을로 넘어가는 고개.

동사걸 : 옛날 이마을 회의를 하던 동사가 있던 앞내, 내를 이 지방에서는 '걸' 또는 '거랑' 이라고 한다.

금웅팅 : 금을 파낸 웅덩이. 금을 파내고 나니 웅덩이가 생긴 곳을 말한다. 웅덩이를 이 지방에서는 웅팅라고 한다.

수무산도래솔 : 옛날 시모살이 하던 묘둘레에 있는 도래솔을 말한다. '시모산' 을 '수무산' 이라 불린 것이다.

붓돌백이 : 붓같이 생긴 돌이 박혀 있는 곳.

앞거랑 : 마을 앞에 있는 내를 말한다. '내' 를 '거랑' 이라 한다.

참물웅팅 : 물이 매우 찬 웅덩이를 말한다. 웅팅는 웅덩이를 말한다.

숲보 : 숲들에 물대는 보.

공굴다미보 : 다리 밑에 있는 보. 다리를 공굴이라고 하고 다미는 가까이라는 뜻임 공굴은 콘크리트 다리의 뜻이다. '콘크리트' 를 이지방에서는 '공굴' 이라고 하기 때문에 콘크리트 다리를 보고 공굴이라고 한다..

양달보 : 양달쪽에 있는 보.

봇골보 : 봇골에 있는 논에 물대는 보.

음달보 : 음달쪽에 있는 보.

땅골보 : 땅골에 있는 보 '땅골'은 절이 있는 단이 있는 곳 단이 딴→땅으로 변한 것이다.

밭뒤구직 : 밭만 있는 뒤구석을 말한다. 구석을 이 지방에서는 구직이라고 한다.

안산초나무골 : 산수유 나무가 많은 골짜기로 안쪽을 말한다.

섶갓치거래 : 섶갓의 아래 기슭을 말한다. 아래를 '치거래', '치지락'이라고 도 한다.

벌미땅 : 묘가 넓고 평평하게 자리 잡고 있는 곳. 묘가 있는 곳을 '미땅'이라고 한다.

새갓 : 동쪽 기슭에 있는 산.

시모산 : 옛날에 시모살이 하면서 지낸 산.

산추나무골 : 산수유 나무가 많이 있는 산. 산수유 나무가 산초나무로 불리게 된 것이다.

딸밭골 : 딸기나무가 많이 있는 골짜기. '딸기'를 이 지방에서는 '딸'이라고 한다.

작은 땅골 : 옛날에 절이 있는데 절에 단이 있었는데 단골→딴골→땅골로만 변하는데 땅골 중에서 작은 골.

큰 땅골 : 땅골 중에서 큰골.

논 골짝 : 논이 있는 산골짜기.

작은욋실 : 외실이란 기와 또는 토기를 굽던 곳을 말하는데, 그곳에서 작은 골 '외'는 '기와' 토기 굽던 곳 을 말하고 '실'은 '골짜기'를 말한다.

큰 욋실 : 욋실중에서 큰골을 말한다.

바같 산초나무골 : 산초나무골 중에서 바깥쪽의 골짜기.

진등 : 산등이 긴등을 말한다.

너마지기보 : 너머지기에 물을 대는 보 한마지기는 보통 200평이지만 그보다 많기도 하고 작기도 한데 옛날에는 벼곡수(수량)을 보고 말하기 때문에 150평이 1마지기 되는 곳도 있고 300평이 1마지기 되는 곳도 있다. 그러므로 너마지기는 800평 된다지만 그 보다 많기도 하고 작기도 한데 곡수로 8섬(16가마니)정도 수량의 벼가 나오는 논이다.

숲보 : 숲이 있는 곳에 있는 보

말허리골짜기 : 말허리 같이 생긴 산의 골짜기.

새갓비알 : 동쪽에 있는 산의 비탈을 이 지방에서는 비알 이라 부름.

마도랑 : 남쪽에서 북쪽으로 흐르는 도랑을 말한다.

새미골 : 샘이 있는 골.

예수바우 골짜기 : 여우가 살던 바위가 있는 골짜기 여우를 이 지방에서 예수라 한다.

집앞들 : 집앞에 있는 들.

뒷골짜기 : 마을 뒤에 있는 산골짜기.

배탈 : 백태가리 나는 논이 있는곳. 논이 흰빛이 날 정도로 잘 마르는 논이 있는 곳. 하얗게 마르고 갈라지는 것을 보고 백태가리라고 한다.

예수바우 : 옛날 여우가 살았다는 굴이 있는 바위, 여우를 이 지방에서는 예수라고 한다.

질매재 : 소등에 얹는 길마같이 생긴 고개. 소길마를 이 지방에서는 소질매라 한다.

태산 : 옛날에 태를 묻은 산이라 한다.

태산밑 : 태산의 아래들을 말한다.

태산비알 : 태산의 산비탈.

왭실 : 옛날 신라 시대 토기를 굽던 곳이라 한다.

철바우 : 철(쇠)가 박혀있는 바위.

봇골 : 보가 있는 골짜기.

못안골 : 못안에 있는 골짜기.

뒷등 : 마을 뒤에 있는 산등.

닝징집앞들 : 찬물이 새는 우물이 있는 골짜기의 집 앞에 있는 들로서 한자로 표기할 대 냉정하는 것이 닝징로 부른 것이다.

윗들 : 마을의 위쪽에 있는 들.

두리봉 : 산봉우리가 두리번 한 것.

갓등 : 머리에 쓰는 갓 같이 생긴 산등.

안질매재 : 소등위에 얹는 길마 같이 생긴 고개로 안쪽에 있는 고개. 길마을이 지방에서는 질매라 한다.

바같질매재 : 질매재중에서 바깥쪽에 있는 고개.

인대구리골짜기 : 죽은 사람 머리가 많이 뒹굴던 골짜기 죽은 사람 머리를 보고 인대구라고 한다. 또는 죽은 사람 머리같이 생긴 골짜기.

불선곳 : 옛날에 불을 켜고 빌던 곳, '불을 켜는' 것을 보고 '선다고' 한다.

산초나무골 : 산수유 나무가 많이 있는 골짜기, '산수유'를 '산초나무'라고 부른다.

진등 : 산등이 긴등을 말한다. '길'다는 것을 이 지방에서는 '질'다고 한다. 그렇게 때문에 '긴'은 '진'으로 부른다.

딸밭골 : 산딸기 나무가 많은 골짜기.

뒷갓 : 마을의 뒤쪽에 있는 산.

오분등 : 산등이 다섯이나 되는 것을 말한다.

비선등 : 묘에 비가 서 있는 등.

난재만디 : 매우 넘기가 어려운 고개의 마루, 산마루를 산만디라고 한다.

바람내기 : 바람이 많이 휘몰아치는 곳. '휘몰아치는 '것을' 내친다고 '한다.

고종연팔밭골짜기 : 옛날 어느 선비가 이곳에서 팔밭을 일구면서 편안하게 죽었다는 골짜기 고종연은 편안하게 죽는 것을 말하는데 오복중의 하나이다.

뒷골짝 : 마을 뒤에 있는 골짜기.

큰갓 : 옛날 큰집의 산을 말한다.

냉정 : 찬물이 새는 우물이 있는 곳. 옛날 큰집이란 여러대가 장손으로 내려온 집을 말한다.

섶갓 : 울섶을 한 듯이 우거지게한 산.
말허리등 : 말허리같이 잘록한 산등.
고종연골짜기 : 옛날 어느 장수가 이곳에서 조용하게 죽었다고 한다. 고종연은 오복 중에 하나이다.
새미골짜기 : 샘이 있는 산골짜기.
논골짜기 : 산속에 논이 있는 골짜기.
기린재골짜기 : 기린 목 같이 생긴 고개 아래 있는 골짜기
고장등 : 옛날에 고분이 있는 산등인데 옛 토끼가 많이 있는 등. 오래된 무덤을 보고 고래장이라 하는데서 고래장이 고장 등으로 부른 것이다.
댕강등 : 댕그랗게 높이 솟은 산등.
새갓골짜기 : 동쪽으로 향한 산의 골짜기.

어링이

이곳에는 신라시대 왕실에 보급하는 어리어리한 토기를 만든 곳이라 어리어리하게 빛난다는 것이 어린이가 되었는데 어린이가 되다보니 고기어(魚)자와 못 연자(淵)를 쓰고 있다. 그리고 어리어리하게 빛나는 활동을 하다 죽은 장수들이 많았는데 그들이 죽어 이곳에 묻히었는데 이들을 모신 곳이 이 마을 어디선가 있었다고 전한다. 어떻게든지 빛나게 광나는 것이 있었다는 뜻인데 이것이 오늘날 어연이 되고 고기 같은 산이 있고 고기가 있으면 못이 있어야 한다고 마을 뒤에 못을 막은 것이다. 옛날에는 마을에 연못이 있어 큰고기가 많이 있었으므로 어린이라 하였다. 또는 산처럼 생긴 모양이 고기와 같다 해서 어링이라고도 하고 고기가 있으면 물이 있어야 산다고 해서 요즈음은 어연이라고도 한다. 즉 고기 같이 생긴산이 있는데 고기가 있으면 물이 있어야 한다는 뜻으로 고기어(魚)자와 못연(淵) 자를 따서 어연이라 한다. 요즈음은 부르기 쉽게 어렁, 어링이 등으로 부르고 있다. 마을 이름과 같이 뜻을 맞추기 위해 마을 뒤에 연못을 막아 고기가 살게끔 한 것이다. 이 마을은 월성 김씨들이 많이 살고 있다.

어링이 마을 전경

어링이

높은산 아래 좁은 골짜기에 사람들이 살아가는 것이
신기 하기만 한데
신라때는 빛나고도 어리어리한 그릇을 만들어 왕실에
어리어리하게   쓰였겠지
좋은 흙에 나무 많고 물 좋아 그릇 만들어
활활 어리 어리하게 타오르는 불에
곱고도 아름다운 그릇이 나오면 어리 어리 빛나
임금께   바친 그릇 만들던 곳
이곳에 묻힌 어느 장수의 무덤에 갑옷과 투구가
나왔다는데 장수가 있었을 때는
얼마나 빛나고 어리 어리 했겠는가 말이다

어리 어리 한 것이 어링이가 되다 보니 앞산 머리가
붕어 머리 같다 하고
고기가 있으면 물이 있어야 한다고 연못파서
물 가득히   가두어 어연(魚淵)이라 하였다네
범 자주 나타났다는 범밭재에 범이 살았다는 범바우
마을과 마을새에 있는 새뚝
말허리 같이 생긴 말허리등
새로 만든 새논에 농사 짓는 사람들
안쪽 골짜기는 안골새라 하고
젊은 사람 떠나가고 늙은 사람
마을 지킴이도
옛날 동제 지낸다고 은행나무 심어 모시다가
언제부터 안지냈는지 궁금하기만 하네

| 동제 |

나무 : 본래는 느티나무였으나 고사되어 없어지므로 해서 은행나무를 한그루 심어
　　　놓았음.
제일 : 정월 대보름날
제관 : 한 집을 선택해서 지냄.
제물 : 마을에서 돈을 거두어 장만함.

화곡2리 어링이 당수나무(은행나무)

| 토박이 땅이름 |

연당 : 집 앞에 파놓은 작은 못을 말하는데 이 마을은 바로 뒤에 있는데 어연의 마을
유래에 따라 연당을 막고 고기를 기른 듯한다.
새논 : 새로이 만든 논들을 말한다.
동녘에 : 마을의 동쪽편에 있는 논들.
따박골 : 산딸기나무가 많은 곳 '딸기밭' 이 따박골로 바뀐 것이다.
안골 : 골짜기안에 있는 골..
절골 : 절이 있었던 골짜기. 절은 빈대로 인해 망했다 함.
뒷골 : 마을 뒤에 있는 골짜기.
연당비알 : 연당(작은연못)이 있는 비탈. '비탈' 을 이곳에서 '비알' 이라고 함.
서당뒤 : 서당이 있는 뒷산.

못골짜기 : 못이 있는 골짜기.

샛등 : 골과 골 사이에 있는 등으로 이 마을 동쪽편에 있는 산등이다.

매바우 : 매가 많이 날라오던 바위.

서나무골 : 서나무가 있는 골짜기.

오밭골짜기 : 옻나무가 많이 있는 골짜기. (옻밭→오밭) 옻밭을 부르기 쉽게 오밭으로 부른게 된 것이다.

두리봉 : 두리번한 산봉우리.

새등산 : 산의 샛등인데 이 마을 동쪽에 있는 산등 동쪽으로 향하고 있다.

어렁지 : 어렁마을 이름을 따서 지은 못이름. 어렁마을→어링이.

대장산 : 큰 장군이 살던 산 이라한다.

범바우 : 범 같이 생긴 바위가 있는 산. 범의 굴이 있다는 바위.

응암 : 매가 많이 날라와 앉은 바위인데 한문으로 써서 응암이라 부름. 매를 놓아 먹이던 곳이라 함.

자라등 : 거북등 같이 생긴 산등성이.

말허리산 : 말허리 같이 잘록한 산등성이.

골에 : 언제나 물이 고여 있는 논.

방매 : 옛날 매를 놓아 먹이던 산이라 한다.

안골새 : 마을의 안쪽에 있는 골짜기.

범밭재 : 옛날 범이 많이 나타난 골짜기라 한다.

새뚝에 : 억새풀이 많은 뚝. '억새'를 이곳에서는 '새'라고 한다.

서나무밑 : 곡산한씨 묘앞에 큰 서나무가 두그루 있는데 그 아래 있는 곳.

뒷골새 : 이 마을뒤에 있는 골짜기.

안산 : 마을의 안쪽에 있는 산.

평풍바위 : 병풍처럼 펼쳐진 바위. '병풍'을 이 지방에서는 '평풍'이라 한다.

음달논 : 음달쪽에 있는 논.

질매재 : 소질매 같이 생긴 고개. 소등에 얹는 길마 같이 생긴 고개. '길마'를 지방에서는 '질매'라 한다.

우무골 : 우물이 있는 골짜기.

다복산 : 복을 많이 주는 산이라고 함.

집앞논 : 집앞에 있는 논들.

연당비알 : 작은 연못이 있는 옆의 산비탈.

문바위

문같이 생긴 바위가 있는 산이다. 옛날에는 이곳에 나무 하러 많이 다녔다. 또한 이
곳에 무늬 있는 바위가 있어서 문바위라고 한다는 말도 있다. 이곳에는 고원지대로
서 옛날에 절이 있었다는 절터와 화전을 일구던 팥밭골이 있다. 30년 전에는 몇 집
이 살았는 데 지금은 살고 있지 않다.

화곡2리 문바위 전경

| 토박이 땅이름 |

문바우 안산 : 문바우 앞에 안긴산.
빛난 할맹이 골짝 : 빛난 할머니의 묘가 있는 산의 골짝. 옛날 무당이 있었는 데 늘 빛
난 옷을 입고 점을 쳐준 곳이라 한다.
물골짜기 : 물이 많이 새는 골짜기.
딸밭골 : 산딸기가 많은 곳.
송곳바우 : 송곳같이 뾰족한 바위.
인대구리골짜기 : 인대구리 같이 많이 벗겨진산. 또는 인대구리가 발견된 곳이라고
하는데 인대구리는 죽은 사람머리를 말한다.
난재만디 : 매우 험한 고개의 마루.
비선둥 : 비가 서 있는 산등.

문바우

무늬 있는 바위가 있는지 없는지 몰라도
문같이 생긴 문(門) 바우가 있단다
문바우에 못을 막아 너덜바우 맬개로 삼고
산수유 나무가 많은 산수나무골
소쩍새 많이 우는 솥전골음달
함같이 생긴 함우물 물 맛 좋아 나무꾼들이 목축인 곳
소많이 맨 소맷골
탕건 같이 생긴 탕간 바우
바람 많이 내치는 바람내기
조리 같이 생긴 조리봉
남찰방에 비 서있는 비선등
빛난 할머니 묘가 있는 빛난할맹미골짝
나무 뜨워 숯굽은 띠알 만디
느리티 넓은 곳
댕그랗게 높은 뱅강등
사냥 하느라 산 짐승 모리 하던 모리미기
들어 엎친 뜨런쑥
못골짜기 못 있는 곳
사람 살다 없어진 곳에
나뭇꾼들이 활개치고 다니던 곳
골짜기 마다 사람 거친 흔적 있고 이름 있지만
어디가 어딘지 알 수 없고
원시림이 따로 있나
이곳이 원시림이지

큰윕실골짜기 : 윕실마을쪽의 큰 골짜기.

못골짜기 : 못이 있는 산골짜기.

뜨런쑹 : 옛날에 숯을 굽던 곳이라 한다. 숯굽는 것은 나무를 띄운다는 뜻이다.

소바탕 : 소가 많이 밟아서 단단한 곳.

문바우뒷산 : 문바위의 뒤쪽에 있는 산.

진등 : 산등이 긴등.

문바위 앞산 : 문바위 앞쪽에 있는 산.

안질매재 : 문바위 안쪽에 있는 질매재 길마를 이 지방에서는 질매라 한다.

바같질매재 : 바깥쪽에 있는 질매재.

갓등 : 갓같이 생긴 산.

홈바우 : 홈이 푹 파인 바위.

너럭바우 : 널따랗게 늘어진 바위 지금은 문암지 맬개로 사용하고 있다.

청석이 들백이 : 푸른돌이 깔린 곳.

개골짝 : 골짝이 푹 파인곳.

느리태 : 늘어진 바위가 있는 곳.

오분등 : 산등이 5개로 이루어진 등.

고장등 : 옛날 고분이 있는데 그곳에 토기조각이 많이 나오는 곳이다. '토기'를 이 지방에서는 '고기'라고 한다.

뱅강등 : 댕거랑 하게 솟은 산등.

불선골짜기 : 불을 켜고 빌던 골짜기.

모리미기 : 산짐승을 몰아 사냥하던 곳.

문바우 : 문같이 생긴 바위.

비선등어심이 : 비가 서 있는 엇비슷한 산길.

솥전골음달 함우물 : 솥전골음달에 있는 함우물.

소매골 : 나무꾼들이 소를 몰고 나무하러 가서 많이 매어 두던 곳이라고도 함.

배나무골 : 배나무가 있었던 골짜기.

마당재 : 마당같이 넓고 편편한 고개.

바람내기 : 바람이 많이 휘몰아치는 곳. 이 지방에서는 바람이 많이 휘몰아 치는 것

을 내친다고 함.

난재 : 넘기기가 너무 어려운 고개. 도꼬불에서 문바위 가는 고개.

작은난재 : 난재 중에서 작은 고개.

큰 난재 : 난재 중에서 큰 고개.

탕간바우 : 탕건 같이 생긴 바위. 머리에 쓰는 '탕건'을 이 지방에서는 '탕간'이라고 부르기도 한다.

평풍바우 : 병풍같이 생긴 바위. 병풍을 이 지방에서는 평풍이라 한다.

조리봉 : 조리 같이 생긴 산봉우리. 문바위에서 제일 높은 산봉우리.

남철방 : 남씨성을 가진 사람이 찰방 벼슬을 하고 죽은 사람의 묘가 있는 곳. 찰방을 철방으로 잘못 부른 것이다. 찰방은 조선시대 각 도의 역참을 관장하던 종6품의 외관직이다.

띠알만디 : 나무를 띄우면서 숯을 굽던 곳 이라한다. 숯을 굽을 때는 나무를 띄우기 때문이다.

작은웹실 골짜기 : 웹실 골짜기 중에서 작은 골.

띠말만디기골짝 : 나무를 띠우면서 숯굽던 골짜기.

비선당 : 남씨중에서 찰방벼슬을 한 사람의 묘에 비가 서 있는데 그 근처를 비선당이라고 함. 찰방이란 조선시대 각도마다 역말에 관계되는 일을 맡아 보던 외직의 문간 벼슬로서 종육품벼슬이다.

함우물 : 함같이 생긴 우물. 바위 위에 있음.

솥전골 : 봄이면 소쩍새가 많이 와서 소쩍 소쩍 우는 골짜기인데 '소쩍골'이 '솥전골'로 변한 것이다.

솥전골 음달 : 봄이면 소쩍새가 많이 와서 소쩍소쩍 하고 우는데서 소쩍골이 부르기 쉽게 발음 변화에 따라 솥전골이라 하는데서 솥전같이 생겼다고 하는 데 그음달쪽.

범우굴 : 범의 굴이 있었던 곳.

장지태 : 넓은 터인데 이곳에 장자(큰부자)가 살았다 함. 장자__장지.

도장골 : 쥐같이 생긴 골짜기로 창고에는 쥐가 많기 때문이라 함.

질매재 : 소질매 같이 생긴 고개.

절골 : 절이 있던 골짜기.

팥밭골 : 땅을 파서 일구었던 밭 골짜기.

추엽밭 : 가을이면 낙엽이 많이 떨어져 밭을 일구던 곳.

말등 : 말등 같이 생긴 산등성이.

살수나무골 : 좁은 골짜기에 맑은 물이 세차게 흐르는 골짜기. 물이 세차게 흐르는 것을 보고 살세게 흐른다고 한다.

분등 : 옛날 풋거름을 하기위해 풀을 베던 산등.

문암지 : 문바우에 막은 못인데 한자로 표기할 때 문암지(間岩池)라고 한다.

바람내기 함우물 : 바람내기에 함같이 생긴 네모진 우물.

문바우 못 : 문바우 입구에 막은 못. 특이하게도 못맬개가 바위로 되어 있다.

화곡2리 노거수

화곡2리 소리미 솔숲

이 마을 동제목으로 매년 음력 정월 보름날 동제를 지내고 있다. 이 마을이 소리미 즉 솔숲마을이기 때문에 소나무숲을 가꾸고 동제를 지내고 있는 것이다.

화곡2리(소리미) 동제단

- ■ 나무이름 : 소나무(숲)
- ■ 나무나이 : 250년
- ■ 둘레 : 190cm
- ■ 목적 : 동제목(숲)
- ■ 나무상태 : 양호

화곡2리 소리미 숲

- ■ 나무이름 : 팽나무(숲)
- ■ 나무나이 : 250년
- ■ 둘레 : 340cm
- ■ 목적 : 동제나무 숲과 같이 있음
- ■ 나무상태 : 양호

소나무 숲속의 팽나무

화곡2리 소리미 서나무

들이 있는 산골짜기로 들판에 쉬기 위해 키워 온 나무이다.
- 나무이름 : 서나무
- 나무나이 : 250년
- 둘레 : 340cm

화곡2리 소리미 서나무(안소리미)

화곡2리 어링이 은행 나무

본래 느티나무였으나 죽고 대신 동제목으로 은행나무를 심은 것이다. 전에는 동제를 지내 왔으나 지금은 안 지내고 있다.

화곡2리 어링이 은행나무

- 나무이름 : 은행나무 동제목 한 그루
- 나이 : 30여년
- 높이 : 12m
- 둘레 : 80㎝
- 첫가지높이 : 170㎝

〈노곡리 약도〉

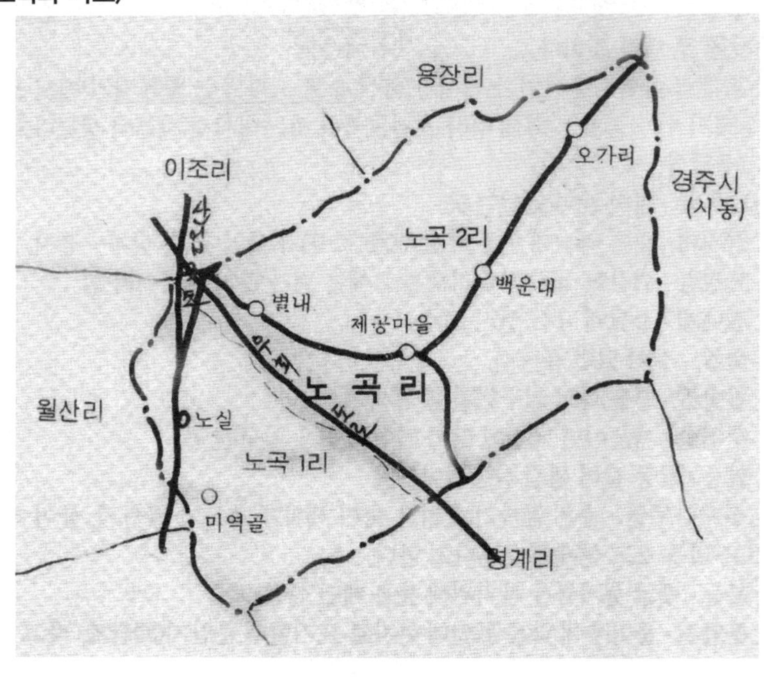

용장리
오가리
이조리
경주시
(시동)
노곡 2리
백운대
벗내
제궁마을
노 곡 리
월산리
노실
노곡 1리
미역골
명계리

06

노곡리
(蘆谷里)

옛날에 마을 앞에 갈대가 무성하게 자라서 마을의 울타리 역할을 한다고 하여서 노실이라고 한 것을 한자로 갈로(蘆)자와 실은 골을 뜻하기 때문에 골곡(谷)자를 써서 노곡리(蘆:谷里)라고 하고 행정구역 개편 때 노실과 미역골을 노곡1리, 백운대. 별내. 제공마을. 오가리를 노곡2리라 했다.

노곡1리
노실, 미역골

노실

옛날에 마을 앞냇가에 갈대가 무성하게 자라서 마을의 울타리 역할을 한다고 해서 노실이라 한다. 노는 한자로 갈로(蘆)' 자를 쓰고 '실'은 골짜기을 뜻한다. 이 마을의 지형은 동쪽에는 산이 막아 있고 형산강 종류인 미역내가 남에서 서쪽을 휘감아 북쪽으로 흐른다. 또 북쪽에는 노곡2리에서 흘러내리는 별내와 만나서 옛날에 상내거랑으로 불리던 내와 만나 형산강을 이루며 북쪽으로 흐른다. 그래서 냇가에 갈대가 많은 것이다.

노곡1리 노실 전경

노실

미역내물이 흘러오다 부체수듬비서 한바탕 굽이쳐 휘돌아 오는 강가에
갈대가 우거져 여름이면 부딪치는 노래소리 가을이면 하얀물결을
이루는 갈대밭 마을
옛날에 역있던 마을이라 관우물,역관태에
옹기굽은 옹구막
임진왜란때 격전지인 부체수듬비에
굽이쳐 오다 관듬비 이루고

부처가 있던 절아래 굽이치는 물줄기 부체수듬비 이루면서
숨을 죽이고
또 한번 휘돌아 나가는 냇가에 갈대가 무성하여
백로가 노닐고
초가을 달빛에 갈대가 부딪치는 소리에
풀벌레 소리 요란하다

지나가는 길손
노실에 머물며
관우물에 목축이고
까치고개 손님 맞으면
장터거리 시끌벅적하던 옛날
지금은 공장 많고
차 많이 다니는 마을이구나
들 한가운데
당수나무 있것만
사방 땅 파내어
우두커니 서 있고
누가 그 곳에 제사 지낼줄 알겠나
아무 표시 없는 그 곳 이건만
그래도 마을 지켜 주는 수호신이더라.

물굽이 치는 강가에
갈대가 무성하고
옛날 걸어가던 길손은 없어도
차들은 세차게
내달려가네

| 동제 |

나무 : 포고나무 두 그루(수령은 100년 미만이다).
제일 : 정월대보름 날 새벽.
제관 :여러 사람이 지냄.(반별로 지냄)
제물 : 돈을 거두워서 장만함.

노곡1리(노실) 당수나무

| 토박이 땅이름 |

역관터 : 옛날 노실 역관이 있던 곳.
관우물 : 옛날 노실역의 관에서 쓰던 우물이다. 현재 옛노월초등학교 앞에 있다.
매주골 : 사람들이 많이 묻혀 있는 곳이란 뜻의 골짜기.
강골짝 : 강물이 흘러 내리는 쪽의 골짜기. 그래서 사람들은 간간한 짠물이 새는 골짜기라고도 한다.
불성굴 : 불을 켜고 비는 곳으로, 이곳에서는 불을 선다고 하여, 불서고 기도한다는 골짜기라 한다.
불성골 : 불을 서고 비는 골짜기.
섶갓비알 : 울섶을 한 듯이 우거지게 하고 말린 산의 비탈. 비탈을 이 지방에서는 비알이라 부른다.

236

섶갓 : 울섶을 한 듯이 우거지게한 산으로 이 마을의 말림산이었다.

거시내골 : 땅이 기름진곳 이란 뜻인데, 기름진 땅을 이지방에서는 '거다' 또는 '걸다' 라고 한다. 그리고 기름진 땅에는 지렁이가 많은데 '지렁이'를 이곳에서는 '거꾸지' 라고도 한다. 땅이 매우 기름지다 보니 지렁이도 많이 나오는가 보다.

못밑들 : 못밑에 있는 들.

못안들 : 못안에 있는 들.

양동산 : 양동 사람 소유의 산으로 묘가 있는 산.

기서원네산 : 기서원이란 사람 소유의 산. 즉 기씨네 소유의 산이란 뜻.

파발당 : 본래 묘가 있었는데 묘를 파낸 곳. 묘를 파내는 일을 파묘라고 한다.

질위마을 : 길위마을이란 뜻. '길' 을 이 지방에서는 '질' 이라고 한다.

군뱀 : 굼턱진 곳에 있는 논. 즉 다른 지대보다 낮은 곳을 이 지방에서는 굼턱진 곳이라 한다.

옹구막 : 옛날에 옹기를 굽던 막이 있던 곳.

수리산 : 독수리가 많이 날아오던 산으로 이 마을에서는 제일 높은 산 봉우리를 말한다.

지피골 : 옛날 노실역의 관장이있던 최지피의 산이라고 한다.

달동산 : 이 마을 사람들이 옛날 이 산마루에 올라가서 달 보던 산. 옛날에는 각 마을마다 그 마을에서 독특하다 싶은 산마루에 올라가서 달 보는 일이 많았다. 특히 음력 정월 대보름날 저녁 달 뜰 무렵이었다.

장태 : 옛날 노실장이 있던 터. '터' 를 이 지방에서는 '태' 라고 한다.

장밖 : 옛날 노실장이 섰던 바같쪽을 말한다.

골욕 : 골목을 말한다.

불송굴못안 : 불을 켜고 빌었다는 골짜기에 있는 못의 안쪽을 말한다.

불송굴못밑 : 불송골에 있는 못 밑에 있는 들을 말한다.

불송굴못 : 불송굴에 막은 못.

관득방 : 옛날 노실역의 관이 있던 곳.

재만딩 : 고갯마루를 말한다. '마루' 을 이 지방에서는 '만딩' 이라고 한다.

굴바우모팅 : 굴이 있는 바위의 모서리을 말한다.

공동산 : 이 마을의 공동묘지가 있는 산. 일제시대 마을마다 한곳에 공동묘지를 지정하여 그곳에만 묘를 설치 하도록 한 곳이다.

까치고개 : 옛날에 까치가 많이 우짖던 고개, 이 고개에서 귀한 손님이나 반가운 손님을 많이 맞이 했다고 한다.

진산골 : 긴 산 끝에 있는 들. 이 지방에서는 '길다' 는 것을 '질다' 고 한다.

영수바대 : 물이 매우 맑아 그림자가 비친다는 곳에 있는 들.

간골짝 :이 골짜기에 짠물이 샌다는 곳. 물이 약간 짠 것을 보고 간간 하다고 한다.

부체수덤비 : 부처 같은 사람이 많이 죽었다는 곳. 이곳이 임진왜란 당시 유명한 노곡전투지이다. 그리고 이곳의 산위에 절이 있었는데 부처가 있었다고도 한다. 부처를

이 지방에서는 '부체' 라고 하고, '덤벙' 을 '덤비' 라고 한다.

부체수들 : 부체수덤비 앞에 있는 들.

관득덤비 : 관득방이 있던 앞내의 덤벙.

노실못 : 노실마을에 있는 못.

쪽쪽골 : 쪽쪽하고 우는 새가 많은 곳. 촉새를 보고 쪽쪽하고 운다고 쪽쪽새라고 한다. 참새과에 딸린새로 참새와 비슷하다. 부리가 좀 길고 등은 황록색 가슴에 갈색 무늬가 있다. 여름철 초저녁에 많이 운다.

배나무골 : 배나무가 있던 골짜기.

매주골 : 사람들이 많이 묵힌 곳.

못밑못 : 불성곳 못밑에 있는 못.

오강 도가리 : 요강 같이 둥군논. '요강' 을 이 지방에서는 '오강' 이라 한다.

기와막 : 기와를 굽던 굴과 막이 있던 곳.

감나무골 : 감나무가 많이 있던 곳.

산막골 : 산에 막을 지어 놓았던 곳.

달만디 : 달을 보던 산마루.

수리들 : 제일 위에 있는 들.

평풍들 : 병풍같이 펼쳐진 산아래들. 이 지방에서는 병풍을 평풍이라 한다.

진평들 : 진산골에 있는 들.

물웅태 : 물이 많이 새어 나오는 웅덩이가 있는 곳..

비룡상천 : 흔히들 풍수들이 와서 비룡상천, 즉 나는 용이 하늘로 올라가는 형상이라 한다. 이 마을 뒷산 전체가 비룡산이다.

불선곳 : 불을 켜고 빌던곳을 불을 서고 빌던 곳 이라한다.

미역골

옛날에는 명례곡이라 하였는데 그 후에 발음이 변하여 미역골로 되었다. 그리고 멱을 감던 내가 있다 하여 멱냇골하던 것이 그후 발음의 변화에 따라 미역골이 되고 바다에 나는 미역까지 난다고 전한다. 월성 최씨들이 많이 살고 있다.

노곡1리 미역골 전경

| 동제 |

나무 : 느티나무 한 그루(보호수)
날짜 : 음력 동짓달 마지막 정(丁)일에 지냄
제관 : 선정해서.
제물 : 본래 동제답이 있었는데 팔고 임청정 정자탑을 부치면서 장만.

| 토박이 땅이름 |

속수리골 : 골짜기 속의 제일 위쪽을 말한다.
물탕골 : 옛날 물을 맞던 골짜기.
돌우골 : 물이 휘돌아 나오는 곳에 있는 골짜기.

미역골

살거내 홈실내가 만나는 돌우골 산 아래 물이 굽이쳐
흘러오는 강변에
멱을 감던 골짜기 쪽이라
미역골이라
미역이 난다고 전하네
내 건너 천넘땅에
옛정이 넘쳐나고
둥굴산 권선비 묻힌 곳
아름답기도 하여라.
물많고 깊은곳에 부체수듬비 이루고
골짜기 마다
농사 짓고 사람 살던 흔적 있네
감나무 있는 감나무 골짜기에
하늘수박골 덩굴 이어나가면
물웅팅이에 목욕하고
안미역골에 범우독골에 범나오고
깐치네 밭골에 까치 날아들면
속수리골 햇살비쳐 손님 찾아 오고
불탄골에 어떠한 부처님이 계셨는지
묵묵히 흐르는 물길따라
옛정이 넘쳐난다

마을앞 당수나무
수난을 당한지
보호수 비가 처량 하기만 하다
마을앞 푸른 강물은
유유히 흘러
부체수 듬비 휘돌아 흘러감은
떠나가는 님을 보는 듯 하네.

노곡1리 미역골 당수나무(느티나무) 보호수

돌우골산 : 물이 휘돌아 나오는 곳에 있는 산.
안마실골 : 마을의 안쪽에 있는 골짜기.
큰골 : 이 마을에서 보면 다른 골짜기에 비해 큰 골짜기.
산막골 : 산막이 있던 골짜기.
감나무골 : 감나무가 많이 있는 골짜기.
공동산 : 이 마을의 공동 묘지가 있는 산.
못안골 : 못 안에 있는 골짜기.
하늘수박골 : 하늘수박이 많이 나는 골짜기. 하눌타리를 이 지방에서는 하늘 수박이라 한다. 열매와 뿌리는 한약제로 쓴다.
물웅덩이 : 물맞이 하던 웅덩이를 말한다.
안산골 : 마을의 안쪽에 있는 산의 골짜기.
미역내 : 형산강 상류인 살거내물과 명계 쪽에서 내려오는 물이 이 마을 앞에서 만나는데, 미역내라 부른다. 울산광역시 울주군 두서면 내와리에서 흘러 내려오면서 살거내을 이루어 이마을에 와서 미역내가 되어 별내와 만나 상내가 되고 머수 앞에서 화실내와 만나 기린내를 이루고 대천(모량내)과 만나고 남천이 합수되어 경주 서천을 이루고 흘러내려 형산강을 이루고 흐른다.
범우독골 : 범이 살았다는 굴이 있는 골짜기.
진등 : 산등이 길게 뻗은등.
안미역골 : 미역골의 안쪽을 말한다.
분등 : 옛날 풋거름을 하기 위해 풀을 가꾸면서 베던 산의 등
깐치밭골 : 까치가 많이 날아오던 밭이 있는 골짜기.

안산골 : 마을의 안쪽에 있는 산의 골.

큰 안산골 : 안산골중에서 큰골.

작은 안산골 : 안산골중에서 작은 골.

둥굴산 : 둥굴의 안동권씨 입향조인 매헌 권사민공의 묘가 있는 문중산이다.

불탄골 : 옛날 절이 있던 골로 불당이 있던 골짜기인데 불단이 불탄으로 된 것이다.

매헌공미 : 둥굴 안동권씨 문중묘가 있으
며 문중산이다. 둥굴 안동권씨 입향조인
매헌 권사민공의 묘소가 있다. 임진왜란
당시 의병을 모아 창녕 화왕산성과 팔공
산 전투에서 협력한 공을 세워 사후에
승정원 좌승지에 추증되고 충효정려가
내려졌다. 현재 둥굴의 안동권씨들은 다
이 후손들이다.

부채수 덤비: 미역 냇물이 흘러 내리면서 굽이쳐 큰 소을 이루는 곳인데 이 옆산 위
에 옛날에 큰 부처를 모신 절이 있었다고 한다. 이곳이 임진왜란 당시 격전지이다.

청년땅 : 내 넘어 있는 땅이란 뜻이다. 명계쪽에서 내려오는 물과 울산 봉계서 내려
오는 물이 만나 미역내를 이루는데 그 넘어 있는 땅이란 뜻이다 천넘땅이 청년땅으
로 말이 바뀐 것이다.

노곡1리 미역골에서, 왼쪽부터 허교구 선생, 권성환씨, 오른쪽 두 번째 필자

노곡1리 노거수

노곡1리 노실 팽나무

본래 들복판에 숲을 이루고 있었으나 어느새 모두 없애버리고 두 그루만 남았다. 음력 정월보름날 동제를 지내고 있다.

- ■나무이름 : 팽나무(포구나무 두 그루)

동제목

팽나무1

- ■나이 : 50여 년 ■높이 : 10m
- ■둘레 : 120cm ■첫가지높이 : 210cm

팽나무 2

- ■나이 : 50년 ■높이 : 10m
- ■둘레 : 110cm ■첫가지높이 : 90cm

노곡1리 미역골 느티나무

노곡리 미역골 마을 입구에 있는 나무인데 보호수로서는 너무 생육 상태가 안좋아 안타까운심정이다. 옛날에는 동제를 음력 동짓달 마지막 정일에 지냈다고 한다.

- ■나무이름 : 느티나무 한 그루
- ■나무나이 : 300년 ■둘레 : 485cm
- ■첫가지높이 : 240cm ■나무높이 : 9m
- ■목적 : 동제목(보호수)
- ■나무상태 : 불량

노곡1리 미역골 매헌 권사민의 묘 도래솔

매헌 권사민공은 임진왜란 당사 의병 활동으로 충과 효의 모범이 되는 분이다. 묘 주위에 소나무가 많았으나 1972년 당시 병충해 방제로 벌채를 하였다. 현재 묘 주위에 몇 그루의 도래솔이 자라고 있는 데 수령은 150년 정도 된 것이다.

- ■나무나이 : 150년 정도
- ■둘레 : 165cm~120cm
- ■나무높이 : 20m~15m ■나무상태 : 양호

노곡2리
백운대,별내,제공마을,오가리

백운대

신라때 백운사라는 절의 이름을 따서 백운대라 한다. 또는 신라때 백운대라는 정자

노곡2리 백운대 전경

노곡2리 백운대터

백운대 : 만채나무 한 그루(수령 1 백여 년), 물곳에 소나무(수령 300여 년).
제일 : 정월 대보름날.
제관 : 마을에서 선정해서. 동답 두 마지기를 부치면서 지냄.
제물 : 동답 두마지기 수익금으로 장만.

노곡2리 백운대 당수나무(말채나무) 텃서리

노곡2리 백운대 당수나무(소나무) 물곳에

백운대

경주 남산
하늘의 용이로다
남남산 복판 깊은 골
용머리 입속이로다
그 입속에서 내품는 하얀 연기속에
지은 백운대
소나무 사이로 보이는 파아란 하늘에 떠 가는 흰 구름 하나
옛 선인의 정신이 숨어 있네
깊은 골에 비단결 처럼 드라운 안개속에 두둥실 떠 있는 백운대 아래
이루어진 마을이로다
대룡태 깊은 골 옛 절터에 남은 흔적 탑이 옛날을 그리며
지키고 있는데
비룡산 나는 용이 대룡태에 이어오면
물곳의 소나무 마을 지켜주는 수호신으로 모시고
트서리 말채나무 오는 손님 맞아 주네
열지은 바위 아래 목 없이 넘어짐에 목 찾아 옛 모습 찾다 보니
새갓골 누운 부처모습도 예쁘고도 아름답네
보고 싶고 또 보고 싶은 마음
신라 천년의 마음
양조암골 탑과 부처님 산산조각 내어 치우고
그곳에 묘를 섰으니
부처님 마음 몰라주고
원통하고 원통한 마음에 어쩔 수 없이 지내 왔는데
이제와서 한곳에 모아 조금은 마음 놓이네
척골 명밭재 깊은 골마다 사람 산 흔적 있건만
오랜 세월 산속 생활 이겨내고 지내려 했으나
세상 변함에 하는 수 없이
모든 것 버리고 확트인 곳
찾아간 사람들
지금와서 다시 살라 하면 못살겠다 야단하겠지

골마다 흔적 있고
이름 있는
백운대 거룩한 곳
오늘 따라
더 아름답게 보이네.

경주 남산은 천룡이고
마석산은 대룡인데
앞의 비룡산이
힘차게 날아 오르는데
임진왜란 때 명나라 장수
혈자른 덕고개
지금은 차들이 세차게 달리네

백운골 흰구름속에
옛 선인의 혼이 깃들어
영원히 거룩한 곳이로다.

하늘의 룡
큰룡
나는 룡
모두가 모인 곳
명나라 장수
혈자른 덕고개
그래도 룡들은 꿈틀 꿈틀
세월 속에 움직이고 있네

용들의 움직임에
하얀 구름 품어내어
옛처럼 성스럽고
거룩한 곳 되겠네

삐득골 : 비둘기가 많이 날아오던 골짜기. '비둘기'를 이 지방에서는 '삐들기'라고 한다.

배나무골 : 배나무가 많은 골짜기.

황새골 : 황새가 많이 날아온 골짜기.

돌당산 : 돌을 많이 모아 놓은 산.

대석 : 큰 돌이 서 있는 산.

댓골 : 큰 골짜기.

천룡골 : 천룡사 절이 있던 밑의 산 골짜기.

장등 : 긴 산등을 말한다.

구들백이 : 구들을 놓은듯이 돌이 많은 곳.

봉롱골 : 골짜기가 깊은 곳.

천왕지산 : 하늘의 왕같이 높은 산.

선바위등대 : 바위가 서 있는 산등.

석삼 : 큰 돌이 세 개 있는 곳인데 바위틈에 물이 새어나오는 곳이라 한다. 석수가 석삼으로 불리게 된 것이다.

시등 : 산과 산 사이에 있는 사이등 '사이' '새'를 이 지방에서는 '시'라고 한다.

뒷등 : 마을뒤에 있는 산등.

명밭재 : 백운대에서 경주시 시등으로 가는 고개. 이고개에서 옛날에 목화를 많이 재배하였다 한다. '목화'를 이 지방에서는 '명이라 한다.' '명'이란 것은 무명을 준말이다.

대롱태 : 옛날 대롱사가 있던 터라고 한다. 그래서. 대롱골인데 부르기 쉽게 대롱골이라고 한다.

돌틈이 : 돌이 많이 있는 산밑의 들. 즉 돌틈에 있는 들.

동네등 : 마을안에 있는 산등.

백운암골짜기 : 백운암절이 있는 골짜기.

오가리재 : 백운암에서 오가리로 가는 재.

부체듬이 : 부처가 있는 곳.

말청골 : 물이 매우 맑은 골짜기.

당고개(덕고개) : 고갯마루에 돌을 모아둔 당이 있음. 이 고개를 넘을 때 돌을 세 번 던지고 침을 세 번 뱉는대서 붙여진 이름. 침 뱉는 것은 흔적이 없고, 돌 던진 것은 쌓여 있어 흔적이 있다.

본천룡 : 신라 때 본래 천룡사 절이 있던 곳이라 한다.

백운암 골자기

소구리치기 : 소구리(소쿠리)같이 생긴 산. 삼태기를 이 지방에서는 소구리라 한다.

텃서리 : 마을을 처음 들어선다는 곳. ‘첫서리’가 ‘텃서리’로 부리게 된 것이다.

척골 : 첩첩산골짜기란 뜻이다. 또는 척척이 쌓인 골짜기란 뜻이다. 얼마 전 까지만해도 이곳에 집이 있고 논, 밭을 일구며 살았는데 지금은 그때의 흔적인지 집터와 감나무와 묵은 논, 밭이 있다.

숲논 : 숲이 있는 곳의 논.

쇵이바우 : 바위가 송이 바위란 뜻인데 이 바위 근처에 송이버섯이 많이 나기 때문이다. ‘송이’를 ‘쇵이’라고 부르고 있다.

침식골 : 옛날에 매우 왕성힌 절이 있었는데 지금은 조용하다는 곳.

새갓비알 : 이 마을에서 보면 동쪽에 해당하는 산비탈.

두들배기논 : 다른 지대보다 높은 곳에 있는 논.

돌동산 : 돌이 많은 산. 돌이 많은 산의 등인데 ‘돌등산’이 ‘돌동산’으로 부른 것이다.

갈메산 : 비올 때 갓위에 씌우는 갈모같이 생긴 산 ‘갈모가’ 갈메’로 부른 것이다.

운호번디기 : 구름이 많이 끼는 산의 번덕.

섶갓 : 이 마을에서 울섶처럼 우거지게한 산. 옛날에 나무를 못하게 말리어 섶같이 우거지게한 산.

섶갓골짜기 : 섶갓이 있는 골짜기.

지푼골 : 골짜기가 매우 깊은골. ‘깊다’는 것을 이 지방에서는 ‘지푸’다고 한다.

천개골 : 골짜기가 천개나 되듯이 많은 골을 말한다.

대룡태큰재 : 백운대의 대룡태서 홈실로 가는 고개인데 큰 고개를 말한다.

대룡태작은재 : 백운대의 대룡태서 홈실로 가는 고개로 큰 재에 비해 작은 재.

갓골 : 머리에 쓰는 갓같이 생긴 골.

큰골 : 근처에 제일 큰 골짜기.

작은골 : 큰 골에 비해 작은 골.

정골 : 수정이 나온 골짜기라 한다.

임의정골 : 하얀 수정이 나온 골짜기인데 ‘하얀수정’을 이 지방에서는 ‘임의 정돌’이라 한다.

마당미기 : 마당처럼 넓고 단단한 곳의 들머리, 들머리, 목등을 이 지방에서는 ‘미기’라고 한다.

댓골들 : 큰 골에 있는 들.

평정들 : 이 마을의 평지에 있는 들.

평정보 : 이 마을 평정들에 물대는 보.

불영골 : 옛날에 불상을 모신 절이 있던 곳. 지금의 마석산 삼층 석탑이 있는 골짜기.

탑등 : 마석산 삼층 석탑이 있는 산등.

대룡태골 : 신라때 대룡사라는 절이 있던 터의 골짜기 지금의 마석산 삼층탑이 있는 곳에 가면 북쪽편의 산등성이에 마당처럼 넓고 네모진 밭 같은 곳이 있는데 그곳이

옛날 법당자리 일것이라고 한다. 경주 남산에 가면 천룡사가 있으므로 해서 하늘의 용같은 천룡으로 여기면 이곳의 마석산은 큰용으로 여기고 대룡사 절이 있었을 것이다. 그리고 나는 용인 비

룡산이 남쪽으로 뻗어 있는데 이산 기슭 어디엔가 비룡사가 있지 않았을까 한다. 땅이름을 조사 해보니 노곡1리쪽에 어딘가 있지 않을까 한다. 그래서 큰룡과 비룡이 맞붙은 곳이 덕고개인데 쌍룡이 맞붙으니 많은 번영을 누린다해서 임진왜란때 조선을 도와 주로 온 명나라 장수 이여송이 이곳을 지나면서 혈맥을 끊었다고 한다. 그래서 우리나라는 전쟁의 참화에도 안망하고 우리나라를 도와 주로와서 명산의 혈을 끊은 명나라가 망한 것이라 한다.

불탄번디기 : 마석산 삼층 석탑옆 산등성이에 밭처럼 넓고 편편한 곳을 말하는데 옛날 절의 불상을 모신 단이 있던 버덩이란 뜻이다.

마구밭 : 말과 소가 많이 밟고 다닌 곳으로 밭처럼 된 곳이라 한다.

생이바우 : 상여같이 생긴 바위. '상여'를 이 지방에서는 '생이' 또는 '행생'이라 한다.

뚜낌이바우 : 뚜껍이 같이 생긴 바위. '두껍이'를 이 지방에서는 '뚜낌이'라 한다.

천개골선바우 : 천개나 되듯이 많은 골짜기에 서 있는 바위.

귀비골샘 : 매우 귀하게 물이 새는 샘.

귀비골 : 매우 귀하게 비가 내리면 물이 새는 샘이 있는 골.

쪽박골 : 쪽박으로 물을 푸는 샘이 있는 골.

댓골 큰자리 : 댓골에 있는 큰 논의 자리란 뜻.

큰자리보 : 댓골 큰자리에 물대는 보.

윗골 : 옛날 기와굽던 가마 있던 골.

별천룡골 : 본래 천룡사가 있던 곳 말고 다른 곳에 또한 천룡사가 있었다는 곳.

큰마실 : 이 마을에서 제일 큰 마을.

못바대 : 못 밑에 있는 논으로 못물을 받아대는 논들.

봉룡골 : 높은 산봉우리 밑을 말한다.

천왕지 : 하늘의 왕이 살던 곳이라 한다.

농바우골 : 농을 두 개 쌓아놓은 듯한 바위가 있는 골짜기. 네모진 바위가 두 개 쌓여 있는 바위, 장농은 아래 위 두짝이기에 네모진 돌이 두 개 쌓여 있으면 농바우라 한다.

소맷골 : 옛날 소를 많이 매어 놓던 골짜기.

열암골 : 바위가 줄을 지어 있는 듯한 골.

물곳에 : 물이 흐르는 냇가에 있는 마을.

천개돌 : 천개나 되듯이 돌이 많은 골짜기.

시등 : 산과 산 사이에 있는 산등 '새' 사이'을 이 지방에서는 '시'라고 한다.

깔미등 : 깔끔하게 다듬은 묘가 있는 산등.

동메등 : 이 마을 소유의 산등.

진등 : 산등이 길게 뻗어 내려온 등. '길다' 는 것을 이 지방에서는 '질다' 고 한다.

진등밑 : 긴등밑에 있는 들.

약물내기 : 옛날 약물이라고 여기는 우물이 있던 곳.

선바우골 : 바위가 서있는 골.

미골 : 묘가 많이 있는 골.

맷돌산 : 맷돌같이 생긴 바위가 있는 산.

댓골보 : 댓골에 물대는 보.

물곳 : 물가에 있는 마을.

큰각단 : 이 마을에서 제일 큰 마을.

농바우 : 농을 두 개 쌓아놓은 듯한 바위.

미나리골 : 미나리가 많은 골짜기.

덕고개 : 이 고개는 백운대서 홈실로 넘어가는 고개인데 지금은 도로가 생김으로 해서 돌무더기 당도 없어지고 차만 왔다 갔다 한다. 이 고개는 본래 등고개가 덕고개로 바뀐 것이다. 이 고개의 등은 마석산 큰용과 비룡산의 나는 용이 만나는 곳으로 천하의 명당 자리인데 임진왜란때 명나라 장수 이여송이 조선을 도와준다고 와서 보니 조선의 훌륭한 인물이 많이 날 것이란 데서 이 산 혈맥을 끊을 때 휘하의 어느 장수가 이여송에게 화살을 쏘았는데 차마 쏘지 못하고 비켜 쏘았다는 전설이 있다. 그리고 이 고개를 넘을 때마다 돌을 세 번 던지고 침을 세 번 뱉었는데 이것은 이 고개를 넘을 때 마다 장가 못간 총각 몽달귀신이 나타나서 해치기 때문에 그 이유를 물어보니 몽달귀신은 장가를 안 갔다고 해서 무덤도 없고 제사도 안지 내 주기 때문에 자꾸 해친다고하여 돌을 세 번 던지고 침을 세 번 뱉는다는 것이라 하는데 돌 세 번 던지는 것은 몽달귀신의 무덤이 없기 때문에 무덤을 만들기 위해서이고 침을 세 번 뱉는다는 것은 제물이라고 하는데 술 한잔 두잔 세잔 초헌, 아헌, 종헌 세잔을 붓는 것이라 한다. 그 이후부터는 사람들이 이 고개를 안심하고 넘을 수 있었다 한다.

양재암골 : 신라시대 양조암 절이 있던 골짜기.

물곳세 : 물가에 있는 마을.

큰거랑 : 마을 앞을 흐르는 큰 내.

봉호재(봉화재) : 옛날에 봉화대가 있던 곳. 봉화가 봉호로 불러진 것임.

천왕지골 : 하늘의 왕이 내려 왔다는 골.

새갓골 : 이 마을의 동쪽에 있는 골짜기.

심수골 : 돌 틈에서 물이 새는 곳이라고도 한다. 심은 단단한 돌바닥을 말함.

상궤 : 위쪽에서 물대는 논.

선바우 : 바위가 서 있는 곳.

왓골 : 기와를 굽던 곳.

석수암골 : 옛날 신라 때 석수암절이 있었던 골짜기.

하궤 : 봇물대는 논 중에서 제일 아래에 있는 논.

중궤 : 봇물대는 논 중에서 중간에 있는 논.

별내

별내는 다섯 골짜기의 물이 모이는 곳으로, 다섯은 별의 모서리가 다섯이어서 별의 모양을 나타내는 말이다. 흐르는 그 냇물이 너무나 맑아서 밤에 별이 물에 비친다는 데서 붙인 마을 이름이다. 말하자면 마을 앞 냇물에 별이 비친다는 것이다. 또는 이곳은 냇가라 모래와 자갈이 많은 곳이라 벌내가 별내가 되었다고 한다. 그래서 물이 맑아 하늘의 별빛이 냇물에 비친 곳이라 한다. 학성 이씨들이 많이 살고 있다.

노곡2리 별내 전경

| 동제 |

나무 : 느티나무 한 그루(보호수)
제일 :
제관 : 선정해서 지냄.
제물 : 마을 주민에게 거두어서 장만함.

노곡2리 별내 당수나무(느티나무) 보호수

별내

냇물이 맑아 별빛이 비친다는 마을
물그림자 잘 비친다는 수영골
그림자 비친다는 영수 바대
병풍처럼 펼쳐진 산이 겹겹이 둘러쳐진 병풍디미
큰말 발자국 있다는 대마골
삐득골 무림티 숯굴백이 모두가 뜻있는 아름이네

지금은 산사이 허허 벌판에 흐르는 내
맑고 맑은 물빛은 어데가고
농사 짓는 들판만 이어지네
땅속으로 스며든 물인가
그래서 그런지
누군가
물맑아 별이 비친다는 별내가 아니고
물 잘 빠지는 벌내가 아닌가 하지만
물과 별 모래와 벌판
모두가 아름다운 물빛받아
별이 빛나고 있겠지

물 그림자 드리우는 옛정에
오래된 느티나무 벗 삼아 신으로 모시고
천룡산이 꿈틀꿈틀, 비룡산이 날아오면
대룡산이 더 크게 보이는 곳
물속에 용의 그림자 보이는 마을
마을 앞 당수나무 능름한 기상
지나가는 차량이 지쳐만 보이네

별내 : 이 마을 앞을 흐르는 내로서 물이 하도 맑아 별이 비친다는 내.

상별내 : 별내 마을 중에서 위쪽에 있는 마을.

하별내 : 별내 마을 중에서 아래쪽에 있는 마을.

영수바대 : 냇물이 하도 맑아서 밤에 별이 비치는 것이 그림 같다는 들. 바대는 넓다는 뜻이다.

굼보 : 다른 지대보다 낮은 곳에 있는 보

굼들 : 굼턱진 곳에 있는 들. '다른 지대 보다 낮은 곳'을 '굼턱지다'고 한다.

새보 : 새로 막은 보로서 새들에 물대는 보.

새들 : 새로 생긴들.

병풍디미 : 병풍같이 펼쳐진 산등성이.

덕고개 : 백운대에서 홈실로 넘어가는 고개로 일명 당고개라 하는데 이 고개를 넘으면 덕이 있다고 한다.

수영골 : 물이 하도 맑아서 주위 산이 이곳의 물에 비침이 그림 같이 아름답다는 골짜기.

삼밭골 : 삼(대마)을 많이 재배한 밭이 있는 골짜기.

서당골 : 오천정씨 서당이 있는 골짜기. 영일정씨를 이 지방에서는 오천 정씨라고 한다.

평풍디미 : 병풍같이 펼쳐진 산등성이. '병풍'을 이 지방에서는 '평풍'이라 하고 '더미'를 '디미'라 한다.

배나무골 : 배나무가 많았던 골짜기.

황새골 : 황새가 많이 날아온 골짜기.

점골 : 쇠를 다루던 곳.

큰골 : 다른 골짜기에 비해 큰 골짜기.

말청곤 : 물이 언제나 맑게 흐르는 골짜기.

귀이골 : 소먹이통인 구유같이 생긴 골짜기.

갓골 : 머리에 쓰는 갓 같이 생긴 골짜기.

동래골 : 동내안쪽에 있는 골짜기.

방아골 : 옛날에 방아가 있던 골짜기.

쪽박골 : 쪽박샘이 있는 골짜기.

황새골고개 : 제공마을서 미역골로 넘어가는 고개. 황새골에 있는 고개.

오리밭골 : 밭길이가 오리나 될만큼 긴 밭이 있는 골짜기.

개나골 : 한쪽 구석에 있는 골. 즉 귀난골이란 뜻.

정골 : 수정이 나온다는 골짜기.

임의정골 : 하얀 정돌이 나오는 골짜기. 하얀 정돌을 보고 임의정돌이라 한다.

댕댕이고개 : 떫은 감을 보고 이곳에서는 땡감이라 하는데, 옛날에 땡감을 따서 지고

봉계장(울산광역시 울주군 두동면 봉계리에 있는 장〈장날은4일, 9일〉)에 가서 팔기 위하여 이 고개를 많이 넘어 다녔는데 '땡땡고개'를 '댕댕고개' 라 부른 것 이다.

제공바대 : 제공봇물을 받아대는 들.

택기보 : 사람의 턱같이 생긴 곳을 막은 보라고 한다. 또는 택기라는 사람이 막은 보라고 한다.

택기바대 : 택기봇물을 받아대는 들.

못바대 : 못물을 받아대는 들.

봇갓 : 보 소유의 산.

말등 : 말등 같이 생긴 산등.

오두박골 : 오두막집 같이 생긴 골짜기. 또는 옛날 오두막집이 있던 곳.

빙이골 : 병같이 생긴 골짜기 병을 이 지방에서는 '빙' 이라고 함.

동골 : 동쪽에 있는 골짜기.

벌미땅 : 묘가 벌어진 듯 많이 있는 곳.

말등산 : 말등 같이 생긴 산.

미나리골 : 미나리가 많은 골짜기.

선바우 : 바위가 서있는 곳.

대마골 : 큰말자국이 있다는 골짜기.

제공마을

정씨 시조 묘소와 제실(제궁)이 있는 마을. 정씨 시조인 지백호 묘소가 있다. 지백호
는 하늘에서 화산으로 내려와서 취산 진지촌의 촌장이 되었다. 옛고분을 정씨 시조
지백호묘로 여기고 정화 작업을 하여 1987년 11월 21일(음력 10월 1일) 준공 및 고유
제를 지낸 것이다. 이곳에 정씨 시조묘 뿐 아니라 정씨들의 많은 묘가 있는데 석물
들은 신라시대 어느 사찰에 쓰인 난간석을 비롯해서 배례석등이 있다.

노곡2리 제공마을 전경

노곡2리 제공마을 정씨 재공

정씨 시조 묘소

제공 마을

하늘에서 내려 왔다는 취산 진지촌장 정 지백호 와   정씨들의 묘가
있는 곳으로 제실을 지어 수호하는 마음 면면이   이어오네
묘있어 제실 지어 조상 모심은 오랜 옛날의 풍습이지
수영골 맑은물 바라보이는 산등성이
선바우 앞에 보이고
황새골 깊은 골에 황새 날아 들고
땡감 지고 팔로 가던 댕댕이고개
오리나 될 듯 긴밭이 있는 오리밭골
물맑은 말청골에 미나리골
옛 방아 찧던 터에 방아골
한쪽 구석의 개나골
이제는 이름도 잊혀지고
지형도 변해가는 세월이네

옛 풍습 잊혀질까봐
지내오던 동제도 어느새 사라지고
당수나무 있던 터도
아련 하기만 하네

| 동제 |

나무 : 느티나무(경지 정리하면서 베어 버림)
제일 : 음력 정월 대보름(음 1일 15일)
제관 : 선정해서
제물 : 거두워서 지냈음. 지금은 안지냄.

노곡2리 제공마을 옛당수나무터

| 토박이 땅이름 |

제공보 : 제공마을 앞에 있는 보.
제공들 : 제공마을 앞에 있는 들.
덕고개 : 제공마을 앞에 있는 고개로 홈실로 넘어가는 고개. 고개마루에 당
이 있다하여 당고개라고도 한다.
중보 : 중간에 있는 보란 뜻.
적은보 : 다른 보에 비해 적다는 보.
택기보 : 늪지대에 막은 보. 또는 텃밭에 막은 보. 텃밭을 탯밭이라 하는 것을 보면
텃밭의 늪지대를 막은 보라는 뜻.
지피골 : 옛날 노실 역관장을 지낸 최지피의 산이라 한다.
삐득골 : 비둘기가 많은 골. 비둘기를 이 지방에서는 '삐들기' 라 한다.

팥밭골 : 파서 일군 밭을 말한다. 오늘날 화전과 같다.

까막골 : 까마귀가 많이 날아오는 골짜기.

배나무골 : 배나무가 많은 골짜기.

황새골 : 황새가 많이 날아 오는 골짜기.

화장태 : 신라때 승려를 화장했다는 골. ‘터’를 이 지방에서는 ‘태’라고 한다.

대마골 : 큰 말발자국이 있는 골짜기란 뜻.

가마골 : 쇠를 다루던 가마가 있는 곳으로 야철지이다.

쪽박골 : 쪽배기로 물을 푸는 샘이 있는 골짜기.

큰보 : 이 마을에서 제일 큰 보.

새논 : 새로 만든 논.

큰바대 : 논바닥이 큰 곳.

적은바대 : 논바닥이 적은 곳.

무림티만디 : 물이 많은 곳의 마루.

겉숯굴백이 : 숯을 굽던 곳으로 바깥쪽을 말한다.

안숯굴백이 : 숯을 굽던 곳으로 안쪽을 말한다.

오리밭골 : 오리나 되듯이 긴 밭이 있는 골짜기.

도둑골 : 옛날 도둑이 많이 숨어 살던 곳.

공동산 : 마을의 공동묘지가 있는 산.

댕댕말리 : 산줄기가 댕댕이 덩굴같이 가는 산의 마루.

깐치고개 : 이 고개를 넘다 보면 까치가 많이 울던 고개.

불탄골 : 옛날 절의 불당이 있던 골짜기.

무림티 : 물이 많이 새는 곳.

숯굴백이 : 옛날 숯을 굽던 굴이 있는 곳.

오가리

처음에 다섯 집이 살았다고 오가리라고도 하고, 다섯 집밖에 못 산다고도 하지만,
많이 살 때는 십여 집이 살았다고도 한다. 그러나 지금은 한 집도 살고 있지 않는 산
골짜기들로서 다른 마을 사람들이 와서 농사를 짓고 있다. 그리고 골짜기가 다섯 갈
래로 트인 곳이라고도 볼 수 있다. 오가리는 산간 오지이기 때문에 물을 논에 대기
위해 일찍 논 밭 가는 것을 올갈이라 하는데서 오가리도 될 수 있고, 일찍 농사 준비
하는 오갈기가 오가리가 되었다고 볼 수 있다.

노곡2리 오가리 전경

| 동제 |

나무 : 소나무 아홉 그루
제일 : 정월 대보름날
제관 : 한 사람이 지냈으나 20년 전부터
안 지냄

노곡2리 오가리 당수나무(소나무)

오가리

높고 깊은 산골짜기
동서로 길게 트인곳
남산 천룡과 마석산 대룡이
양쪽에 이어 질듯 버티고 있는 곳
다섯 집이 살던 곳이라 오가리라는 뜻인지
다섯 갈레로 트인 곳인지
일찍 논,밭 갈고
물을 가두고
모를 내야 하는 곳
일찍가는 올갈이가 오가리로 변한 것이 아닌가?
살던 사람 다 떠나가고 없어도
논,밭에 곡식들은 심어지고
옛날 흔적은 남아 있고
솔숲에 동제는 지냈는데
지금은 지낼 사람 없어 솔숲만 우거진 채 있네

농사 지을때는 시끌벅쩍 하다가도
농사철 지나면 고요속에 잠기는 곳

오가리들 :오가리에 있는 들.

오가리들 아래츰이 : 오가리들 아래에 있는 들. '아래츰이'는 '아래층'을 말한다.

능말갓 : 능 같이 큰 무덤이 있는 산.

음달갓 : 음달쪽에 있는 산.

아래갈메논 : 갈메논 중에서 아래쪽에 있는 논. '갈메'는 '가는 모래를 말한다.

위갈메논 : 갈메논 중에서 위쪽에 있는 논.

납닥갓 : 납작한 산, 편편한 산을 말한다.

조양갓 : 경주시 조양 사람 사람 소유의 산.

집태논 : 집터에 일군 논.

남간갓 : 경주시 탑동 남간 마을 사람 소유의 산.

남산갓 : 경주시 남산동에 사는 사람 소유의 산.

분등산 : 옛날에 풀을 가꾸어 베던 산. '풀등'이 '분등'으로 변했다.

막번디기논 : 농막이 있던 번덕의 논.

석이버섯바우 : 석이 버섯이 나는 바위.

행생이바우 : 상여같이 생긴 바위. '상여'를 이 지방에서는 '행생이'라 한다.

모개나무등 : 모과 나무가 있는 산등'. 모과나무'를 이 지방에서는 '모개나무'라 한다. 모과나무는 2009년 도초에 누군가 옮겨 갔다고 한다.

뚜낌비바우 : 두꺼비 같이 생긴 바위. '두꺼비'를 이 지방에서는 '뚜김이'라 한다.

남산제실 : 남산에 사는 사람의 소유의 재실.

당수나무배기 : 이 마을 당수나무가 있는 곳. '당산나무'를 이 지방에서는 '당수나무'라 한다. 소나무가 아홉 그루가 있다.

안참봉네산 : 안씨 성을 가진 참봉의 산.

밤말갓 : 밤말(경주시 외동읍 방어리) 사람 소유의 산.

오가리재 : 백운대에서 오가리로 오는 고개.

흰티재 : 흙 빛깔이 흰 고개.

소잔디골 : 작은 절이 많았던 골짜기, 즉 소사지(작은절 터)가 많은 곳

본천룡 : 본래 천룡사가 있던 골짜기.

산수등 : 묘(산소)가 있는 산등.

운굴배미 : 우물이 있는 논. 우물을 이 지방에서는' 운굴 '이라 한다.

챗골 : 챙이 같이 생긴 골짜기. '키'를 이 지방에서는 '챙이'라고 한다.

솔배기 : 소나무가 있는 곳

청식이 : 냇바닥이 푸른 돌로 깔린 곳. 한자로 청석(淸石)을 청식이라 한다.

분등산비알 : 옛날 풀을 베어 풋거름을 하기 위해 가꾸면서 베던 산등의 비탈.

당수나무들 : 당수나무가 있는 들.

양달갓 : 양지쪽에 있는 산.

갈메논 : 매우가는 모래 같은 흙으로 이루어진 논 '매우가는모래' 를 이 지방에서는 '갈메' 라 한다.

가마바우 : 가마같이 네모진 바위인데 정육면체 바위로 보면 된다.

농바우 : 농같이 바위가 두 개 쌓여 있는 바위. 옛날의 장롱은 이층농이기 때문이다.

체바우 : 챙이(키)같이 생긴 바위를 말한다. '키' 를 이 지방에서는 넓적하다고 한다. 키란 곡식을 가릴 때 쓰는 기구이다. 대체로 쭉정이와 돌을 가릴 때 까부리는 기구이다.

당수거랑 : 당수나무아래 흐르는 내.

넙떡바우 : 바위가 납작한 바위 '납작' 한 것을 이 지방에서는 '넙덕' 하다고 한다.

큰바우 : 바위가 큰 바위를 말한다.

너븐등 : 산등이 넓은 것을 말한다. '넓은' 것을 이 지방에서는 '넙다' 고 한다.

오가리윗즘미 : 오가리들의 위쪽을 말한다.

노곡2리 오가리에서 농사 짓는 사람들에게 땅이름을 묻고 있는 필자

노곡2리 노거수

노곡2리 백운대 물곳에 소나무

마을 앞산 기슭에 있는데 온갖 풍상을 겪었는지 가지 마다 고불고불 굽어 있다. 마을 동제신으로 모시면서 음력 정월 보름날 동제를 지내고 있다.

- ■나무이름 : 소나무 한 그루
- ■나무나이 : 200년
- ■둘레 : 243cm
- ■첫가지높이 : 80 cm
- ■나무높이 : 10m
- ■목적 : 동제목
- ■나무상태 : 양호

노곡2리 백운대 텃서리 말채나무

이 마을 동제목으로 모시는 나무인데 본둥치는 죽고 그아래서 자란 나무가 뒤엉켜 있다. 전설에 의하면 옛날 어느 장수가 말을 타고 가면서 채칙질하고 가던 나무를 꽂아 놓고 간 것이 살아나서 지금까지 자라고 있다고 한다.

- ■나무이름 : 말채나무 한그루
- ■나무나이 : 200년
- ■둘레 : 330cm

- 첫가지높이 : 밑둥치
- 나무높이 : 9m
- 목적 : 동제목
- 나무상태 : 양호

노곡2리 오가리 소나무 숲

지금은 이곳에 한집이 살고 있는데 옛날 여러 집이 살 때는 동제를 정월 보름날 새벽에 지냈는데 사람들이 다 떠나간 뒤에는 동제도 안 지내고 그냥 옛날 지낸 흔적도 희미하게 남아 있다. 소나무는 아홉 그루가 정답게 숲을 이루고 있다.

■나무이름 : 소나무숲 아홉 그루

■나무나이 : 200년

■둘레 : 320cm

■첫가지높이 : 120cm

■나무높이 : 8m

■목적 : 동제목

■나무상태 : 양호

노곡2리 오가리 소나무

10여 년 전만 해도 묘 주인이 묘 벌초도 하고 했으나 어느 순간 묘가 묵기 시작해서
큰 소나무만 두 그루 푸르게 서 있다.

■나무이름 : 소나무 두그루

■나무나이 : 150년

■둘레 : 210cm

■첫가지높이 : 6m

■나무높이 : 11 m

■목적 : 묘 도래솔

■나무상태 : 양호

노곡2리 별내 느티나무

마을앞 도로 변에 있는 나무인데 나무 생육 상태가 좋지 않다. 그러나 생긴 모양은
부채살같이 좋다.

- 나무이름 : 느티나무 한 그루
- 나무나이 : 150년
- 둘레 : 190cm
- 첫가지높이 : 170cm
- 나무높이 : 20m
- 목적 : 동제목(보호수)
- 나무상태 : 양호

<명계리 약도>

노곡리
우회도로
명계 1리
홈실
외동읍
굴성
중말
명계리
바탕골
명계 3리
시루골
울산광역시
울주군 두동면
명계 2리
새들

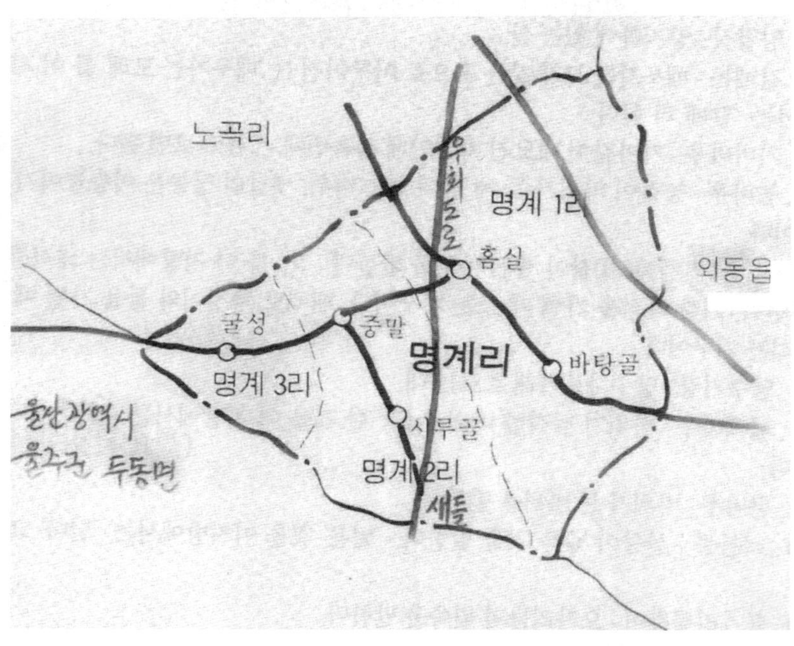

07

명계리
(榆溪里)

옛날에 북명사라는 절이 있었는데 그 절이 있었던 자리에 돌홈이 있었다 한다. 돌홈을 놓아서 절에서 물을 먹으려고 했는지 절 소유의 논에 물을 대려 했는지 알 수 없으나 근래까지만 해도 그 자리에 돌홈이 놓인 것을 보았다는 사람이 많았다. 그래서 이 돌홈의 홈명(榆)자와 이 마을에 있는 계곡이 매우 좁아서 마치 홈과 같다 하여 시내 계(溪)자를 써서 명계(榆溪)라고 하였다. 행정구역 개편 때 홈실과 바탕골을 명계1리, 중말, 시루골, 새들을 명계2리, 굴성을 명계3리라 하였다.

명계1리
홈실,바탕골

홈실

북명사라는 절에 돌홈을 놓았다 해서 홈실이라 했고, 또한 양쪽 계곡이 좁아서 홈같이 생겨서 물이 흐른다 하여 홈실이라 한다고 전한다. 절에서 필요해서 돌 홈을 놓았는데 절에도 물을 사용하고 절소유 논에도 물을 대었는지도 모른다. 전에는 나주 정씨(丁)들이 많이 살았다.

명계1리 홈실 전경

명계1리 홈실 북명사터

명계1리 홈실 북명사터 옛 홈을 걸었던 곳

홈실

돌홈 걸어 물대는 마을이라 홈실이라네
북명사 절터에 탑자리 남아 있고
절에서 물 사용하려고 돌홈 만들어 걸었던 곳 있었다네
절에서 물을 사용하려 했는지
절소유 논에 물을 이용하려 했는지
알 수 없지만 근래까지만 해도 돌홈이 있었는데
사라호 태풍에 떠내려 보낸것 어쩔 수 없고
홈따라 마을 이름만 전해져 오네
배씨가 초관 벼슬한 배초관
신라시대 고분이 있는 고름진이
홈걸었던 절이 있고 탑있던 탑걸이
오줌누어 파였다는 오줌바우
벼락 맞은 벼락바우
푹파인 호박새
곡식되는 말(斗) 같이 생긴 말바우
부처있는 부처디미
홈걸었던 마을이라
골짜기 들이름도 모두 홈같은 것이 많은데
지금은 마을앞 도로 낸다고 가로막아 답답함에
꿈틀거리며 날아오는 비룡산이 놀라며는
맷돌산 부처듬이 부처님 미운듯 보이지만
늠름한 모습

늦가을 황혼빛에 곱게 물든 당수나무
더욱 빛을 내내

| 동제 |

나무 : 느티나무 한 그루 수령 200년 정도. 포구 나무 한 그루. 수령 200년 정도.
제일 : 정월 대보름날 새벽(음력 1월 15일).
제관 : 두 사람이 지냄.
제물 : 동네 유지금과 돈을 거두워서 장만함.

명계1리 홈실 당수나무(느티나무, 포구나무)

| 토박이 땅이름 |

사장골 : 쌀 창고 같이 생긴 골짜기.
비룡산 : 나는 용같이 생긴 산.
후등산 : 마을 뒤에 있는 산.
탑걸이 : 탑이 있던 자리. 즉 탑이 걸려 있던 곳이라 한다. 지금도 주위에 탑 돌이 많이 있다. 전하는 바에 의하면 옛 북명사라는 절이 있었는데 그 절의 탑이라 한다.
덕고개 : 홈실에서 백운대로 넘어 가는 고개로, 고갯마루에 당이 있어서 일명 당고개라고도 함. 이 고개는 임진왜란 당시 명나라장수 이여송이 혈을 끊었다고 전한다. 그리고 이 고개를 넘을 때 돌을 세 번 던지고 침을 세 번 뱉는데 그것은 이 고개를 넘을 때 마다 장가 못간 총각 귀신인 몽달귀신이 매일 나타나서 괴롭혔다고 한다. 그래서 몽달귀신은 제사와 무덤이 없기 때문에 돌 세 번 던진 것은 무덤이고 침 세 번 뱉는 것은 제물인데 술잔을 세 번 붓는다는 뜻이라고 한다. 그 후 부터는 고개를

넘는 사람을 헤치지 않아서 무사히 넘을 수 있었다 한다.

대룡태 : 크게 깊은 골짜기를 말함. 대룡을 부르기 쉬운 발음에 의해 태룡이라 하는데 큰 용 같이 생긴 곳이라 한다. 그리고 신라시대 대룡사라는 절이 있어서 대룡골이라 하던 것을 대룡골로 부르게 되었다.

대룡태큰골 : 대룡태 골짜기 중 큰 골짜기.

대룡태작은골 : 대룡태 골짜기 중 작은 골짜기.

덕곡들 : 덕고개 밑에 있는 들.

골애들 : 언제나 논에 물이 고여 있는 들. '고논'을 이 지방에서는 '골애'라 한다.

건너들 : 마을에서 보면 건너쪽에 있는 들.

탑안도가리 : 북명사라는 절에 탑이 있었는데 그 안쪽에 있는 논. 도가리. '도가리'는 '동가리'라는 뜻인데 '논배'와 같은 뜻이다.

안미역골 : 미역골쪽에 있는 골짜기로 안쪽에 있는 골짜기.

마석산 : 맷돌 같이 생긴 바위가 있는 산이라 함. 높이가 451m.

아 업은 바우 : 어린애를 업은 듯한 바위.

가장골 : 사람이 죽었을 때 임시로 묻어 두던 곳.

사랑산 : 사당이 있던 뒷산을 말하는데 사당이 어찌 잘못 발음이 되어서 사랑이 되었음. 이 마을 앞에 있기 때문에 마을을 사랑한다는 산이라고도 한다.

질고개 : 홈실서 명계2리 중말, 시루골로 가는 고개로서 길고 흙이 질다는 고개.

암밭들 : 바위가 많은 들. 마을 앞에 있는 들인데 '앞밭들'이 '암밭들'로 부르게 된 것이다.

밭답 : 물이 없으면 밭이 되고 물이 있으면 논이 되는 논. 옛날 밭을 논으로 만든 논.

새들 : 새로 만든 들.

뒷들 : 마을 뒤쪽에 있는 들.

물풍디미 : 폭포에서 떨어지는 물이 풍덩 거린다고 해서 부름.

연당골 : 작은 연못이 있는 곳. 연못을 이곳에서는 연당이라고 함.

복구산 : 거북이 같이 생긴 산으로 거북이가 복되게 산다는 산.

굴바위골 : 바위에 굴이 있는 골짜기.

무제골 : 물을 지는 지게(무지게)같이 생긴 골짜기로 무제를 지낸곳이라 한다. 무제란 기우제를 말한다.

제단 : 명계리 못둑을 말함.

섶갓 : 울섶을 한 듯이 우거지게한 산.

쇳골 : 쇠가 나왔다는 골짜기.

말방구 : 곡식을 되는 네모진 말(斗) 같이 생긴 바위.

탑안 : 북명사라는 절터에 탑이 있었는데 그 안쪽에 있는 마을.

마리봉산 : 이 마을에서 보면 바로 보인다는 산, 홈실과 바탕골 사이에 있는 산.

무지등 : 옛날 가물 때 기우제를 지내던 산. 기우제를 이 지방에서는 물의 제사라고 무제 또는 '무지'라고 한다.

오봉산 : 산 봉우리가 다섯인 산.

물박거리 : 물레방아가 돌아가면서 물을 받던 곳. 물레방아가 있던 곳.

넙떡방구 : 넙적한 바위.

배초관 : 배씨가 살면서 초관 벼슬을 했다 함. 초관 벼슬은 조선 때, 각 군영에 딸리어 한 초를 거느리던 종구품의 무관을 말한다.

탑거리 : 탑이 있는 거리란 뜻, 옛 북명사터에 탑이 있던 곳의 거리.

고름진이 : 신라시대 석실분이 있는 곳. 옛 고분을 '고래장'이라 한데서 '고래진이' 고름진 '으로 변한 것이다. 어느때 인가 도굴이 되어 사람이 들어갈 수 있다. 횡열식 석실분으로 사방 돌을 쌓아 올라가서 복판에는 넓고 굵은 돌을 얹어 놓은 것이다. 지금도 사람이 들어가서 볼수 있다.

장고개 : 장군바위가 있는 고개란 뜻.

큰고개 : 큰 마을 뒤에 있는 고개.

장군바우 : 옛날에 장군이 오줌을 누어서 파인 바위라 한다. 그런데 명계못을 막으면서 없앴다함

오줌바우 : 오줌을 누어서 파인 것 같이 보이는 바위.

벼락바우 : 벼락을 맞은 바위.

잿거랑 : 대롱태 재쪽에서 흘러 오는 내.

물방간 : 옛날 물레방아가 있던 곳

큰보 : 큰들에 물대는 보

중보 : 중간에 있는 들에 물대는 보

부처짐이 : 백운대 마애불이 있는 곳인데 부처가 진을 치고 있다는 곳, 또는 부처가 짐을 지고 있다는 듯이 보인다는 곳.

잼밭번디기 : 덕고개 아래 있는 버덩이다. 넓고 편편한 버덩을 이 지방에서는 번디기라 한다.

아래보 : 아래있는 들에 물대는 보.

덕곡굴이 : 덕고개 아래 있는 수렁인데 수렁을 이 곳에서는 시불구시 하는 데서

백운대 마애불

덕고개 시불구시를 보고 덕곡 굴이라 하는 것이다.

아래각단 : 이 마을의 아래쪽에 있는 작은 마을. 큰 마을 안에 있는 작은 마을을 각단이라 한다.

윗각단 : 이 마을 위쪽에 있는 작은 마을.

삼태방구 : 바위 세 개가 터를 잡고 있는 곳. 바위 하나는 도로 내면서 없애 버리고 하나는 곡식 되는 네모난 말 같이 생긴 바위라 한다. 이 바위가 고인돌이다.

호박새 : 홈같이 생긴 내. 바탕골서 흘러오는 내를 말한다.

앞거랑 : 마을 앞을 흐르는 내

사랑메 : 옛날에 사당이 있던 뒤의 산이라 한다. ‘사당’ 이 ‘사랑’ 으로 부르게 된 것이다.

섬안 : 섬 같이 생긴 곳의 안쪽.

섬밖 : 섬 같이 생긴 곳의 바깥쪽.

큰들 : 이 마을에서 제일 큰들.

대롱태재 : 홈실서 대롱태로 넘어가는 고개.

말바우골 : 곡식을 되는 네모난 말 같이 생긴 바위가 있는 골.

말바우도가리 : 곡식을 되는 네모난 말(斗)같이 생긴 바위가 있는 논 말(斗) 바우는 고인돌이다.

중봇들 : 들 중간에 봇물을 대는 들

아랫들 : 이 마을 아래 있는 들

바탕골

깊고 깊은 산골짜기 길기도 하여라
수십번 물을 건너 찾아간 곳
이곳에도 사람 사는 가 했는데
옛사람들 이곳 지나면서 지게지고 짐실은 소 몰고
쉬어가던 곳
쇠짐지고 가던 지게 받히고
쇳덩이 실은 소 세우고
쇠붙이 다루며
솥만들고,낫,괭이,도끼만들어 쓰던 곳
이름 하여 바탕골이라 하네
쇠다루던 곳 쇳물 내려가면 황어가 안 올라온다는
산골이라 버림 받고
업신 여긴 곳이
산골짜기 못막아
새도로 생기니
차가 너무 너무 많아 단지 겁이 난다는 곳이 되었네
쇳골에 쇠나오고
점골에 쇠다루고
삼불골에 세불상 보이지 않아도 셋 절터가 있었는지 흔적 있고
대문달 고개 높기도 하여라
저 재 넘어가는 날 이 마을에 해가 지겠다
그레도 가야 할 길 가야 한다
다리미재는 잘도 넘어가네

죽어갈듯 버티던 당수나무 부러져 다시 살아 새싹 돋아
왕기 되찾은 마을

바탕골

이 마을에 약물탕이 있다 해서 바탕골로 부르게 되었다고 하고, 이곳에서 쇠가 많이 나왔는데 그 쇠로 솥을 만들었다는 데서 바탕골이라 부른다고 한다. 울산서, 경주 박달, 청도 등지로 쇠를 가지고 가면서 쉬던 단단한 바닥이란 뜻이다. 쇠는 갑자기 다루면 안되고 서서히 다루어야 되기 때문에 철광산에서 나온 철광석을 오랜 시간 가지고 가서 다루었다 한다. 그리고 쇠를 다루는 곳에는 황어가 안 올라왔다고 하는데 그 근처에 황어가 안 올라왔다 한다.

명계1리 바탕골 전경

| 동제 |

나무 : 느티나무에 지냄(수령 200여 년) 고목 느티나무가 어느 때인가 태풍에 중간쯤 부러져서 죽을 줄 알고, 옆에 느티나무를 한 그루 심었는데 부러진 고목에서 싹이 터 무성하게 자라고 새로 심은 나무도 무성하게 자라고 있다. 주변에는 참나무 한 그루, 느릅나무 세 그루 고목느티나무 한 그루, 어린

명계1리 바탕골 당수나무(느티나무)

나무 한 그루
제일 : 정월 대보름날(음 1월 15일).
제관 : 동민들이 순서대로 지냄.
제물 : 동제자금으로 장만.

| 토박이 땅이름 |

앞산 : 마을 앞에 있는 산.
큰산 : 이 마을에서 제일 큰산.
쇠들산 : 쇠가 난 들에 있는 산.
쥐골산 : 쥐꼬리 같이 생긴 산.
쇠밭골 : 쇠가 난 골짜기.
돌비걸이 : 돌이 걸린 곳. 즉 돌이 많이 굴러서 걸리는 곳
점골 : 솥을 만드는 곳. 혹은 옹기를 굽던 곳과 쇠를 다루던 곳을 말한다.
제공답 : 제실(사)에 딸린 논.
건너들 : 마을의 건너쪽에 있는 들.
북쪽들 : 마을 북쪽에 있는 들.
동쪽들 : 마을 동쪽에 있는 들.
쇠골들 : 쇠가 난 골짜기에 있는 들.
앞내 : 마을 앞에 흐르는 내.
큰내 : 이 마을에서 제일 큰내.
대문달고개 : 바탕골에서 울산광역시 울주군으로 넘어가는 고개로서 대문 달 만큼 좁은 고개라는 뜻.
옷반디미 : 물이 옥같이 맑게 새어 나와 더미를 이룬다는 곳
용시디미 : 용이 승천해 갔다는 물 웅덩이로 매우 깊은 곳이다.
치술령 : 박제상의 부인의 전설이 있는 곳. 박제상이 일본에 불모로 잡혀 갔을 때 오래도록 돌아오지 않는 남편을 기다려 이 산 위에 올라 행여 돌아 올려나 하고 기다리다가 망부석이 되었다는 산(765m).
샛골 : 이 마을의 동쪽에 있는 골짜기.
삼불골 : 세 불상이 있던 곳이라 함. 또는 세절이 있는 곳이라고도 한다.
말봉 : 말 같이 생긴 봉우리라 한다. 또는 마을 앞에 바로 보인다는 산.
둔너머 : 둔덕 너머 있는 들.
쇳골 : 옛날 쇠를 다루던 곳이라 한다.
건넘들 : 마을 건너 있는 들.
다리미재 : 바탕골서 외동읍 재내와 함밭으로 넘어 가는 고개인데 달님을 보고 넘어 간다는 고개란 뜻인데 달님이 다라미로 된듯하다. 바탕골서 재내로 갈때는 동쪽에

달뜨는 것을 보고 간다는 뜻이다.

사암불(寺巖弗) : 절에 불상을 모시던 곳이라 한다.

맷돌산 : 맷돌 같이 생긴 바위가 있는 산.

돌냇거리 : 돌이 많이 있는 거리.

당수나무거리 : 이 마을 동제를 지내는 당나무가 있는 곳

쇠붙이 : 옛날 쇠를 다루던 곳의 밭

시무나무 : 스무나무를 이 지방에서는 시무나무라 한다. 시무나무가 있는 곳 이라한다. 스무나무는 가시가 달려 있는데 잎은 어릴 때 먹고 나무는 땔감, 기구로도 쓴다. 이 마을 경로당 지으면서(2005년) 없애 버렸다 한다.

나부산 : 나비 같이 펼쳐진 산, 나비를 이 지방에서는 '나부' 라고 한다.

새밭골 : 억새풀이 많은 골 '억새'를 이 지방에서는 '새' 라고 한다.

감산 : 옛날 감나무가 있어 감이 많이 열리던 산이라 한다.

동산 : 이 마을 소유의 산.

소맷골 : 옛날 소를 많이 매어 놓던 곳.

솔미기 : 소나무가 있는 목, 입구라고 한다.

맥돌산 : 산마루에 맷돌 같이 생긴 바위가 있는 산.

듬밭골 : 다른 지대 보다 높은 곳에 있는 밭.

바리봉 : 이 마을에서 바로 보이는 산.

딱밭골 : 닥나무가 많이 있는 골, '닥나무' 를 이 지방에서는 '딱나무' 라 한다.

절골 : 옛날 절이 있었던 골.

큰산골짜기 : 이 근처에서 제일 큰 골짜기.

새들고개 : 바탕골서 새들로 넘어가는 고개.

마석산 : 이 산마루에 맷돌 같이 생긴 바위가 있는 산인데 한자로 표기할 때 맷돌마(磨)자와 돌석(石)자를 써서 마석산(磨石山)이라 한다.

옷바람바 : 물이 옥같이 맑게 새어 나오는 곳.

옷반듬뱅이 : 물이 옥같이 새어 나오는 바닥으로 덤벙을 이루는 곳.

명계1리 노거수

명계1리 홈실 느티나무, 서나무

명계리 홈실마을 뒤쪽 언덕 위에 느티나무 한 그루와 서나무 한 그루가 정답게 있는데 특히 가을 단풍이 일품이다. 음력 정월 보름날 동제를 지내고 있다.

- 나무이름 : 느티나무 한 그루, 서나무 한 그루
- 나무나이 : 300년
- 둘레 : 330cm
- 첫가지높이 : 160cm
- 나무높이 : 9m
- 목적 : 동제목
- 나무상태 : 양호

명계리 바탕골 느티나무

나무가 중간에 부러진 아래쪽에서 싹이 나와 자라지만 다른 나무들 사이에 있어서 동제목이 제구실을 못하는 것 같아 안타까울 따름이다. 동제목으로 모시던 나무가 부러져서 고사할 줄 알고 옆에 후계목으로 느티나무를 심었는 데 부러진나무에 새싹이 나와 무성하게 자랄 뿐아니라 새로 심은 나무도 무성히 자라고 있다.

- 나무이름 : 느티나무(동제목) 두 그루, 느릅나무 세 그루, 참나무 한 그루
- 수령 : 200년
- 높이 : 60m

명계2리
중말,시루골,새들

중말

명계(홈실)의 주변 마을에서 제일 중간에 있는 마을이다. 월성 박씨들이 많이 살고 있다.

명계2리 중말 전경

| 동제 |

나무 : 호피나무(홰나무) 한 그루(주변에 돌배나무가 한 그루 있다).
제일 : 정월 대보름날 새벽.
제관 : 선정해서.
제물 : 동제답 291평을 지으면서 장만.

명계2리 중말 당수나무(홰나무)

중말

이 근처 마을에서는 제일 중간에 있는 마을이라 증말이라 한다네
위로는 홈실, 아래로는 굴성
골짜기 들어가면 시루골,새들
내건너 언덕위에 홰나무 어젖도 하지
동제 지내 마을 지켜주고
인개들에 인제 많이 묻힌 곳은
둥굴 안동권씨 무덤 많고
황소 고개 흙이 붉기도 하네
질고개 고개 길기도 하고
사랑메 사당 있던 곳
꽃밭등 봄날 참꽃 많이 핀 곳
삼밭 도가리 삼재배하여 삼베옷 만들고
왕골 도가리 왕골재배 하여 왕골 자리 만들고 하던 곳이
지금은 옛날 이야기가 되어
삼,왕골이 무엇인지 조차 모른다네

가는곳마다 길낸다고 야단이고
공장 들어 선다고 터 닦고
좋은 산수
자꾸 자꾸 사라짐에
아쉬움만 가네
그래서 옛날이 더 좋다는 사람들
고향 지키고 떠나갈 줄 모르네

비룡산 : 나는 용같이 생긴 산.

황소골 : 흙이 황토색이라 황토하던 것이 황소로 불리게 된 것이다.

사랑산 : 사당이 있는 뒷산.

인개들 : 둥굴의 안동 권씨의 묘가 있는 곳으로 인재들이 발음 변화에 의해 인개들이라 함.

못골짝 : 못이 있는 골짜기.

질고개 : 명계2리에서 명계1리(흠실?바탕골)로 넘어가는 고개로 길고 흙이 질다는 고개.

꽃밭등 : 꽃이 많이 피는 등. 특히 봄에 참꽃(진달래)이 많이 피는 산등.

오롱골 : 다섯 곳의 깊은 골.

중보 : 이 마을의 중간에 있는 보.

골에 : 논에 물이 언제나 고여 있는 논.

사랑메 : 사당이 있던 곳의 산.

못밑들 : 못 밑에 있는 들.

등알 : 등 아래 있는 들.

밭답 : 밭도 되고 논도 되는 논이다. 또는 밭을 논을 만든 것이다.

딱밭보 : 닥나무 밭 밑에 있는 보.

명계2리 주민에게 땅이름을 묻는 필자(87년)

양달각단 : 양달쪽에 있는 마을.

음달각단 : 음달쪽에 있는 마을.

새들 : 새로 만든 들에 새로 생긴 마을.

어시렁들 : 산 아래 있는 들로 그늘이 빨리 내려와 어두워 지면 어슴푸레 하다는 들.

서당뒤 : 서당이 있는 뒷산을 말한다.

사랑메보 : 사랑메밑에 있는 보

황새고개 : 중말서 백운대로 넘어가는 고개인데, 황새가 많이 날아 왔다고 한다.

새들보 : 새로 만들어진 들에 있는 보

돛골 : 돼지 같이 생긴 산의 골짜기.

마도랑 : 말에게 물을 먹이던 도랑 또는 남쪽을 흐르는 도랑.

삼밭도가리 : 옛날에 삼(대마)을 재배하던 논.

왕글도가리 : 왕골을 재배하던 논 '왕골' 을 이 지방에서는 '왕글' 이라 한다.

배초관 : 배씨성을 가진 사람이 종9품인 초관 벼슬을 지내면서 살던 곳. 초관이란 조선시대 각 군의 영에 딸린 한초를 거느린 무관 벼슬이다.

당수골 : 이 마을 당나무가 있는 곳.

황소고개 : 중말서 백운대로 넘어가는 고개, 황토 흙으로 이루어진 고개 황토가 황소로 부르게 된 것이다.

시루골

떡시루를 업어 놓은 것 같이 생긴 산인 시루봉이라는 산 아래 있어서 시루골이라고
도 하고, 이곳 산골짜기에 옛날에 싸리가 많이 나는 곳이라 하여 싸리골이 발음이
변함에 따라 시루골이 되었다는 말도 있다, 또는 이 산아래 시루 같은 것을 걸고 삼
을 많이 익힌데서 시루골 이었던 것이 옆산이 둥글게 떡시루를 업어 놓은 것 같이
보인다고 여기는 것이다. 또 한 가지는 이곳에 큰 절이 있었는데 스님이 죽었을 때
사리를 모신 곳이 있어서 사리골이 시루골로 부르게 되었다고도 한다. 은진 송씨들
이 많이 살고 있다.

명계2리 시루골 전경

명계2리 시루골 시루봉

시루골

큰시루 같은 솥 걸어 놓고
삼 익힌 뒤의 둥근 시루같이 생긴
산봉우리 밑의 마을이라
그래서 떡 시루를 업어 놓은듯한 시루봉이 있는 마을
콩시루밑에 받치는 채다리같이 생긴 체다리골
떡찌는 채반같다는 채반골
해거름이 어슬렁 어슬렁 빨라진다는 어시렁들
홈 달아 물대는 홈달이
내건너 산 아래 오래된 화나무에 동제 지낸 마을
지금은 동제목이 잡목속에 우거진채 있네
옛 땅 이름 물어봐도 모두가 몰라
찾아간 집이 오래된 대추나무 마당가에 있는 집
주인 양반 어릴때도 그 크기라니 오래고 오랜나무네
밤나무 대추나무 오래 된 것이 없는데
신기하고 신기하구나
대추나무 병들어 씨말라나 했는데
이 마을에 오랜나무 있어
반갑고 반갑네
왼쪽이라 왠피골
국자같이 생긴 국작골
참나무 진보
모두가 이 마을 특유한 땅이름들이네
산 좋아 고요한곳
산골의 특이한 멋이네

| 동제 |

나무 : 홰나무 한 그루 수령 300여 년.
제일 : 정월 대보름날 새벽(음 1월 15일) 지금은 안 지냄.

명계2리 시루골 당수나무(홰나무)

| 토박이 땅이름 |

시루봉 : 떡시루를 업어 놓은 듯이 생긴 산봉우리.
대곡 : 주변에서 제일 큰 골짜기.
참나무징이 : 참나무가 많이 있는 산.
딱밭보 : 닥나무 밭이 있는 보
시루골도랑 : 시루골 마을 앞을 흐르는 내.
두루봉 : 두리번하게 생긴 산 봉우리.
우물딩이 : 우물이 있는 곳
돛곳 : 돼지같이 생긴 골.
사랑메 : 사당이 있는 곳으로 사당메가 사랑메로 부르게 된 것이다.
큰골 : 골짜기가 크다는 곳.
두리봉 : 두리번하게 둥근 산봉우리.
큰미땅 : 윗대의 묘로서 크다는 뜻의 묘. ‘묘가 있는 땅’을 이 지방에서는 ‘미땅이라 한다.
작은미땅 : 큰미땅 아래 있는 묘

운굴딩이 : 우물이 있는 산등 ‘우물’을 이 지방에서는 ‘운굴’이라한다. ‘등’을 보고 이 지방에서는 ‘딩이’라고 한다.

징곡못 : 시루골 참나무징에 있는 못인데 한자로 표기 할 때 징곡지라고 한다.

홈달이 : 홈을 달아 물대는 논이 있는 곳.

앞산 : 이 마을의 앞에 있는 산.

뒷산 : 이 마을의 뒤에 있는 산.

작은골 : 큰골에 비해 작은 골짜기.

채반골 : 떡같은 것을 익힐 때 솥의 바닥에 까는 기구의 하나인 채반같이 생긴 골짜기.

소정산 : 경주시 구정동의 소정에 사는 월성 이씨들의 산.

뒷들 : 이 마을의 뒤쪽에 있는 들.

왠피골 : 큰골의 왼쪽에 있는 골짜기. ‘왼쪽’을 ‘왼편’이라 하고 ‘왼편’을 ‘왠편’하던 것이 ‘왠피골’로 부르게 된 것이다.

어시렁들 : 그늘이 빨리 내려와서 어스름한 달밤 같다는 들, 떡시루를 업어 놓은 시루봉 아래 있는 들로서 그늘이 빨리 내려와서 어스름한 달밤 같다는 들인데 ‘으스름’을 이 지방에서는 ‘어시렁’이라한다.

채다리골 : 콩나물 시루밑에 받치는 채다리 같이 생긴 골짜기.

질매재 : 소질매 같이 생긴 고개, ‘길마’를 보고 이 지방에서는 ‘질매’라 한다.

운굴등 : 우물이 있는 산의 등.

남산갓 : 경주시 남산동에 사는 사람 소유의 산.

국작골 : 국자같이 생긴 골짜기 ‘국자’를 국작으로 부르게 된 것이다.

새미보 : 샘이 있는 곳에 막은 보.

참나무진보 : 참나무가 많은 곳에 막은 보.

진대등 : 산등이 크고 긴등.

명계2리 시루골에서 주민 박해령씨에게 땅이름을 묻고 있다(87년).

새들

새로 만들어진 골짜기들에 이루어진 마을.

명계2리 새들 전경

| 동제 |

나무 : 소나무(300여 년) 지금
은 없음. 태풍에 넘어
져 죽어다 함.

제일 : 음력 정월 보름

제물 : 동 자금으로 지냄(지금
은 안 지냄), 소나무 둘
레가 5m정도 되었는데
40여 년전 태풍에 넘
어지고 안 지냈다 함.

명계2리 새들 당수나무 터

새들

중말서 시루골 돌고 돌아 찾아간 곳
새로 만든 들에 이루어진 마을
본 토박이 어디간지 보이지 않고
만난 사람 토박이 백발 할머니
찾은 나그네 반가이 맞아주네
이것이 토박이 인심인가보다
이 골짜기에 누가 사람 산다 했는가
좁은 골짜기 농토도 적은데
그래도 옛날에 몇집 살면서도 소나무를 동제 신으로 모시고
지내 왔다지만 지금은 사라진지 오래고
산의 맥끝이라 맥락골이라 하고
마을앞 산봉우리라 말봉이라
꽐꽐 소리 많은 꽐꽐이에
옛정은 묻어 나겠지
그래도 살던 곳 떠나기 싫어
사는 사람들에게
토박이 정신이 살아나네

큰골 : 이 마을에서 제일 큰 골짜기.
작은골 : 큰골에 비해 작은골.
삼밭골 : 옛날에 삼(대마)을 재배하던 밭이 있던 골.
맹막골 : 산의 맨 끝에 있는 골짜기. '맨끝' 이 '맹막' 으로 쉽게 부르게 된 것이다.
꽐꽐이 : 꽐꽐 소리가 난다는 곳.
말봉 : 마을앞에서 바로 보이는 산봉우리.
못안골 : 못의 안쪽에 있는 골짜기.
큰골거랑 : 큰 골에서 흘러오는 내.
국작골 : 국자같이 생긴 골짜기. '국자' 가 '국작' 으로 불리게 된 것이다.
국작골거랑 : 국작골에서 흘러내리는 내.
오롱골 : 오목하게 들어간 골짜기.
큰고개 : 새들서 바탕골로 넘어가는 고개로 다른 고개에 비해 사람들이 많이 다니는 큰고개란 뜻이다.
보문미 : 보문 사람의 묘.
보문위토답 : 보문 사람묘에 딸린논으로 옛날에는 벌초와 묘제지낼 재수를 장만해 주면서 부치는 논.
죽동미 : 외동읍 죽동사는 장씨의 묘.
죽동미위토답 : 죽동사는 장씨의 묘에 딸린 논.

명계2리 노거수

명계2리 시루골 대추나무

수령 150여 년된 대추나무인데 송태열씨의 사랑채 모퉁이에 있는데 집주인이 80이 넘었는 데 어릴 때도 그만했다니 150여 년 이상이 되었다고 할 수 있다. 그리고 본래는 밭뚝이었는 데 밭은 이 집에서 사서 집에 포함시키고 대추나무는 그대로 가꾸어 왔다. 1970~80년대 대추나무 빗자루 병에 다 죽어도 이 나무는 안 죽고 지금도 대추가 많이 달리고 있다.

- ■ 나무이름 : 대추나무
- ■ 나이 : 200년
- ■ 높이 : 4m
- ■ 둘레 : 120Cm
- ■ 첫가지높이 : 220Cm(베어버리기 전 120cm)
- ■ 목적 : 유실수

명계2리 시루골 화나무(회화나무)

아직 수세는 왕성하나마 동제를 안 지낸지 오래 되어서인지 찔레나무와 다른 덩굴에 뒤엉켜있어서 주변정비를 하면 좋을 듯하다.

- ■ 나무이름 : 화나무
- ■ 나무나이 : 200년
- ■ 높이 : 15m

■ 둘레 : 3m
■ 첫가지높이 : 80Cm
■ 목적 : 동제목

명계2리 중말 회나무(회화나무)

마을 앞 언덕 위에 회나무가 마치 버섯같이 아름답게 푸르고도 싱싱하게 살아나고 있다. 주위에 돌배나무가 한 그루 있다.

■ 나무이름 : 회화나무(홰나무) 한 그루, 돌배나무 한 그루
■ 나무나이 : 300년
■ 둘레 : 278cm
■ 첫가지높이 : 150cm
■ 나무높이 : 15m
■ 목적 : 동제목
■ 나무상태 : 양호

명계3리(굴성)

굴성

이 마을을 둘러싸고 있는 산이 성과 같고, 굴과 같이 깊은 곳이라 하여 굴성이라 하고, 또는 굴성사라는 절이 있었다 하여 굴성이라 한다고 전한다. 그리고 이곳에 성이 있었다고 한다. 그런데 근래 이 마을에서 절터가 발견되기도 하였고 성 같은 둔덕(언덕)도 있다고 한다. 이 마을에서 쇠를 많이 이루었는데 쇠를 굽기 위해 굴을 만들고 불을 많이 다루었다고 해서 불굴이 굴성이 되었다 한다. 이 마을 듬밭골에 가면 쇠를 다루던 터가 많이 남아 있다. 진양 강씨들이 많이 살고 있다.

명계3리 굴성 전경

쇠를 많이 다룬 듬밭골

굴성

마을을 둘러 싸고 있는 산이 성과 같고
골짜기가 굴과 같다고도 하고
굴성사라는 절이 있었다고도 하는데
쇠 다룬 곳이 많이 있는데
굴을 성같이 쌓고 불을 때었던 곳으로
굴마다 성같고 쇠 다루던 곳이 곳곳에 있네

성같이 둘러 선 등성이에
굴같이 깊은 골짜기에
굴을 파고
성을 쌓듯 만들어
쇠 다루던 곳
판자가 되듯이 큰나무가 서 있던 판돌백이
듬밭골 쇠 다루던 곳 많이 있고
황주골 붉은 흙 보기도 좋고
삼밭골 삼 많은 것 어디간지 이름만 남아 있고
범밭골에 범많이 나타난 곳 많이들 무서워 했겠지
지금은 잡초지만 옛날에는 피도 곡식인 것을 피밥 먹어 보면 맛도 있지
오방굴 사방굴 다 어떤곳인지
비룡산 끝트머리 물 휘감아 나가고
새각단 이루던 곳

포구나무 외로이 길가에 있더니
길복판에 자리 잡고
말채 나무 동제신 모시는 마을
말타고 가는 손님 반기는 곳
화합속에 인정이 넘쳐나네

| 동제 |

나무 : 말채나무 한 그루(보호수). 말채나무가 두 가지가 올라가다가 한쪽가지가 부러져서 곁에 느티나무를 한그루 심어 놓았다.
제일 : 정월 대보름날(음 1월 15일)
제관 : 한사람이 지내다가 요즘은 뜻이 있는 동민들이 와서 지냄.
제물 : 돈을 거두어서 장만함.

명계3리 굴성 당수나무(말채나무)

| 토박이 땅이름 |

비룡산 : 나는 용같이 생긴 산
큰골 : 주위의 작은 골짜기에 비해 큰골.
굴성들 : 굴성 마을 앞에 있는 들
못밑들 : 못 밑에 있는 들
황주골 : 흙이 붉고 누런 골
듬밭골 : 다른지대보다 높은 곳에 밭이 있는 골
큰듬밭골 : 듬밭골 중에서 큰 골.
작은듬밭골 : 듬밭골 중에서 작은 곳에 있는 골.
앞산비알 : 굴성 마을 앞산 비탈.
집앞논 : 집 앞에 있는 논.
굼보 : 다른 지대보다 낮은 곳에 있는 보. 다른 지대보다 낮은 곳을 굼깊다고 한다.
삼밭골 : 옛날에 삼이 잘되어 삼을 많이 재배한 밭이 있는 곳.

삼밭골산 : 삼밭골에 있는 산.

큰동네 : 굴성 마을에서 제일 큰 동네.

사방굴 : 사방이 확 트인곳.

오방굴 : 다섯 곳이 트인 곳. 또는 다섯집이 살던 곳.

절골 : 옛날 굴성사 터가 있는 골.

당고개 : 돌무더기 당이 있는 고개.

돛골 : 돼지같이 생긴 골짜기로 산돼지
가 많이 나타난 골짜기.

봇도랑 : 보의 물이 흐르는 도랑.

작은골 : 큰골에 비해 작은 골.

새각단 : 새로생긴 작은 마을.

중봇들 : 마을 중간에 보의 물에 대는 들.

중보 : 마을 중간에 막은 보

주민 이상구씨에게 땅이름을 묻고 있다

소수골 : 골짜기가 작아 물이 작게 흐르는 골짜기인데 전설에 의하면 옛날에 이곳에 살던 사람이 벼슬을 하였는데 귀신에 홀리어 큰 재난을 당하였다고 한다. 그래서 소소한일에 당한골이라는 뜻이다. 그래서 소소골이 소수골로 바뀐 것이라 한다.

지청골 : 옛날 이곳에서 사무를 보던 집이 있던 곳이라 한다. 관에서 지정된 청사가 있던 곳이라 한다.

판들백이 : 판자될만한 크고 굵은 나무가 있던 곳.

굼보거랑 : 굼턱진 곳에 있는 보의 내.

피밭골 : 옛날 피를 재배하던 곳, 지금은 벼가 먹거리로 쓰였지만 옛날에는 피를 재배하여 먹거리로 이용 하였다 한다.

굴성보 : 굴성들에 물대는 보.

범밭골 : 범이 많이 나타나던 곳.

달봉지 : 옛날 마을에서 달맞이 하던 곳.

뒷들 : 이 마을 뒤에 있는 들.

점골 : 옛날 쇠를 다루던 곳.

잔다골 : 골짜기가 작다는 곳, 이 지방에서는 '작다' 는 것을 '잘다' 고 한다. 그래서 작은 골짜기라는 뜻이다.

못도가리 : 못을 논으로 만든 떼기 논.

섶갓 : 마을에서 울섶을 하듯이 우거지게 한산.

비룡내 : 비룡산 밑을 흐르는 내.

갱빈들 : 강가에 있는 들.

왕글도가리 : 옛날 왕골을 재배하던 논. 왕골을 이 지방에서는 왕글이라 한다.

미나리도가리 : 옛날 미나리를 재배하던 논. 옛날에는 큰 집들은 대가족(보통 10명 정도)이기 때문에 봄 반찬으로 미나리를 많이 길러 먹었다.

포구나무백이 : 팽나무가 있는곳, '팽나무' 를 이 지방에서는 포구나무라 한다. 이 나무는 300여 년된 나무인데 전에는 냇가에 있었는데 지금은 도로 한복판에 있게 되었다.

명계3리 노거수

명계3리 굴성 말채나무

마을 동제목이면서 보호수인데 몇 년 전에 태풍에 한쪽 가지가 부러져 옆에 느티나무 한 그루를 심었는데 그 나무가 너무 가까이 심겨져서 보호수인 말채나무의 성장에 지장을 주고 있다. 동제는 정월 보름에 지내고 있다. 옛날 어느 선비가 말을 타고 가다가 어디서 가져온 나무인지 꽂아 놓은 것이 지금에 이르고 있다는 전설이 있다.

- 나무이름 : 말채나무(동제목)
- 나무나이 : 200년
- 둘레 : 340cm
- 첫가지높이 : 190cm
- 나무높이 : 9m
- 목적 : 동제목(보호수)
- 나무상태 : 고사 위기

명계3리 굴성 팽나무

이 나무는 도로옆 도랑가에 있었으나 새로 도로를 내면서 도로 한복판이 되어 있다. 이렇게라도 오래된 나무를 베지 않고 살린 것은 좋은 현상이다.

- 나무이름 : 팽나무 한 그루
- 나무나이 : 300년
- 둘레 : 360cm
- 첫가지높이 : 190cm
- 나무높이 : 7m
- 목적 : 정자나무
- 나무상태 : 양호

〈월산리 약도〉

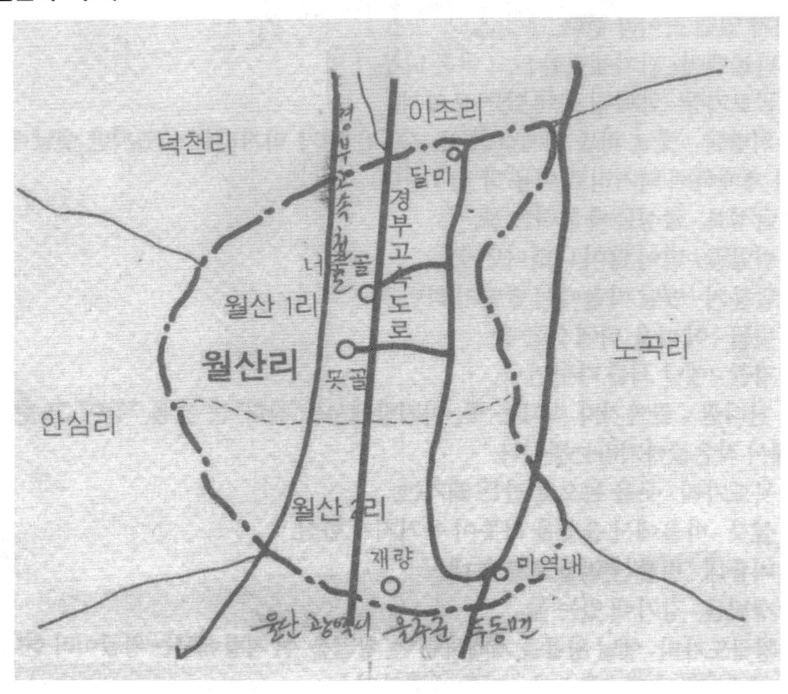

08

월산리
(月山里)

달같이 둥근 산 아래 있는 마을을 달미라고 하였는데 지금은 마을이 없다. 행정구역 통폐합 할 때 달미라는 마을 이름을 한자로 바꾸면서 월산(月山))이라 하고 달미, 못골, 너죽골을 월산1리, 재량, 미역내를 월산2리라 하였다. 달미라는 마을은 없어져도 한자로 표기해서 월산(月山)이라는 이름이 되었다.

월산1리
못골, 달미, 너죽골

못골

두 개의 못을 중심으로 해서 이루어진 마을이다. 한 곳은 인작이고 또 한 곳은 천작인데 인작은 학성 이씨네가 막았다고 하여, 못 밑에 학성 이씨들이 논을 새로 샀을 때는 수세를 안냈다고 한다. 학성 이씨들이 많이 살고 있다.

월산1리 못골 전경

못골

못이 있는 골짜기라 못골이라 하는데
위쪽에 있는 못은 인작이라 하고
아래 못은 천작이라 하네
인작못은 학성 이씨들이 정착하면서 막았다 하고
천작은 양쪽 산이 무너져 내려오면서 자연적으로
막은 못이라네
천작은 고속철도가 복판을 가로 질러가네
회오리 바람이 많이 이는 호두락 바우
말똥같이 생긴 말똥메
벼락친 벼락밭골
새가 많이 비비된다는 새비빈골
옛날 면소유산을 면유름이라 부르기도 하고
묘가 줄지어 있다는 줄미 땅
말기른 말기미, 소고뚜레 같은 굴리방정이라고
한여름 복씻는 물맞는 복심이
마을 앞 냇가에 왕버들이 못물 넘쳐난 물먹고 자란다고
이 마을 동제신으로 모시고 있네
그래서 그런지 싱싱하고도 싱싱하네

꼬도태 곧은골
맬밭 메밀 재배하고
오방구에 빌고
돈태구당 돈치기 놀이에 바쁜 일꾼들
거무산에 나무 한짐해 오면
어느듯 한나절 해가저무네
이런 옛모습들
자꾸 자꾸
잊혀져 가는데.
못물 받아 농사 짖는 들판
언제나 풍년이 든다.

| 동제 |

나무 : 왕버들(떡버들) 한그루(보호수).
제일 : 정월 대보름날(음 1월 15일)
제관 : 동민 전체.
제물 : 거두워서 장만.

월산1리 못골 당수나무(왕버들)

| 토박이 땅이름 |

천작못 : 이 마을에 못이 두 군데 있는데 아래 있는 못은 자연적으로 생긴 못으로 천작 못이라 함. 큰 웅덩이를 못으로 막은 것인데 두 산줄기가 밀려와서 못 둑이 되었다고 한다.
인작못 : 두 군데 못 중에 위에 있는 못으로 학성 이씨들이 만들었다 하는데, 사람이 만들었다 하여 인작못이라 함. 다른 성씨들은 이 못 밑에 농토를 구입할 때 술이나 돈을 내지만, 학성 이씨들은 논을 구입해도 아무것도 안냈다고 한다.
앞산 : 마을 앞에 있는 산.
준지봉 : 옛날 군이 진주 하여서 진주봉이라 한 것을 부르기 쉽게 준지로 불리게 된 것이다.
두루봉 : 두루번한 산봉우리.

제공골 : 제사가 있는 골. 제공이란 묘제를 지내기위해 지으놓은 집을 말한다.

절골못 : 절이 있었던 골짜기의 못.

말기미골짜기 : 말을 기르던 골짜기라 한다. 말기름이 말기미로 불리게 되었다.

점골 : 옹기를 굽던 곳.

어분골 : 산을 업고 있는 듯한 산.

굴믹이 : 굴밑 혹은 굴앞. 즉 굴근방이라는 뜻.

땅이름을 묻고 있는 필자와 허교구 선생

앞섶갓 : 울섶을 하여 막았다는 산으로 마을 앞에 있다.

흰디미 : 산 흙이 희면서 더미를 이룬다는 산. 더미를 이 지방에서는 디미라고 한다.

돌백산 : 선돌이 있는 산.

지은골 : 깊고 깊은 골짜기에 긴밭이 있는데 하도 길어서 밭메는데 너무 지겨워서 지은골이라 한다고 함. 지겹다는 것이 지은으로 변한 것이다.

진등산 : 산등이 긴 산.

큰갓 : 송국제 이순상의 묘가 있는 산. 즉 큰 인물이 묻힌 산.

못골앞들 : 못골 앞에 있는 들.

노루골 : 옛날에 노루가 많이 다니던 골짜기.

말기미 : 옛날 말을 기르던 곳이라 한다. ‘말기름’ 이 ‘말기미’ 로 불리게 된 것이다. 이곳에서 말을 길러 진주봉에 주둔한 군사에게 많이 제공하고 왜적을 물리쳤다 한다.

진주봉 : 옛날 군이 진주하여서 진주봉이라 한다.

준주봉 : 옛날 군이 진주한 산인데 진주가 준주로 바뀐 것이다.

준재봉 : 옛날 군이 진주하여서 준재봉이 된 것이다.

새비린골 : 옛날 새가 하도 많이 날아와서 죽어서 새가 비린내가 많이 나는 곳.

거무산 : 산이 하도 우거져서 검은 산.

최평들 : 최씨들이 사는 마을 앞의 들이란 뜻.

산수골 : 묘가 있는 곳인데 산수유 나무가 있는 곳이라 한다.

양정들 : 양수작업을 하여 농사짓는 들 양수가 양정으로 불리게 된 것이다.

못밑들 : 못밑에 있는 들.

바밭골 : 삼밭이 있던 밭의 골짜기인데 바같쪽에 있는 골짜기라 한다.

흰디미산 : 산이 하얗게 보이는 산.

범바우보 : 범바우들에 물대는 보.

벼락밭골 : 벼락이 친곳에 있는 밭 골짜기.

벼락골 : 벼락을 친 골짜기.

못갓 : 못에 따린 산.

새비진골 : 옛날 새가 많이 날아와서 죽은 곳으로 새비린내가 많이 난다는 골짜기.

검은산 : 산이 우거져 검은 산.

굴리방정 : 소 코뚜레 같이 두렁벙 한 산등, 굴러서 된 방같이 된곳이란 뜻.

길곡 : 긴 골짜기.

갱빈마을 : 강변에 있는 마을.

서당골 : 옛날 서당이 있던 곳.

줄미땅 : 묘가 줄지어 있는 곳.

굴미기 : 굴이 있는 입구.

노리골 : 옛날 이곳에서 많이 놀던 곳, 놀던 곳이 노리골로 말이 변한 것이다.

새비빈골 : 새가 많아 날라와 비비거란다는 곳

두리봉 : 산등어 두리번하게 둥근 산봉우리.

어분골당고개 : 못골 어분골서 느븐드리로 넘어가는 고개.

길곡당고개 : 못골 길곡서 구일로 넘어가는 고개.

바발골 : 바깥쪽에 있는 밭의 골짜기.

질곡 : 골짜기가 긴곳을 말한다. '길다' 는 것을 '질다' 고 한다.

삼밭골 : 옛날 삼(대마)을 재배하던 밭이 있는 골.

돈태구당 : 옛날 일꾼들이 지게를 받혀 놓고 쉬면서 돈치기 놀이 하던 곳. '구덩이' 를 이 지방에서는 '구당' 또는 '구덩' 라고 한다.

거무산 : 매우 검게 보이는 산. 숲이 우거져 검게 보이는 산.

서당골 : 서당이 있던 골.

베락밭골 : 바위가 벼락을 맞은 골짜기.

숫돌방구 : 숫돌하는 돌이 있는 바위.

꼬도태 : 곧은 골짜기.

맬밭 : 메밀을 재배 하던 밭.

도둑놈골짜기 : 옛날 봉계서 매우 귀한 물건을 훔쳐 달아나는데 주인이 뒤따라오니 도둑이 갑자기 이 골짜기에서 죽었다고 한다.

벼락바우 : 벼락 맞은 바위.

범바우굴 : 범이 살았다는 굴이 있는 바위가 있는 골짜기.

안산고개 : 마을 앞에 있는 산의 고개.

오방구 : 공들이는 바위가 다섯이 있는 곳.

범바우들 : 범바우골짜기 물을 대서 농사 짓는 들.

치고개 : 고개가 매우 가팔라서 쳐다보고 오르는 고개, 쳐다 본다는 말을 이 지방

숫돌방구

송국제 이순상의 미

에서는 치다 본다고 함.

황장군미 : 황씨 성을 가진 장군묘가 있는 곳.

송국제미 : 송국제 이 순상의 묘를 말한다. 호가 송국제인데 증 통정대부 승정원 좌승지, 부인은 숙부인 월성박씨 묘가 있는 곳.

복심이 : 매우 차거운 물이 새는 곳으로 여름 삼복더위에 많이 씻는 곳인데 '복씻는다는' 것이 '복심이'가 된 것이다.

벅심이 : 이 골짜기에 물이 차거워서 여름 삼복더위에 씻으러 많이 감으로 복날 더위를 씻는 것을 보고 복 씻는다는 것이 벅심이가 된 것이다.

호두락바우 : 길이 안좋다는데 있는 바위로서 회오리 바람이 많이 부는 바위, 회오리 바람을 지방에서는 호두락 바람이라고 함.

면유름 : 면소유의 산. 면유림이란 것이 면유름으로 부르고 있다.

토끼바우 : 토끼굴이 있는데 토끼가 많이 살았던 바위.

소티미만디 : 경주시 효현동 소티 마을 사람들의 묘가 있는 산마루.

말똥메 : 말똥 같이 둥근 산.

진주봉 : 옛날 군이 진주하던 곳, 말기미에서 말을 기르면서 군이 머물던 곳.

양정보 : 양수작업을 해서 물을 대는 논들의 보.

최평보 : 최씨 마을 앞들에 물대는 보.

꼬득새 : 골짜기가 꼬부랑하게 꼬인 골.

지음골 : 골이 하도 길어서 밭을 매는데 지겹다는 골짜기.

어분골 : 얼음 같이 차운 물이 새는 골짜기. '얼음같이 차거운 우물'을 '어운골'이라 부름. 또는 산을 업는 듯한 곳이라도 한다.

진딩 : 산등이 긴등.

안골 : 마을 안쪽에 있는 골짜기.

점음달 : 점골의 음달쪽.

자래등 : 자래같이 생긴 등.

김미산 : 산이 깊어서 검다는 산.

두리봉 : 두리번하게 생긴 산 봉우리.

못갓산 : 못에 딸린 산.

윗못 : 인작못인데 학성이씨들이 막았다는 못.

한식미 : 한식날 묘제를 지내는 묘가 있는 곳.

천주름 : 천이 주름진 것 같이 생긴 산.

아래못 : 천작인데 산 줄기가 자꾸 내려와서 자연스레 막은 못. 또는 옛날 큰 웅덩이가 있는데 뚝을 높이고 길게 막은 못이라 한다.

이감사미 : 영천이씨로 감사 벼슬을 지낸 사람의 묘가 있는 곳.

물탕골 : 옛날 여름에 물맞이 하던 곳.

못안 : 못안에 있는 들.

동메모랑지 : 못골서 재량으로 가는 산의 모퉁이.

못갓비알 : 못에 딸린 산의 비탈.

물방아간거리 : 옛날 물방아가 있던 곳.

못방구 : 문안에 있는 바위. 못골서 구일로 넘어가는 고개.

자래방구 : 못안에 있는데 자래 같이 생긴 바우.

당고개 : 고개 마루에 돌무더기 당이 있는 고개.

거북산 : 거북이 같이 생긴 산 인데 자래등 아래 있는 등.

봉사공산 : 최씨들 묘가 있는데 봉사공 최진망의 묘가 있는 산.

앞섶갓 : 마을 앞에 울섶같이 우거지게한 산.

구일고개 : 못골서 구일로 넘어가는 고개로 고개 마루에 돌무더기 당이 있다.

소티미 : 경주시 효현동 소티마을 사람의 묘.

점양달 : 점골 중에서 양달진 곳.

굴린바우 : 산에서 떨어져 논에 박힌 바위.

방구도가리 : 바위가 있는 논, 이 바위는 산에서 떨어진 것이라 한다.

숫돌고개 : 못골서 구일로 넘어가는 고개인데 고갯마루에 숫돌하기 좋은 돌바위가 있는 고개.

긴미산 : 묘가 길게 늘어져 있는 산.

달미

달 같이 둥근산이 있는데 여기에서 달집을 만들고 불을 피우고 달맞이 한데서 달메 즉 달산으로 여기고 그 아래있는 마을을 달미라고 하였다. 즉 달메가 부르기 쉽게 발음 변화에 따라 달미가 되었다. 그리고 한자로 달월(月)자와 메산(山) 자를 따서 월산(月山)이라 한다. 그리고 달같이 생긴 산에 석실 고분이 있는데 어느 때인가 도굴을 당하였는데 거기에 달집을 삼고 불을 피우고 달맞이 하였는데 그 아래 있는 마을을 달미라 하는데 경부고속도로 건설 때 마을이 없어졌다 함. 이 마을은 이조 2리 전포에 가면 월산 구역이라 하고 월산1리에 가면 전포 구역 이라 하는가 하면 다른 마을서도 이조2리 전포로 잘못 알고 있는데 알고 보면 월산1리 구역이다.

월산1리 달미마을터 전경

안지냄

달미

달같이 둥근산위에
달보며 빌면서 생각속에 잠긴 곳
그 아래 이루어진 마을
지금은 고속도로 때문에 흔적 조차 없네
달안지에 달을 안고
최평들 넓은 들판에
산수골 도랑물 받아대고
비봉태기 복병들
달보며 빌어 보고
왜적 물리친곳
오늘따라 옛 생각에 잠겨 보지만
없어진 마을
이름만 남겨놓고
사라졌네

달산밑의
달같은 아름다운 사람들
다 어디 갔는지

달빛 받아
푸른 들판
더 빛나는 곳

보듬 : 봇물대는 논중에서 물이 제일 잘 빠지는 등성이인데 모래 언덕같이 생긴곳 보등이 보듬으로 불리게 된 것이다.

달안지 : 달같이 생긴 산의 안골짜기. 즉 달을 안은 골짜기란 뜻.

산수골 : 월성(경주) 최씨들 묘가 많이 있는 곳, 묘를 산소라고 하는데 산소가 산수로 부르게 된 것이다.

최평들 : 최씨네 마을의 앞들이란 뜻.

비봉등 : 비가 서 있는 등.

하구 : 물대는 들 중에서 아래쪽에 있는 들.

중도랑 : 도랑중에서 중간에 있는 도랑과 논들.

말랑도랑 : 물대는 도랑중에서 제일 위쪽에 있는 도랑과 논들.

교천갓 : 경주 교천 최부자 집 산으로 묘가 있는 산.

돌백이 : 돌이 박혀있는 곳. 박혀 있는 돌이 선돌이다.

복병태 : 옛날 군을 잠복 시키던 곳. 임진왜란 당시 우리군이 이곳에 숨어 왜적을 무찔렀다 한다.

달내 : 달같이 둥굴게 휘돌아 흐르는 내인데 달미 마을 앞에 흐르는 내.

비봉태 : 경주 교촌 최부자집산으로 묘에 비가 서 있는 터라고 한다.

비봉딩만디 : 경주 교촌 최부자집 산으로 묘에 비가 서 있는 산등의 마루

줄산 : 월성 최씨묘가 줄지어 있는 산이다. 또는 산이 모두 그곳으로 줄을 선듯하다는 뜻.

앞섶갓 : 마을 앞쪽에 있는 섶갓, 섶갓이란 울섶을 한듯이 우거지게 한 산.

비선당 : 묘에 비가 서 있는 곳, 조선시대 영조때 배춘택의 묘와 공인김씨의 묘가 있는 곳이다.

절태 : 옛날 절이 있던 곳, 지금도 이곳에 기와조각이 많이 있다.

밤나무골짜기 : 옛날 밤나무가 많이 있던 산골짜기

산수골못 : 산수골에 있는 못

애장골 : 옛날 어린애가 죽으면 많이 묻던 곳

월산서당 : 성암 최세학(1822~1899)을 추모하기 위해 세운 서당. 저서로 '역년통고가' 있고 '경주 효행가'도 있다. 그리고 보민재를 짓고 대나무와 오동나무를 심었다고 한다. 그래서인지 서원 주변에 대나무가 많다.

비봉태기 : 비가 있는 산봉우리의 터란 뜻이다. 옛날 절터로 알려진 곳에 기와조각이 많은데 이곳에 비가 세워져 있었기 때문에 비가 세워진 봉우리의 터란 뜻이다.

너죽골

여재라는 커다란 고개가 있었는데 그 근처에 대나무가 많이 있다고 해서 여죽골이
부르기 쉽게 너죽골이 되었다. 그리고 여재동 이라고도 하는데 이것은 너로 하여금
재주가 많이 난다는 마을인데 너란 바로 물을 말하는 것이다. 이 마을에 우물 하나
가 있는데 물맛이 너무나 좋아 이 물 때문에 이 마을에서 재주 있는 인재가 많이 난
다고 한다. 이곳의 대나무는 순이 늦게 올라와서 대나무 잎이 늦게 피게 되어 늦죽
이 너죽으로 변한 것이다. 그래서 전설에 의하면 유월 염천에 지나가는 노승이 목이
말라 물을 먹으려하니 아리따운 아가씨가 우물의 물을 한추발(흙으로 만든 사발, 즉
뚝배기를 말함)을 주는데 물도 급하게 먹으면 체한다고 늦게 핀 댓잎이라 부드러운
잎을 물에 띄워 드리니, 아무리 목이 말라도 급히 먹을 수 없어 후후 불면서 천천히
먹었다고 한다. 물맛을 보고는 너무나 감탄하였는 데 그후부터 이 마을에 재주있는
인재가 끊이지 않고 지금까지 이어지고 있다 한다. 그런데 또 너죽골이란 말보다도
여재란 마을 이름을 더 듣기 좋아한다.

월산1리 너죽골 전경

| 동제 |

현재 안지냄

너죽골

여재란 고개가 어딘지 물어봐도 아무도 몰라
여기에 대나무가 많다고
늦게 올라온 대순에
늦게 핀 댓잎은 부드럽고도 고와
유월 염천에
지나가는 노승이 목이 말라 하는데
고개 밑 우물가 노처녀가 물을 주면서 엎칠까봐
늦게 핀 댓잎을 띄어 주었다네
교천갓 최부자 문파선생 묘소
댓숲에 어울리고
돌백이 선돌은 예나 지금이나 변함없고
굴미기고개 넘어가면 못골이라
큰용 발자국 있다 하여 용마 바우라 하고
큰 구멍 있는 바우는 술잔 바우
깊은 골 지은골
물맞은 물탕골
골짜기마다 이름있어도 여재는 모르는데
늦게 올라온
대나무는 많더라
댓잎 속에 속삭이는 이야기

옛우물 물맛에
노승과 처녀의 그리움속에
해는 저무는데
오가는 차는 쉴새없이
지나가기만 하는 곳에
옛정 속에 살아가는 사람들.

보듬 : 봇물대는 논 중에서 물이 제일 잘 빠지면서 마르는 논이라 함. 보의 듬성이 즉 보가 들어 업친곳이다.

달안지 : 달을 안은 곳. 즉 달 같이 생긴 산을 안은 곳이란 뜻.

비봉태기 : 비가 있는 산봉우리의 터라고 한다. 그리고 임진왜란 당시 군을 잠복시키던 곳이라도고 한다.

산수골 : 최씨들 산소(묘)가 있는 곳 '산소' 가 산수로 말을 바뀐 것이다.

최평들 : 최씨네 마을의 앞들이란 뜻.

앞음달 : 마을 앞에 음달진 곳.

최평보 : 최씨 마을 앞에 있는 들에 물대기 위해 막은 보.

최평보도랑 : 최평들에 물대는 도랑.

교천갓 : 교천 사람 소유의 산으로 경주교동 최부자집의 묘와 문파 최준의 묘가 있는 산, 경주서 교동은 고천 또는 교지라고도 말한다. 경주향교가 있는 마을인데 앞에 남천이 흐름으로 해서 교천이라고도 부르고 있다.

돌백이 :선돌이 있는 산.

선돌 : 돌이서 있는 곳. 옛날 부족과 부족간의 경계에 서 있는 돌. 2013년4월에서 6월경 발굴 작업을 했다. 그리고 2013년 6월 경부고속도로 확장공사로 인해 그 주변에 옮겨 안내판까지 세워 두었다. 이 선돌에는 다음과 같은 전설이 있다. 옛날 아주 옛날 돌이 마구 걸어가는데 어느 나이 지긋한 여인이 돌도 걸어가네 하는데서 그 자리에 선 것이라 한다. 선돌 앞에는 돌이 많이 깔린 길을 발굴 작업으로 확인 될 뿐아니라 숯가마가 많이 있었다. 그러므로 경주서 언양가는 큰길가의 이정표 역할을 한 돌로도 볼 수 있다.

못바지 : 못물을 대는 논.

흔디바위 : 이 바위가 마을에서 보이면 마을 아이들이 '흔디' 라는 부스럼이 나기 때문에 이 산에 나무를 치지 않았다 함.

용마방구 : 용 발자국 같은 것이 있는 바위.

술잔방구 : 바위에 파아란 술잔같이 이끼가 끼어 있는 바위.

기방구 : 이 바위밑에 바다에 사는 '게 '가 살았다고 기방구라 하는데 이 지방에서는 '게' 를 '기' 라고 한다.

정골 : 옛날 이 곳에서 옹기를 굽던 곳이라 한다.

다랑지 : 논뚝이 많은 논들. 작은 논들이 다닥다닥 둑을 이루는 곳.

뒷골 : 마을 뒷에 있는 골짜기.

불선바우 :불 을 켜고 빌던 바위.

칠성바우 : 옛날 불을 켜고 빌던 바위. 이 바위는 돌백이산의 동쪽 끝에 있는 바위인데 빌면서 파인곳이 많다. 성혈구멍이 수없이 많다. 아침 해 돋을 때 동쪽을 보고 많이 빈 것 같다. 또는 저녁달 뜰때도 많이 빌었을 것 같다. 그런데 2013년 6월 경부고

속도로 확장공사때 없어졌다. 이 바위아래 선돌이 있고 해서 문화재 발굴작업 할 때 필자가 성혈구멍이 많이 있는 것을 발견하였다.

앞운굴 :이 마을 앞에 있는 우물.

굴밑고개 : 굴이 있는 아래의 고개.

불미기고개 : 불을 밝히고 빌던 곳의 들머리에 있는 고개.

굴미기 : 굴같이 깊은 산골짜기의 들머리.

굴미기고개 : 못골로 넘어가는 고개로 고개 위에 굴이 있다.

선돌백이 : 돌이 서 있는 곳.

힌디미 : 하얀색의 돌이 있는 산.

산막골 : 산에 막을 지어 놓고 살던 곳.

양정들 : 물을 펴 올리어서 농사 짓는 들. 즉 양수 작업해서 농사 짓는 들.

혈등 : 사람의 핏줄같이 생긴 산의 등.

숫구딩이 : 숯굽던 구덩이가 있는 곳.

숫돌고개 : 숫돌하기 좋은 돌이 있는 바위

물탕골 : 옛날에 물맞이 하던 곳

지은골 : 골이 매우 긴 곳,

안산 : 마을앞산

삼밭골 : 옛날 삼(대마)을 재배 하던 밭이 있는 곳.

어분골 : 산을 업은 듯한 골짜기

진주봉 : 옛날 군어 건주하던 산.

두리봉 : 산이 두리번 하게 둥근 산.

뒷골 : 그 마을 뒤에 있는 골짜기

숫돌고개 : 숫돌하기 좋은 돌이 있는 고개 못골 너죽골서 구일로 넘어가는 고개.

월산리 노거수

월산리 못골 왕버들

이 마을이 못골이라고 하는데 못물이 내려오는 냇가에 있는 물을 좋아하는 왕버들 나무이다. 새해마다 음력 정월 보름날 동제를 지내고 있다.

- 나무이름 : 당버들 왕버들 한 그루
- 나무나이 : 300년
- 둘레 : 470cm
- 첫가지높이 : 140cm
- 나무높이 : 20m
- 목적 : 동제목(보호수)
- 나무상태 : 양호

월산리 못골 소나무

송국제 이순생공 묘의 도래솔인데 제일 굵은 것은 둘레가 200cm 정도, 높이는 10m, 첫가지는 6m쯤에서 갈라졌다.

월산2리
미역내,재량

미역내

이곳은 냇가라 여름에 멱을 많이 감던 멱내가 미역내로 변한 것이다. 멱내골이
미역내로 부르면서 이곳에 미역이 난다고 한 것이다. 냇가라 바위에 미역이 있
었다고 전하기도 한다.

월산2리 미역내 전경

미역내

내가 휘돌아 나가는
냇가에 멱 감던 사람 많았지
뚝쌓고 들이루고 사람 사는곳
물레방아 삐거덕 삐거덕 돌아간다고 뻑떡거리라 부르고
들복판 팽나무 마을신 모시더니 언제 없어진지 모르고
물합처 덤벙 이루는 합수 듬백이 물굽이 쳐 나가고
물은 옛처럼 흐르고 흘러가는데
그 물은 옛물이 아니지만
그래도 옛정은 있고
마을 앞 도로는 차가 쉴새없이 내달려 가네

양수 작업하여 물대는 양정들
범바우골 물받아대는 범바우들
미역내 맑은물
굽이치다 부체수듬비 이루고
부처는 어디간지
물만 깊어 맑기만 하네

물좋고 넓은 냇가
멱감기 좋던곳
물짜다고 미역 난다고 전해 오지만
미역본 사람 없고
멱감는 사람들은
부체수듬비에 모이네.

| 동제 |

나무 : 포고나무였으나 지금은 사라지고 없음.

제일 : 정월 대보름날. (음 1월 15일) 30여 년 전부터 안 지냄.

월산2리 미역내 옛 당수나무(포고나무)

| 토박이 땅이름 |

미역내보 : 미역내 마을에 있는 보.

미역내들 : 미역내 마을 앞에 있는 들.

동보들 : 이 마을 동쪽에 있는 봇물을 대는 들.

내명 : 냇물이 매우 맑다는 데서 유래 했음. 내 바닥이라고도 함.

내명섶갓 : 내명에 있는 섶갓.

뻑득거리 : 이곳에 물레방아가 있을 때 돌아 가면서 물레방아가 삐거덕 삐거덕 소리가 나는데서 삐거덕거림이 뻑덕거리로 발음이 변한 것이다.

합수듬백이 : 울산광역시 울주군 두서면 활천리와 붕계서 내려오는 살거내 물과 명계서 내려오는 홈실내 물이 합쳐 지는곳에 있는 덤벙 ‘덤벙’ 을 이 지방에서는 ‘듬백이’ 라 한다.

내명갱빈 : 내명 앞 냇가. 냇가를 이곳에서는 갱빈이라고 함.

동보도랑 : 동봇물이 흐르는 도랑.

부채수 : 미역골 앞을 흐르는 내가 굽이 치면서 청소를 이루는 곳이다. 옆산에 절이 있고 부처가 있었다고 한다.

미역내 : 미역내 마을 앞을 흐르는 내를 말하는데 노곡2리 별내와 합수 되는 곳 까지를 말한다. 엣날 이 냇가에서 멱을 많이 감았다고 해서 내를 미역내라고 하고 들판에 있는 마을을 미역내, 골짜기에 있는 마을을 미역골이라 한다.

동보 : 마을 동쪽에 있는 보.

양정들 : 양수 작업을 해서 농사 짓는 들 양수가 양정으로 부르게 되었다.

범바우들 : 범바우 골짜기에서 내려 오는 물로 농사 짓는 들.

부체수듬백이 : 미역내 물이 굽이치면서 덤벙을 이루는 곳인데 옆산에 엣날에 부처가 있는 있었다 한다,

재량

이 마을에는 인재가 많이 난다고 재량이라고 한다는 말이 있다. 그리고 이 마을에 고개가 많다고 해서 재량이라고 한다고도 한다. 임진왜란 때 진주봉에 군도 군이지만 많은 인재들이 모여들던 곳이란 뜻이다. 그리고 수 많은 인재들이 진주봉에 거주하고 사망진서 사방을 망보며 진지를 이룬 곳이라고 한다. 이 마을 뒷산에 대형 고분들이 많은 것을 보면 인재들이 많이 있은 듯하다.

월산2리 재량 전경

| 동제 |

나무 : 홰나무 한 그루.
제일 : 정월 대보름날(음 1월 15일) 현재는 안 지냄.

월산2리 당수나무(홰나무)

재량

재가 많아 이곳으로 많은 인재가 모여들어
임진왜란때는 왜적과 싸우느라 진주봉에 의병 진주하고
사망진이 사방을 망보고
순박골에 순박한 사람들이 살던 곳이라
재를 넘어 미역내로 간다고 재미골
재미골에 못도 있고 절터도 있어
재미골 절터에 있던 절에서 재를 올리며 못막았는데
재로서 못을 막았다는 전설 전해지고
재처럼 부드럽고
재처럼 생긴 흙으로
재를 올리면서 못을 막았겠지
재 넘어가다 그곳에 가면 되버린 된비리
재 많은 곳에 인재 많이 나고 모여들겠지
상여집 있던 새집걸
상여는 생이라 부르고
생이가 새집걸이 되었네
범바우골 물대는 범바우들
복심이 깊은골짜기
소티사람들 묘 있는 산마루는 소티미만디
큰산에 재가 많고
큰절이 있어 재 잘 지냈는지
재를 지내고 재와 잿물로 못을 막았는지
재량이라 하네
홰나무 언덕에 외로이 선채
마을 지킴이는 넓은 들판 만 바라보네
큰고개 많고
수많은 인재 많이 모여들던 곳이 아닌지
큰무덤 많고 많아
많은 인재 묻힌 곳으로
큰인물 많이 나오는
희망찬 마을 되겠지

준지봉 : 옛날 군이 진주 하고 있었다 하여 진주가 부르기 쉽게 준지로 바꿔 부른 것이다.

공동산 : 이 마을 공동 묘지가 있는 산.

사망진 고개 만디 : 군이 사방을 잘 방어 한다는 고개 마루. 사방을 망보는 진지란 뜻이다. 또는 임진왜란 때 군이 많이 죽은 곳이라고도 한다.

범우골 : 범의 굴이 있다는 골짜기.

범바우보 : 범바우 골짜기에서 내려오는 물을 막은 보.

절골 : 절이 있던 골짜기.

큰재묻골 : 못을 막았는데 물이 자꾸 세어 나와서 재로서 못에 새는 물을 막았는데 큰골이라 한다.

작은 재물묻골 : 재물골 중에서 작은 골.

뻑떡거리 : 물레방아가 있던 곳인데 뻐떡거리면서 돌아간다고 해서 부른다. 물래방아가 돌아가면서 삐그덕 삐그덕하는 소리가 삐거덕 소리나는 것 같이 들린다고 뻑더거리라고 불리게 된 것이다.

순박골 : 순 밭만 있는 골이라 한다. 순밭이 순박으로 부르게 된 것이다.

재미골 : 재를 넘어 미역내로 간다고 해서 부른다고 한다.

큰재미골 : 재미골 중에서 큰 골짜기.

딘비리 : 고되게 고개를 넘는다는 길(된버린→딘버리). 고개를 넘어가다 보면 이곳에 이르러면 되어 버린다는 곳.

사망진 : 이곳에서 임진왜란때 왜적을 망 보면서 싸우다 많이 사망한 진지라 고 전한다.

소티미만디 : 경주시 효현동 소티 사람 묘가 있는 마루.

합창미 : 합장한 큰 묘가 있는 산.

물탕 : 여름에 물맞이 하던 곳.

땅이름을 묻고 있는 필자와 허교구선생

물박거리 : 물레방아가 있었던 곳. 물을 받아 넘기는 곳이란 뜻이다.

메띠기산 : 메뚜기가 많은 산. 메뚜기 같이 생긴 산.

섶갓 : 마을을 보호 하기 위해 울섶으로 막은 산.

작은재미골 : 재미골 중에서 작은 골짜기.

범바우골 : 범이 살았다는 굴이 있는 바위가 있는 골짜기.

두루봉 : 두리번 둥근 산봉우리.

비뚝갓 : 뚱뚱하게 툭 튀어 나온 산.

봇갓 : 보 소유의 산.

천주름 : 천 같이 주름진 산. 즉 천주름 같이 산등성이와 골짜기가 많은 산.

말기미 : 옛날에 말을 기르던 산이라 한다. 말기름이 '말기미' 가 된 것이다.

굴바우고개 : 재량에서 구일로 가는 고개인데 굴이 뚫린 바위가 있는 고개.

문등골 : 문 같이 생긴 등이 있는 골.

치고개 : 재량에서 안심 구일 가는 고개인데 꿩고개라 함. 또는 매우 가팔라서 쳐다 보며 간다는 고개. 쳐다본다는 것을 이 지방에서는 치다 본다고 한다.

범우굴 : 옛날 이조2리 전포마을 버든내라는 곳에서 어떤 사람이 가을에 미꾸라지를 잡으려고 통발을 놓기 위해 섬을 가지고 가서 기다리고 있는데 건너 쪽에서 불빛이 보이기에 어떤 사람이 말타고 오는 줄 알았는데 가까이 와서 냇뚝을 뛰는데 보니 큰 범이 지나가기에 섬을 뒤집어 쓰고 죽은 듯이 있으니 냄새를 맡으면서 지나가고 난 뒤 몇 일 뒤에 경주 부윤이 알고 명포수를 불러 범을 잡으라고 하였는데 찾아 나섰지만 이 곳 범의 굴을 보니 범의 흔적이 보여서 발가벗고 기다리니 때가 돼서 범이 오기에 총을 쏴잡으니 범이 얼마나 큰지 장정 8명이 목도를 하여 경주관아 처마에 달아보니 꼬리가 땅에 닿을 만큼 크더라고 한다.

범바우 : 범이 있었다는 굴이 있는 바위.

범바우들 : 범바우골에서 내려오는 물을 받아 대는 논들.

양정들 : 양수 작업을 해서 농사 짓는다는 들. 양수가 양정으로 불리게 된 것이다.

건너들 : 마을 건너에 있는 들.

재량앞산 : 재량마을 앞에 있는 산.

새태 : 새터. 즉 새로 터를 잡은 마을.

중새태 : 중간쯤에 새로 터를 잡은 마을.

사망진이 : 재량에서 활천으로 넘어가는 고개로 지금은 고속도로가 되었음. 사방으로 잘 방어 하는 진지라 한다.

면유림 : 면소유의 임야란 뜻.

서당골 : 서당이 있던 골짜기.

굴바우 : 굴이 있는바위.

오동나무도가리 : 옛날에 오동나무가 있던 논 뙈기.

방구배미 : 바위가 있던 논.

동네산 : 마을 안쪽에 있는 산.

동메산 : 마을 끝에 있는 산.

당수 나무질 : 당수나무가 있는 거리.

자래등 : 자라같이 생긴 등. '자라' 을 이 지방에서는 '자래' 라 한다.

등때만디 : 붉은 흙이 보이는 산의 마루.

건넛들 : 내 건너 있는 들.

안동네 : 안쪽에 있는 마을.

앞산 : 마을 앞에 있는 산.

절골못 : 절골에 있는 못.

벅심이 : 벌어진 곳이란 뜻인데 번디기가 벅심이가 된 것이다.

갓골짝 : 머리에 쓰는 갓같이 생긴 골짜기.

점골 : 옛날 용기를 굽던 곳 옹기 굽는 곳을 점골이라 한다.

복심이 : 산골짜기에 물이 새는데 여름 삼복더위에 많은 사람들이 씻으러 감으로 복더위 씻는다는 것을 복심으로 불리게 된 것이다.

두리봉 : 산 봉우리가 두리번 한 것.

물바가리 : 물을 막았다는 곳으로 못이 두군데나 있는데 물을 바가지로 담은 곳이란 뜻이다.

최평봇갓 : 최평보에 딸린 산.

범바우봇갓 : 범바우 보에 딸린 산.

새집걸 : 옛날 상여를 보관 하던 집이 있던 거리. 상여를 이 지방에서는 행생이 또는 생이라 하는데 생이 집걸이 새집거리로 바뀐 것이다.

재뭇골못 : 재뭇골에 있는 못인데 재로서 못을 막았다 한다.

재못골 : 재로서 못을 막았다는 곳으로 못이 있다.

국각단 : 다른지대 보다 낮은 곳에 있는 마을인데 지금은 없다. 이 지방에서는 다른 지대 보다 낮은 곳을 보고 굼깊다 하는데서 언덕아래 있는 집을 보고 흔히들 '구메'라고 하는데 굼이 국으로 바뀌 부르기 쉽게 된 것이다.

재밑골 : 큰산의 고개 밑에 있는 골짜기.

큰재밑골 : 큰산의 고개밑 골짜기로 큰골짜기.

작은재밑골 : 큰산고개의 밑골짜기중 작은 골짜기.

월산2리 노거수

월산2리 재량 화나무

마을 동제목으로 언덕 위에 외로이 서 있다. 몇 년 전까지만 해도 매년 음력 정월 보름날 동제를 지냈으나 지금은 안 지낸다.

- 나무이름 : 홰나무(동제목) 한 그루
- 나무나이 : 70여 년
- 높이 : 8m
- 둘레 : 110cm
- 첫가지높이 : 150cm

월산2리 재량 감나무

주위에 감나무 네 그루가 있는 데 길가에 있고, 이 감나무는 밭가에 있다.

- 나무이름 : 감나무
- 나무나이 : 70년
- 높이 : 6m
- 둘레 : 60cm

〈덕천리 약도〉

화곡리
부지리
덕천 3리
골안
숯가마골
쇠비산
덕천리
이조리
남성미
구왕골
신을
상신리
덕천 1리
덕천 2리
월산리
안심리

09

덕천리
(德泉里)

박달쪽에서 내려오는 냇물은 내바닥으로 스며들어 물이 많이 흐르지 않지만, 구왕골 마을쪽에 '동보'라는 보가 있어서 이 보에는 물이 많이 새어나오고 있다. 그리고 마을 앞 들판 샘바위라는 곳에도 물이 많이 새어나옴으로 해서 농사를 지을 수 있어서 덕천이라고 한 것이다. 또 덕천사라는 절이 있어서 그 이름이 되었다고 한다. 절터로 알려진 근처에 석탑 옥신석도 있고 넓고 편편한 곳도 있다. 일제때 행정구역을 개편할 때 구왕골을 덕천1리, 신을을 덕천2리, 남성미, 숯가마골, 골안, 쇠비산을 덕천3리라 하고 있다.

덕천1리(구왕골)

구왕골

옛날에 이 근처에 사람들이 매우 왕성하게 살던 곳이다. 고인돌이 있고, 절터가 있을 뿐아니라 지배층이 살았다는데서 옛 무덤도 많이 있다. 임진왜란 때 고씨, 문씨, 이씨가 정착하여 살 때는 고문리라 하다가 그 후에 안동권씨들이 정착하면서 권문리로 부르다가 조선조 말엽 경주부윤을 지낸 노영경이 와서 살면서 동네가 왕성했다고 하여 왕골이라 했는데, 그보다도 옛날부터 왕성했다고 해서 구왕골이라 부른다고 한다. 안동권씨 등 여러 성이 살고 있다.

덕천1리 구왕골 전경

구왕골

옛날에는 많이 왕성 했는지
마을앞에 베짜는 북같은 북바우는 고인돌
앞들 사창들에 큰 창고가 있고
마을뒤 산 아래 큰 절태가 있네
마을앞 들판은 알 수 없는 무덤군이고
뒤산 기슭 무덤속에 온간것들 다 숨어 있어
왕성하던 마을
조선조 말 노 부윤 와서 더욱 왕성 하게 되었네
옛 인걸도 가고 집도 허물어져 가네
고당수 옛숲에 동제 지내고
거기에 서 있는 민부윤의 비석은 잡초속에 묻히어 가다가
외로이 서 있고
남쪽의 안쪽이라 내남골, 좌측이라 자탕골, 분지골, 북바우 다 뜻 있는 이
름이네
탑신석이 가마같이 생긴 가마바우 영검있는 바우
깨어 놓고 못쓰게 지킨 사람 누구 인가
산이 밀려 오는 산 아래 자리 잡은 마을
앞들판 곡식들이 황금빛으로 물들어
옛보다 더 왕성하네

돌던지면 딸랑소리내는 딸랑고개
송아지 머리같은 돌 있는 독수골
씨름하면 심사보던 신사동
벼락친 벼락통
쌀창고에 사람 많이 묻힌 사창들
언제나 이마을은 옛보다 왕성한
들판 가로질러 생생 달리는 고속열차 처럼 왕성 해야지

| 동제 |

동제단 : 바위.
나무 : 주위에 느티나무 열일곱 그루(숲을 이루고 있음), 소나무 두 그루.
제일 : 정월 대보름날(음 1월 15일)
제관 : 옛날에는 선정해서 지냈으나 지금은 여러 사람이.
제물 : 제물은 동네 돈으로 장만 함.
근처에 경주 부윤을 지낸 민치서의 선정비가 있다.

덕천1리 구왕골 고당수

덕천1리 고당사의 동제단

덕천1리 민처서 선정비

독수지 : 송아지 머리 같은 바위가 있었는데 물먹는 형상인데 누군가 뿔을 깨어버리니 물이 새어 나가서 그곳에다 못을 막았다고 한다.

독수골 : 송아지 머리와 같은 바위가 있어서 이 골짜기를 독수골이라 부른다.

당고개 : 고개마루에 돌무더기. 당이 있는 고개. 이 고개 넘을 때 돌 세 번 던지고 침 세 번 뱉는데, 돌을 세 번 던지는 것은 나에게 복을 달라는 뜻이고 침을 세 번 뱉는 것은 더러운 것이 물러가라는 뜻이라고 한다.

밤나무등 : 밤나무가 많이 있는 산등성이.

베락통 : 벼락을 맞았다는 곳.

대문달고개 : 조선에 인재가 많이 난다고 해서 중국 명풍수가 와서 산의 혈맥(산맥)을 끊었는데 대문달 만큼 끊어져서 그 고개를 대문달 고개라 부른다 함. 구왕골에서 소리미로 넘어가는 고개.

향나무운굴 : 우물가에 향나무가 있었다. 지금은 없다.

당수골 : 당고개 아래 있는 골짜기. 고개에 돌무더기 당이 있어 그곳에 있는 골짜기.

왼고개 : 이마을에서 보면 왼쪽에 있는 고개.

사창들 : 옛날에 이 들판에 쌀창고가 네 개 있었다 하여서 사창들이라 한다. 들판에 무덤이 많이 있었던 곳이다. 경부고속철도 공사 때문에 발굴 작업을 했는 데 고분군이었다. 사람 죽은 시체를 사체라고 하는데 사체가 사창으로 불리게 되고 들판이 넓고 크다 보니 쌀 창고가 네 군데 있었다고 한다.

고당사각단 : 옛날 당수나무가 있는 마을.

장승백이 : 장승이 서 있었던 곳.

안마실 : 마을 안쪽에 있는 마을.

동보 : 내 동쪽에 있는 보. 또는 동불이 있었다는 절의 산 밑에 있는 보라고 한다.

동보들 : 동보물을 이용하는 들.

동보뚝 : 동보가 있는 뚝.

동보도랑 : 동보물이 흐르는 도랑.

동보산 : 동보가 있는 옆산. 그리고 절에 구리 불상이 있어서 동불산 하던 것이 부르기 쉽게 발음이 변하여 동보산이라 함. 지금도 산위에 가면 절터로 보이는 넓은 터와 탑신석이 있다.

몰개들 : 모래로 이루어진 들.

달봇만디 : 이 마을에서 달맞이 하던 산마루,

선작골 : 선한 사람이 살았다는 골.

가마바우 : 가마 같이 생긴 바위. 이 바위는 탑신석인데 이 바위가 있는 위 산등성이가 편편한대 이곳이 절터인데 여기에 동불이 있었고 탑도 있었다 한다. 어느 부자집에서 이 돌을 주춧돌을 하려고 여덟덩이로 깨었는데 무슨 영험 있는 바위라 해서 사용 못했다고 한다. 전설에 의하면 이 바위를 어디 쓸려고 가지고 가는데 무슨 짐승

이 나와서 자꾸 흙을 퍼부어서 못 가지고 가고 그곳에 나눈 것이라 한다. 이 돌은 탑 신석인데 8동강을 내어 놓았는데 그 위에 가면 넓고 편편한 산등이 있는데 그곳이 절터이고 동불도 있었고 탑도 있었는 듯하다.

새보 : 새로 만든 보.

강개울골 : 옛날 강씨들이 살던 곳. 강씨를 속되게 말할 때 는 강개라고 말한다. 또는 강한 장수가 묻힌 골짜기라 한다. 이 골짜기에서 집을 지으려고 발굴 작업을 하였는 데 청동제 기마 인물상이 나온 것을 보면 강한 장수가 묻힌 곳으로 볼 수 있다. 강한 골이 강개울로 변한 곳으로도 볼 수 있다.

산막골 : 산에 막이 있던 곳.

앞섶갓 : 마을 앞에 있는 섶갓. 마을 앞에 울섶 같이 우거지게 한 산.

안개골 : 안개가 잘 끼는 골짜기인데 이 골짜기에 안개가 넘어가면 큰비가 온다고 한다.

윗달봇만디 : 달보는 산마루로서 위쪽.

아래달봇만디 : 달보는 산마루로서 아래쪽.

복승나무골 : 산 복숭아 나무가 있는 골짜기. '복숭아나무' 을 이 지방에서는 '복승나무' 라 한다.

내남밭골 : 남쪽의 안쪽에 있는 밭 골짜기란 뜻.

자탕골 : 덕천1리 구왕골서 화실 소리미쪽으로 가면 왼쪽에 있는 골짜기인데 좌측이 자탕골이 된 것이다.

매화나무골 : 매화나무가 있는 산골짜기.

참나무골 : 참나무가 많은 골짜기.

분지골 : 풀을 많이 베던 곳. 풀이 분으로 변한 것 임. 또는 단지(옹기) 같이 생긴 산 이라고도 함.

딸랑고개 : 당고개를 말하는데 고개를 넘을 때 돌을 던지면 딸랑 떨어진다는 고개, 옛날 이 고개마루 돌무더기 당에서 방울을 딸랑 딸랑 흔들면서 빌던 고개라고도 한 다.

진골 : 골짜기가 긴곳. 길다는 것을 질다고 함. 긴→진

북도가리 : 북 같이 생긴 바위가 논에 있기 때문이다. 이 바위는 고인돌이다. 베짜는 북같이 생긴 바위가 있는 도가리.

북바우 : 북같이 생긴 바위를 말한다. 이바위는 고인돌이다. 베짜는 북같이 생긴 바 위를 말한다. 전설에 의하면 하늘에서 선녀가 내려와서 베를 짜다가 빠뜨리고 간 북 이 바위가 되었다고 한다.

동바우모팅 : 동보산에 있는 바위의 모퉁이란 뜻, 모퉁이를 모팅라 함.

새각단 : 새로 생긴 작은 마을.

안각단 : 이마을의 안쪽에 있는 마을.

아래각단 : 이마을의 아래쪽에 있는 마을.

신사등 : 옛날 이 산등의 편퍼짐 한곳에서 씨름을 많이 했다 한다. 씨름하면 심판을 한다는 것을 씨름을 심사한다고 해서 심사등이라 한 것이 신사등이 되었다.

재나무각단 : 재나무가 많이 있는 곳에 있는 마을, 노린재 나무를 이 지방에서는 재나무라 한다. 이 나무 색깔이 재빛일뿐 아니라 꽃이 피면 재빛으로 피기 때문이다.

독작골 : 소머리같이 생긴 바위가 있었다는 골짜기.

달봇만디 : 옛날 달보던 산마루.

연당앞들 : 연당이 있던 앞에 있는 들.

산밭골 : 산에 밭이 많은 골짜기.

달밭만디 : 옛날 어린아이들이 달맞이 하던 산마루.

약목골 : 약물이 있던 골짜기. 약물을 약목으로 부르게 된 것이다.

무지등 : 무제를 지내던 산등. 가물 때 비오도록 지내는 가우제를 물에 제사 지낸다고 무제 지낸다는 것이 무지로 부르게 된 것이다.

수리바우 : 독수리 같이 생긴 바위.

상수보 : 주상수라는 사람이 막았다는 보.

선직골(仙織骨) : 선녀가 하늘로부터 내려왔다는 골짜기인데 이 골짜기에 절이 있었다고 한다.

큰갓골짜기 : 옛날 큰집 소유의 산. 옛날 큰집이란 몇 대가 내려온 장손인 집.

노리고개 : 구왕골서 숫가마골로 넘어가는 고개 옛날 노루가 많이 다니던 고개

두리봉 : 산봉우리가 두리번한 봉우리..

사창마을 : 옛날 쌀창고가 네군데 있었다는 곳에 있는 마을.

고당수 : 옛날부터 당수나무가 있는 숲 이곳에 조선조말 경주부윤을 지낸 민치서 선정비가 있다. 느티나무가 열일곱 그루, 소나무 두 그루가 있는데 바위에 동제단을 만들어 이 마을에서 동제 지낸다. 지금은 내가 멀리 멀어져 있지만 옛날에는 이 숲 아래로 냇물이 흘러갈 때 큰홍수가 나서 들판을 휩쓸었을 때 전국의 장정들을 동원해 뚝을 막아 수해를 막았다고 해서 당시 경주부윤인 민치서의 선정을 기려 비를 세운 것이다.

민치서 선정비

새들 : 새로 이루어진 들.

강개울 골짜기 : 강씨들이 살았다는 골짜기, '강씨들'을 속되게 말할 때는 '강개들'이라고 부른다.

동바우 : 동보위에 있는 큰 바위.

애장골 : 어린애가 죽었을 때 많이 묻은 곳.

운골 : 마을 앞산인데 이산에 홀안개가 넘어가면 비가 온다고 한다.

윗각단 : 이마을 위쪽에 있는 작은마을.

신쟁미 : 옛날 신장수의 무덤으로 알려진 묘.

샘바대 : 들복판에 큰샘이 있는 바닥이라 한다.

덕천리 노거수

덕천리 구왕골 고당수 숲

이곳은 옛날부터 마을에 당수나무가 있다고 해서 고당수 숲이라고 부르고 있는 곳
이다. 음력 정월 보름날 동제를 지내고 있다. 들복판에 솟은 곳으로 바위가 있는 곳
인데 숲을 이루고 있다. 옛날에는 이 숲 아래로 내가 흘러갔는데 오랜 세월이 흘러
내도 멀리 떨어져 흐르게 되었는 데 내가 가까이 있을 때 수해가 나서 다른 지방 사
람들을 동원해서 뚝을 막았다고 해서 당시 경주부윤인 민치서의 선정비가 있다.

- ■나무이름 : 느티나무 열일곱 그루, 소나무 두 그루
- ■나무나이 : 200년
- ■둘레 : 430cm
- ■목적 : 동제 숲
- ■나무상태 : 양호

덕천2리(신을)

신을

옛날에 이곳 골짜기가 동서로 길게 뻗어 있었는데 위에 있는 마신은 상(上)에 해당한다 하여 상신(上辛) 또는 맏신이라 하고, 아래에 있는 마을은 을(乙)에 해당한다 하여 하신(下辛)혹은 신을(辛乙)이라 했다. 후에 내가 새을자 모양으로 흐른다고 해서 내의 위를 상신이라 부르고 내 아래를 신을이라 부른다. 그리고 맏이는 위이면서 맵다는 데서 윗상(上)자와 매울 신(辛)자를 쓰면서 상신(上辛) 신을은 아랫이면서 들 맵다는 데서 을에 해당한다 하여 신을(辛乙) 이라 한다 함.

옛날에는 약이름 신(莘)자와 새을(乙)자를 쓴 것을 보면, 물이 굽이쳐 흐르는 것을 보고 한자로 새을(乙)자와 같이 여기고 냇가 따라 각종 곡식과 약초가 될 만한 풀이 무성함에 약 이름 신(莘))자를 쓴 것이고 경주부윤을 지낸 민치서의 선정비에 보면 莘乙洞民(신을동민) 일동이라고 썼는데 세월이 흐름에 따라 쓰기 쉽게 매울 신(辛)자와 새을(乙)자를 쓴 것 같다. 월성 최씨들이 많이 살던 마을이다.

덕천2리 신을 전경

신을

물굽이 굽이 흘러오면 새을(乙)자로 보고
물굽이 친 위는 마신이고 아래는 신을이라
지금은 매울신(辛)자 쓰지만
옛날에는 약이름신(莘)자를 쓴것을 보면
굽이치는 새을(乙)자 물길따라 뚝마다 풀이고
풀마다 약이로다
풀많은 신을(莘乙)이 난데 없이 신을(辛乙)로 되었으니
숲우거진 들마을 내건너 산기슭 총각,처자바우 전설 전해지고
새직거레,운둘막,독새보 모두가 내와 숲 어울리는 이름이네
섬덤배기, 부웅디미, 상추보, 샘바대
듣기만해도 무엇인지 알겠네
그 좋은 숲 오래된 나무
고속철도에 받치고
다시 정한 동제목
제단석도 크고 나무숲 좋다지만
옛것 보다 못하네

그래도 지키는 고향 마을
버릴 수 없어
살아가는 사람들
아름답기만 하여라.

| 동제 |

나무 : 전의 동제목(느티나무 다섯 그루, 포구나무 세 그루,느티나무에서 지냈으나
2004년 경부고속 철도 공사로 인해 이 마을 당나무가 고속철도 부지에 들어
감으로 해서 지금은 느티나무가 열두 그루가 있는 곳으로 옮기어 중앙에 있는
두 그루에 큰 상석을 놓고 지내고 있다.
제일 : 정월 대보름날.
제관 : 한 사람이 지냈으나 요즘은 마을 청년들이 지냄.
제물 : 집집마다 돈을 거두어 장만함.

덕천2리 신을 당수나무(느티나무)

덕천2리 신을 동제단

어분골 : 산봉우리가 다섯 개 중 제일 위에 있는 봉우리로 산을 업고 있다는 데서 나온 이름.

윗중골 : 산봉우리 중앙의 위쪽이란 뜻.

어두분골 : 산봉우리 다섯 개 중 제일 중앙에 있는 봉우리로 어둡다는 뜻.

아래중골 : 산봉우리 다섯 개 중에서 아래쪽에 있는 봉우리.

공동산 : 공동묘지가 있는 산.

서당골 : 서당이 있던 골짜기.

앞들 : 마을 앞에 있는 들.

동보도랑 : 동보물이 내려오는 도랑.

대보 : 주변에서 큰 보라는 뜻.

대보뚝 : 대보가 있는 뚝. 큰내의 뚝을 말한다.

대보들 : 대보물을 대는 들.

샘바대 : 논바닥에 물이 새는 곳. 샘같이 물이 많이 새어나와 바다를 이루는 곳.

바댓보 : 샘바대에 물을 대는 보.

동보들 : 동봇물을 대는 들.

중봇거레 : 이조1리 갬디미와 신을 중간에 있는 거리. 이 지방에서는 '거리'를 '거레'라고 한다.

신을들 : 신을 마을 앞에 있는 들.

상추보 : 물 상치가 많이 있는 보. '물질경이'을 이 지방에서는 '물상치' 또는 '물상추'라 부른다. 물이 깊고 물상치가 많이 나는 보라고 한다.

숲각단 : 숲이 있는 마을이란 뜻인데, 이마을 당수나무가 있다. 숲이 있는 작은 마을.

가매방구 : 가마 같이 생긴 바위. '가마'를 이 지방에서는 '가매'라 하고 바위를 방구라 한다.

총각바우 : 총각들이 많이 놀던 바위라 한다. 처자바우 아래쪽에 있는 바위. 전설에 의하면 어린애를 업고 가던 처녀가 미끄러져 바위가 된 것을 보고 너무나 애통해서 가까이 가지는 못하고 멀리서 바라보다 바위가 되었다 한다. 또는 처녀가 떠내려올 듯 기다렸으나 떠내려오지 않고 바위가 된 것을 보고 애통하게 여겨 바위가 되었다고도 한다.

갱빈 : 마을 앞의 강변. 강이 비었다고 갱빈이라고 한다. 신을 앞에 있는 강변, '강변'을 이 지방에서는 '갱빈'이라고 한다.

신을보 : 신을 마을 앞에 막은 보

섬뜸배기 : 섬같이 생긴 논이 있는 곳,

부웅디미 : 옛날에 부엉이가 많이 와서 울던 곳. 부엉이를 이 지방에서는 부앵이라고 한다.

남끝들 : 남쪽 끝의 들이란 뜻.

당고개 : 신을서 전포 산수골로 가는 고개인데 고개마루에 돌무더기 당이 있었다.

섶갓 : 마을 앞산으로 울섶을 한 듯이 우거지게 한 산.

불선방구 : 불을 서고(켜고)빌던 바위를 이 지방에서는 방구 또는 바우라고 함

처자바우 : 여인이 어린애를 업은 듯한 바위. 총각 바위 위에 있는 바위. 전설에 의하면 처녀가 어린애를 업고가다가 신이 벗어져서 주워로 가다가 미끄러져서 바위가 되었다 한다.

아래찡골 : 산골짜기 중에서 아래쪽에 있는 골짜기.

윗찡골 : 산골짜기 중에서 위쪽에 있는 골짜기.

상수보 : 주상수라는 사람이 막은 보라고 한다.

독새보 : 둑과 둑 사이에 있는 보 라고 한다.

새직꺼래 : 숲이 있어 새가 많이 지껄이는 곳.

운둘막 : 웅덩이 뚝에 막이 있던 곳, 운은 웅덩이를 뜻하고 둘은 둑을 말한다.

신을바대웅딩 : 신을 들의 바닥에 있는 웅덩이‘, 웅덩이’를 이 지방에서는 ‘웅딩’ 이라고 한다.

돌감나무 : 돌감나무가 있는 주변을 말한다.

윗각단 : 이 마을의 위쪽에 있는 마을.

아래각단 : 이 마을 아래에 있는 마을.

서당고개 : 신을서 전포 산수골로 가는 고개인데 전포 산수골에 서당이 있는 고개란 뜻.

섬덤배기 : 섬띠기로 벼수량이 많이 나는 논을 말한다. ‘많은더미’ 를 ‘덤비기’ 라 한다. 그만큼 땅과 물이 좋은 논들이다.

앞섶갓 : 울섶을 한 듯이 우거지게 한 산. 섶갓을 마을마다 있는데 마을에서 보면 흉하게 보이는 곳을 숲이 우거지게 하는 산이다.

숲각단 : 숲이 우거진곳에 있는 마을.

숲도가리 : 숲 근처에 있는 논을 말한다.

감나무도가리 : 논뚝에 감나무가 있는 논.

덕천2리 노거수

덕천2리 신을 느티나무 숲

본래는 느티나무 다섯 그루 포구나무 세 그루였으나 2004년 1월 경부고속철도 공사로 인해 베어 버리고 지금은 다시 느티나무 열두 그루가 있는 곳으로 옮겨 동제를 음력 정월 보름날(음 1월 15일) 지내고 있다.

- ■나무나이 : 100년
- ■높이 : 20m
- ■둘레 : 220㎝
- ■첫가지높이 : 8m

| 사라진 나무 |

덕천2리(신을) 마을 숲

이 마을에서 동제목으로 오랫동안 모셔왔으나 경부고속철도 공사 시작할 때인 2004년 초에 베어 버렸다. 그 자리는 현재 경부고속철도교량이 놓여져 흔적조차 알 수가 없다.

- ■나무이름 : 느티나무 다섯 그루, 팽나무 세 그루(동제목)

1992년 없어지기 전의 덕천2리(신을) 마을 숲

2014년 덕천2리(신을) 나무 있던 자리의 모습

덕천3리
숯가마골,남성미,골안,쇠비산

숯가마골

이 마을의 성부산 아래에 신라시대 유리 굽던 가마터가 있는 곳으로 유리를 구울 때
는 숯으로 구웠다는 데서 이 마을을 숯가마골로 부른다. 그런데 요즈음은 검은 '현'
(玄)자를 따서 현동(玄洞)이라 부르고 있다. 평해 황씨들이 많이 살고 있다.

덕천3리 숯가마골 전경

숯가마골

오배들 토기 좋아 옥배로 받들고
토기 굽은 가마 숯 많다 숯가마골
매미골에 묘 많아 고속 철도 공사로 발굴작업하고
앞니 처럼 튀어나온 앞니비알
벼락친 베락통
기와굽은 앳골새
검고 빛나는 옥같이 고운 그릇 많이 구워낸
오배들과 그곳에 막은 오배지
목같이 생긴 목고개
기와,토기와 관계 있는 이름 많은 마을
성부산 뻗어오다 잠시 멈칫하는 사이
그 얹저리
앞은 확트인 들판
세차게 내달려가는 고속열차
뜬구름처럼
흐르는 세월
변하는 세상
토박이들은 산밑에서 옹기 종기
모여사네

앞니비알 : 앞니 같이 툭 튀어 나온 산 비탈.

강개우골짝 : 강씨들이 살던 골짜기라 함. 또는 강한 사람이 묻힌 곳이라 한다. 이곳의 고분에서 청동기마인물상이 출토 되었다.

사창들 : 옛날에 쌀 창고가 네 개 있다고 해서 붙인 이름인데 사체 즉 죽은 사람들의 많이 묻힌 곳으로 볼 수 있다. 경부고속 철도 공사 때문에 발굴 작업을 했는데 수많은 고분이 있었는데 많은 유물이 출토 되었다. 그런데 들이 넓어 쌀농사를 많이 짓다보니 쌍 창고나 네 군데나 있었다고 한다.

솔안들 : 솔안에 있는 들.

능끝들 : 경덕왕릉 아래 있는 들.

놀골 : 노루가 많이 다니던 골짜기.

외빌도랑 : 오배지 못 도랑을 말함.

숯가마골도랑 : 숯가마골 앞을 흐르는 도랑.

외빌들 : 토기를 굽던 가마가 있던 곳, 고배같은 토기를 많이 굽던 곳으로 옥배가 오배가 되고 외빌로 부르게 되고 그곳에 있는 들.

베락태 : 옛날에 벼락이 친 곳.

능골새 : 능이 있는 골. 신라35대 경덕왕릉이 있는 골짜기.

외빌못 : 외빌들에 있는 못(오배지).

삭다리못 : 사따구니 같이 생긴 곳에 막은 못이란 뜻. 큰못밑에 있는 작은 못이라는 뜻. 큰못의 사타구니에 있는 못이란 뜻이다. 또는 섶다리를 놓았던 곳에 막은 못이라고도 한다. 섶다리가 삭다리로 불리게 된 것이다.

앳골새 : 윗골. 즉 기와나 토기을 굽던 곳을 말한다 윗골을 앳골새라 한다.

노리고개 : 노루 꼬리같이 생긴 고개. 숯가마골서 구왕골로 가는 고개.

삼구딩 : 옛날에 삼을 익히던 구덩이가 있던 곳.

매미골 : 사람을 많이 묻은 ‘묘골’이란 뜻의 골짜기, 사람을 묻는 곳으로 매는 매장을 뜻하고 ‘미’는 묘를 말한다. 그래서 사람 묻은 묘가 있는걸로 보면 된다.

매미골못 : 매미골에 있는 못.

매물거랑 : 맑은 물이 흐른다는 거랑 즉 맬간물이 흐른다는 뜻의 내이다. ‘맑은 것’을 이 지방에서는 ‘맬갛다’고 한다.

심골새 : 나무 심같이 깊은 골이란 뜻이다.

안골새 : 마을 안쪽에 있는 골이란 뜻.

목고개 : 사람 목같이 생긴 고개, 숯가마골서 외말로 넘어가는 고개.

화실못도랑 : 화곡 못물이 흐르는 도랑.

골애도랑 : 늘 물이 고여 있는 논에 물을 대는 도랑. 고논을 이곳에서는 골애라고 한다.

새보 : 새로 만든 보란 뜻.

골애보 : 늘 물이 고여 있는 논에 물을 대는 보

앳골새 : 기와 굽던 곳을 윗골 하던 것이 앳골로 바뀐 것 임.

밀도가리 : 밀만 재배하던 논.

골애 : 늘 물이 고여 있는 논.

산수골 : 황씨들의 산소(묘)가 많은 곳.

외빌 : 옛날 토기를 굽던 가마가 있는곳 기와 굽던 곳을 와골 하던 것이 외골 또는 윗골 하던 것을 외빌로 불리게 된 것이다.

오배지 : 옥배 하던 것이 오배로 불리게 되었는데 고배같은 토기를 많이 굽던 곳에 막은 보.

오배골 : 옥같이 고운 고배같은 것을 굽던 것을 말한다. 옥배가 오배로 불리게 된 것 이다.

오묵골 : 오목하게 들어간 골짜기.

남성미

성부산 남쪽 줄기의 제일 끝에 있는 마을로서 성부산을 별산으로 보면 제일 남쪽 별 꼬리에 해당하는 마을이라는 뜻이다. 그리고 유독 남쪽끝의 별만 꼬리가 달린 듯이 보인다고 해서 남성미라고 한다. 남쪽 끝자락 산밑에 이루어진 마을인데 이곳은 뒷산과 앞들 모두가 고분군이라 지배층들이 묻힌곳으로 하늘의 별들이 묻힌 곳으로 보면 된다. 이곳에서 청동기마 인물상과 각종 토기등이 많이 발굴되기도 하였다 그래서 신라시대 수많은 장수들이 묻힌 것으로 볼 수 있다. 남쪽 끝의 별이란 뜻으로 보면 된다.

덕천3리 남성미 전경

남성미

성부산 남쪽 끝자락에 자리잡은 마을
산의 제일 끄트머리에 바위 있고 묘있는곳
남쪽 끝의 별이다
많은 별들이 살다가 묻친 곳
온 마을 들판을 파면 팔수록
옛 무덤 흔적이 나오고
강개울 골짜기 강씨들이 살던 골짜기란 곳에
기마 인물상이 나와 모든 사람 놀라게 하고
모래가 모여 이룬 들판 모래뿔 앞
무덤인지 많은 흔적 나오고
냇가에 왕버들,팽나무 마을 지킴이 신으로
잘 지내 왔으나 도로 낸답시고 왕버들 없애 버림은
아쉬운 옛 정취 그립다.

산등성이 끝자락에
길게 늘어진 마을
앞에 확트인 들판
고속 열차가 별처럼
반짝
남쪽으로 세차게 지나가네.

| 동제 |

나무 : 포구나무(팽나무)한 그루(동제목, 주변에 느티나무 한 그루), 떡버들(왕버들)
　　　한 그루(1992년 용박도로 내면서 없애버림).
제일 : 음력 정월 보름날(음 1월 15일).
제관 : 마을유사.
제물 : 동자금.

덕천3리 남성미 당수나무(팽나무)

| 토박이 땅이름 |

골애도랑 : 고논이 있는 도랑.
외빌보 : 외빌 도랑을 막은 보.
외빌도랑 : 토기 가마가 있던 곳에서 흘
러내리는 도랑.
동보들 : 동보물을 대는 논들.
동보거랑 : 동보물이 흐르는 내.
남성미뒷산 : 마을 뒤에 있는 산.
골애 : 늘 물이 고여 있는 논.
외빌들 : 기와를 굽던 가마터가 있는 들.
사창들 : 쌀 창고가 네 개 있었다는 들.
모래뿔 : 모래가 밀려와서 이루어진 들.
심골짝 : 골짜기가 심을 박은 듯이 깊은 골.

이장 전운종씨에게 땅이름을 묻고 있는 필자

강개울골짜기 : 강씨들이 살았다는 골짜기 강씨들은 속되게 말할 때는 강개들이라 한
다. 그리고 이 골짜기의 고분에서 청동기마인물상이 나온 것을 보면 강한 사람이 살
다 묻힌 것으로 보아도 된다.

골안

숯가마골 안 골짜기로서 이 골짜기에 신라 때 유리 굽던 가마터가 있다고 한다. 지금은 이 마을에 경부고속철도가 지나가고 있다.

덕천3리 골안 전경

| 동제 |

현재는 안지냄

골안

성부산 남쪽 골짜기 안쪽 마을
앞은 못물이 유리알 처럼 맑게 비치는 가운데
유리만든 곳 있었다 하여 정골이라 하거늘
밥부제산에 주개등,번개등에 긴미떵
좁은 골짜기에 팥밭이뤄 살던곳
화실로 넘어가는 화실고개 그곳에 화실 골짜기
냄비로 넘어가는 냄비고개,냄비골
또 하나의 고개는 질매재라 하네
골짜기라 고요한가 하였더니 고속 철도가 세차게
지나가 시끄럽기도 하네
그래도 살던곳 버릴수 없어
살아가는 사람들

정골 : 신라 때 유리 굽던 터가 있던 골.

정골짜기 : 신라 때 유리 굽던 터가 있는 골짜기.

안골 : 마을안 깊숙이 있는 골짜기.

동전미 : 골안 앞산을 말함. 즉 마을 앞산.

밥부제산 : 밥상보 같이 펼쳐진 산등성이. '밥부제' 는 '밥상보자기' 의 방언.

오묵골 : 오목하게 들어간 골짜기라 함.

큰갓 : 산이 크다는 뜻.

화실고개 : 골안서 화실 넘어 가는 고개.

냄비고개 : 골안서 냄비 넘어 가는 고개.

번개등 : 번개가 많이 치면서 벼락이 친 산등.

주게등 : 주걱 같이 생긴 산. '주걱' 을 이 지방에서는 '주게' 라고 한다.

팥밭골 : 화전민들이 파서 일군 밭.

긴미등 : 묘가 길게 늘어 있는 등성이.

오배들 : 흙이 검다는 들. 신라때 유리 굽던 가마터가 있었는데 유리를 굽느라고 흙이 검어졌다 함. 옥같이 고운 고배나 그릇을 만든 가마터가 있는 곳. 옥배가 오배로 바뀐 것이다.

골안들 : 골안에 있는 들.

오배지 : 옛가마가 있었던 터에 막은 못.

골안못 : 골안 앞에 있는 못.

정골못 : 정골에 막은 못.

벼락등 : 벼락을 맞았다는 산의 등.

질매재 : 소질매 같이 생긴 고개인데 화곡(화실)으로 넘어가는 고개.

화실골짜기 : 화실로 넘어 가는 고개 아래 있는 골짜기.

냄비골 : 냄비로 넘어 가는 고개 아래 있는 골짜기.

쇠비산

이곳은 산을 보면 동쪽의 제일 끝자락 산인데 동쪽의 꼬리산이란 뜻이다. 새는 동쪽을 말하고 비는 꼬리를 말한다. '새비' 하는 것이 부르기 쉽게 쇠비로 바뀐 것임. 소꼬리 같이 생긴 산 밑에 있는 마을이라고 흔이들 한다. 그리고 뱀 같이 생긴 산이라 하여 사비 산 이라고도 한다 함. 그러나 이 산은 동쪽 끝에 있는 산이라고 할 수 있다. 그 산 아래 마을이다.

덕천3리 쇠비산 전경

| 동제 |

현재는 안지냄

쇠비산

성부산 등줄기 뻗어 나와
넓은 들판 힘차게 내달리는
소꼬리 치켜들고 가는모습
묘하게 생겼네
갬디미서 보면 쇠비산 뒤에 성부산
꼬갈쓴 모습
반대편 둥굴에서 보면
넙쩍 번철뒤에 성부산 꼬깔슨 모습
아니 성부산은 이래서 성스러운 산인가 보다
쇠비산은 소꼬리산이 아니라
동쪽끝이 아닌가
동쪽으로 힘차게 내달려 가니 말이다.
그래서 나팔같이 생긴 나팔산이라 하네
목고개 넘어 벼락친 벼락통
샘바대샘물받아 농사 짖는
정다운 곳
쇠비산 모퉁이
동보 거랑 끝이자
마도랑 이어지는 곳
넓은 들판 바라 보는
풍요속에 깃든 곳

벼락통 : 벼락은 친곳이라 하는데 전하는 바에 의하면 경덕왕릉을 도굴해 가던 도굴꾼이 벼락맞아 죽은 곳이라 한다.

나발산 : 나발 같이 생긴 산이란 뜻인데 이 산을 남성미 숯가마골에서 보면 나발 같아서 나발산이라 하고 부지쪽에서 보면 소꼬리 같아서 쇠비산이 라고도 하고 우산이라고도 함. 그리고 어떤 사람은 뱀 같이 생겼다 하여 사비산이라고 도 한다 함.

외비들 : 오배지 못물을 받아서 농사 짓는 들.

화실못도랑 : 화실 못물이 내려 오는 도랑.

새미바대 : 샘이 있는 들로서 샘물을 받아대는 논들.

동보거랑 : 동보물이 흐르는 내.

쇠비산모팅 : 쇠비산이 있는 모랑지.

목고개 : 쇠비산서 외말 경덕 왕릉쪽으로 넘어가는 고개인데 사람 목같이 생긴 고개.

골애 : 늘 물이 고여 있는 논이 있는 곳.

동보들 : 동보물을 대는 들.

산수골 : 황씨들 묘가 많이 있는 골.

쇠비산고래장 : 쇠비산 북쪽에 석실 고분이 있는데 신라시대 석실 같은데 어느 때인가 도굴을 당하여 폐 고분이 되어 있다.

능골 : 경덕왕릉이 있는 골짜기 신라35대 경덕왕릉은 사적 23호이다. 호석이 둘러 있고 십이지신상이 조각되어 이으며 난간석도 둘러 있고 상석도 완벽하게 남아 있다.

쇠비산들 : 쇠비산 아래 있는 들.

새비산 : 마을에서 보면 동쪽의 제일 끝자락에 있는 산으로 동쪽을 새라고 하고 비는 나는 것을 말하는데 동쪽 끝산이라고 할 수 있다. 동쪽으로 날아가는 형상의 산이라 할 수 있다. 흔히들 쇠비산이라 소꼬리 같이 생긴 산이라 하고 뱀같이 생신 산이라 사비산이라고도 부르지만 동쪽의 끝산으로 동쪽으로 날아가는 산으로 보는 것이 타당하다.

덕천3리 노거수

덕천리 남성미 팽나무

이 마을에서 해마다 음력 정월 대보름 새벽에 동제를 지내는 동제목이다. 용장서 박
달가는 도로 내기 전에는 바로 옆 냇가에 왕버들떡버들나무가 한 그루 있었는데 도
로를 내면서 없애버린 것은 너무나 안타까운 나무였다. 나무가 뒤틀리면서 매우 보
기 좋은 나무였다.

- 나무이름 : 팽나무(동제목) 한 그루, 느티나무 한 그루
- 나무나이 : 250년
- 둘레 : 230cm
- 첫가지높이 : 140cm
- 나무높이 : 8m
- 목적 : 동제목
- 나무상태 : 양호

덕천3리(남생미)

팽나무와 왕버들이 있었는데 마을 냇물이 이 나무를 휘감아 가서 참 운치 있었는데
1992년도로를 내면서 나무를 없애버렸다고 한다.
  ■ 나무이름 : 왕버들(떡버들, 동제목)

1987년 5월 없어지기 전 팽나무 한 그루,
왕버들 한 그루

2012년 없어진 후의 모습

덕천3리(남생미)

팽나무와 왕버들이 있었는데 마을 냇물이 이 나무를 휘감아 가서 참 운치 있었는데
1992년도로를 내면서 나무를 없애버렸다고 한다.

〈안심리 약도 추가〉

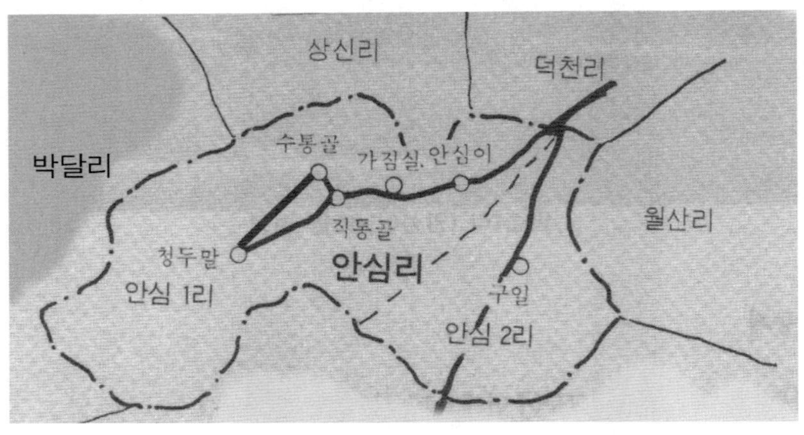
상신리
덕천리
박달리
수통골
가짐실. 안심이
월산리
직동골
청두말
안심리
안심 1리
구일
안심 2리

10

안심리
(安心里)

마을 위 청두말에 봉화대가 있었는데 난이 있을 때마다 봉화불을 올리므로 안심하고 피난 갈 수 있고 안심하게 살 수도 있었다는 곳이다. 임진왜란 때 강릉 박씨가 피난와서 안심하고 지낸 곳이라고도 한다. 그리고 옛날에 물 좋고 나무 많고 주민들이 잘 화합하여, 난이 있을 때 마다 다른 마을사람들은 피난을 가야했지만 이 마을 사람들은 피난을 가지 않아도 안심하게 살 수 있었다고 한다. 행정구역 개편 때 안심이 청두말, 직통골, 수통골을 안심1리라 하고 구일을 안심2리라 했다.

안심1리
안심이,청두말,직통골,수통골

안심이

이 마을 위에 봉화대가 있는데 난리 때마다 봉화불을 올리면 안심하고 피난 갈 수도 있고 안심하고 살 수도 있다는 곳이다. 임진왜란 때 강릉 박씨가 이곳에 피난 와서 안심하게 지낸 곳이라 한다. 그리고 옛날에 주민들이 잘 화합하여 난이 있을 때 마다 다른 마을사람들은 피난을 가야했지만 이 마을 사람들은 안심하고 살 수 있었다는데서 안심이라 하였다.

전설에 의하면 황제, 후주, 태공이 가마바위에서 가인을 하여서 안심하고 살 수 있었다는 데서 안심이라 했다 함. 깅릉 박씨들이 많이 살고 있다.

안심1리 안심이 마을 전경

안심이

옛 전설에 황제,후주,태공 세사람이 가인석에 가인하여
난리통에 안심하게 살던 마을이라 하여 황제 후주 태공 봉이 있고
가인했다는 가마바우가 들판 논뚝에 천대꾸러기로 남아있네
마을앞 당수나무 길손을 맞이 하는 가운데
청두말 봉호골에 연기 피어 오르면 태공, 후주 황재봉이 정기 받아
안심하게 지내고 있네
옛날 난리에 이곳으로 피난 오니
청두말 봉호골 흰연기 보고
안심하던 곳
강기당은 강씨 살던 곳
마당재 넓은 고갯 마루
덤밭골 들어 엎친골
범정골에 범나오고 장등골 긴등성이
골짜기 등성이 벗삼아
안심하게 살던 곳이란다

늘복골 넓은 골에 정 붙이고
맹맹바우 맹맹울던 산비알
매일 매일 오르던 옛날이 그리워라.

붉은 흙속에 황제 같은 사람 많이 묻힌 황제봉
태묻은 태공봉
마을뒤 대나무 많은 후주봉
가마같이 네모진 가마바우
안심하게 살라고 좋은 이야기 전설 이어져
오는 마을.
꿈같은 옛날이어라.

| 동제 |

나무 : 느티나무 여러 그루(주변에 느티나무 세 그루가 있다) .
제일 : 음력 정월 보름(음 1월 15일)
제관 : 뜻있는 동민들.
제물 : 돈을 거두워서 장만함.

안심1리 안심이 당수나무(느티나무)

| 토박이 땅이름 |

화산 : 꽃이 많이 피는 아름다운 산이라 한다. 특히 봄에 진달래가 많이 피는 산이라
한다.
강개등산 : 강씨들이 살던 산이라 한다. '강씨'를 속되게 말할 때 '강개'라고 부른다.
봇갓 : 보에 딸린 산인데 보 소유의 산이다. 이 산의 나무를 베어가지고 해마다 홍수
에 떠내려간 보를 막았다고 한다.
황제봉 : 황재 같은 사람들이 많이 묻힌 곳이라고도 한다. 그래서 그런지 이곳에 옛
무덤이 많다. 붉은 흙이 많아 황주골 하던 것이 황제봉이 되고 전설에 의하면 가마
방구에서 태공, 후주, 황제가 의논한 결과 황제는 황제봉이 되었다고 함.
황제골 : 황제봉 아래 있는 골짜기

후주골 : 후주봉 아래 있는 골짜기.

후주봉 : 마을 뒤에 대나무가 많아 후죽하던 것이 후주봉이 되고 그기에 대한 전설이 전한다. 전설에 의하면 가마바우에서 황제와 태공, 후주가 의논하여 후주는 후주봉이 되었다고 한다.

태공봉 : 옛날 어느 누가 태를 묻은 태봉이 태공봉이 되고 그기에 대한 전설이 전하는데 다음과 같다. 가마 바위에서 황제와 후주, 태공이 의논하여 태공은 태공봉이 되었다 한다.

가마바우 : 고인돌인데 가마같이 네모진 바위이다. 전설에 의하면 황제와 태공, 후주 세사람이 의논 하면서 가인한 바위. '가인석' 이라고도 함. 그리고 세 사람이 의논하여 황제는 황제봉이 되고, 태공은 태공봉이 되고, 후주는 후주봉이 되었다고 한다. 그래서 안심이 사람들이 늘 안심하게 살고 있다고 한다.

가마바우

가암실 : 아름다운 바위가 있는 골짜기.

가짐실 : 가마같이 생긴 바위가 있는 골짜기.

절갓 : 절 소유의 산.

동구들 : 마을 들머리에 있는 들.

피밭골 : 피가 많이 있던 밭의 골짜기. 옛날에 피를 재배하여 먹거리로 사용한 밭이 있는 골짜기.

뒷논들 : 마을 뒤에 있는 들.

큰들 : 이 마을에서 제일 큰 들.

늘복골 : 넓은 골짜기.

밀개산 : 벼나 보리 등을 말릴 때 쓰는 기구인 밀개 같이 생긴 산. 고무래를 이 지방에서는 '밀개' 라 한다.

치고개 : 꿩이 많은 고개.

중골 : 마을 중간에 있는 골짜기.

북골 : 마을 북쪽에 있는 골짜기.

마당재 : 마당같이 넓고 단단한 고개.

강기당 : 강씨들이 살던 곳이라 한다. 강씨을 속되게 말할 때 강개라 하는데서 강개

당 하는 것이 강기당으로 불리게 된 것이다.

듬밭골 : 다른 지대 보다 높은 곳에 있는 밭의 골.

송골 : 좁은 골짜기. 좁은 것을 보고 솔다고 하는데서 솔골이 송골이 된 것이다.

국골 : 국자 같이 생긴 골짜기.

범정골 : 옛날 범이 살았다는 골짜기. 또 옛날 절이 있었는데 절의 법당이 있던 곳이라해서 법당골이 범정골로 불리게 되었다고 한다.

가인석 : 들 복판에 있는 아름다운 바위라 하는데 전설에 의하면 옛날 황제, 태공, 후주 세 사람이 의논하여 기인한 바위라 한다.

황주골 : 황색과 주황색 흙빛이 나는 골짜기.

장등골 : 산등이 길게 뻗어 내려온 산의 등

배나무등 : 배나무가 많이 있는 산의 등

법당골 : 옛날 절의 법당이 있던 골.

배리갓등 : 배리 사람 소유의 산과 등. 배리는 경주시 배동을 말한다. 지금은 경주시 배동이지만 1975년 10월 경주시에 편입되기 전에는 월성군 내남면 배리였기 때문에 배동사람 소유를 배리갓등이라 한다.

딱밭골 : 닥나무가 많은 골 닥나무는 한지를 만드는 나무이다.

등밭골 : 등성이에 있는 밭을 말한다.

맹맹이바우 : 맹맹이라는 새가 많이 날아 와서 울던 바위 '맹맹이' 라는 새는 '칼새'를 말한다. 칼새를 맹맹이라고 말하는데 칼새과에 딸린 철새로 몸은 검은 갈색과 흰색으로 높은 산에 많이 산다.

맹맹이비알 : 맹맹이 새가 많이 날아오는 바위가 있는 산비탈.

아래각단 : 이 마을 아래쪽에 있는 마을.

윗각단 : 이 마을 위쪽에 있는 마을.

배리갓 : 경주시 배동의 사람소유의 산. 배동을 배리라고 한다.

진등 : 산등이 길게 뻗어 내려온 등.

수통골

이 마을에 귀샘이란 샘이 있는데 맑은 물이 새어 나와서 물통 역할을 한다고 해서 한자로 표기하는데 수통(水桶)이라고 부른다. 골짜기에서 내려온 물이 이 동네를 지나는데 수통과 같은 역할을 해준다고 해서 수통골(水桶)이라 부른다. 그리고 이 마을에 귀한 사람이 도를 닦았다고 하기도 하고, 머리가 능통한 사람이 묻힌곳이라고 한다. 그 사람들의 묘같은 큰 옛무덤이 있는가 하면 질암 최벽의 묘도 이곳에 있다. 그래서 수통(水桶) 골이라 한다. 귀한 샘에서 물이 새어 나오니 그 샘이 바로 물통인 것이다. 그래서 한자로 수통(水桶)이 된다. 그런데 조선조 때 대학자인 질암 최벽의 무덤이 귀샘 위에 있다보니 머리가 능통한 사람이 묻힌 곳이라 수통골이라 해야 한다는 사람도 있다.

안심1리 수통골 전경

안심1리 수통골 귀샘이

수통골

물많이 가득 담은 물통같은 샘이 있는 마을
산골짜기에 이 샘 하나로 온 마을 사람들이 살아 가고 있으니
이 샘의 물이 귀하다는 귀샘이라
그래서 그런지
귀하고 귀한 사람이 묻혀있네
깊고 깊은 고개란 아홉사람이나 넘어야 한다는 아홉살이
숯굽은 숯굴배기에
무제 지냈다는 무지방골
앞산은 꽃피는 화산이고
마을앞 당수나무는
귀한 손님 맞이하고
산골짜기 작은 마을 농토는 묵어가고
떠나가는 사람들에
찾아오는 사람들은 무엇인지

문같은 문바우에
서있는 섬바우
갖가지 바위 이름에
모두다 사연 있어 이름 있겠지
귀한 샘 하나로
이 마을 사람 다 살아 왔으니
귀하고 귀한 샘물 받아 농사 짓고 먹고 살아 왔으니
물통은 큰물통 귀하고 귀하구나
그래서 그런지 귀하고 귀한 사람 묻히고
귀한 손님 많이 찾아오네.

| 동제 |

나무 : 느티나무 한 그루, 팽나무 한 그루.
날짜 : 정월 대보름날.(음 1월 15일)
제관 : 한 사람 지냈음.
제물 : 돈을 거둬서 지냄 현재 안 지냄.

안심1리 수통골 당수나무(느티나무와 팽나무)

| 토박이 땅이름 |

무지방골 : 무제(기우제) 지내던 산이 있는 골. 기우제를 이 지방에서는 '물' 에 지내는 제사' 라고 '물제' 하는 것을 '무제' 또는 '무지' 라고 한다.
자라등 : 자라(거북)같이 생긴 산등.
능등 : 능 같이 큰고분이 있는 산등.
북골 : 이마을 북쪽에 있는 골짜기.
단지목골 : 단지목(옹기목)같이 생긴 골. '옹기 '를 이 지방에서는' 단지 '라고 한다.
귀샘 : 귀한 샘이 있는 골. 이 샘 때문에 수통골이라 한다.
작은바우 : 큰바위에 비해 작은 바위인데 주변 다른 바위에 비해 작은 바위.
큰바우 : 주위에서 제일 큰바위.

납닥바우 : 넓적한 바위 넓적한 것을 이 지방에서는 '납닥' 이라고 한다.

진바우 : 길다란 바위. 길다는 것을 이 지방에서는 질다고 한다.

탕건바우 : 탕건 같이 생긴 바위.

예수바우 : 여우가 많이 살던 바위. 이곳에서는 여우를 예수라 함.

섬바우 : 서 있는 바위를 말한다.

문바우골 : 문같이 생긴 바위가 있는 골짜기.

문바우 : 문같이 생긴 바위.

분등비알 : 옛날에 풋거름을 하기 위해 풀을 베고 가꾸던 산등의 비탈.

자래등 : 자라같이 생긴 산등

앞산골 : 마을앞에 있는 산의 골.

화산 : 꽃처럼 아름다운 산. 봄이면 진달래가 만발한 산.

우마시 : 윗마을을 말한다. '윗마실' 이 '우마시' 로 바뀌었다.

귀삼 : 귀한 샘이 있는곳 문둥병도 고쳤다고 한다. 귀샘이 귀삼으로 브르게 된 것이다.

중마고개 : 마을과 마을 사이에 있는 중간 고개. 수통골서 청두말로 가는 고개.

아홉살이 : 아홉 사람이나 많이 넘어 다닐 만큼 험하고 무서운 고개란 뜻의 고개. 또는 아홉 살이나 되어야 넘어 다닐 수 있듯이 험한 고개.

분등 : 풋거름을 하기 위해 풀을 베던 산등.

수통골 : 물의 통같은 역할을 하는 귀샘의 물이 흘러 내리는 골짜기를 말한다.

새천골 : 동쪽으로 난 골짜기에 샘이 있는 골.

평바우골 : 편편한 바위가 있는 골.

평바우 : 편편한 바위를 말한다.

큰들 : 이 마을에서 제일 큰들.

말바우 : 곡식을 되는 네모진 말(斗) 같이 생긴 바위.

말배미 : 옛날 말(馬)을 매어 놓던 논.

물방거리 : 옛날에 물레방아가 있던 곳.

동구밑 : 마을을 들어오는 아래를 말한다.

동구밑들 : 마을 들어오는 아래에 있는 들.

등밑 : 마을 앞에 못뚝 같은 등이 있는 밑을 말한다.

상괘도가리 : 위쪽에 있는 논을 말한다.

무질도가리 : 물길 논 뙈기, 이 논의 아래 위에 논이 있는데 위에 있는 논이 물좋고 아래있는 논이 물 사정이 안좋을 때 이 논으로해서 물을 대기 때문에 물길 역할을 하는 논이기 때문에 무질 도가리라 한다. 물길을 무질로 불리게 된 것이다. 이 지방에서는 '물' 을 '무' 로 말하고 '길' 을 '질' 이라 한다.

당수나무도가리 : 마을 동제를 지내는 당수나무가 있는 논. '당산나무' 를 이 지방에서는 '당수나무' 라 한다.

칼치도가리 : 칼치같이 길게 생긴 논.

큰도가리 : 근처에서 제일 큰 논.

평바우들 : 편편한 바위가 있는 논을 말한다.

곧음골 : 똑바른 골짜기를 말한다. '똑바른다' 는 것을 여기서는 '곧' 다고 한다.

물골 : 물이 많은 골.

가마바우 : 가마같이 생긴 바우.

능등 : 능같이 큰 무덤이 있는 산의 등.

숫굴배기 : 숯을 굽던 곳을 말한다.

막도가리 : 옛날 농막이 있던 논뙈기.

아래귀삼 : 귀샘이 있는 아래를 말한다.

윗귀삼 : 귀샘이 있는 위쪽을 말한다.

기차바우 : 기차같이 긴 바위.

빈장뒤 : 빈집 뒤를 말한다.

질암묘 : 질암 최벽(1762~1813)의 묘. 사마시에 합격 후 문과 전시에 장원급제하였다. 사헌부 지평에 제수, 사간원 정언에 부임, 질암 문집이 전하고 있다.

질암 최벽의 묘

직통골

이 마을에서 한지를 만들었는데 한지 만드는 것을 보고 지통이라고 한다. 부르기 쉽게 직통골하면서 물이 똑바로 흐르는 내가 있는 마을이라 하여 직통골이라 부른다고 여기고 있는 사람도 있다. 현재 이 마을에서 한지 만들 때 닥을 두들기던 굵은 돌이 아직도 남아 있다. 그리고 그 후손이 이 마을에 현재 살고 있다. 그래서 지통 한지 만들던 마을이 맞는 것이다.

안심1리 직통골 전경

안심1리 직통골 지통바우(사진 오른쪽이 지통바위에서 닥나무를 두들겨 한지를 만들었던 사람의 아들)

직통골

수통골 맑은 물 굽이쳐 흐르는 냇가에
닥종이 두들겨 만드는 그 솜씨 어디간지
오랜 세월 잊혀진 가운데 찾은 그 돌덩이
사라질듯한 흔적 찾아내고
두들겨 만든 종이 백지라 부르는데
그 만드는 장소 지통이라 하는것이 직통이 되었네
두들겨 빗고 씻어 만든 종이
오래고 오랜 솜씨 잊혀져 가고 없네

여름에 땀 식히는 서나무
산 기슭에 쌓인 사연 간직하고 있네
호박돌백이,심미태,듬밭골,떵골 사연 있어 이름 있지마는
살던 사람 떠나가고 나서
모르는 사람 날로 늘어가네

백지 만든 곳은
알지마는
이제는
점점 멀어져간
옛일이 되었네
빗고 두들기고 씻던
그 돌덩이
고이 간직하고 있는
후손이 있기에
더욱 정이가고
옛날이 그리운 마을이로다.

안심1리 직통골 당수나무(서나무)

나무 : 서나무 한 그루. 현재는 안 지냄. 수령이 300여 년 되었다고 한다.

| 토박이 땅이름 |

장등골 : 산등이 긴 골짜기.

큰갓등 : 갓 같이 생긴 큰 산등.

장앗골 : 장하다는 골짜기. 장한 사람이 살았다는 골.

피밭골 : 피가 많이 나는 골짜기인데 옛날 피를 재배하여 먹거리로 했다고 한다. 피를 가꾸던 밭이 있는 골짜기.

화산 : 봄에 꽃이 많이 피는 산. 특히 봄에 진달래가 많이 핀 산이다.

큰소밭골 : 소를 많이 매워 놓거나 먹이던 곳으로 큰 골짜기.

작은소밭골 : 소를 많이 매어 놓거나 먹이던 곳으로 작은 골짜기.

범바우골 : 범의 굴이 있는 바위가 있는 골.

달래창 : 옛날 군이 진주할 때 무기와 양식을 보관하던 창고가 있던 곳.

교천들 : 교천 최부자 논이 있었던 들. 교천은 현재 경주시 교동을 말하는 데, 경주가 시로 승격되기 전에는 교리라 했는데 경주가 시로 승격되고 부터 교동이라 하고 마을 앞에 내가 흘러 교천이라고도 한다.

호박골 : 돌 호박같이 푹 파인 곳.

홈걸이 : 홈을 걸어 물을 대는 곳.

솔밭 : 소나무가 울창한 곳.

떵골 : 옛날 산에 나무가 없이 붉은 산등.

새밭등 : 억새가 많은 등. 억새를 이 지방에서는 '새' 라고 한다.

심미태 : 심씨들의 묘가 있던 곳.

공동산 : 이마을 공동묘지가 있는 산.

북골 : 북쪽에 있는 긴 골짜기.

호박돌백이 : 돌홈이 있는 곳.

진등 : 산등이 길게 뻗어 내린 등.

장골 : 골짜기가 길고 큰 골.

듬밭골 : 다른 지대보다 높은 밭이 있는 골.

봇갓 : 보소유의 산. 해마다 큰물이 떠내려가면 이 산의 나무를 베어다가 보를 막아 물을 대었다 한다.

조천논 : 경주 교천의 최부자집 논을 말한다. 교천을 조천이라 부른 것이다.

범바우 : 범이 살았다는 굴이 있는 바위.

지통방구 : 옛날 한지를 만들기 위해 닥을 두둘기던 바위. 지금도 000씨 댁에 있다.

소밭골 : 옛날 소를 많이 매어 놓던 곳.

청두말

이 마을 뒤 산등에 봉화대가 있는데, 봉화대에 불을 올리기 위해 푸른 소나무를 많이 가꾼데서 푸른 머리의 마을이란 뜻이다. 봉화대는 산 높은 곳 멀리 보고 전할 수 있는 곳이기 때문이다. 머리처럼 높고 푸른 마을이란 뜻이다. 즉 푸른 숲의 머리 마을이란 뜻이다. 숲이 푸르고 마을이 푸른 것이 으뜸이다 보니 언제나 평화로움의 으뜸인 머리인 것이다. 그리고 봉화대에 푸른 연기가 나는 평화로운 마을이다.

안심1리 청두말 전경

안심1리 청두말 봉오골

청두말

산머리 푸른 소나무 길러
봉화대에 불 올리면
마을머리 푸른 연기보고
마음 놓이고
옛절이 있는 구절에
남자 성기 같다는 역삼에
키(채)같이 생긴 채밭띠기
두들에 홍두깨 이름도 많기도 하다
살던 사람 이름 지어놓고
어디로 사라 졌나

산비탈 가파른 마을
서나무 당수나무 아래
성혈 바위 있고 돌탑 있었지만
옛처럼 비는 사람 없고
믿으려 하는 사람 없다
말메어 놀던 말매미
곡식되는 말(斗)같이 생긴 말바우
물길 역할하는 무질도가리
물방아 있던 물방아거리
감나무 많은 강남골
높고 푸른 등대의 마을
이 마을에 맞는
골골이 이름 있어 좋아라.

프른솔
동대에 봉호골
프로고 하얀 연기보고
안심하게 사는 사람들
언제나 행복하여라.

| 동제 |

나무 : 서나무 두 그루. 수령 150년 정도.
제일 : 음력 정월 대보름날 새벽(음 1월 15일) .
제관 : 동민 전체.
제물 : 돈을 거두어서 장만. 지금은 안지냄.

안심1리 청두말 당수나무(서나무)

| 토박이 땅이름 |

봉우등 : 옛날 봉화불을 올린산의 등. 봉화골이 쉽게 봉우골로 부르는 것이다.
동구밑태 : 마을입구 아래 있는 들. 마을들머리 밑에 있는 들.
돌탑거리 : 돌로 쌓은 탑이 있던 거리.
돈태골 : 돈을 놓고 빌던 골.
무지방골 : 무제(기우재)를 지내던 산등. '기우제'를 '무지' 또는 '무제' 라고 한다.
선도산 : 신선이 내려 왔다는 산으로 복숭아나무가 많았다고 한다.
화산 : 꽃이 아름답게 많이 핀다는 산. 특히 옛날에는 진달래가 많이 피었다. 지금은
소나무가 많이 우거져서 진달래가 없지만 1960년대만 해도 숲이 우거지지 않아서
진달래꽃이 많이 피던 산이다.
구절 : 옛날에 절이 있었다는 곳. 지금도 기와 조각이 나오고 있다.

솔밭골 : 소나무가 많은 골짜기.

역산밭골 : 길게 늘어진 산줄기에 있는 밭골.

절갓 : 절 소유의 산.

얼음골 : 얼음같이 찬 물이 솟는 골.

새비린내밭골 : 새가 많이 비비된다는 밭이 있는 골짜기. 그만큼 새가 많이 날아와서 비비대는 곳이다.

봉오등 : 봉화불을 올리던 산등 봉화골이 부르기 쉽게 봉우골이라 한다.

말바우 : 곡식을 되는 말(斗)같이 생긴 바위.

말매미 : 옛날 말(馬)을 매어 놓던 논.

물방거리 : 옛날 물래방아가 있던 거리.

숯굴배기 : 옛날 숯을 굽던 곳. 또는 숯굽던 굴이 있는 곳.

동구밑 : 마을 들어오는 아래를 말한다.

동구밑들 : 마을 들어오는 아래들.

등밑 : 마을 앞 산등성이 아래.

두들 : 두드러진 곳. 다른 지역보다 높은 곳. '둔덕'을 이 지방에서는 '두들'이라 한다.

안두들 : 두드러진 곳 중 안쪽.

밖두들 : 두드러진 곳 중 바깥쪽.

도진방고개 : 청두말에서 도진방으로 넘어가는 고개.

고사리고개 : 청두말에서 고사리로 넘어가는 고개.

나무신바우 : 나무신같이 생긴 바위.

문바우 : 문같이 생긴 바위.

선바우 : 서 있는 바위.

삼신바우 : 삼신을 풀면서 비는 바위.

큰바우 : 주위에서 제일 큰 바위.

긴바우 : 바위가 길게 생긴 바위.

탕건바우 : 탕건 같이 생긴 바위.

안심1리 청두말에서 서동이씨 부부에게 땅이름을 묻고 있는 필자(2009. 8)

역산 : 남자의 성기같이 뾰족하게 높이 솟은 산. 산줄기가 힘차게 뻗어 내려온 산. 산 생긴 모양이 가늘게 높이 솟아 엿같이 생긴 산인데 엿이 역으로 변한 것이다.

갓골 : 머리에 쓰는 갓 같이 생긴 산.

동쪽골 : 마을에서 보면 해뜨는 동쪽편에 있는 산.

등골 : 언덕이 사람 등같이 불룩한 골짜기.

채밭대기 : 키 같이 생긴 산. 곡식을 고를 때 쓰는 '키'를 보고 이 지방에서는 '챙이'라고 한다.

등밑골짜기 : 등아래 있는 골짜기.

감남골 : 감나무가 있는 골짜기. '감나무'를 '감남'이라고도 한다.

새밭등 : 억새풀이 많은 등성이. 억새를 이 지방에서는 '새'라고 한다.

중마고개 : 청두말서 수통골로 가는 고개. 마을의 중간에 있는 고개

새천비알 : 샘이 있는 산비탈

귀삼 : 귀한 샘이 있는 곳을 말한다. '귀샘'이 '귀삼'으로 불리게 된 것이다.

땅골 : 옛날에 나무가 없어 붉은 산을 말한다.

능등 : 능같이 큰 무덤이 있는 산의 등.

자래등 : 자라같이 생긴 산의 등. '자라'를 '자래'라고 부른다.

홍두깨골 : 국수할 때 미는 도구인 홍두깨같이 생긴 골.

갓골짝 : 머리에 쓰는 갓같이 생긴 골짜기.

새밭뚝 : 억새가 많은 뚝.

곧음골 : 똑바른 골짜기. 굽지 않고 똑바른 것을 보고 곧다고 한다.

등밑들 : 마을 앞 못뚝같이 생긴 등 아래 있는 들을 말한다.

큰도가리 : 주위에서 제일 큰 논떼기.

가마바우 : 가마같이 네모진 바위.

평바우 : 편편한 바위.

평바우들 : 평바위 아래 있는 들.

물골 : 물이 많이 새는 골.

상괘 : 물을 대는데 제일 뒤쪽에 있는 논.

무질도가리 : 윗논물을 아래로 내릴 때 물길 역할을 하는 논.

당수나무도가리 : 이 마을 당수나무가 있는 쪽의 논.

칼치도가리 : 칼치같이 길게 생긴 논.

하괘 : 물대는 논 중에서 아래있는 논.

상괘 : 물대는 논 중에서 위쪽에 있는 논.

봉우골 : 옛날 봉화불을 울리던 봉화대가 있는 골짜기

안삼리 노거수

안삼리 안심이 느티나무

이 나무는 마을 입구에 있는데 본래 당수나무인 느티나무가 죽자 대신 이 나무를 심어서 마을에서 동제목으로 섬기는 것 같다. 여기서 얼마 떨어지지 않은 곳에 가마같이 네모지게 생긴 고인돌이 논 가운데 있는데 이 바위를 가마바우라고 하고 또는 가인석이라 부른다. 중국고사에 나오는 황제 후주 태공이 여기서 가인하여 이 마을이 안심하게 살 수 있었다고 한다. 동제는 음력 정월 보름날 지낸다.

■ 나무이름 : 느티나무(동제목) 세 그루

■ 나무나이 : 50년

■ 높이 : 10m

■ 둘레 : 220cm

■ 첫가지높이 : 320cm

안삼리 직통골 서나무

나무의 생육 상태는 매우 좋다. 옛날에 이 나무 아래서 마을 나달이(두레)를 많이 먹고서 놀았다고 한다. 마을의 정자나무 노릇을 하였다.

■ 나무이름 : 서나무(정자나무) 한 그루

■ 나이 : 300여 년

■ 높이 : 12m

■ 둘레 : 360cm

■ 첫가지높이 : 100cm

안삼리 수통골 느티나무, 팽나무

이 마을 동제목이였으나 본 거주민들은 모두 타지로 가고 외지인들이 들어오면서
동제를 지내지 않음. 동제 지낼 때는 매년 음력 정월 보름날 지냈다고 함.

느티나무 한 그루
- 나이 : 100년
- 높이 : 15m
- 둘레 : 270Cm
- 첫가지 : 120Cm

팽나무 한 그루
- 나이 : 100년
- 높이 : 12m
- 둘레 : 180Cm
- 첫가지높이 : 230Cm

안심리 청두말 서나무 두 그루

서나무를 심은 사람이 누구인지 알기 때문에 대충 몇 년 되었을 것이란 것을 알게
되었다. 나무 아래에는 성혈이 파인 바위가 있다. 성혈이란 자식 없는 사람이 자식
을 얻게 해달라고 빌고 아들 없는 사람은 아들을 낳게 해달라고 빌면서 파인 구멍이
다. 이런 바위는 옛고인돌 고목나무(동제목) 동쪽으로 특별히 튀어나온 바위 등에서
많이 빈 것으로 알고 있다.

서나무 1
- 나이 : 150년
- 높이 : 20m
- 둘레 : 240Cm
- 첫가지높이 : 250Cm

서나무 2
- 나이 : 150년1
- 높이 : 20m
- 둘레 : 200Cm
- 첫가지높이 : 350Cm

안심2리(구일)

구일

이 마을에 약물탕이 있는데, 나환자가 약물을 먹으면 아흐레만에 병이 낫는다고 하여 구일이라고 하며, 또 거북이산이 마을에 있는데 이 거북이가 편안하게 지낸다고 해서 구일이이라고 한다는 말이 있다. 이 마을 생긴 모양이나 땅이름을 보면 귀한사람 즉 귀인이 살던곳이 귀일이 되고 구일이 된 것 같다. 황제봉 아래 황제같은 귀한 사람이 살다가 죽어서 묻힐수도 있고. 옛 고인돌이 있는 것을 보면 귀한 사람이 살았을 것이다. 이곳은 귀한 곳에 귀한 사람이 살던 곳인데 귀인하던 것이 귀일, 구일하다 보니 병이 구일만에 낫는다고도 하고 거북이 같은 산이 있어 편안하게 살수 있다는 말이 나온다.

안심2리 구일 전경

안심2리 동메산(거북이산)

구일

들판에 동그란 산하나 동메라 하네
거북 같은 산이라
거북이가 길하게 산다는 곳
구일 황물 유명하여
먹으면 구일만에 병이 낳는다는 마을

귀신이 길하게 잘 사는 곳이 아닌지
신당내 고인돌은 신의 땅 이었고
장군혈등에 활구불등 쌀방산은 옛 장군들이 남긴 신의 이야기
황가밭골 황씨들이 일군밭
매래치골에 멸치단니고
소스리치게 찬물 나오는 소새벌
숫돌고개 숫돌 나온곳에
마을앞 냇가에 말채나무 신으로 모시고
살아가는 사람들
들 아래서 쳐다보면
하늘 처럼 높은 구천의 세계같네

들복판에 둥근산 거북이 산이라
황물먹어 오래 오래 산곳이라
장군나온 혈맥에
활구불등
넓고 넓은 들판 바라보니
앞에 더높은 산이 가로막음에
평온함에 예스럽게 살아가는 사람들 보면
그리운곳 살고 싶은 마을이로다.

| 동제 |

나무 : 말채나무 한 그루.
제일 : 음력 정월 보름 새벽(음 1월 15일)
제관 : 선정해서
제물 : 돈을 거두워서 장만함.

안심2리 구일 당수나무(말채나무)

| 토박이 땅이름 |

준재봉산 : 경상북도와 울산광역시의 경계선에 있는 산으로 제일 높은 산봉우리인데 옛날에 군이 진주하여 진주봉하던 것이 준재봉이 된 것이다.
동메 : 이마을을 편안하게 해 준다는 거북이 산.
구일황물 : 환자가 이 물을 떠먹으면 구일만에 낫는다는 약물.
윗당고개 : 구일에서 울산 울주군 두서면 보안으로 넘어가는 고개로서 고개마루에 돌무더기 당이 있다.
소골 : 소같이 생긴 산.
작은소골 : 소골중에서 작은골. 전설에 의하면 연못을 묻어 버리고 그 자리에 묘를 썼다는 데서 유래됨.

388

지당갓만디 : 지당이 있는 산 마루.

등골 : 소등같이 생긴 골짜기.

쌀방산 : 화살같이 생긴 산.

묵밭 : 옛날에는 밭을 일구어 농사를 지었으나 지금은 짓지 않는 묵은 밭이다.

며래치골 : 멸치가 살았다는 골. ‘멸치’를 이 지방에서는 ‘며래치’라 함.

작은며래치골 : 며래치골 중에서 작은 골.

큰며래치골 : 며래치골 중에서 큰 골.

생매등 : 산매 같이 생긴 산등성이.

범바우 : 범이 많이 살았다는 바위.

황가밭골 : 황씨들이 일군 밭이 있는 골짜기. ‘황씨’를 ‘황가’라고도 부른다.

아랫고개 : 구일에서 울산 울주군 두서면 보안 활천으로 넘어가는 고개로서, 구일에서 보면 아래쪽에 있는 고개.

활구불등 : 활 같이 굽은 산등.

장군혈맥 : 장군의 혈 같이 큰 산줄기.

숫돌고개 : 고갯마루에 숫돌로 쓰이는 돌이 있는 바위. 이 바위돌을 깨어다가 낫이나 칼을 갈며는 잘든다. 구일서 못골로 넘어가는 고개이다.

섶갓 : 울섶으로 막았다는 산. 이 마을에서 나무를 못하게 막아서 울섶 같이 우거지게 한 산.

어분골 : 산을 업고 있는 듯한 산.

황제봉 : 안심리에 있는 황제봉과 같은 산. 안심이와 구일의 경계에 있음. 주민들이 이산에 와서 비는 일이 많다고 함. 황제 같은 사람들이 많이 묻힌 곳인데 이 산에 옛 무덤이 많이 있다. 황제 같이 높은 사람들이 많이 묻힌 곳으로 보면 된다.

구렁텅이 : 구렁이 같이 생긴 산등.

소새벌 : 찬물 나는 곳. 찬물을 맞으면 소름이 끼친다는 데서 유래.

곧음태 : 이 골짜기에서 제일 넓은 곳으로 모든것이 바르다 뜻.

방앗간들 : 물레방아가 있던 들.

운골 : 구름골이다. 이 골짜기에 홀안개가 넘어가면 큰비가 온다고 한다. ‘홀안개’란 흘러가는 안개를 말한다.

산수골 : 산에 물이 많이 흘러내리는 곳으로 산수유 나무가 있던 골짜기라 한다.

신당내 : 고인돌이 있는 곳으로 고인돌을 당신으로 모시고 많이 빌던 곳에서 흐르는 내.

신읍못 : 신의 고을 못이란 뜻. 일명 구일 못이라 한다. 당신을 모시던 곳이다.

못안골 : 못안에 있는 골짜기.

못안들 : 못안에 있는 들.

못밑들 : 못밑에 있는 들.

대밭등 : 대나무가 많은 산의 등.

조구리골 : 조기가 살았다는 골짜기, 조기를 이 지방에서는 ‘조구리’라 부른다. 또는

조리같이 생긴 골짜기라고도 한다. 조리하던 것이 조구리로 불리게 된 것이다.

용마방구 : 용발자국 같은 흔적이 남아 있는 바위.

활구방 : 활 같이 굽은 산의 등.

소매골 : 소를 많이 매던 산의 골짜기.

생미떵 : 새로운 묘가 많이 있는 산의 등.

황개밭골 : 황씨들이 밭을 일구면서 살던 곳. ‘황씨’를 속되게 말할 때는 ‘황개’라고 한다.

윗고개 : 구일서 울산 울주군 두서면 북안으로 넘어 가는 고개. 구일 위쪽에 있는 고개.

동래등 : 마을 안쪽에 있는 산인데 거북이 같이 생긴 산이라 한다.

큰소골 : 소골 중에서 큰 골짜기.

숫돌바우 : 숫돌을 할 수 있다는 바위. 이 바위를 깨뜨려서 낫을 갈면 잘 들고 베어진다.

아래당고개 : 구일서 못골로 가는 고개로 아래쪽에 있는 당고개. 이 고개 마루에 돌무더기 당이 있다.

칠성바우 : 옛날 사람들이 많이 빌던 바위.

앞섶갓 : 마을 앞에 울섶같이 우거지게한 산.

황재골 : 황재봉 아래 있는 골짜기 여기에 옛 고분이 많아 황재 같은 사람이 많이 묻힌 곳 이라고도 한다.

지당갓 : 지당 위쪽에 있는 산.

신당들 : 고인돌이 있었는데 옛날에 사람들이 많이 와서 빌던 곳이라 한다.

신읍들 : 신읍못밑에 있는 들. 신읍이란 신의 고을이란 뜻인데 신마을의 못이 있는 들.

지당 : 이 마을에 조그마하게 집 앞에 막은 못.

안심2리 노거수

안심2리 구일 말채나무

마을에서 동제를 지내는나무이다. 마을 입구 냇가에 외로이 서 있는 나무인데 밑둥치에서부터 두 줄기가 자라고 있는데 원둥치는 썩고 껍질 부분이 살아있는데 한 줄기는 둘레가 130cm이고, 한 줄기는 140cm이다. 가지는 220cm, 한 줄기는 250cm에서 갈라져 있다.

- 나무이름 : 말채나무(동제목) 한 그루
- 나이 : 300여년
- 높이 : 7m
- 둘레 : 밑둥이 60cm

〈상신리 약도 추가〉

11

상신리
(上辛里)

상신을 마신 혹은 마성으로 부르고 있는데 마는 맏이란 뜻이고 맏은 위라는 뜻 혹은 길다는 뜻이다. 이곳 지형이 아래위로 길게 뻗쳐 있으며, 양쪽에 산이 성 같이 내려오며 냇물이 굽이쳐 새을 자 모양으로 흐른대서 위쪽을 맏신 또는 마신 혹은 마성으로 부르는데 맏이는 언제나 위라 해서 윗상(上)자를 쓰고 맏이는 맵다는 데서 매울 신(辛)자를 쓰고 마신이라고 하며 한자로 상신(上辛)이라고 하고 행정구역 개편으로 인해 청각골과 마신 양지말, 숲말을 상신1리라 하고, 마신 평지말과 구트란을 상신2리, 너븐드리를 상신3리라 하였다.

상신1리
청각골,마신 양지말,숲말

청각골(청학동)

이 마을 뒤에 가면 집이 만체나 되듯이 높은 폭포가 있는데 이 폭포에서 떨어지는 푸른물이 각을 이룬다는 뜻에서 청각골이라고도 하고, 이 마을 앞의 냇물이 마을 깊숙이 굽이쳐 들어와 각을 이루는 마을이다. 옛날에 소나무 숲이 많이 우거져 있어 철따라 푸른 학이 많이 날아와 둥지를 틀고 있었다는 산골짜기이다. 사람이 많이 살 때는 청학동이라 했다가 그곳에 집이 없어지고, 냇가에 이주해서 살았는데 발음이 와전되어 청각골이라고 하게 된 듯하다. 또는 푸른 물줄기가 굽이치면서 각을 이룬다고 해서 청각골이라 이른다고 한다. 청각이라는 마을 이름을 두고 어떤 사람들은 이곳에 바다에 있는 청각이 난다고도 한다.

상신1리 청각골 전경

청각골

각을 이루며 떨어지는 만채 폭포 물빛에 나뭇잎 늦게 피는 느체골
푸른 강물 흘러오다 마을 앞에서 각을 이루는데
푸른 숲에 학이 많이 찾아 오는 마을이라 청학동이라 부르네
당수나무는 냇가의 마을이라 물에 떠내려 보내고
다시 심은 은행나무 마을 뒷산에 있고
열두개나 되듯이 많은 십이동 골짜기
싸리베어 작업하던 살매등
마을앞의 앞버들겅
냇가에 있는 마을
앞뒤 보이는 것은 산이라
내건너 멀리쳐다 보는산
험해도 옛 나뭇꾼시절 나무 하던일
생각하면 생각 할수록
추억에 남고
지금은 쳐다 보아도
갈 수 없는 산들
이름만 전해 주네
청각골 푸른산들이 모두가 그러네

청학골이 청각골이 되었는지
아니야 맑은물 굽이쳐 각지며 흐른곳 이건만
청각 부르다 보니
청각 난다고 청각골이라지만
본사람 없고 이름만 전설처럼
전해오네.

맑고 푸른 물 떨어지는 폭포 깊은 산속에 있고
잎은 냇둑이 산처럼 보이는 데
내 건너 높은 산
덜렁메 싸리 작업 즐기던 옛날이 그립구나
학처럼 고고한 사람
옛날을 생각하면 할수록 그립기만 하네

| 동제 |

본래는 느티나무였으나 큰물에 떠내려가고 지금은 은행나무에 지냄.
나무 : 은행나무 한 그루(동제목), 수령 40년 정도 느티나무 세 그루.
제일 : 정월 대보름날 아침(음 1월 15일)
제관 : 동민 다수가 참가.
제물 : 돈을 거두워서 장만 함.

상신1리 청각골 당수나무(은행나무)

상신1리 청각골 동제단

진풍들 : 진바람산 밑에 있는 들로서 한자로 표기할 때 부르는 들.

한산골 : 높은 산의 큰 골짜기란 뜻이다.

상수탕 : 높은 곳에서 여름에 물맞이 하던 곳.

징개나무골 : 경주 김씨들이 임진왜란때 이곳으로 이주해 옴으로 해서 붙은 이름. 김가나무골→김개나무골→징개나무골. 김개 나무골이 징개 나무골로 부르게 된 것이다. 이 지방에서는 ㄱ과 ㅈ은 언제나 오고가고 하는 것이다. 예를 들면 기림사를 지림사라하고 성지댁을 성기댁으로 부르고 있다.

만채폭포 : 이 폭포에서 물을 맞으면 무슨 병이들 잘낫는다 함. 집이 만채나 되도록 높은 곳에서 물이 떨어진다는 폭포.

안심골 : 안심으로 가는 곳에 있는 골짜기.

앞섶갓 : 마을앞에 울섶같이 우거지게한 산.

버덩들 : 돌이 많이 있는 산 아래 들.

버덩등 : 돌이 많이 있는 산의 등.

큰골 : 다른 골짜기에 비해 큰 골.

아래살미등 : 싸리가 많이 있는데 베어 껍질을 벗기던 곳으로 아래쪽에 있는 산등. 싸리 껍질을 벗기는 일을 살미라고 한다.

윗살미등 : 싸리가 많이 있는데 베어 껍질을 벗기던 곳으로 위쪽.

모구나무등 : 모과나무가 있는 산등. 모과나무를 이지방에서는 모개나무 또는 모구나무라 함.

대밭등 : 대나무가 많은 산등.

땅등 : 땅땅하게 밀려온 산등.

목림 : 목같이 생긴곳에 있는 숲의 고개. 목같이 숲이 많이 널어진 곳.

약묵골 : 약물탕이 있는 골짜기. 약물을 약묵으로 부르게 된 것이다.

바름비알 : 산비탈이 바르게 내려온 산.

앞버등골 : 마을 앞산으로 돌이 많이 널어져 있는 돌 등산.

청갓골못 : 청각골 골짜기에 있는 못.

니초골 : 늦게 풀잎 나뭇잎이 피는 골짜기 이 지방에서는 '늦다' 을 '닛다' 라고 말한다.

약목골 : 약물골이라는 말을 약묵골이라 함 약물이 있는 골짜기.

구들 : 예부터 있있던 논들.

새들 : 새로 만든 논이 있는 들.

구들보 : 구들에 물대는 보. 즉 옛날부터 있던 들에 물대는 보.

십이동골짜기 : 골짜기에 하도 많아 열두동이나 되듯이 많은 골짜기.

진등 : 산등이 길게 내려온 등.

만체골 : 만채나 되듯이 높은 폭포가 있는 골짜기.

음달비알 : 음달진 곳의 산 비탈.

바대등 : 넓은 바닥같이 생긴 등.

뒤초골 : 뒤늦게 나뭇잎이 핀다는 골짜기.

새들보 : 새들에 물대는 보.

수무산(시무산) : 임진왜란 당시 둔전병 또는 향전병들이 20명밖에 주둔을 못하였다는 데서 스물(20명)이 '수무' 와 '시무' 로 넘나들어서 스무산 또는 시무산이라고 함. 스물을 이 지방에서는 시물이라 함.

바리봉 : 봉화불을 울리던 산봉우리라 한다. 또는 마을에서 보면 바로 보인다는 산.

삼각산 : 삼각뿔처럼 생긴 산.

아홉산 : 본래 '아이산' 으로 불렀는데 와전되어 '아홉산' 으로 불림. 또는 아홉살이 되어야 넘을 수 있다는 산.

질매재 : 청각골서 소리미로 넘어가는 고개로 소의 질매같이 생긴 고개 '길마' 를 이 지방에서는 '질매' 라고 한다.

청학골 : 옛날에 소나무가 많이 우거져 있어 철따라 청학이 많이 날아와 둥지를 틀고 살았다는 골짜기.

진바람산 : 바람이 세차게 부는데 있는 산으로 센 바람을 막아주는 산. 즉 세찬바람을 막아주는 산.

뒤안골 : 마을 뒷의 안골짜기.

앞바들겅 : 마을 바로 앞에 보이는 돌 들간. '들간' 이란 '돌' 이 많이 모여 들어 엎친 곳을 말한다.

느초골 : 산의 나뭇잎과 풀이 늦게 핀다는 곳 그만큼 춥다는 곳이다. 이곳에 만채 폭포가 있어 언제나 늦게 나뭇잎이 핀다고 한다.

살미등 : 옛날에 양력 8월 말경 싸리를 베어 껍질을 벗기던 산등. 옛날에 싸리로 둥구미, 바소쿠리, 소쿠리, 닭가두리등 농가에 쓰는 온갖 그릇을 만들었다.

진풍보 : 진풍들에 물대는 보.

양달비알 : 양지쪽 산 비탈.

뒷섶갓 : 마을 뒤에 있는 섶갓.

청각내 : 청각골 마을 앞내로 푸른물이 각지어 흐르는 내.

마신 양지말

마는 맏이란 뜻이고, 맏은 위라는 뜻, 혹은 길다는 뜻이다. 맏이는 맵다는 뜻으로 매울신(辛) 자를 쓰며 마신이라고 하며, 이곳 지형은 동서(아래위)로 길게 뻗어 있는데, 양편(남북)에 두 갈래로 산이 뻗어 내려오는 사이 동서를 넓은 들판을 이루는 골에 내가 이리저리 흘러내림이 새을(乙)자 모양으로 보고, 새을(乙) 자로 흐르는 내 위의 이 마을을 마신 혹은 마성으로 부르고 있으며, 양지쪽에 있는 곳을 양지말이라 덧 붙여 이름 삼고 있다. 성같이 생긴 남쪽마을이라 해서 '마신' 또는 '마성'이라고도 한다. 양쪽 산줄기가 뻗어 내려오는 북쪽편 산아래 양지바른쪽에 자리 잡은 마을이다. 월성 손씨들이 많이 살고 있다.

상신1리 양지마을 전경

| 동제 |

본래는 느티나무(귀목나무)였으나 큰물에 떠내려가고 지금은 은행나무를 심어서 섬김.
나무 : 숲마을과 같이 지냄.

상신1리 당수나무

양지마을

진풍산 바람막아 주는
양지 바른 마을
옛 고가 오랜 향나무
옛 정취 풍기고
솔온골 소리미 쪽에 이어지고
초막골 시묘살이 하던곳
맹맹소리 요란한 맹맹골
앞냇물 봄빛에 버들가지 춤추고
뒷산에 새소리 들리는 양지편 마을
덕골에 북당골 기린재 넘던 옛날이 그립다

뒤는 높은 산이요
그 아래 냇가에
양지 바른쪽에
옹기종기 모여
정다워 보이는 곳
앞은 큰냇둑이 많아
내 건너 멀리 산이
아득하게 보이어
언제나 따뜻하게보이는
양지마을 사람들

초막골 : 옛날 시모살이 할 때 초막을 짓고 살았다는 곳이다.

맹맹이골 : 맹맹이이라는 새가 많이 날아와 살던 곳이라 한다. 칼새를 이 지방에는 '맹맹이' 라고 한다.

기린재 : 화실 소리미로 넘어가는 고개인데 기린목 같이 길게 생긴 고개.

섶갓 : 울섶을 한 듯이 우거지게 한 산.

양지편 : 양지쪽에 있는 마을.

장아골 : 임진왜란때 ㅇㅇㅇ이라는 사람이 다른 사람은 모두 숨고 도망 치는데 자기만은 마을 청년들을 모아 나라를 지키려고 장하게 싸운 곳이라 한다. 그 후에 경주 감영으로 들어가 군유감으로 근무하다가 선조30년(1597년)에 순직하고, 그때 남은 부인이 맏아들을 데리고 자기 남편이 장하다고 찾아간 곳.

솔온골 : 소리미로 넘어가는 고개 밑에 있는 골짜기.

북당골 : 당이 있는 북쪽 골짜기.

뒤골 : 마을 뒤쪽에 있는 골짜기.

큰덕골 : 큰 골짜기를 말함.

작은덕골 : 큰 골짜기 옆에 있는 작은 골짜기.

영장바위 : 죽은 사람을 묻은 바위라 해서 영장바위라 부르는데 이 바위를 진발암이라고도 부르며, 또한 모씨가 살았다해서 모씨 산등이라고도 함. 모씨가 여기 살면서 죽고 난뒤 바위에 묻었다고도 함.

공동산 : 이마을의 공동 묘지가 있는 산.

수무산 : 둔전병 스무 명 밖에 주둔할 수 없다는 산. 스물을 이 지방에서는 '수물' 또는 '시물' 이라고 한다.

안각단 : 안쪽에 있는 작은 마을.

장자태 : 옛날 큰 부자가 살았다는 터. 터를 이 지방에서는 '태' 라고 한다.

과베기골 : 옛날 과부가 살던 곳이라 한다. '과부' 가 '과배기' 로 말이 바뀐 것이다.

가짐실 : 아름다운 바위가 있는 곳인데 '가암골' 이 '가짐실' 로 불리게 되었다 한다.

시모산 : 옛날 시모살이 하던 묘가 있던 산이라 한다.

가암산 : 아름다운 바위가 있는 곳이라 한다.

비알태 : 비탈진 곳의 터 '비탈' 을 이 지방에서는 '비알' 이라 한다.

진등 : 산등이 길게 뻗어 내린 등.

덕골 : 골짜기가 큰 곳을 말한다.

음지편 : 음달쪽을 말한다.

진바람산 : 세치게 불어오는 바람을 막아주는 산.

진바람들 : 진바람 산 아래 있는 들.

진바람보 : 진바람들에 물대는 보.

숲말

큰 숲으로 이루어진 마을이었으나 지금은 마을 앞에 작은 숲을 이루고 있다.

상신1리 숲말 전경

| 동제 |

나무 : 은행나무(본래는 귀목나무였으나 큰물에 떠내려 가고 지금은 은행나무를 심었음).주위에 팽나무 한 그루, 버즙나무 한 그루, 감나무 네 그루.)
제일 : 음력 정월 대보름날(음 1월 15일)
제관 : 동민 다수가 참가.
제물 : 돈을 거두워서 장만함.

상신1리 숲말 동제단(은행나무)

숲마을

냇가에 숲만들어 큰물 막아내고
큰물에 숲떠내려 보내고
다시 심은 숲속에 은행 나무 신으로 모시고
숲들에 숲보,독새보
내건너 산이요
들건너 먼산이 보이는 마을
최효자 비각 허물어진채
길가에 초라하게 있고
글씨는 조선의 명필이 쓴것이라
아쉬움 어쩔수없네
세상일이 다 그런것이 우리네 인생살이 고쳐보면 어떨까

냇가 우거진 숲속에
정답게 이야기 나누며
즐기던 곳
홍수에 마을 지키려고
심은 나무
옛나무는 보이지 않고
새로이 심은 나무
왕성하게 자라네
숲도 옛숲나무는 보이지 않고
근래 심은 나무
옛맛이 없어 아쉽지만
그래도 산뜻하여 좋구나

초막골 : 풀로 이은 막이 있던 곳. 옛날 시모살이 할 때 초막을 짓고 생활하던 곳이라
한다.
숲들 : 숲이 있는 곳에 있는 들.
숲보 : 숲이 있는 곳에 막은 보.
새보 : 새로 막은 보.
새봇들 : 새봇물을 대는 들.
장자태 : 장자 즉 큰 부자가 살았다는 터.
천마골 : 말 같이 생긴 곳으로 전설에 의하면 하늘에서 말이 내려왔다고 한다.
큰보 : 근처에서 가장 큰 보.
큰봇들 : 큰 봇물을 대는 들.
장아골 : 임진왜란때 장하게 싸우다 죽은 사람의 묘가 있는 골짜기 또는 장하게 싸운
골짜기라고도 한다.
독새보 : 둑과 둑사이에 있는 보. '둑새' 가 '독새' 로 불리게 된 것이다.
음지편 : 음지쪽에 있는 마을.
양지편 : 양지쪽에 있는 마을.
새각단 : 새로 이루어진 작은 마을.
버든들 : 버드나무가 많은 들.
효자비 : 효자 최치백의 비이다. 영조25
년(1745) 효행으로 정려가 내리고 사헌
부 지평에 증직되었다. 이 비문의 글씨
는 조선조 명필인 이광사가 썼기 때문에
유명한 비인데 후손들이 관리를 안하여
허물어지고 있어 안타깝다.

이광사가 쓴 효자 최치백의 효자비

상산리 노거수

상산리 양지마을 향나무

이 마을 월성 손씨의 선조이신 손강이
단성 현감 임기를 마치고 와서 심은 나
무라 한다.

- 나무이름 : 향나무(보호수) 한 그루
- 나무나이 : 500년
- 둘레 : 200cm
- 첫가지높이 :
- 나무높이 : 10m

상산리 청각골 은행나무

본래 느티나무에 동제를 지냈으나 큰물
에 떠내려가고 40여 년 전에 마을 뒤에
은행나무를심어 동제목으로 삼고 있다.
주위에는 느티나무 세 그루가 함께 있
다. 동제는 음력 정월 보름날 지낸다.

- 나무이름 : 은행나무 동제목
- 나이 : 40여 년
- 높이 : 17m
- 둘레 : 94cm
- 첫가지높이 : 220cm

상산리 숲마을 은행나무

옛날에 동제목으로 모시던 나무가 큰물
에 떠내려가고 다시 은행나무를 심어 동
제목으로 모시는데 보기 드물게 큰상석
을 놓고 동재를 지내는 데 음력 정월보
름날 지내고 있다고 한다. 주위에는 팽
나무 버접나무 감나무 등이 숲을 이루고
있다.

- 나무이름 : 은행나무(동제목), 주위에
는 팽나무 한 그루, 버접나무 한 그루, 감나무 네 그루
- 나무나이 : 60여 년
- 높이 : 15m
- 첫가지높이 : 160cm

상신2리
마신 평지말, 구트란

마신 평지말

마신 평지말 양쪽 산줄기가 뻗어 내려온 곳의 북쪽 산아래 양지 바른 쪽에 자리잡은 남쪽편(양지쪽)에 있는 마을이라 해서 마신 또는 마성이라고도 부른다. 옛날에는 이곳을 통털어서 '마신'이라고 불렀는데, 그중에서 가장 편편한 곳에 자리 잡고 있는 마을이다. 행주 기씨들이 많이 살고 있다.

상신2리 마신 평지말 전경

| 동제 |

나무 : 느티나무 한 그루(수령 300여 년).
제일 : 정월 대보름날(음 1월 15일)
제관 : 한 집을 택해서 지내다가 해방 이후부터 안 지냄.

상신2리 마신 평지말 당수나무(느티나무)

마신(평지말)

양쪽 산을 성처럼 여기는 이곳
굽이 굽이 내가 흐르는 가운데
들판에 이루어진 마을
마신,마성 부르고 있네
전하는 옛말에는
굽이 굽이 흐르는 내는 새을(乙)자인데
양쪽에 산이 겹겹이 내려오는 북쪽끝
구왕골 동보산 밑에서 가로질러
남쪽끝자락 왕생이 쪽으로 물이 흘러가는데
위는 마성이라 마신이라 부르기도 하고
아래는 신을(莘乙)이라 하네
마는 맏이요 맏이는 아래보다는 맵다고 매울신(辛)자를 쓰고   아래는 갑을
로 따지면
을에 해당 한다고 내위는 마성이고 아래는 신을(莘乙)이라   했다고 하네
느티나무가 당수나무라 동제지내 섬기다가 지금은 안지내고
개미각단은 내밑마을이고
한질보는 큰길 아래 보이며
갱빈 들에 나발등 서당골 모두가
이마을과 어울리는 이름이네
들판에 이루어진 마을이라
들에 물대는 보가 많네
큰보,숲보, 아래보,독세보 새보등이
있는 마을이라
물걱정 없이 농사 짓는 마을 이네.
푸른 들판 한가운데
이루어진 마을
넓은 들판처럼
언제나 평화롭게 보이네

섶갓 : 이 마을을 보호하는 산으로 울섶 같은 것을 해서 막은 산.

앞섶갓 : 마을 앞쪽에 있는 섶갓.

앞산비알 : 앞쪽에 있는 산의 비탈.

서당골 : 서당이 있던 골.

공동산 : 공동묘지가 있는 산.

숲들 : 본래 숲이었는데 숲나무를 치고 이룬 들.

숲보 : 숲들에 물을 대는 보.

큰보 : 근처에서 제일 큰 보.

아래보 : 다른 보에 비해 아래 있는 보.

새보 : 새로 만든 보.

왕생이들 : 고인돌이 많이 있는 들로서 왕이 생겨났다는 들.

독새보 : 둑과 둑사이에 있는 보. 둑새가 독새로 변한 것임.

뒷보 : 마을뒤에 있는 보.

번답들 : 번쩍 번쩍 잘 마르는 논이 있는 들.

장골 : 장한 일을 한 사람이 살았다는 골.

나발등 : 나발같이 생긴 등.

개미각단 : 개밑 즉 내밑의 마을이란 뜻. 그런데 개밑이 발음 변화에 따라 개미라고 부르고 이 마을 사람이 개미같이 부지런 하다 함. 청각골서 흘러내려 오는 내가 구 트란에서 굽이쳐 흐르는 내밑을 말하는 것이다.

왕생이보 : 왕생이 들에 물을 대는 보.

왕생이산 : 왕이 생겨난 산이란 뜻. 선사시대 부족장의 무덤인 고인돌이 산 아래 많 이 있다.

새들 : 새로 논을 만든 들.

장아골 : 장한 사람이 살았다는 골. 임진왜란때 장하게 싸우다 죽은 사람의 묘가 있 는 곳이다.

골애 : 언제나 물이 고여 있는 논. ‘고논’ 을 이 지방에서는 ‘골애’ 라고 한다.

한질보 : 큰길가에 있는 보, ‘크다’ 는 것을 ‘한’ 이라 하고, ‘길’ 을 이 지방에서는 ‘질’ 이라 한다.

뒷골 : 마을 뒤쪽에 있는 골짜기.

갱빈들 : 강가에 있는 들 ‘강가’ (강변)를 ‘갱빈’ 이라 한다.

구트란

강물이 굽이쳐 틀려 나가는 곳이라 해서 구트란이라 한다. 혹은 옛날에는 강물이 굽이쳐 틀려 나가면서 청소가 생겨 자연경관이 아름다워서 시인 묵객들이 많이 찾아와 귀인들이 많이 살았다고 해서 한자로는 귀계(貴溪)라고 이름지어 쓰고 있다. 신안 주씨들이 많이 살고 있다.

상신2리 구트란 전경

| 동제 |

나무 : 느티나무 한 그루(보호수).
제일 : 매년 음력 6월 하순경에 마을 나달(두레)를 먹으면서 지냄.
제관 : 마을 주민 전체.
제물 : 마을 자금으로 장만.

상신2리 구트란 당수나무(느티나무)

구트란

물굽이 쳐 틀려 나가는 곳에
이루어진 마을

물굽이 틀려 나가다
청소 이루고
경치 좋아 귀한 손님 많이 찾아 오고
지금도 옛 경치 못지 않건만
느티나무 들 복판에 외로이 서있고
굴방산에 굴방들
물굽이 치던 옛날에 생긴굴
불탄갓에 가는등 넙떡등
들어보면 알것도 같네
안온함에 정이 가는 곳이란 것을

물 굽이 굽이 흘러 흘러
틀려 나간곳에
청소 이루면
절벽위의 소나무
푸른 절개 지켜 찾아온
시인은 글을 짖고
묵객이 글을 쓰는사이
한 마리 학 날아 오르면
귀인들은 넋을 잃고
더 아름다운 글을 짓네
흘러간 오랜세월
물줄기 틀려감에
그곳에 자리 잡은집
안온 하기만 하여라
군데 군데 뚫린 바위굴
지금도 옛 흔적 간직된
정다운 곳
그리운 마을.

굴방산 : 굴이 있는 바위 산. 옛날 이곳에 물이 굽이 칠 때 산 아래 바위에 굴이 생긴 곳의 산으로 지금은 내가 멀어졌지만 옛날에는 이 밑으로 냇물이 흘러 경치가 매우 좋았을 것인데 지금도 보면 경치가 좋은 뿐 아니라 특히 가을 단풍이 아름다울 뿐만 아니라 주변 경치와 어울려 매우 좋다.

운골 : 구름이 많이 끼는 산.

평정 : 평평한 곳의 들판.

굴바우 : 굴이 있는 바위.

무등산 : 옛날 무제(기우제)를 지내던 산 인데 무당이 춤추는 것 같이 생긴 산이 라 한다.

나발등 : 나발 같이 생긴 산. 이 지방에서 는 '나팔' 을 '나발' 이라 한다.

상신2리 구트란 굴방산

장자태 : 옛날 장자가 살던 터가 있는 곳 인데 장구같이 생긴 곳이라 하고 있다.

동보산 : 동불이 있던 절이 있었던 산. 이산에 절터가 아직 있다.

동보 : 동보산 아래 있는 보.

약목골 : 약물이 나는 우물이 있는 골. 약물이 약목으로 부르게 된 것이다.

팔밭골 : 파서 일군 밭이 있는 골.

솔온골 : 구트란서 소리미로 가는 고개가 있는 골.

굴방들 : 옛날 물이 굽이쳐 갈 때 생긴 굴이 있는 들.

귀계보 : 일명 구트란 보라고 하는데 구트란에 있는 보 인데 한자로 표기 할 때 귀계 (貴溪)보라고 한다.

덕골 : 넓고 큰 골짜기라는 뜻.

큰덕골 : 덕골중에서 큰골.

작은덕골 : 덕골중에서 작은 골.

넓적등 : 넓적한 등을 말한다.

가는등 : 넓은 등에 비해 가는 등.

불탄갓 : 불에 탄산을 말한다.

비선등 : 비가 서 있는 묘가 있는 산의 등.

기린재 : 구트란서 소리미로 넘어가는 고개인데 기린목 같이 긴 고개라고 한 다.

불당골 : 옛날 절의 불당이 있던 골짜기.

상신2리 노거수

상신2리 구트란 느티나무

이 마을에서 동제목으로 섬기는 나무이다.
- ■나무이름 : 느티나무 한 그루
- ■나무나이 : 200여 년
- ■둘레 : 420cm
- ■가지높이 : 200cm
- ■나무높이 : 10m
- ■목적 : 동제목 보호수
- ■나무상태 : 양호

상신2리 마신 평자마을 느티나무

이 마을에서 동제목으로 섬기는 나무이다
- ■나무이름 : 느티나무 한 그루
- ■나무나이 : 300년
- ■둘레 : 400cm
- ■첫가지높이 : 150cm
- ■나무높이 : 7m
- ■목적 : 동제목
- ■나무상태 : 양호

상신3리(너븐드리)

너븐드리

이 마을에 고인돌이 몇 개 있는데 이 돌이 넓고 크다는 데서 너븐드리 라고 한다. 즉 넓은 돌이→너븐도리→너븐드리가 된 것으로 본다. 한자로는 광석(廣石)으로 부른다. 문씨들이 많이 살고 있다.

상신3리 너븐드리 전경

| 동제 |

나무 : 본래 서나무였으나 죽고 지금은
　　　느티나무 이다.
제일 : 정월 대보름날.(음 1월 15일)
제관 : 한집을 택해서 지냄.
제물: 마을에서 돈을 거두워서 장만 함.

상신3리 너븐드리 당수나무(느티나무)

느븐드리

고인돌 넙떡한돌 무리지어 군데 군데 있네
박달골짜기와 빌기 골짜기사이에 땅땅하게 뻗어온 산이 멈추고
양쪽으로 길게 뻗어내려온 산
한쪽은 구왕골 동보산에 끝을 맺어 구왕골 마을을 이루고
한쪽은 느븐드리 왕생이 산 이루고
그 아래 덩이 덩이 넙쩍한 돌이 무리지어 있는 곳
호박골에 홈파진곳
옛절터 석등세운 홈이고
그기에 빌고 빌어 홈 생기니
어리 장군이 천룡산 천룡바위보고 꿇어 앉아
활쏘던 곳이라 전해오는 곳
알고보니 옛절터 석등 간주석 박은 돌홈이네
큰바위는 받침돌 노릇한 것을
돈태만디 돈놓고 빌면
불선바우에 불켜고 빌고 홈이 생긴곳
강개등산 강씨가 살았고
설가지골 설씨 살았다네
윤씨산이라 윤산이라 부르고
산끝마을 왕생이들 바위가 넓다 하여 부르는 마을
안심이 내가 휘돌아 나가고
서나무 죽고 없으니 느티나무 심어
동제신으로 모시는 마을
옛고인돌이 넓다하여
느븐드리로 부르고
보안쪽에 있는 보안바우
재등위에 있는 재등바우
크지도 안은 바위 이름도 다있네
산끝바위 무리 앞에
냇물이 흐르는 안쪽
넓은 들판 이어지는 곳
돌처럼 넓은 들판 펼쳐진곳
벗삼아 살아가는 사람들.

호박골 : 이 바위의 돌이 크기는 가로 세로의 네모난 돌인데 절에 석등을 세울 때 판 둥근홈이 있는 곳이다. 거기에 사람들이 빌면서 문지른 곳 작은 홈이 파여 있다. 그래서 사람들은 장군 무릎을 꿇고 경주남산 고위봉 천룡산을 보고 활 쏘던 터라고 여기고 있다.

호박골

왕생이 : 고인돌이 있는 곳으로 즉 왕이 묻혔다는 큰 돌이 있는 곳. 왕의 상여란 뜻. 상여를 이 지방에서는 생이라 함. 또는 왕이 생겨난 곳이라고도 한다.

윤산 : 산 아래 있는 산. 산자락에 덧붙여 있듯이 붙은 작은 산. 즉 '윤'은 윤달이란 때와 같은 덧붙임의 뜻. 또는 윤씨들이 살던 곳이라고도 하고 윤씨들 산이라고도 한다.

널복골 : 넓은 골짜기. 넓은 골의 뜻.

치고개 : 너븐드리, 안심 구일에서 월산 넘어가는 고개인데 꿩이 많이 울고 있던 고개라 한다.

당만디 : 치고개 마루를 말하는데, 고개 마루에 돌무더기 당이 있는 고개마루.

큰골 : 주위의 다른 골짜기에 비해 큰 골.

앞갓 : 마을 앞쪽에 있는 산.

설가지골 : 설씨들이 살던 곳이라 함. 설씨를 흔히 설가라고도 한다.

칠성바우 : 옛날에 빌던 바위.

돈태만디 : 돈을 놓고 빌던 자리가 있는 산의 마루.

새미골 : 샘이 있는 골. 지금은 이마을 상수도가 되어 있는 골.

왕생이보 : 왕생이들에 물대는 보.

홈방구 : 홈이 파여 있는 바위.

왕산 : 왕의 무덤이 있는 산.

선바우 : 서있는 바위를 말한다.

솔백이 : 소나무가 서있는 곳.

강개등 : 강씨들이 살던 산의 등.

불선뱅이 : 불을 켜고 빌던 바위가 있는 골짜기.

갓골짝 : 갓 같이 생긴 골짜기

큰호박골 : 돌홈이 있는 바위가 있는 골짜기로 큰 골.

작은호박골 : 호박골 중에서 작은 골짜기.

널바우 : 널같이 크고 넓은 바위.

봉답 : 물이 없어서 큰비가 와야 모를 심을수 있는 논.

왕산골 : 고인돌이 있는 뒤산. 왕이 묻힌 산의 골이란 뜻.

진오들 : 옛날 진오란 사람이 농사 짓던 들.

보안바우 : 보의 안쪽에 있는 바위인데 고인돌이다.

재등바우 : 고개마루에 있는 바위를 말한다.

상신3리 너븐드리 고인돌

예수바우 : 여우가 와서 울던 바위. 이바위에 여우가 와서 울면 차반이 생기고 앞산에 가서 울면 초상이난다고 한다. 1995년 1월 15일 송재중 선생님께서 암각화를 발견하여 유명하게 된 바위이다. 이 바위가 있는 곳은 묘가 있는데 묘가 있음으로 해서 경지 정리 지구에서 빠짐으로 해서 바위가 온전하게 있게 되어 임각화 즉 바위그림이 새겨진 바위를 보호하게 된 것이다. 그렇지 않았으면 이 바위가 없어지고 아까운 우리문화 유산이 사라졌을 것이다.

상신3리 노거수

상신3리 느븐드리 느티나무

본래는 동제목이 서나무였으나 죽고 느티나무를 심어 동제목으로 모시고 음력 정월 보름날 동제를 지내고 있다.

- 나무이름 : 느티나무 동제목
- 나무나이 : 30여 년
- 높이 : 10m
- 둘레 : 210㎝
- 첫가지높이 : 100㎝

〈박달리 약도 추가〉

비지
비지리
매태
박달1리
상신리
샛골
박달 2리
양삼
울산광역시
울주군
원박달
두서면
내와리
박달리
도진뱅이
괴밭
박달 3리
안심리
사태골
아래고사리
윗고사리
안마을
박달 4리

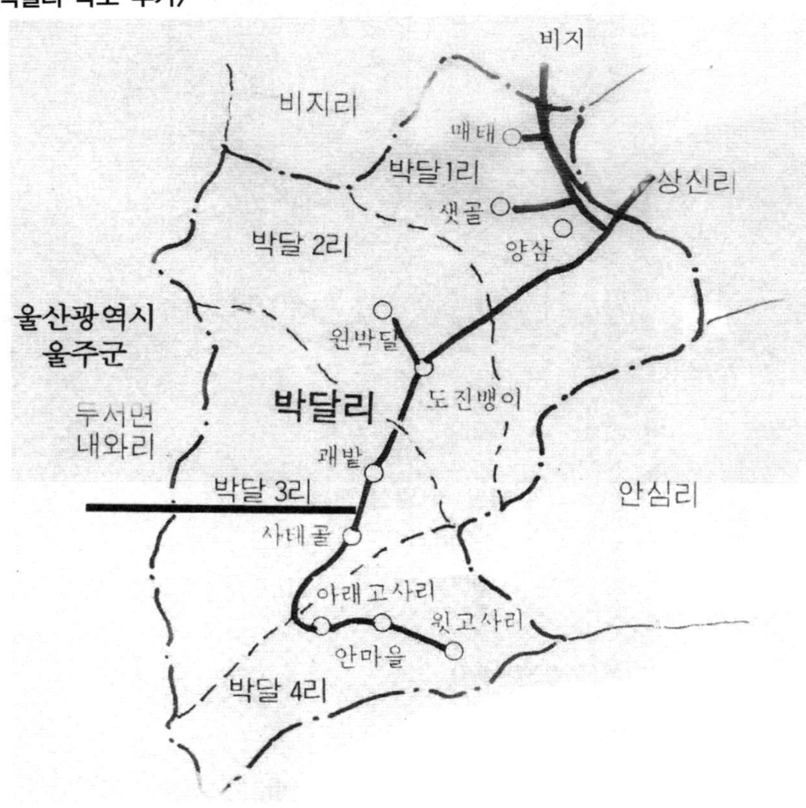

12

박달리
(朴達里)

원박달 뒷산의 생긴 모양이 둥근달과 같다하여 밝은달 이라고 했다. 그러던 것이 밝달 즉 '밝은달' 이 박달로 굳은 것으로 본다. 이곳은 산골이라 해가 늦게 뜨는 지역이므로 원박달 뒷산이 닭이 날아가는 형상이라해서 닭이 울면 새벽이 온다고 해서 새벽이 오면 밝아진다고, 밝다가 박달로 불리게 된 것이다. 행정구역 개편 때 양삼, 매태, 샛골을 박달1리, 원박달, 도진뱅이를 박달2리, 개밭과 사태골을 박달3리, 고사리(윗고사리, 안마을,)를 박달4리로 하였다.

박달1리
양삼, 매태, 샛골

양삼

샛골, 원박달쪽에서 내려오는 물과 비지 매태쪽에서 내려오는 물이 이마을에서 합수 되는 것이 좋다 하여 어질량(良)자와 석삼(三)자를 따서 양삼(良三)이라 한다. 그리고, 양갈래괘밭, 도진방, 원박달 샛골의 한갈레와 빌기, 반탕골, 돌꽂이, 점말쪽에서 흘러오는 양갈레 물이 합수되어 흐름으로 해서 세 갈래가 되었으므로 양삼(兩三)이라 한다. 땅이름을 조사 하다보면 뜻과는 달리 좋은 한자를 쓰고 있는데 양삼도 본래는 양냇물이 만나서 양삼(兩三)이라야 맞는데 요즈음은 어질양(良)자와 석삼(三)를 써서 양삼이라 부른다.경주(월성) 김씨들이 많이 살고 있다.

박달1리 양삼 전경

양삼, 두 물줄기가 만나 셋이 되는 곳

양삼

괘밭서 흘러오는 물이 굽이굽이
도진방 높고 깊은 골골이 물모아
원박달 못에서 숨을 죽이면서
쌀방 모랑지 거쳐 쌀방등백이 이루면서 흐르는 사이
샛골에서 흘러와 공씨내들과 당수들판을 돌아 흘러 흘러
산끝머리 삼각산 아래 이르면
빌기, 반탕골물이 돌꼿이 물이
점말서만나 설칭이에서 서늘하게 식히는 사이
매태를 거쳐 지내설을 지나서
삼각산 아래서
양쪽 물이 만나면서
물줄기가 셋을 이루네
양물 줄기는 흘러오고
한줄기 흘러감에 합하여 셋이 되었네
합쳐지는 물과 물사이 산아래
이루어진 마을
양갈레 물사이로 땅땅하게 내미는 땅등
김씨들이 처움 정착한 김가나무골이 징개나무골이 되고
목같이 긴숲이 있는 고개는 목림이라
찬물나는 찬물내기에 목축이고
화살 맞은 화살바우 있는 모랑지는 살방모랑지라.
위진 장수 지나간 위진골에 옛전설 전해지고
한적한 한적골에 슬픈 피리 소리 들리고
높고 큰 한산골
달맞이 하던 달비알
나비 같이 펼쳐진 나부등
방아같이 생긴 돌들간은 방아들간이라
들복판에 외로이 선 느티나무
마을 신으로 모시고
양물이 합쳐지듯
산골짜기 학동들이 모여들던 학교는 없어지고
길가에 오래된 팽나무 옛정을 못잊고
양쪽 산을 호위하며
강물은
오늘도 유유히 흘러가네.

| 동제 |

나무 : 느티나무 한 그루(수령 200여 년).
제일 : 정월 대보름날.(음 1월 15일)
제관 : 마을 동민이 돌아가며 지냄.
제물 : 지내는 집에서 장만하면 동네 자금으로 지불함.

박달1리 양삼 당수나무(느티나무)

| 토박이 땅이름 |

발봉산 : 사방이 잘 보이는 산으로 봉화불을 올린 곳이라 함. 벽도산 줄기에서 제일 높은 산이다.
바리봉 : 이 마을에서 보면 바로 잘 보인다는 산봉우리.
재나무뚝 : 옛날 경주에서 사방 40리 지점에다 심은 나무로 박달초등학교와 청학동 사이 냇뚝에 많이 있다. '재나무'는 '노린' 재나무를 말하는데 꽃색갈이 재빛이기에 그렇게 부른다.
달등산 : 달이 서쪽 산등에 비쳤다 함 그리고 이 산위에서 옛날에 달맞이 하였다.
수무산 : 임진왜란 당시 둔전병 또는 향정병들이 20명밖에 주둔 못한다 하여서 수무 산이라 함. 이 지방에서는 스물을 수물이라 함. 스물→시물→시무→수무

426

징개나무골 : 임진왜란 때 경주 김씨가 이곳에 와서 살았다는데서 유래된 이름. 김씨를 김가라고도 부르지만 좀 속되게 부를때는 김개라고 하는 데서 김개가 징개로 변한 것이다. 'ㄱ'을 이 지방에서는 'ㅈ'으로 많이 부르고 있다. 예를 들면 길을 질. 기을지로 부르고 있다.

나부등 : 나비 같이 활짝 펼쳐진 산등 '나비'를 이 지방에서는 '나부'라고 부른다.

윗나부등 : 나부등 중에서 위쪽에 있는 산등

아랫나부등 : 나부등 중에서 아래쪽에 있는 산등

큰갓비알 : 옛날 큰집산의 비탈, 큰집이란 여러대로 장손인 집을 말한다.

우중골 : 위진 장수가 지나간 곳이라 함. 위진을 부르기 쉽게 우중골이라 함.

쌀방모랑지 : 옛날 군사들이 활쏘기 훈련 하던 바위가 있는 산의 모랑지 전설에 의하면 임진왜란때 중국의 이여송이가 우리나라 팔도 명산의 혈을 자르고 덕고개의 혈을 자르는 찰나 이여송의 위진 장수가 이여송을 쏘려다가 차마 못 쏘고 다른데로 화살 방향을 돌렸는데, 그 화살이 맞은 바위가 화살바위이고, 그 모퉁이가 쌀방모랑지이고 이여송이가 사과하는 뜻에서 슬픈 곡을 부른 곳이 한 적골이라 함.

한적골 : 골짜기가 높고 큰골인데 한적한 곳이기도 하다. 전설에 의하면 이 여송이가 사과하는 뜻에서 슬픈 곡을 불렀다는 골. 한적의 뜻이다.

목림 : 목같이 생긴 고개로서 박달서 청각골 뒷산으로 해서 소리미 가는 고개, 목같이 길게 늘어진 고개인데 숲이 많이 우거진 곳인데 특히 대나무가 숲을 이룬 곳이라 한다.

장군짜구돌 : 옛날 장군들이 짜구 받던 돌이라 함. 옛날에는 이곳에서 장수를 양성했다. 즉, 장군을 양성할 때 사용하던 돌이라 한다.

화살바우 : 화살을 맞아서 화살 구멍이 있는 바위 옛날 군사들이 활쏘기 연습하던 바위.

공씨네산 : 공씨들 소유의 산.

쌀방들 : 물이 좋아 쌀이 많이난다는 들. 또는 화살바위가 있는 들.

찬물내기 : 찬물이 새어 나오는 샘이 있는 곳.

쌀방듬백이 : 쌀방들에 있는 덤벙. '덤벙'을 이 지방에서는 '듬백'이라 한다.

위진골 : 위진 장수가 지나간 곳이라 한다.

천대골 : 자루같이 생긴 등. 거지는 자루를 쥐고 다니므로 천대 받는대서 자루 같이 생긴 동굴을 보고 말한다.

호미등 : 범꼬리 같이 생긴 산의 등.

땅등 : 땅땅한 산등으로 마을로 쑥 내민 산등.

큰갓 : 옛날 큰 집의 산. 옛날 큰집이란 여러대로 장손으로 내려온 집을 말한다.

한죽골 : 산골짜기가 큰 골짜기인데 전설에는 이곳에서 한적하게 피리를 불던 곳이라 한다.

땅등만디 : 땅땅한 산의 마루.

섶갓 : 마을에서 말리는 산으로 울섶을 하듯 우거지게 한 산.

뒷산 : 마을의 뒤산.

당수들 : 당수나무(당산나무)가 있는 들.

공수들 : 공씨들이 농사 짓던 들이라 함.

쌀뱅이 : 화살맞은 바위가 있는 곳으로 뱅글 돌아간다는 곳.

달비알 : 옛날 달보던 산의 비탈.

봉등 : 새같이 생긴 산등. 또는 새가 많이 날아오던 산의 등.

방아들간 : 디딜 방아같이 생긴 돌들이 모여있는 곳 들간이란 돌이 많이 모여들어 엎친곳이란 뜻.

부처바우 : 부처가 있었던 바위 또는 부처같이 생긴 바위라 한다.

버든들 : 버드나무가 많은 들.

코딩산 : 코같이 생긴 산의 등. '등'을 '딩'이라고 함.

바리백이 : 마을에서 바로 보이는 산봉우리.

이장 손무수씨에게 땅이름을 묻고 있다(1987. 5)

쌀뱅이도랑 : 쌀뱅이에서 흘러오는 도랑.

새들 : 새로 생긴 들.

운둘백이 : 위쪽에 있는 들백이. 또는 들어 엎친 곳.

한산골 : 큰 산골짜기로 높고 큰 산골짜기를 말한다.

지네설이 : 지내같은 산의 등이라 한다. 또는 이마을 지나서 간다는 곳이다.

뒷골짝 : 마을 뒤의 골짜기.

달쪽 : 달을보던 쪽이란 뜻의 산.

신보 : 새로 만든 보. 새들에 물대는 보.

구보 : 옛날부터 있던 보. 구들에 물대는 보.

등끝 : 산등의 끝.

바리봉산 : 마을에서 보면 바로 보이는 산봉우리.

시무산 : 옛날 시모살이 하던 묘가 있는 산. '시모'가 '시무'로 불리게 된 것이다.

구들 : 예부터 있던 논들을 말한다.

새들보 : 새들에 물대는 보.

구들보 : 구들에 물대는 보.

달봉산 : 옛날 달맞이 하던 산

매태

매가 많이 날아오던 곳에 잡은 마을이다 그래서 매같이 생긴 곳으로 매와 새들이 많이 날아와 새끼를 치고 살던 터라고 한다. 태→터. '터' 를 이 지방에서는 '태' 라고 한다.

예부터 안 지냄

매태

매가 많이 날라와서 터잡은 마을
그래서 매같이 생긴곳에 터잡은 마을 이라네
산 더미 등성이 뻗어오다
매같이 날카롭게 반듯 반듯 한곳에
집들이 옹기 종기
내건너 앞산은 큰음달
부지깽이로 불때듯 깊은 부지골
얼개번덕에 도둑골 산수나무골에 삼밭고개 모두가 뜻새기는 이름을 벗삼고
골짜기 골골 마다 일구며
살아가는 사람들이
부지런하고 소박하구나.

산이 밀리어 뻗어가는
비탈에 이루어진 마을
매가 많이 날아와
터잡고 새끼치던
옛날은 어데간지
매는 볼 수 없고
큰산 밑이라
음달만 크게 지고
그기에 맞는 땅이름만
전해오네
부지골, 도둑골, 범우골, 큰음달 등이
모두 그런 이름들이구나
그래도 고향 마을 그리며
살아가는 사람들
보기 좋고 행복해 보인다.

달록 : 달빛이 알록달록하게 비친다는 산.

범우굴 : 범의 굴이 있는 골.

큰도둑골 : 도둑들이 많이 숨어 살았다고 하는 골짜기 중에서 큰 골짜기.

작은도둑골 : 도둑들이 숨어 살았다는 굴이 있는 골짜기로 작은 골짜기.

설칭이골짜기 : 냇바닥에 돌이 깔린곳인데 물이 서늘한 골짜기. 물이 푸르면서 서늘한 곳이라 한다.

도둑굴 : 도둑들이 많이 숨어 살았다는 굴이 있는 골짜기.

안골 : 마을안에 있는 골짜기.

안골새 : 골짜기와 골짜기의 사이. 즉 안의 골짜기.

뒷골 : 마을뒷쪽에 있는 골짜기.

지네설이 : 지네같이 생긴 산등성이 또는 지나간다는 곳.

얼개번덕 : 돌이 많이 있는 산 기슭. 돌이 얼개들개 있다는 번덕.

매등 : 매같이 생긴 산 또는 매가 많이 날아오던 산의 등.

산막골 : 산에 막이 있던 골.

부지골 : 골이 깊은 골. 부엌 아궁이같이 깊은 곳으로 부지갱이로 깊이 밀어 넣듯이 깊은 골짜기.

큰음달 : 음달이라지만 크게 음달이 진다는 곳

뒷번디기 : 마을뒤에 있는 편편한 등성이. '버덩' 을 이 지방에서는 '번디기' 라 한다.

산수나무골 : 산수유 나무가 많은 골짜기.

삼밭고개 : 옛날 삼을 재배하던 밭이 있는 곳의 고개.

삼밭골 : 옛날 삼을 재배하던 밭이 있는 골.

작은음달 : 음달진 골짜기로 작은골.

음달 : 이 마을에서 보면 음달진 곳.

샛골

큰골과 큰골사이에 있는 마을. 즉 비지쪽과 원박달 쪽의 두 큰골 사이에 있는 마을.
새같이 생긴 봉동산 밑이라 해서 새골이라 한다 함. 혹은 새가 많이 날아 오는 봉동
산 밑이라 해서 한자로 표기 할때는 새봉(鳳)자를 써서 봉동(鳳洞)이라고도 한다.

박달1리 샛골 전경

박달1리 샛골 입구 굴머리

샛골

원박달 큰골과 빌기쪽의 큰골 사이
큰산과 산사이 좁은 골짜기에 있는 마을이라 샛골이라 하는 사람
산골이라 새가 많은 마을이라는 사람
지게지고 지나가는 한노인 하시는 말씀
새같이 생긴 산의 뒤라 새골이라고 불러야 한다고 하였다
좁은 골짜기에 새들이 많이 날아와 둥지를 틀고
언제나 새와 사이 골 같이 생긴산 말하는 사람마다
다 다른데
산과 산사이 좁은 골짜기에 있는 마을이라 샛골이라 하는 사람
큰마을과 큰마을 사이
큰골와 큰골의 사이에 있는 골짜기로 여기는 사람
어째던 골과 골사이 산과 산사이 "새"임에는 틀림없다.
좁은 골짜기 들어서는 굴같다는 굴머리
언덕배기 비탈에
산아래 골짜기 한적한 곳에 자리잡은 당수나무
언덕에 떨어질듯 버티고있네
동굴 사람 묘가 있는 둥굴갓비알에 뒷번덩 절태골 배나무골
사람 사는 곳이면 골짜기 들마다 이름있다
새보다 짐승 많아 울삼아 막아 놓고 지키고 있는 마을
개울물 흐르는 곳에
달빛이 곱게 비치네.

솔방향으로 묘 있다는 손씨방산
기와굽던 개골새
잡곡 재배한 작골
사람사는 곳마다
노는 곳이 있기 마련인데
이곳은 편편한 미땅에서 많이 놀았나보다.
산골짜기에도 일하면서 가꾸는 마음
오늘날 젊은이들이
본받을 곳이로다.

| 동제 |

나무 : 느티나무(수령 200여 년) 주변에 홰나무 한 그루, 느티나무 아홉 그루)
제일 : 정월 대보름날(음 1월 15일)
제관 : 조를 짜서 두 사람 지냄
제물 : 마을에서 돈을 거둬서 장만함.
지금은 안 지냄.

박달1리 샛골 당수나무(느티나무)

| 토박이 땅이름 |

달등 : 달같은 산등성이로 달빛이 비치어 빛난다는 등. 옛날 달맞이 하던 산의 등.
뒤번득 : 마을 뒤의 넓고 편편한 곳.
개골 : 옛날 기와를 굽던 가마가 있던 골. '기와'를 이 지방에서는 '개와' 라고 한다.
작곡 : 잡곡을 재배하던 곳이라 한다. 잡곡이 작곡으로 불리게 된 것이다.
가매등 : 가마같이 생긴 산의 등.
봉동산 : 둥근달 같이 생긴 산이라 한다. 또는 둥군산인데 해가 뜨면 밝게 보인다는 산.밝게 보이니 밝음은 새벽을 의미하고 새벽이 오면 닭이 운다는데서 닭을 새에 비유하여 새봉(鳳)자를 쓰는 것이다.
능말번덕 : 넓고 펀펀한 산등성이. 능같이 큰 옛무덤이 있는 산등성이.

434

은청골 : 은이 나온 골짜기.

배나무골 : 배나무가 많은 골.

분등 : 풀을 가꾸면서 베던 산의 등. 옛날에 풋거름을 하기위해 풀을 베던 산의 등.

땅등 : 땅땅하게 마을로 내민 산등.

둥굴갓비알 : 둥굴 사람 소유의 산비탈로 둥굴사람 묘가 있음.

손씨방산 : 손 방향으로 향한 묘가 있는 산. 풍수들이 말하기를 손의 방향은 남동향이라 한다.

노는미땅 : 신안 주씨들 묘인데 옛날에 놀기 좋아서 뛰놀던 묘.

달배기 : 옛날 달맞이 하던 산.

당수나무골 : 이마을 당수나무가 있는 골짜기.

매태고개 : 샛골서 매태로 넘어가는 고개.

윗번덕 : 마을뒤의 넓고 편편한 곳. ‘버덩’을 이 지방에서는 번덕이라 한다.

은정골 : 은이 나온 골짜기라 한다

박달고개 : 샛골서 원박달로 넘어가는 고개.

마당재 : 마당같이 넓고 단단한 고개

작곡만디 : 잡곡을 심었다는 곳의 마루.

굴머리 : 굴같은 마을을 들어가는 들머리란 뜻.

절태골 : 절터가 있는 골짜기.

분등만디 : 분등의 산마루. 옛날 풋거름을 하기위해 플을 베던 산의 마루.

샛골새 : 샛골 골짜기 중에서 동쪽으로 된 골짜기.

개골새 : 옛날 기와를 굽던 골짜기.

손주방 : 손방향으로 향한 묘가 있는곳을 말한다. 풍수상 손방향은 남동향인 것이다.

딸밭들 : 딸기 나무가 많은 들.

윗개골새 : 옛날 기와를 굽던 곳으로 위쪽을 말한다.

아래개골새 : 옛날 기와를 굽던 곳으로 아래쪽을 말한다.

박달리 노거수

박달리 샛골 느티나무

여러나무가 숲을 이루는 곳인데 느티나무에 동제를 정월 보름날 지내왔으나 2005년부터 지내지 않고 있다.

- 나무이름 : 느티나무(동제목), 느티나무 아홉 그루, 홰나무 한 그루(동제 숲)
- 나무나이 : 200년
- 둘레 : 240cm
- 첫가지높이 :
- 나무상태 : 양호

- 나무이름 : 갈참나무
- 나무나이 : 200년
- 둘레 : 340cm
- 첫가지높이 :
- 나무높이 :
- 목적 : 동제목
- 나무상태 : 양호

박달리 양삼 팽나무

옛 박달초등학교 뒤 도로변 민가 사이에 있는 노거목이다. 옛날에는 몇 그루 있었으나 지금은 한 그루 밖에 없다.

- 나무이름 : 팽나무 포구나무, 풍치림 한 그루
- 나무나이 : 200여 년
- 높이 : 20m
- 둘레 : 310cm
- 첫가지 : 4m

박달1리 양삼 느티나무

마을 앞 들 한복판에 외로이 서있는데 이 마을에서 해마다 음력 정월 보름날 동제를 지내고 있다.

- 나무이름 : 느티나무(동제목) 한 그루
- 나무나이 : 150년
- 둘레 : 490cm
- 첫가지높이 : 178cm
- 나무높이 : 9m
- 목적 : 동제목
- 나무상태 : 양호

박달2리
원박달, 도진뱅이

원박달

이 마을은 산골이라 해가 늦게 뜨는 곳이라 해서 마을 뒷산이 닭같이 생긴 산으로 여기고 닭이 울면 새벽이 오고 새벽이 오면 밝아진다고 해서 밝다는 뜻으로 밝다고 한 것이 박달로 불리게 되었다 또는 마을 뒷산이 둥군산인데 해같이 둥굴기 때문에 해가뜨면 밝게 보인다는 데서 밝음에 비유하여 새벽에 닭이 울면 날이 밝아오기에 밝다가 박달이 된 것이다. 그래서 마을 뒷산이 흰닭과 같이 생겼다해서 옛날에는 백계동이라고 했다고 하는데 언제부터인지 세월의 흐름에 따라 박달로 불리게 되었으며, 행정구역의 개편으로 인해서 박달리가 몇 개의 마을이 됨에 따라 본래의 박달이라 해서 요즘은 원박달이라 부른다. 현재는 박달저수지 수몰지역이다(1987년말에 수몰 되었음).

박달2리 원박달(현 박달저수지) 전경

| 동제 |

나무 : 느티나무
제일 : 정월 대보름날 (음 1월 15일)
제관 : 한집에서 제물을 장만하여 마을 청년들이 지냈음.

원박달

둥근 달같이 생긴 산 봉우리 봉동산은
새벽을 알리는 닭같은 산으로 여기고
닭이 울면 아침해가 밝아온다고
밝은 닭이라 하여 밝닭이라 부른것이
박달이 되었다네
행정 구역으로 박달이 여러 곳이 되다 보니
이곳이 본래의 박달이라 원 박달이라 하네
물속에 잠긴지 수십년
봉동산에 해뜨면 물위에 비치어 더욱 빛나는 마을
없어진 마을 찾을 수 없고
옛처럼 불리우는 땅 이름 찾아보니
이마 같이 툭 튀어나온 이망받이
성스런 성지골
수렁의 시북들
사기굽은 사기디미 들어만 봐도
옛정이 가지마는 점점 잊혀져 가네
마을 있어
동제 지내 왔으나
못속에 잠긴것 어쩔 수 없어
잊어야만 하나

마을도 없어지고
사람도 떠나가고
물만이 푸르르게
옛정을 잊게 하여
아쉬움에 세월만 가네.

성지골 : 성스러운 역할을 하는 곳.
복판둔덕 : 원박달과 양삼사이에 있는 작은 언덕.
약물내기 : 약물탕이 있는 곳.
공동산비알 : 공동묘지가 있는 산비탈.
가는골 : 골짜기가 가늘고 긴 골.
새창골 : 동쪽으로 난 골짜기로 동쪽창 역할을 하는 골.
사기짐이골 : 사기를 굽던 곳.
절태골 : 절터가 있는 골.
이망받이(봉동산마루) : 사람 이마같이 생긴 산.
봉동산 : 산이 둥근데 두 봉우리가 있어 닭이 날아가는 모양인데 닭은 밝음을 뜻한다. 닭이 울면 새벽이오고 날이 밝아온다. 그래서 밝은 흰닭 같이 생긴 산이라고 한다.
지랑골 : 길골짜기 '길다' 는 것을 '질다' 고 한다.
은정골 : 은이 난 골.
등끝바우 : 돌이 등 끝에 얹힌 바위.
집앞들 : 집앞에 있는 들.
시북들 : 수렁이 있는 들 '수렁' 을 이 지방에서는 '시불구시' 라고 하며 수렁이 있는 들을 시북들이라 함.
범바우 : 범의 굴이 있는 바위.
배나무들 : 배나무가 있는 들.
굴밑들 : 갈메봉굴 밑에 있는 들.
골들 : 골짜기에 있는 들.
마당재 : 원박달에서 비지 반탕골로 가는 고개로 고개마루가 마당같이 넓고 단단한 고개.
모동지마 : 여러 사람들이 모여서 일군 밭이라 한다.
굴바우 : 굴이 있는 바위.
공동산 : 이마을 공동 묘지가 있는 산.
쌀방모랑지 : 화살맞은 바위가 있는 산의 모랑지.
갈미봉 : 비올 때 갓 위에 쓰는 갈모같이 생긴 산.

박달저수지에 수몰되기 전 원박달 마을주민에게 땅이름을 묻고 있는 필자(1987. 5)

도진뱅이

돌진지를 뱅돌아 간다는 마을이다. 화쌀 맞은 바위가 있는 쌀뱅이, 천질이나 되듯
이 높게 펼쳐진 바위인 천지바우 등 바위와 돌이 많은 진지를 뱅 돌아가는 곳에 있
는 마을이다. 또 다른 말로는 마을 뒷산 중턱에 돼지같이 생긴 큰 바위가 있는데 산
돼지의 옛말 '돛'을 도야지라 하는데서 '도' 자를 붙여도 진방 또는 도진뱅이로 부르
고, 또 한자로는 이 바위의 이름을 써서 돈암(豚岩)이라고도 했다 한다. 그러나 지금
은 도진(道鎭), 또는 도진뱅이로 부르고 있다.

박달2리 도진뱅이 전경

도진뱅이

화살 맞은 화살 바우 지나가는 살방 모랑지 지나
언덕 위에 있는 마을
높고 깊은 산속 거대한 돌더미 바위가 진지를 이루는 곳
천길 낭떠러지 병풍처럼 펼쳐진 친지바우 뱅뱅 돌아가는
마을
돼지방구 돛방이 있어 도진뱅이라 하는데 어째던 돌많고
큰바위 많은 진지인 마을임에는 틀림 없노라고
어린 남매 데리고 살려 가다 죽은 남편 나타남에
새가 되어 날아가서 각시바우 되고 관바우 되었다는 도진방고개마루
범에게 죽은 남편 시체 되묻은 메지골 전설은 유명도 하지
돌더미 사이 흐르는 물에 닥풀씻어 종이 만들고 하던 지통거랑
경주교천 최부자 가는 곳마다 논있고 산있어 이름하여 교천갓,교천들
갈모같이 생긴 갈미봉
낮은 곳은 논이요
언덕 위는 집이고
더높은 곳은 밭이라
옛 사람들 땅파고 먹고 살기 위해 한 뙈기 두떼기
일구며 살던곳
강아지 주고 샀다고 강생논도가리
옛날 흉년에는
목숨 부지하기 위해 살았다지
동제 지낸다고 마을앞 숲속에 제단 만들어 놓고
마을의 편안함을 기원하는 마음
모두가 산 비알에 살지만 행복해 보이네

| 동제 |

나무 : 느티나무와 참나무에 각각 지냄. 주변에 느티나무 여섯 그루 참나무 두 그루,
　　　회화나무 한 그루 밤나무 두 그루 느티나무와 참나무에 각각 지냄.
제일 : 정월 대보름날.(음 1월 15일)
제관 : 여러 사람이 지냄.
제물 : 동답 두 마지기와 동자금으로 장만하여 지냄.

박달2리 도진뱅이 동제단

박달2리 도진뱅이 동제숲

매지골 : 죽은 사람을 묻은 곳이란 뜻이다. 전설에 의하면 남편이 범에게 물려 죽었는데 범에게 물려죽은 남편의 시신을 찾아다가 이곳에 묻었는데, 범이 와서 파헤쳤으므로 여인은 다시 그 시체를 찾아다가 화장하여 묻었다고 한다. 즉 매장의 뜻인 듯한데 소리변화로 '매지골'로 불리게 된 것이다.

굼들 : 낮은 데 있는 들.

굼보 : 낮은 곳에 있는 들에 물을 대는 보.

참나무비알 : 참나무가 많은 산비탈.

사기디미 : 사기 굽던 터가 있는 골. 즉 사기가 많이 있는 더미란 뜻. '더미'를 이지방에서는 '디미'라 함.

갈미봉 : 비올때 갓 위에 쓰는 갈모같이 생긴 산.

화장태 : 범에게 물려간 남편의 시신을 아내가 화장했다는 곳

절골 : 절이 있었던 골짜기로 절은 빈대로 인해 망했다고 전한다.

중바우 : 중(스님)머리 같이 벗겨진 바위.

탕건바우 : 탕건같이 생긴 바위.

짐승코딩 : 짐승콧등 같이 생긴 산등

바람들개 : 돌이 많은 곳, 돌밑으로 바람이 스며드는 곳.

귀목진이 : 느티나무가 많은 곳. '느티나무'를 이 지방에서는 '귀목나무'라 한다.

새별재 : 새별이 넘어 간다는 산에 있는 고개, 샛별을 보고 새별이라 한다.

상목골 : 참나무가 있는 골짜기로 위쪽을 말한다.

챙이바우 : 챙이 (키)같이 생긴 바위. '키'를 이 지방에서는 '챙이'라 함.

숭어바우 : 숭어같이 생긴 바위.

사리듬바우 : 사리가 든 바위라 한다.

톱바우 : 톱 같이 새긴 바위라 한다. 옛날 삼삼을 때 쓰는 톱같이 생긴 바위. 삼톱

숱전바우 : 솥전 같이 생긴 바위.

자라바우 : 자라 같이 생긴 바위.

굴바우 : 굴이 있는 바위. 전설에 의하면 갈미봉굴에 볼 때면 산내 참나무진에 연기 난다고 할만큼 깊은 굴이라 한다.

새들 : 새로 개간해서 만든 들.

시북들 : 수렁이 있는 들. 수렁을 보고는 이 지방에서는 '시불구서'라고 한다.

작고개 : 원박달에서 빌기 반탕골 가는 고개로서 옛날 여러가지 잡곡을 심은 곳에 있는 고개라 한다.

관바우 : 관 같이 생긴 바위.

옻밭거랑 : 옻나무가 많이 있는 내, 이지방에서는 '내'를 '거랑'이라 함.

벼락디미 : 벼락맞아 떨어진 돌더미가 있는 곳.

시루미기 : 시루 같이 생긴 골의 입구.

참새미 : 찬물이 새는 샘.

곧은굴 : 골짜기 똑바른 골.

소매골 : 옛날 소를 많이 매어 놓던 골짜기.

시리듬바우 : 떡시루를 업어 놓은 듯한 바위.

평풍바우 : 병풍같이 펼쳐진 바위.

천지바우 : 천질이나 되듯이 높은 바위더미 한길은 사람 키 높이를 말한다. 보통 160 센치미터을 말하는 것 같다.

짐목진 : 경주시 산내면 내일리 진목정 마을쪽에 있는 골짜기를 말한다.

지통골 : 한지를 만들던 곳. 한지를 만들 때 닥나무 껍질을 두들겨서 만들기 때문에 지통이라 한다.

옻밭골 : 옻나무가 많이 있는 골.

소골 : 옛날 소를 많이 먹이던 골.

솔밭 : 소나무가 많은 곳을 말한다.

솔밭위에 : 소나무가 많이 있는 위쪽.

뿔당 : 옛날 절의 불당이 있던 곳. 불당을 뿔당으로 부르게 된 것이다.

뒷골 : 마을 뒤쪽에 있는 골짜기.

학구재 : 함같이 생긴 고개 함같은 문을 넘어간다는 고개,

곧든골 : 골짜기가 똑바른 곳.

말바우 : 곡식을 되는 말(斗)같이 생긴 바위.

시리디미 : 시루같이 생긴 산봉우리가 있는 곳.

불성굴 : 불을켜고 빌던 곳.

절골 : 옛날 절이 있었던 곳.

귀목징 : 느티나무가 있는 곳. 느티나무를 보고 이 지방에서는 귀목나무라 한다.

큰마실 : 이 마을에서 제일 큰 마을.

강신비알 : 강씨와 신씨들이 살았다는 비탈.

교천갓 : 경주 교천 최부자집 산을 말한다.경주시 교동을 교촌. 또는 교천이라고도 한다.

함구재 : 함같이 생긴 고개라 한다.

새보 : 새로 막은 보.

새보받이 : 새보물을 받아 농사짓는 들.

심넘번디기 : 깊은 골짜기 넘어있는 넓고 편편한 버덩을 말한다.

서섬비알 : 세섬이나 되듯이 수확나는 논이 있는 비탈.

갓잔골짜기 : 갓같이 생긴 골짜기.

번덕갓 : 넓고 편편한 산.

뒷메산 : 마을뒤에 있는 산.

줄미떵 : 묘가 줄을 짓듯이 늘어져 있는 곳.

공동산 : 이마을 공동 묘지가 있는 산.

조천미번디기 : 경주 교천 최부자집 묘가 있는 산 번덕. 이 지방에서는 교천을 조천으로 부르고 '묘'를 '미'라고 한다. ㄱ을 이 지방에서는 ㅈ의 발음을 많이 한다.

안심질떵 : 안심으로 넘어가는 긴땅이란 뜻의 고개. 이 곳에서는 질은 긴 것을 말하고 떵은 땅을 말하다.

우중골 : 구름이 많이 끼는 골짜기인데 전설에 의하면 임진왜란 때 위진장수가 지나간 곳이라 한다.

악전굴 : 매우 험한 굴이 있는 곳.

접골 : 골짜기가 겹겹이 많은 곳.

소맷골도라지 : 옛날 소를 많이 매던 곳을 돌아가는 곳.

동정골 : 정동쪽 골짜기.

깨양밭골 : 고욤나무가 있는 골짜기 '고욤나무'를 이 지방에서는 '깨양나무라고 한다.

중산골도라지 : 옛날 절에서 중생들이 많이 모여 살던 곳을 돌아가는 곳.

황새골 : 황새가 많이 날아온 골짜기.

팔자리골 : 팔뚝같이 생긴 골짜기.

무지등 : 옛날 무제(기우제)를 지내던 산등.

꽃밭등 : 옛날에 봄날이면 진달래가 많이 피던 산의 등.

명촌네갓 : 옛날 명촌댁이란 택호를 가진 집의 산.

골새 : 동쪽으로 난 골짜기.

강생논도가리 : 옛날 강아지를 주고 산 논 또는 강아지를 팔아서 그 돈으로 산 논이라 한다. '강아지'를 이 지방에서는 '강생'이라 한다.

복판둔덕 : 박달1리 양삼과 원박달 사이에 있는 언덕. 마을과 마을의 복판에 있는 언덕이라는 뜻.

짐승쾌띠기 : 짐승 코같이 생긴 곳. 코를 쾌라고 말하는데 속되게 말할 때는 '쾌띠기'라 한다.

휘일재 : 휘어진 고개란 뜻.

솔두배기 : 소나무가 심어진 곳.

친지바우 : 천길 낭떠러지인 바위를 말한다.

천지바우 : 천길이나 되듯이 높고 큰바위 1길은 사람키(보통160 Cm)을 기준으로 해서 천길이나 되듯이 높은 바위 이 바위를 뱅돌아 간다고 해서 '도진뱅이' 마을 이름이 된지도 모른다.

귀메비알 : 산모서리의 비탈. '모서리'를 보고 이 지방에서는 '귀서리'라 한다.

천지바우

무지등 : 옛날 날이 가물 때 이 마을에서 무제(기우제) 지내던 산의 등.

솔밭등 : 소나무가 많은 산등.

귀메바우 : 구석진 곳에 있는 바위.

지통방구 : 한지를 만들 때 닥나무 껍질을 두둘기던 바위.

지통거랑 : 한지를 만들 때 닥나무 껍질을 두둘겨서 씻던 내.

매바우 : 매가 많이 날아와서 앉은 바위.

오가막골 : 새까만 흙이 나오는 곳으로 토기를 굽던 가마가 있던 골짜기 인데 오씨가 막을 짓고 살던 곳이라고도 한다.

불공태 : 옛날 불을 켜고 빌던 터. 옛날 치성 드리는 것을 보고 불공드린다고 한다.

너구리방태 : 너구리가 살던 굴이 있는 바위.

학국 : 학이 많이 날아 오던곳이라 한다. 학곡이 학국으로 불리게 된 것이다.

친지미 : 천길이나 되듯이 높은 바위 더미를 말하는데 천질을 친지로 불리게 된 것이다. 여기에 다음과 같은 전설 전한다. 옛날 어느 여인이 산삼을 캐려고 백일 정성 기도를 드리는데 백일 하루 앞둔 날이 섣달 그믐날인데 그날을 못 넘기고 이 바위에서 떨어져 죽었다고 한다.

갓치질 : 산의 아래쪽 '산아래' 를 '치지락' 이라고 한다.

갓잔골짜기 : 갓같이 생긴 골짜기.

점골 : 옛날 옹기를 굽던 곳.

황신골 : 황씨들이 살던 곳이라 한다.

광어등만디 : 광어같이 넓은 산등의 마루.

시리딤이 : 시루같이 생긴 산의 더미.

상목진아궁지 : 상목골로 들어가는 들머리 상목골 아궁지에 안개 넘어 가면 큰비가 온다고 한다.

바람들이 : 바람이 나온다는 바위가 있는 곳.

아래메주골 : 메주골 중에서 아래 쪽.

윗메주골 : 메주골 중에서 위쪽.

문목골 : 문같이 생긴 골짜기.

진목진 : 산내 진목정 쪽에 있는 산골짜기.

사기지미 : 옛날 사기그릇을 굽던 곳.

뒷골 : 마을 뒤에 있는 골짜기.

광어등 : 광어같이 넓은 등성이.

매주골 : 사람을 묻은 곳이라 한다. 매장이 매주로 변한 것이다.

은판골 : 은을 판골.

웅봉 : 돼지 같이 생긴 봉우리.

부처바우 : 부처 같이 생긴 바위.

비단바우 : 가을에 단풍이 들면 비단같이 아름답게 보이는 바위.

도진방에서 땅이름을 조사중인 필자(1987. 5)

각시바우 : 두남매를 안고 있는 듯 한 바위.

도진방고개 : 도진방서 괘밭으로 가는 고개. 전설에 의하면 도진방 지통(한지 만드는 곳)에 일하는 어느 남자가 두남매를 두고 죽고 난뒤 부인은 생활고를 견디다 못해 늦은 봄에 괘밭의 솔뿌리 공장에 일하는 어느 홀아비가 있는 것을 알고 두남매를 데리고 살려가는데 도진방 고개 마루에 있는 남편의 무덤에 이르자 죽은 남편이 나타나서 나를 두고 어디 가느냐면서 길을 막는데서 무덤에서 노오란 새가 나오더니 도진방고개요 하면서 앞산으로 날아가는데 남편의 혼이 날아간 새가 앉은 바위는 관을 쓴 듯한 관바위가 되고 부인의 혼이 날아간 새가 앉은 바위는 두남매를 안고 있는 듯한 각시바위가 되었다고 한다.

학골 : 학이 많이 날아온 골.

앞들 : 마을 앞에 있는 들.

자래바우 : 자라 같이 생긴 바위.

중상골 : 옛날 절이 있어 모든 중생들이 모여 살던 곳.

배나무들간 : 배나무가 많이 있는 곳의 돌더미.

소매등 : 소를 많이 매어 놓던 산의 등.

든넘땅 : 더 넓은 땅이란 뜻 산과 산사이가 좁은 곳인데 이곳은 언덕 너머 있는 넓은 땅이란 뜻이다.

학곡 : 학이 많이 날아오던 골짜기.

솔배기 : 소나무가 서 있던 곳

당수나무질 : 이마을 당수나무가 있는 근처

박달2리 노거수

박달2리 도진방 갈참나무외 숲

마을 앞에 동제를 지내는 동제목이 있는 숲이다. 동제는 음력 정월 보름날 지내고 있다.
■나무이름 : 느티나무 여섯 그루(동제숲), 참나무 두 그루, 홰나무 열한 그루, 밤나무 두 그루, 총 스물한 그루 숲
■나무이름 : 느티나무, 갈참나무
■나무나이 : 200년
■ 둘레 : 440cm, 310cm
■첫가지높이 : 130cm, 300cm
■나무높이 : m
■목 적 : 동제목
■나무상태 : 양호

박달3리
개밭,사태골

개밭(괘밭)

이곳에는 쇠를 많이 다루던 곳인데 쇠물을 끓일 때 젖는 것을 갠다고 하는데서 갤밭이 부르기 쉽게 개밭이 되고 솥을 만들었다 해서 솥하면 발이 있어 건다고 해서 걸 괘(掛)자를 쓰고 괘자를 쓰다보니 괘밭이라 부른다. 옛날에 이곳에서 쇠가 많이 생산되어 솥을 많이 만들었는데, 솥을 걸었다는 뜻으로 걸 괘 자를 맞춰 쓴 듯하다. 그런데 평상시에는 솥을 비롯해서 낫, 호미, 쟁기날 등 생활도구를 만들고 전쟁시에는 무기를 만든 곳임. 본인이 몇 군데 확인했음. 쇠를 다루는 곳은 쇠와 나무를 구하기 쉽고 물이 좋아야 하는데 이곳은 이 모든 것이 잘 갖추어진 곳이다. 이렇게 쇠물 가지고 여러 가지 솥과 무기를 만든 곳이라 볼 수 있는 곳이 생쇠디미, 쇳골, 점태 도가리 등 땅이름을 보아도 알 수 있다

박달3리 개밭 전경

괘밭

솥을 만들고 훌정쇠를 만들던 곳이라 솥은 건다는 뜻으로 괘밭이라
부른다지만 흔히들 말하기를 개밭이라 하거늘 솥을 만들고 훌정쇠를
만들거나 쇠를 다룰때는 쇠를 휘젖는데 이것을 보고 갠다고 하니 개발이
되고 한자로 표기 할려니 걸괘(掛)자를 쓴 것이란다
쇠다루던 곳은 점, 논은 점논 내 건너는 점건너라 하네
돌탑은 삼남매가 와서 돌을 주워 내는데 범이 와서 누이 동생을
물고 갔다고 한다 그래서 돌무더기가 세군데 있는데 여동생 것은
적다고 한다
돌쇠밭 만디, 쇠골, 연림백이 모두가 쇠 다루던 때의
이름 같네
그러던 마을이 지금은 쇠는 불 수 없고
어느 마을 다름 없이 논농사에 밭농사 소 먹이는 일뿐이네
깊고깊고 산골마을
산 높고 물 맑은 곳
그래도 옛 마을처럼
안보이네
삼남매 정신 잊지 못해
동제 지내 왔으나
두 그루 느티나무 베어지고
한그루 남았네
세월따라 베어진건
아쉽지만 어쩔 수 없다
산높고 골좁지만
그래도 부지런 함에
살아가는 사람들이
부럽기만 하여라.

| 동제 |

나무 : 느티나무가 떨어져서 한 그루씩 3군데 있었으나 동제 지내는 나무만 남기고
　　　팔았다고 한다. 현재 느티나무에 지냄.
제일 : 정월 대보름날.
제관 : 옛날에는 선정해서 지냈으나 요즈음은 동민들이 차례로 지냄.
제물 : 마을에서 돈을 거둬서 장만함.

박달3리 개밭 당수나무(느티나무)

| 토박이 땅이름 |

병풍바위 : 병풍처럼 펼쳐진 바위.
매주골고개 : 괘밭에서 매주 골가는고개.
새별봉 : 샛별이 넘어가는 산이 봉우리에 '새별바위'가 있다.
큰골 : 골짜기가 큰 것.
봉연골 : 이산에서 옛날에 봉령이 많이 나왔는데 복령하는 것이 부르기 쉽게 봉연이
라고 부르고 전설에 봉연이란 처녀가 살았다고 전한다.
배림각단 : 배나무가 있던 마을.
안마실 : 마을 안쪽에 있는 마을.
사태골 : 붉은 흙이 사태진 마을.
점각단 : 솥 만들던 곳에 있는 마을.
실두발 : 바위가 벼락을 맞아 실같이 두발이 위로 향하고 있는 골.
태중중고개 : 괘밭에서 태중(경주서 산내면 대현리와 울산 울주군 소호리인데 한 마
을이 두 도와의 경계가 되는 마을)으로 넘어가는 고개로 넘는데 힘들다고 함.

광어들 : 광어같이 생긴 돌덩이가 있는 들.

쇠골 : 쇠가 나는 골짜기.

절태골 : 절이 있던 골.

손위고개 : 괘밭에서 울산 울주군 두서면 내와로 가는 고개로 이 마을 위쪽에 있는 고개.

옥수정 : 물이 새어 나오는 곳. 옥같이 맑은 물이 새어 나오는 우물이 있는 곳.

솔두백이 : 소나무 심어진 곳.

토골 : 흙을 파낸 곳.

갓골 : 머리에 쓰는. 갓 같이 생긴 골짜기.

돌쇠밭만디 : 백토광산으로 돌과 쇠가 나오는 산마루.

야채장골 : 돌에 나물이 나는 곳 이곳에 나물이 많이 나던 곳 이라 한다.

비단바우 : 단풍이 들면 바위가 비단처럼 아름다운 바위.

연림백이 : 땔나무를 많이 심은 곳이라 한다. 특히 솥만들 때 나무를 심은 곳이라 한다.

사기짐이 : 사기를 굽던 터가 있는 곳인데 사기가 짐으로 많다는 뜻.

돌탑 : 돌탑이 세군데나 있는 곳. 전설에 의하면 3남매가 개척을 하였는데 누이는 범에게 물려가고 말았기 때문에 남은 두 오빠가 돌을 쌓아서 만든 탑으로 지금은 느티나무가 세그루있고 돌로서 탑을 쌓은 흔적이 있었는데 근래 동제 지내는 느티나무만 남기고 나머지 느티나무를 비롯해서 다른 나무와 돌무더기 탑과 함께 없애 버렸다.

손알들 : 길아래 있는 논을 말함.

도장골 : 쥐같이 생긴 산으로, 쥐는 창고에 산다는데서 도장골 이라 함.

갈메봉 : 비올 때 갓 위에 쓰는 갈모같이 생긴 산.

굼밭 : 다른 지대보다 낮은 곳에 있는 밭.

뒷골 : 마을 뒤쪽에 있는 골짜기.

생새디미 : 생쇠를 녹이어 솥과 각종 농기구를 만들던 곳이라 한다. 평상시에는 각종 기구를 만들고 전쟁시에는 무기를 만들었다고 한다. 지금도 이곳에 쇠녹인 쇠부스러기 쇠똥이 많이 있다. 생쇠를 생새디미라고 한다.

생새디미

점태도가리 : 옛날에 솥을 만들었던 데에 있는 논 도가리. 솥만들기를 그만둔 것은 사오십 년 쯤 된다 함. 1950년쯤 될 것이라 함.

점건너 : 솥 만들던 곳의 내 건너 산 기슭.

실갱바우 : 삵괭이가 많이 살던 바위 '삵괭이'를 이 지방에서는 '실갱이' 라 한다.

쌀방모랑지 : 옛날 군사들이 활쏘기 연습하던 바위인데 전설에 의하면 임진왜란 때 중국의 이여송이가 우리나라 팔도 명산의 혈을 자르고 홈실덕고개의 혈을 자르는

찰나, 이여송의 부하 위진장수가 이여송을 쏘려다가 차마 못 쏘고 다른데로 화살 방향을 돌렸는데, 그 화살이 맞은 곳이 이곳에 있는 화살 바위이며, 이 바위 언저리를 쌀방 모량지라고 함.

화살바우 : 화살을 맞은 바위.

샘봉등만디 : 참물샘이 있는 산의 마루.

돌생이만디 : 돌쇠가 나는 산마루로서 지금은 백토광산이 있는 산마루.

텃골 : 집터가 있는 골.

새별바우 : 샛별이 넘어가는 쪽에 있는 바위. 샛별이 새별로 변한 것이다.

돌논들 : 돌이 많이 있는 논 들.

돌논 : 돌이 많이 있는 논.

참나무비알 : 참나무가 많은 산비탈.

봉영골 : 산봉우리가 연꽃같이 둥근 골짜기, 전설에는 신라 때 고봉연이라는 처녀가 살았다고 한다.

점들 : 옛날 솥을 만들든 곳이 있는 논.

거랑각단 : 냇가에 있는 작은 마을.

지심큰골 : 숲이 많이 우거진 큰 골짜기. ‘숲이 많이 우거진’ 것을 보고 ‘산이 짙다’고 한다. 또는 긴 산골짜기로 심을 박은 듯이 깊고 큰골짜기라 한다. ‘지’는 긴 것을 말하고 ‘심’은 ‘깊은 것’을 말한다.

메주골 : 죽은 사람을 묻은 곳.

목림 : 나무가 길게 숲을 이루고 있는 등고개..

손애고개 : 당이 있는 아래의 고개. 당이 있는 곳을 손이라고도 부른다.

번디기 : 넓고 편편한 등성이 또는 번덩을 말한다.

야천골짜기 : 얕은 골짜기를 말한다.

갓골짜기 : 갓같이 생긴 골짜기.

무시밭 : 무쇠를 다루던 밭이 있는 곳.

당수나무 : 마을의 당나무가 있는 곳.

저룽골 : 옛날 쇠물 다르면서 여러 가지 농기구와 무기 솥을 맏들던 곳이라 한다.

당고개 : 괘밭서 울산광역시 울주군 두서면 내와로 넘어 가는 고개로 고개마루에 돌무더기 당이 있었으나 큰도로를 내면서 없애버렸다.

목림이 : 목같이 길게 늘어진 숲속의 고개란 뜻.

뒷골에 : 마을 뒤에 있는 골짜기.

큰골 : 마을에서 제일 큰 골짜기.

샐뱅이 : 샘이 있는 곳을 돌아간다는 곳의 모랑지.

사기짐이 : 옛날 사기를 굽고 팔던 점이 있는 곳.

봉양골 : 복령이 나온 곳 복령을 이 지방에서는 붕양이라 한다.

개도랑 : 좁은 도랑을 말한다.

조천갓 : 경주교촌 최부자집산. 교동을 교천 또는 교촌이라 부르는데 말을 잘못하면 조천이 되는 것이다.

사태골

사태진 아래 있는 마을. 또는 절터가 있는 마을이라고도 함

박달3리 사태골 전경

| 동제 |

나무 : 소나무에 지냄(동제 지내는 숲에는 다음과 같은 나무들이 있다). 주위에 소나무 한 그루. 포구나무 세 그루. 말채나무 한 그루.

제일 : 정월 보름날(음 1월 15일)

제관 : 두사람(마을 사람들이 차례로 지냄.

제물 : 마을에서 거두워서 장만.

박달3리 사태골 당수나무(소나무)

사태골

산사태진 아래있는 마을이라 사태골이라 부르는 곳이라 하지만
절터 아래 있는 마을 이라고도 하네
절태골,큰절골,작은절골,
큰 절태귀미 작은 절태귀미 듣기만 해도
절태마을인 것을
이렇게 작은 마을에
좋은 소나무에 동제 지내주고
그래서 지금도 싱싱하게 푸르른 소나무
이 마을 지켜주고 있네
태중 중고개 길고도 먼데
길가는 나그네 붙잡아주고 심은 마음
오가는 길은 끊긴지 오래고
얼키고 설킨 덩굴속에
옛길도 찾기 어렵네

높고 깊은 산아래
누가 사느냐
그래도 사람 살고
논 밭도 있다.

그 보다 더 높고 깊은산 넘어도
또 사람 살고 있으니
신기 하기만 하다.

연림백이 : 옛날에 연료림으로 쓰기 위해 나무를 심었다는 곳 쇠 다루고 솥 만들 때 떨나무를 가꾸던 산이다.

손위고개 : 괘밭서 울산 울주군 두서면 내와리로 가는 고개로 이 마을의 위쪽이란 뜻. 이곳에 당이 있음으로 해서 위한다는 고개라 하는데 도로를 내면서 없애 버렸다.

꽤양나무백이 : 개암나무가 있는곳. '개암나무'를 이 지방에서는 '꽤양나무'라 한다.

쇳골비알 : 쇠가 나오는 산비탈.

절태골 : 절의 터가 있는 골.

큰절골 : 절이 있었던 골짜기로 큰 골.

작은절골 : 절이 있었던 골짜기로 작은 골.

당고개 : 당이 있던 고개.

윗태버딩 : 위에 있는 버덩.

배나무등 : 배나무가 있는 등.

텃골 : 도갈을 묻은 곳. 쇠를 다루던 곳. 쇠를 다루기 위해 토관을 묻은 곳.

비석골 : 비석이 있던 골.

작은절태귀미 : 절이 있던 작은 골의 모서리. 모서리를 이 지방에서는 '귀서리'라고 함.

큰절태귀미 : 절이 있던 큰골의 모서리.

당수나무백이 : 이 마을 동제를 지내는 당나무가 있는 곳.

태중중고개 : 울산광역시 울주군 상북면 소호리 태중으로 넘어가는 고개인데 넘는데 중하게 길다는 고개.

아래버딩 : 넓고 편편한 버딩중에서 아래쪽.

쇳골 : 옛날쇠가 나온 골짜기.

절태귀미 : 절터가 있는 곳의 모서리.

버팅 : 넓고 편편한 산등성이.

절태 : 옛날 절이 있던 터

도갈 : 옛날 쇠를 다루던 터를 말한다. 이 주변에서 제일 먼저 쇠를 다룬 곳이라 한다.

박달3리 노거수

박달3리 사태골 소나무

나무가 보기에도 좋았으나 어느 해인가 태풍에 가지가 부러졌다고 한다. 현재 주위에 말채나 무 한 그루, 포구나무(팽나무)가 세 그루 있다.

- ■나무이름 : 소나무(소나무 한 그루, 포구나무 세 그루, 말채나무 한 그루
- ■나무나이 : 300년
- ■둘레 : 320cm
- ■첫가지높이 : 218cm
- ■나무높이 : 12m
- ■목적 : 동제목
- ■나무상태 : 양호

박달리 괘밭 느티나무

옛날 이 마을에 삼남매가 와서 개척을 하는데 하루는 호랑이가 와서 여자 동생을 물고 가버렸다고 한다. 그래서 두 오빠와 함께 주어낸 돌을 모아둔 곳에 느티나무가 자라 고목이 되었는데 두 곳에 있는 느티나무는 마을에서 팔고 동제를 지내는 나무는 살려 놓았다고 한다. 동제는 음력 정월 보름날 지낸다고 한다.

- ■나무이름 : 느티나무 한 그루
- ■나무나이 : 400년
- ■둘레 : 347cm
- ■첫가지높이 : 300cm
- ■나무높이 : 13m
- ■목적 : 동제목
- ■나무상태 : 양호
- ■전설 : 남매전설 있음

| 사라진 나무 |

박달3리 괘밭 풍치림

느티나무 세 그루, 팽나무 한 그루가 있었다. 느티나무는 200년 정도 되었는데 마을에서 팔았다고 한다. 그리고 그 자리는 주차장이 되었다. 현재는 느티나무 한 그루만 남아 있다.

1991년 없어지기 전 박달리 쾌밭 풍치림

2014년 없어진 후 박달리 괘밭 풍치림이 있던 자리

박달4리(고사리(아랫고사리, 안마을, 윗고사리))

고사리

이 마을 뒤편인 청두말에 봉화가 있는 것을 보면 이곳에서 말을 기르고 전쟁시에는 햇불을 올리던 곳. 또는 옛날에 이곳에 어사의 출도를 기다리던 군졸들이 어사가 출도하면 햇불을 올려 어사를 맞이했다는 곳, 이곳은 해발 6~7백 미터 되는 고원지대인데 마을 뒷산이 성같이 둘러있는데서 옛날에 왜적이 침범할 때 햇불을 들어 알린 곳으로도 볼 수 있다. 그리고 고산지대인데 고산이 고사리가 된 듯하다. 위에 있는 마을은 윗고사리, 안쪽에 있는 마을은 안마을, 아래에 있는 마을은 아랫고사리 혹은 마당미기 또는 바같마을이라 한다.

아랫고사리

고사리 마을 중에서 제일 아래 있는 마을.

박달4리 아랫고사리 전경

아랫고사리

골짜기 깊숙한 마을 괘밭도 골짜기라 하는데
골짜기 보다 더한 산마루 높은 마을인가 보다
왜적이 처들어 올때 횃불 올려 사람 안심하게 한곳이란다
이 마을 처음 들어서면 마당처럼 밟는다고 마당미기
제일 바같에 있다는 바같마을
산마을이라 꿩많은 꽁오골
계단식논 정상이라 정식이
실같이 가늘게 하늘로 치솟는 바위가 있는 곳의 논이라 실두발
눈물같이 물이 떨어진다는 눈물 바우
구석진 곳의 논은 구정논 띠기
이름도 산마루에 적당한 이름들이 많고
이 산 마루 마을에 어찌사는가 싶지만
그래도 사람 살아가는것이 신기하다
정붙이고 살면 어디든지 다 좋은것을….

마을 뒤 솔숲에 동제 지내더니
소나무 죽고 그자리에 어린 느티나무 심어
동제신으로 모시네
어린 나무보다 옛 전통 살려
큰 소나무에 지냈으면 좋을것을
지금은 어쩔수 없고
언덕위에 집들이 다닥 다닥 붙어
살아가는 것이
어딘가 따뜻하게만 보이네

| 동제 |

나무 : 소나무(숲을이룸) 본래는 소나무였으나 고사 되고 지금은 어린 느티나무를 심
  어 놓아서 동제를 지냄.
제일 : 정월 대보름날(음 1월 15일)
제관 : 선정해서 지냄.
제물 : 1반 자금으로 장만 함.

박달4리 아랫고사리 당수나무(느티나무)

| 토박이 땅이름 |

마당미기 : 고사리 마을 중에서 아래 있는 마을로서, 이 마을 사람들이 마당처럼 밝
고 지나간다는 마을.
쇳골 : 쇠가 나온 골짜기..
앞산 : 마을 앞쪽에 있는 산.
밤나무골 : 밤나무가 많은 골.
동답들 : 마을 소유의 논이 있던 들.
진등골 : 산등성이가 긴골.
뒷골 : 마을 뒤쪽에 있는 골.
매바우등 : 매가 많이 날아오는 바위가 있는 등.
두리등 : 두리번한 산등.

큰새밭딩 : 억새가 많은 등성이로 큰등.

도름딤이골 : 다른 지대보다 높은 곳.

정식이 : 다락논(계단식논)중에서 제일 위에 있는 논을 말함. '정상' 을 부르기 쉽게 '정식' 이라 부른 것이다.

명산갓 : 유명한 사람의 산. 또는 유명한 사람이 묻힌 산.

귀목나무골 : 느티나무가 많은 골 '느티나무' 를 보고 이 지방에서는 '귀목나무라 한다.

봉롱골 : 다른 지대보다 낮은 지대.

새띠밭골 : 억새와 띠가 많은 곳.

죽논도가리 : 죽 먹고 논을 만드느라 적게 만들었다는 논.

구정논띠기 : 구석에 있는 논.

중점골 : 이 마을 중간에서 쇠를 다루던 곳이라 한다.

봉연골 : 산봉우리가 연꽃같이 생겼다고 한다. 전설에 의하면 봉연이란 처녀가 살았다고 한다.

불시디미 : 불을 켜고 빌던 곳의 더미란 뜻.

눈물방구 : 눈물같이 물이 떨어진다는 바위.

배림 : 나무을 가꾸면서 베던 숲.

매바우 : 매가 많이 날아오던 바위.

집골새 : 집이 있는 골짜기.

윗태 : 집이 있는 위의 터.

실두발고개 : 아래 고사리서 실두발로 가는 고개.

뒷골새 : 마을 뒷골짜기.

지름치밭골새 : 긴 밭이 있는 골짜기.

지름치 : 거름처럼 기름진 밭이 있는 곳인데 골짜기가 길다고 한다. '길이가 길다는' 것을 이 지방에서는 '질다고' 한다.

벼락바우 : 벼락을 맞아 깨어진 바위.

선바우 : 벼락을 맞아 깨어진 바위가 서 있는 바위.

토골 : 흙을 파낸 곳.

뿐딴골 : 분같이 고운 흙이 있는 곳

홈골 : 홈 같이 푹 파인 곳.

가장골 : 마을에서 으뜸 되는 논이 있는 골. 이곳에 동답이 있으므로 해서 동답은 한 가정을 말하며 가장이란 뜻.

채밭등 : 나물이 많이 나는 등.

나발등 : 나발 같이 생긴 등.

주계등 : 밥주걱 같이 생긴 등.

굴밭등 : 굴이 있는 산등.

아랫고사리 이장 박해룡씨에게
땅이름을 묻고 있는 필자(1987. 5)

새밭딩 : 억새가 많은 산등.

준지봉 : 황제봉보다 못하는 뜻. 또는 옛날 군이 진주하여 있었다 해서 진주봉이 하던 것이 발음 변화에 따라 준지봉이라 한다 함.

꽁오봉 : 꿩이 많이 있는 골. 꿩을 이 지방에서는 '꽁' 이라 함.

윗떵 : 윗 번덩을 말한다.

앞산들 : 앞산 밑에 있는 들.

갓골 : 갓 같이 생긴 골.

장아골 : 장한 사람이 살던 곳이라 한다.

집앞들 : 집 앞에 있는 들.

실두발 : 바위가 벼락을 맞아 두동강 났는데 실이 두발로 하늘로 뻗은 것 같이 보인다는 곳.

윗쇠골 : 쇠골 중에서 위쪽에 있는 골짜기.

아래쇠골 : 쇠골 중에서 아래 골짜기.

치름치골짜기 : 기름이 새듯 산에 물이 새는 곳이라 함 .

큰새밭딩이 : 억새밭 중에서 큰 등.

진등 : 산등이 길게 뻗어온 등.

묵은티 : 범에게 사람이 물려가서 먹힌 곳이라 함.

손외골 : 마을 바깥쪽에 있는 골.

서나무백이 : 서나무가 서 있는 곳.

벌미땅 : 묘가 많이 있는 곳인데, 옛날 토기 파편 등이 많이 나왔다 함. 즉 버글버글한 묘가 있는 곳을 말한다.

음달 : 음달진 곳을 말함.

바같마을 : 이 마을에서 제일 바같에 있는 마을을 말한다.

금골 : 금이 나왔다는 골짜기.

불당골 : 옛날 절이 있던 곳으로 불당이 있던 곳.

무텅비알 : 물이 많이 새는 산의 비탈.

솔두백이 : 소나무가 심어진 곳.

채바우딩이 : 키 같이 생긴 바위가 있는 등 '키'를 이 지방에서는 '챙' 이라 한다

도담팀이 : 다른 지대보다 높은 곳에 있는 곳 '높은것'을 이 지방에서는 '돌다고' 한다.

작은새밭딩이 : 억새밭 중에서 작은 등.

양달비알 : 양달쪽의 산비탈.

매바우 : 매가 많이 날아오던 바위.

아랫고사리 주민 권영구씨에게
땅이름을 묻고 있는 필자

안마을

고사리 마을 중에서 안쪽에 있는 마을

박달4리 안마을 전경

| 동제 |

나무 : 귀목나무(느티나무) 여섯 그루, 수령 60여 년.
제일 : 음력정월 대보름날.(음 1월 15일)
제관 : 선정해서 지냄.
제물 : 2반 자금으로 장만 함.

박달4리 안마을 당수나무(느티나무)

박달4리 안마을 동제단

안마을

아래 고사리 안쪽
언덕 아래 푹꺼진 곳에
옹기 종기 살고 있네
숲과 계곡이 어울린 곳
동제 지낸다고
싱싱한 느티나무 섬기며
정다웁게 살아가는 곳
이곳에 어찌 사람 사는가
찾아가 보니 그래도 정이 가네
가장골,솔두백이,뿌땅골들어보면 볼수록 정이간다

홈같이 푹파인 홈골
마을 뒤 언덕은 등대배기
흙붉은 뿌당골
쇠다루던 중점
느티나무 싱싱함에
정붙이고 사는 사람들

숲과 집이 어울린 곳
정말 보기 좋고
살기 좋은 곳
아름다운 곳인데
아무나 살 수 없는 곳
살던 사람이나 살지
어느 곳이나
오래도록 정붙이고 살면
살 수 있는
아름다운 곳이로다.

중점골 : 쇠뿌리 공장이 중턱에 있던 골.

진등 : 길게 뻗어 내려온 산의 등 .

가장골 : 마을의 동답이 있는 곳으로 한 가정으로 말하면 마을에서 으뜸 되는 가장과 같은 논이 있는 곳.

뒷골 : 마을 위의 골짜기.

등대 : 사람의 등 같이 생긴 등성이 마을 뒤의 등.

갓골 : 머리에 쓰는 갓 같이 생긴 골.

홈골 : 홈같이 푹 파인 골짜기.

뿌땅골 : 흙이 붉은 골 또는 절의 불당이 있던 곳이라 함.

솔두백이 : 소나무가 서 있는 곳.

서나무백이 : 서나무가 서 있는 곳.

묵은팅이 : 사람이 범에게 잡혀 먹힌 곳. '먹는' 것을 이 지방에서는 '묵는다' 고 한다.

윗고개 : 마을의 위쪽에 있는 고개.

윗고사리

고사리 마을 중에서 위에 있는 마을. 이마을 넘어 청두말에 봉화대가 있고 마을 뒤에는 어린말을 기르던 청부러지가 있는데 옛날 왜적이 쳐들어 올 때 횃불을 들어 전쟁을 알리고 전쟁준비를 하던 고산지대를 고사리가 되었다고 볼 수 있다.

박달4리 윗고사리 전경

| 동제 |

나무 : 서나무 열 그루 암.수 한 그루씩 지냈음.
제일 : 음력 정월 대보름날. (음 1월 15일).
제관 : 선정해서 지냄.
제물 : 당시에 돈을 거둬서 장만함. 지금은 안지냄.

박달4리 윗고사리 당수나무

박달4리 윗고사리 동제단

윗고사리

높은 산마루 이 보다 더 높은 마을 있는가
그래도 물 있고 사람 살만 하기에 살고 있었지
청두말 봉화대에 불 올리면
이 마을 뒷산에 청부러지 말 키워 왜적 물리치고
시뱀이골에 뱀처럼 시름 시름 왜적 물러가면
용시디미 깊은 골에 용이 나오고
나발등에 묘쓰면 나발 잘부는 자손 나온다지

높은 산속에 명산이 있어
이름 높은 유선비 묻히어
쌍학골 전설이어지는데
오늘도 이곳이 좋아서 살아가는 사람들 보면
언제나 행복해 보이네

높은산 고개 마루 서나무 처럼
높은 산 마을이라 서나무에 동제 지내왔는데
지금은 안 지내고 있지만
그래도 서나무 숲은 잘 이루고 있네

높고 높은 산마루에 이루어진 마을
어찌 살아 가느냐
그래도 물있어 논농사 짓고
넓은 밭있어 채소 농사 줄거이 짓고
살아가는 사람들이
행복해 보인다.

묵나물골짜기 : 묵나물을 많이 할 수 있는 골짜기 묵나물이란 봄에 뜯어서 말려 해 묵혀 먹는 나물.

시뱀이비알 : 실뱀같이 길게 생긴 논이 많이 있는 곳의 비탈.

선바우딩 : 바위가 서 있는 등. 등을 이 지방에서는 '딩'이라고 함.

안심이재 : 윗고사리에서 안심이로 넘어가는 고개.

안심이골 : 안심이로 가는 고개 밑의 골짜기.

진등골 : 등성이가 길게 뻗어 내려온 산의 등이 있는 골짜기.

굴바우딩 : 바위에 굴이 있는 산등.

토골 : 흙을 많이 파낸 곳.

은판골 : 은을 판곳.

용시디미 : 용소 같이 푹 깊은 곳(용소→용시) 명주실꾸리 한타래를 다 풀어 넣어도 끝이 안 닿는다는 깊은 우물이 있는 곳.

홈실갓 : 홈실 있는 사람 소유의 산.

화지백이 : 화짓대를 세웠던 곳. 높은 벼슬을 한 사람이 기념으로 세운 기가 있던 곳 요즈음 기념식수와 같음. 보통 화짓대는 홰나무를 심었다고 한다.

깊은골 : 골짜기가 매우 깊은 골.

주게등 : 주걱(주걱을 이 지방에서는 주개라 한다.)같이 생긴 등.

체바우딩 : 체같이 생긴 바위가 있는 산 등 '곡식을 가리는 채같이 생긴 등이라 한다.

시뱀이골 : 실뱀같이 가는 논뙈기가 많은 골.

두리등 : 두리번한 산등.

묵은티 : 사람이 범에게 먹힌 곳이라 함.

서나무비알 : 서나무가 있는 산비탈.

진등 : 산등이 길게 내려온 등.

청부러지 : 말을 방목하던 곳이라 하기도 함 어린말을 기르던 곳이라 함, 평상시에 이곳에서 말을 기르다가 안심이 청두말 봉화대에서 검은 연기가 솟으면 왜적이 쳐들어올 때 여기에 기른 말로 왜적을 무찔렀다 함.

공동산비알 : 마을 공동묘지가 있는 산비탈.

갓골 : 머리에 쓰는 갓 같이 생긴 골짜기.

집앞들 : 집앞에 있는 들.

쌍학골 : 학이 짝을 지어 많이 날아왔다고도 하고 이곳 산 생긴 모양이 쌍학같이 생겼다고 하는데 이곳에는 다음과 같은 전설이 전한다. 유씨성을 가진 유명한 학자가 죽기 전에 아들들에게 미리 묘터를 잡아주면서 그곳에 묻어 달라고 유언을 하면서 돌함이 나오면 건드리지 말라고 하고서는 학자가 세상을 떠나자 세 형제는 유언대로 그곳을 파고 묘를 쓰려고 하니 땅속에서 네모난 돌함이 나왔다고 한다. 건드리지 말라는 유언을 잊고 막내아들이 호기심에 그만 돌함의 뚜껑을 열었더니 배꽃같이

흰 학 두 마리가 날아갔는데 알고 보니 유씨 학자에 게는 전처에 아들 두 명과 후처에 아들 한명이 있었는데 후처의 아들이 깜박 잊고 건드린 것이라 전한다. 학이 날아간 그 골짜기를 쌍학골이라 한다. 그리고 유씨 학자의 묘가 이 근처에 있다.

두리봉 : 두리번한 산봉우리.

절갓 : 옛날 절이 있을 때 절 소유의 산..

뻑대만디 : 높이 솟은 산의 마루.

찬물새미 : 찬물이 새는 샘이 있는 곳.

청부리재 : 청부러지에 있는 고개.

도진방듬서리 : 도진방 뒤 돌등성이를 말한다.

나발딩 : 나발같이 생긴 산의 등을 말한다. 여기에는 다음과 같은 전설이 전한다 묘터를 잡는데 어느 풍수에게 물어니 이곳은 나발같은 터인데 나발부는 터와 나발소리 듣는 터가 있다 하니 후손들이 나발부는 곳에 터를 잡아 줄라 하였다. 그래서 나발부는 곳에 묘를 섰는데 얼마후에 후손들 중에는 나발부는 무당과 나발 불며 노래 부르는 사람등 온갖 잡동사니가 다 나와서 시끄러워 못살았다고 한다. 그래서 알고 보니 나팔부는 터 보다는 듣는 쪽의 터가 더 좋다는 것이다.

선바우 : 바위가 서 있는 곳.

박달4리 노거수

박달4리 아랫고사리 소나무 숲

이 마을 뒤쪽에 소나무와 참나무가 숲을 이루고 있는데 동제를 지내던 소나무가 죽고 다시 느티나무를 심어서 동제목으로 섬기고 있다. 동제는 음력 정월 보름날 지내고 있다.

- 나무이름 : 소나무 다섯 그루(숲을 이룸)
- 나무나이 : 150년
- 둘레 : 190cm
- 첫가지높이 : cm
- 나무높이 : 10m
- 목적 : 동제목(숲)
- 나무상태 : 양호

박달4리 안마을 느티나무

고사리 마을의 중간에 있는 마을의 동제목인데 지금도 이 나무에 빌고 하는 모양이다.

- 나무이름 : 느티나무 여섯 그루(동제목)
- 나무나이 : 100년
- 둘레 : 190cm
- 첫가지 높이 : cm
- 나무높이 : 18m
- 목적 : 동제목
- 나무상태 : 양호

박달4리 윗고사리 서나무

이곳은 해발 6~7백 미터 되는 고산지대로 내남면에서 제일 오지마을인데 산마루 고개마루 등에서 잘 자라는 서나무를 동제목으로 섬기는 이유도 여기에 있다. 지금은 동제를 안 지내지만 동제 지낼 때는 음력 정월 보름날 새벽에 지냈다고 한다.

■나무이름 : 서나무 한 그루 숲(동제목)

■나무나이 : 200년

■둘레 : 280cm

■첫가지높이 : 200cm

■나무높이 : 12m

■목적 : 동제목

■나무상태 : 양호

〈비지리 약도〉

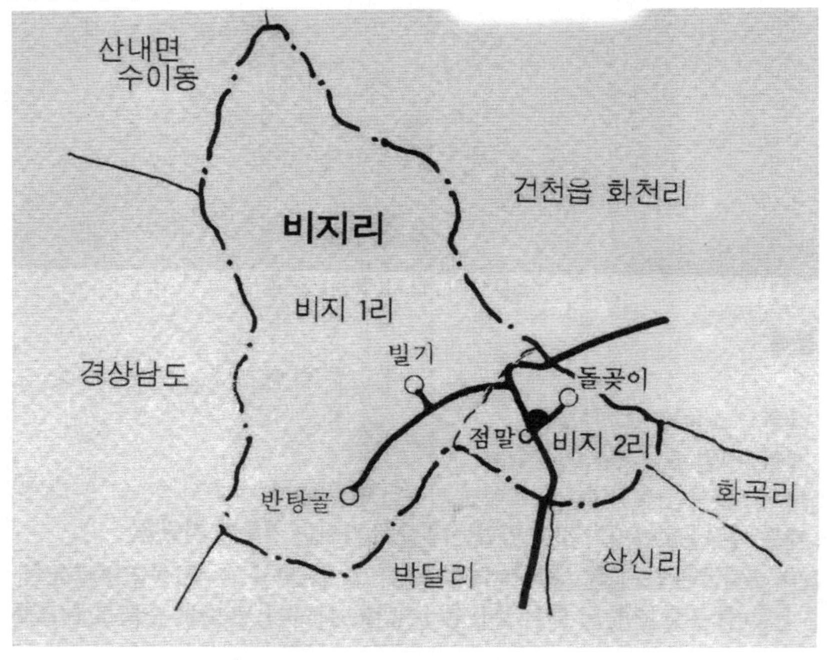
산내면
수이동
비지리
건천읍 화천리
비지 1리
빌기
경상남도
돌곶이
점말
비지 2리
반탕골
화곡리
박달리
상신리

13

비지리
(飛只里)

신라시대 화랑들의 수련도장인 단석산의 남동쪽 아래 위치해 있는
마을로 많이 빌던 곳이라 하여 빌기라고 부른다. 마을 앞산에 학이
많이 날아오는 마을이라해서 학동이라고도 부른다. 일제시대 행정구
역 통폐합때 빌기라는 어원을 잘못 듣고 한자로 표현 할 수 없어 비
지(飛只)라 한 것과 학은 둥지를 틀어야 하는데 학하면 으레 날아가
는 것만 생각해서 날비(飛)자와 다만지(只)자를 따서 비지리(飛只里)
라 하고 빌기(학동)와 반탕골을 비지1리, 점말, 돌꽃이를 비지2리라
하였다.

비지1리
학동(빌기),바탕골

빌기(학동)

신라시대 화랑들의 도장이며 수련장인 단석산의 동남쪽 아래 있는 마을이다. 화랑들이 수련을 하면서 많이 빌던 곳이라 하여 빌기라고 한다. 이 마을의 화장골, 말미태, 배암골, 물바우 등은 다 화랑과 관련있는 땅 이름들이다. 전설에 의하면 신라시대 어느 장수가 행군을 하던 중에 말미태라는 곳에 이르자 갑자기 말발굽이 떨어지지 않아서 마을 앞 배암골에 가서 빌었더니 말발굽이 떨어져서 계속 행군하게 되었다고 한다. 빌어서 행군하게 되었다고 빌기라고 한다. 근래 와서는 마을 앞산에 학이 많이 날아 왔다고 해서 학동이라고 한다. 한편으로는 주위에서 제일 큰 마을이라고 해서 반탕골, 점말, 돌꽂이마을 사람들은 큰 마을이라 부르기도 한다. 제주 고씨들이 많이 살고 있다.

비지1리 빌기(학동) 전경

빌기(학동)

신라 화랑들이 단석산 돌 자를듯한 힘으로 심신 수련하며 훈련하던
화랑골이 화장골이 되고,
처음 훈련 하던 나작골
훈련하며 빌던 절은 어데가고 절태만 남았네
수많은 전설 이어져 오는데
말미태 말발굽 붙으면
배암골에 빌면 떨어져
내 달리다 보면
독적골 시앙바우 쉬었다가
미리티 막바지에 빌고 빌던 곳
흔적 남은 바위

푸르른 들판
한가운데 흐르는 냇가에
자리 잡은 마을
닥종이 지통으로 삶의 터전 잡았는데
지금은 흔적없이 사라져
옛이야기 처럼 들리고
사방 보이는 곳마다
다닥 다닥 붙은 다락 논으로
옛 흔적 남긴마을

가뭄에 가매바우에 무제 지내주면
물바우에 물이 가득 차
하다 못해 비 내려주고
학이 많이 날아오는 산이 있다하여
학동이라 불렀는데
일제시대 난데없이 비지리라 하였으나
지금와서 학동길 되찾은 빌기 학동마을 사람들

| 동제 |

나무 : 느티나무(두 그루),
제일 : 정월 초이렛날,
제관 : 한 사람이 지내다가 20여 년 전 부터 안 지냄,
제물 : 논 다섯 마지기 정도 있었는데, 끝에 가서는 거두어 지냈음.
지금은 안 지냄.

비지1리 빌기(학동) 당수나무(느티나무)

| 토박이 땅이름 |

큰마을 : 빌기에서 제일 큰 마을, 앞에 학산이 있다고 해서 학동으로도 부르고, 빌기
라고도 함.
단석산 : 신라 장군 김유신이 수도하며 큰 바위를 칼로 짝 갈랐다고 단석산이라 한다
지만, 후세 사람들이 지은 듯하고 옛 절
터에서 나온 명문기와에 월생산이란 글
씨가 있는 것을 보면 단석산은 달산이
된다. 이 산은 신라 화랑도의 도장이므
로 임을 달에 비유하기도 한다.
배암 : 비는 바위라 한다. 전설에 의하면
신라 화랑들이 이곳에 와서 빌면 말발굽
이 잘 떨어져서 행군을 할 수 있다고 한
다. 이곳은 신라시대 화랑들이 많이 빌

학산

던 곳으로 보면 된다.

학산 : 마을 앞에 있는 산으로 학이 많이 날아온 산이라 함.

뒷산 : 마을 뒤쪽에 있는 산.

화장골 : 신라 화랑들이 훈련하던 곳이라고 함. 화랑골이 화장골로 불리게 된 것이다.

절골 : 절이 있던 골짜기.

말밑들 : 마을 밑에 있는 들. 전설에 의하면 신라때 화랑들이 훈련할 때 말발굽이 붙었던 자리라고 한다. 그래서 배암골에 가서 빌었더니 떨어져서 갈 수가 있었다고 한다.

뒤메잔 : 마을 뒤에 있는 들로서 작은 논뙈기들이 많은 곳이다.

나작골 : 화랑들이 훈련하던 화장골 아래에 화랑들이 훈련하며 쉬던 곳이라 함.

고들미기 : 뚝이 굽지 않고 똑바른 곳.

매바우 : 매가 많이 날아와서 앉은 바위.

독축골 : 돌축을 많이 쌓은 골.

옥노무지 : 다른 논보다 곡식이 잘 되는 논.

부래미 : 빌기는 경주부 관활인데 산너머 산내면 지역은 옛날 경주부가 아니므로 부너미가 부래미로 불리게 된 것이다.

아래부래미 : 부래미 중에서 아래쪽.

윗부래미 : 부래미 중에서 윗쪽.

초막골 : 초막을 지어 놓고 살던 곳

너븐들 : 이 마을에서 제일 넓은 들.

숯굿등 : 옛날 숯을 굽던 산등.

가는등 : 주위에 있는 다른 산등에 비해 가는 등.

당재 : 산내 수이동으로 넘어 가는 고개인데 고개 마루에 돌무더기 당이 있다.

전나무백이 : 전나무가 많이 심겨진 곳.

피밭골 : 피가 많이 난 밭이 있는 골짜기. 옛날에 피를 재배하던 곳. 지금은 피가 잡초 중에서 잡초이지만 옛날에는 먹거리로 사용했다.

사기디미 : 사기그릇을 굽던 곳인데 더미를 이 지방에서는 디미라한다.

범솔밭 : 범이 나올 듯이 검은 솔밭.

황새미기 : 황새가 많이 날아오던 곳인데 마을의 들머리라한다.

개골 : 기와를 굽던 곳이라고도 한다. ‘기와’ 를 이 지방에서는 ‘개와’ 라 한다.

안메잔 : 산 안쪽에 있는 논. 논도가리(논배미)가 작은 곳이다.

안밑잔 : 산 밑에 있는 논, 마을 뒷산 밑에 있는 논인데 작은 논들이 있는 곳.

분등만디 : 옛날에 풀거름을 하기 위해 풀을 가꾸면서 베던 산등.

등짐바우 : 등에 짐을 지고 있는 듯한 바위.

문바우 : 문같이 생긴 바위.

떼들 : 작은 논뙈기가 떼지어 있는 들.

밭답들 : 옛날에 밭을 논으로 만든 들로서 물이 있으면 논이고 물이 없으면 밭인 들.

시북굴 : 수렁이 많은 논 수렁을 이 지방에서는 사북굴 또는 시불구시라고 한다.

다부정들 : 작은 논들이 모여 있는 들로서 논이 다정하게 보인다고 한다.

못안들 : 못안에 있는 들.

산내고개 : 빌기 큰마을서 산내 진목정으로 넘어가는 고개. 진목정은 참나무골라고도 하는데 경주의 천주교 순교자인 3사람(허야고보, 김수까, 이베드로 1866년 7월28일 울산 장대벌에서 참수치영)의 묘가 있는 곳이다.

큰고개 : 빌기서 화천으로 넘어가는 고개인데 사람들이 제일 많이 넘나드는 고개.

박달고개 : 빌기서 박달로 넘어가는 고개.

달래창고개 : 빌기서 건천읍 송선 달래창으로 넘어가는 고개.

광어배미 : 광어같이 넓은 논.

장구배미 : 장고같이 생긴 논, 장고를 이 지방에서는 장구라고 한다.

오강배미 : 요강같이 생긴 논, 요강을 이 지방에서는 오강이라고 한다.

우물도가리 : 우물이 있는 논뙈기, 도가리란 뚝을 경계로한 일부분으로 동가리란 뜻인데 배미와 같은 뜻이다.

생이바우 : 상여같이 생긴 바위. '상여'를 '행생이' 또는 '생이'라고 한다.

큰갓등비알 : 옛날 여러대가 장손으로 내려온 큰집의 산비탈.

배암지 : 배암골에 있는 못.

질매도가리 : 소등에 얹는 길마같이 생긴논, '길마'를 이 지방에서는 '질매'라 한다.

배꼽도가리 : 배꼽같이 생긴 논.

달구진 : 소달구를 부러뜨린 곳이라고 한다.

홈골 : 홈같이 좁은 골인데 홈을 걸어서 물을 내던 골짜기.

한골 : 이 마을에서 제일 큰 골짜기.

독적골 : 외로 떨어져 적막한 골짜기.

모잔들 : 못밑에 작은 논뙈기가 있은 들.

쉰질운굴 : 사람의 키 쉰배나 되듯이 깊은 웅덩이.

향나무운굴 : 향나무가 있는 우물.

모잔보 : 모잔들에 물대는 보.

큰걸 : 마을에서 제일 큰 내.

윗각단 : 이 마을의 위쪽에 있는 마을. '각단'이란 '뜸마을' 혹은 '큰마을 안에 있는 작은 마을'을 말한다.

아래각단 : 이 마을의 아래쪽에 있는 마을.

뒷밑잔 : 마을 뒤에 있는 작은 논들.

물방구 : 언제나 물이 고여 있는 바위로서 이 마을에서 가물 때 기우제를 지내던 곳

쉰질운골 앞에서 마을주민과 함께(1987. 6)

482

이라 함.

석이바우 : 석이버섯이 나던 바위.

납딱바우 : 바위가 넓적한 것.

큰바우 : 바위가 커다란 것을 말한다. 주위에서 제일 큰 바위.

솔밭거리 : 소나무가 있는 거리.

배암골못 : 배암골에 있는 못으로 한자로 표기 할 때는 배암지라고 한다.

뽕나무운굴 : 우물가에 뽕나무가 있기 때문에 뽕나무 운굴이라 한다..

섶갓 : 울섶을 하여 막은 산이라고 함.

오리밭둥 : 토기를 보고 옹기라 하므로 토기조각이 많은 밭이 있는 등으로 옹기가 오리로 변하여 오리밭 등이 되었음.

개똥골목 : 옛날 개똥이 많아 밤이면 개똥벌레가 많이 날아다니던 골목이라 한다.

큰갓등 : 옛날 큰집의 산이었던 등을 말한다. 큰집이란 여러대가 장손으로 내려온 집.

팥밭등 : 땅을 파서 일군 밭이 있는 산등을 말하는데, 오늘날 화전과 같다.

솔정지 : 소나무가 정자 같이 서 있는 곳.

약물탕골 : 약물이 있는 골짜기.

배암골 : 비는 바위가 있는 곳. 전설에 의하면 신라 화랑들이 훈련을 하는데 이 마을 말미태에서 말발굽이 떨어지지 않았는데 누군가 오더니 배암골에 가서 빌면 떨어진다고 하여 배암골에 가서 빌었더니 말발굽이 떨어져서 행군을 하였다고 한다.

왓기당 : 옛날 기와를 굽던 곳.

말미들 : 마을 밑의 들. 전설에 의하면 말발굽이 붙어서 배암골에 가서 비니 떨어졌다 한다.

윗부니미 : 부니미 중에서 위쪽을 말한다.

아래부니미 : 부니미 중에서 아래를 말한다.

매봉재 : 매가 많이 날아오던 산 봉우리 아래 있는 고개.

야망골 : 들을 멀리 바라 볼 수 있는 곳인데 이끼야(也)같이 생긴 곳이라고 함.

사기짐목재 : 사기짐서 산내 수이동 넘어가는 고개로서 사람 목 같이 생긴 고개라 한다.

분솔밭 : 분같이 고운솔이 돋아난 산을 말한다. 이곳이 비지 고분군이다.

버들미기목재 : 버들미기에 있는 재로서 사람 목 같이 생긴 고개.

외나무다리 : 산에 한 사람이 다닐 수 있도록 만들어 놓은 다리.

너분등 : 산 등이 넓은 곳을 말한다.

문목만디 : 단석산 정상을 말하는데 묵은 나무가 많은 곳이라 한다.

뒷들 : 마을 뒤에 있는 들.

마당재 대배기 : 마당같이 넓고 단단한 고개 마루인데 신라시대 화랑들이 말타고 훈련하던 곳이라 해서 마장이 마당으로 변했다고 함.

미리티막바지 : 독적골서 산내 수이동 넘어가는 고개마루를 말한다. 미리는 물을 말

하고 티는 터를 말한다.

뒷밑장 : 마을 뒤쪽의 산 밑에 있는 들.

재밑갓 : 고개의 밑에 있는 산을 말한다.

소매태골짜기 : 옛날에 소 먹일 때 많이 매어 놓던 골짜기.

꽃바아등대 : 여자의 음부같이 생긴 바위에 언제나 물이 조금씩 새어 나와 비쳐서 마을에 보이면 처녀들이 도망간다고 해서 나무를 심어 우거지게 한 산등의 바위를 말한다.

개골들네 : 개골에 있는 들을 말한다.

배나무골 : 배나무가 있던 골짜기

홈들 : 홈을 걸어 물을대는 들

마당재 : 빌기서 방내로 넘어가는 고개인데 마당처럼 넓고 단단한 고개.

탕건바우 : 머리에 쓰는 탕건같이 생긴 바위.

솔두백이 : 소나무가 심어진 곳

처자웅딩 : 처녀들이 여름에 목욕을 하던 웅덩이라 한다.

밤갓 : 밤알같이 생긴 산등으로 밤나무가 많이 있던 산.

불선들간 : 불을켜고 빌던 돌의 들간..

큰갓비알 : 큰 산에 있는 비탈. 옛날 큰집 산의 비탈이라고도 한다.

병모가지산 : 병의 목같이 생긴 산.

절골못 : 옛날 절이 있던 곳에 막은 못.

뒤밭메기 : 마을 뒤에 있는 밭으로 마을뒤의 들머리에 있는 밭.

부리미 : 빌기는 경주부이지만 산내면은 옛날에 경주부가 아니라 경주부 너머 간다는 뜻이다.

큰갓 : 옛날 여러대가 장손으로 내려온 큰집의 산.

소매태 : 옛날 소를 많이 매어 놓던 터라고 한다.

매봉 : 옛날 매가 많이 날아오던 산봉우리.

둔등만리 : 언덕위의 등마루.

떡돌 : 절에서 떡을 치던 돌로서 최근에 누가 가져 갔다고 한다.

모잔보 : 모잔들에 물을 대는 보.

버들미기 : 산과 산사이가 벌어진 곳으로 사람의 목같이 생겼다고 함.

모잔들 : 모진 것이 작다는 뜻. 작고 네모진 논이 많은 들.,

말미태 : 말의 묘가 있던 터라는 뜻. 옛날 어느 장수가 말을 타고 가는데 이곳에서 말 발굽이 붙어 배암골에 가서 빌었더니 밀발굽이 떨어져져 나갈 수 있었다고 한다.

당재고개 : 고개 마루에 돌무더기 당이 있는 고개.

넙떡바우 : 바위가 넓적 한 것.

가마바우 : 가마같이 네모진 바위.

장고개 : 옛날 모량에 장이 섰을 때 장보러 갈 때 넘던 고개.

참나무갓등 : 참나무가 많이 있는 산의 등.

숨은솔백이 : 심은 소나무가 있는 곳. 이 지방에서는 심은 것을 숭군한다고 한다 .

쥐바우 : 쥐같이 생긴 바위.

소망태 : 소를 많이 매어 놓던 곳.

숲거리 : 숲이 있는 거리.

밭답보 : 밭답들에 물을 대는 보.

뒷들보 : 뒷들에 물을 대는 보.

사북골보 : 사북골들에 물을 대는 보.

달구정보 : 달구정들에 물대는 보.

아래갱빈보 : 아래 갱빈들에 물을 대는 보.

윗갱빈보 : 갱빈들 중에서 윗들에 물을 대는 보.

농바우 : 농같이 네모 반듯한 바위가 두 개 얹힌 것. 옛날에는 장롱이 두 짝인데 아래 위 두짝을 얹었다.

너구리바우 : 너구리가 살던 바위.

띠비알 : 띠풀이 많이 나던 산비탈.

곧은골 : 논, 밭뚝이 곧은 곳을 말한다.

쉼바우 : 나무꾼들이 많이 쉬던 바우.

달애비알 : 다래 넝쿨이 많이 있는 산비탈.

천출래팥밭 : 천출댁이란 집에서 땅을 파서 일군 밭. 팥밭이란 오늘날 화전과 같은데서 일군 밭을 말한다.

사곡지 : 절골에 있는 못 한자로 표기할 때 사곡지(寺谷池)라 한다.

진대골 : 길고 큰 골짜기라고 한다. 길다는 것을 이 지방에서는 질다고 한다.

문묵진이 : 단석산 정상으로 묵은 진지라는 뜻인데 나무가 많이 묵은 곳이라고도 하지만 옛날 화랑들이 훈련하던 진지라는 뜻이다.

미리티 : 산내 수이동쪽에 있는 골짜기인데 물있는 터라는 뜻이다.

부니미 : 빌기는 경주부이나 이산너머 산내는 경주부가 아니라 그 쪽산을 보고 부니미라 한다.

시앙바우 : 고개가 하도 길어서 이곳에만 가면 쉬어 갔다는 바위.

텃골 : 집터가 있던 골짜기.

수두바위 : 독수리 같이 생긴 바위인데 독수리가 많이 날아오기도 했던 바위라 한다. 수리를 수두로 부르게 된 것임.

분등 : 옛날 풋거름을 하기 위해 나무, 풀을 가꾸며 베던 산등, 못자리 철의 쥔모풀, 모내기때 풀, 보리갈이 할 때 나는 보리풀 등을 베던 산등이다.

학동 : 마을 앞에 학이 많이 날아오는 산이 있다하여 학동이라 한다.

분등만디 : 분등의 산마루

보비바우 : 보를 개인 돈으로 낸 사람의 공적을 기리어 바위에 새긴 비, 이경인이라는 사람이 도감을 맡으면서 막은 보라고 한다. 후손들은 지금 어디 있는지 모른다.

절골보 : 절골에 있는 보인데 이경인이라는 사람이 막았다고 비에 적혀 있다.

반탕골

이 마을 뒤쪽인 북쪽은 언덕을 이루고 있으며 현재 사람이 살고 있는 곳은 푹 꺼져
있고 앞에 내가 흐르고 냇가에 우물이 세 군데 있다. 그래서 푹꺼진 곳이란 뜻이다.
앞은 언덕을 이루며 넓은 들이 펼쳐져 있다. 그리고 냇가에 3~4백 년된 느티나무가
있었는데 1972년 새마을 사업 때 길을 넓히면서 베어 버렸다 한다.
바탕은 단단한 바닥을 말하고 반탕은 푹파인 단단한 바닥을 말한다. 또는 이 마을
앞 골짜기에 말 엉덩이같이 생긴 곳에 물이 떨어져 폭포가 생겼는데 푹파였다 해서
반탕골이라 한다고 한다. 경치가 좋아 신선들이 많이 놀고 갔다는 이야기가 전해진
다.

비지1리 반탕골 전경

반탕골

말엉덩이 같이 생긴 바위 등성이에 떨어지는 물줄기 말오줌 바우 폭포라 하네
폭포 아래 움푹파여 듬백이 이루어 경치 좋아 신선이 놀다간 자리
한때는 선녀같은 여인들이 여름이면 목욕 즐기던 곳이라네

산줄기 뻗어내려 번디기 이루다
움푹 파인 냇가에 자리잡은 마을
윗운굴,복판운굴,아래운굴도 푹파인 냇가에 있고
당수나무는 귀목나무로 크고도 우람했으나
길낸다고 새마을 사업으로 없애진지 오래고
경주부 아닌 산내 넘어간다고 부니미라 부르고
분처럼 고운솔 돋아나는 분솔밭은 옛 무덤들인데
화랑들의 무덤이 아닌지
이씨들의 문중산인 이뭇갓에 제공마을
무등대 무제 지내면 비 내려주고
사람사는 곳 푹꺼진 냇가에 또 푹 파인 우물
윗등뒤에 산이요
앞등대 높은가 싶은데 올라보니
넓고도 아득히 멀리 보이네.

단단한 바위 절벽위에 물비침은 여자의 음부라
꽃보다 아름다웁게 보인다 하여
꽃바우 등대라 하거늘
마을에 보이면 꽃다운 처자가 바람나 달아난다 하여
울섶으로 막다 못해
나무 심어 막고 했으나
누군가 묘를 썼서나 이장하고 나니 함박꽃 피었드란다.

꽉 막힌 산골짜기 사람 살아가는 곳이 신기 하지만
그러나 모든것이 믿음과 믿음으로 살아가는구나.

| 동제 |

나무 : 느티나무 한 그루(300여 년이 되었다고 함).
제일 : 음력정월보름.
제관 : 아무 부정이 없고 상을 당하지 않은 깨끗한 사람을 선정해서 지냈다고 함.
1972년 새마을 사업 때 길을 넓히면서 베어 버리고 안지냈다고 함.

비지1리 반탕골 당수나무 터

| 토박이 땅이름 |

재공마을 : 묘제를 지내기 위해 지은 제사가 있는 마을.
개골산 : 기와를 굽던 가마가 있던 산, 기와를 이 지방에서는 개와라고 한다..
속등 : 산과 산사이 속에 있는 산등.
재묻갓 : 고개 밑에있는 산. 재밑을 재문으로 부른 것임.
모구장비알 : 모기장 같이 얼금 얼금하게 생긴 산비탈.
돈골짝 : 이 마을 동쪽에 있는 골짝. 동이 돈으로 변한 것이다.
분등 : 옛날에 풋거름을 하기 위해 풀을 가꾸면서 베던 산등, 풀등이 분등으로 변했다.
샛골고개 : 반탕골서 박달 샛골로 넘어가는 고개.
이중갓 : 이씨들 문중산이라 한다. 이씨 문중을 줄여서 이중갓이라고 한 것이다.
중곡 : 이 마을의 중간에 있는 골짜기.
사기짐고개 : 이 마을에서 박달사기짐으로 넘어가는 고개.
당재 : 이 마을에서 산내 수이동으로 넘어가는 고개인데 고개 마루에 돌무더기당이 있었다고 함.

이문갓 : 이씨들 문중 산인데 이씨 문중을 줄이면 이문이 되는데 이문하던 것을 이문이라고 한다.

약묵골 : 약물 같은 물이 새어나오는 우물이 있는 곳을 말한다. 약물을 약묵이라고 한다.

전기천래 : 앞이 확 트인 곳을 말한다. 앞이 확 트여 천리나 되게 보인다는 뜻이다.

불선곳 : 불을 켜고 빌던 바위가 있던 곳.

굴밭골 : 굴같이 생긴 곳에 있는 밭 골짜기.

피밭골 : 옛날에 피를 재배하던 밭이 있는 골짜기.

무등대 : 무제(기우제)를 지내던 산이 있는 곳. 기우제를 이 지방에서는 무제라고 한다.

수두바우 : 독수리같이 생긴 바위,또는 독수리가 많이 와서 앉았던 바위라고도 한다.

부니미 : 반당골까지는 경주부인데 산내면은 옛날에 경주부가 아니므로 산내로 넘어가는 고개마루를 말한다. 즉 부너머 간다는 뜻이다.

아래부니미 : 부니미중 아래쪽을 말한다.

윗부니미 : 부니미중 위쪽을 말한다.

개골들 : 개골에 있는 들인데, 기와 굽던곳이 있다 함.

만두말 : 이마을 앞 언덕 마루에 있는 마을.

꽃밭등 : 꽃나무,진달래가 많이 피던 산등.

안골짝 : 마을 안쪽에 있는 산골짜기.

뒷비알 : 마을 뒤쪽에 있는 산비탈.

긴도가리 : 논때기(배미)가 긴 것. 이 논이 얼마나 긴지 산자락을 한바퀴 돌 정도라고 한다.

꽃바아등대 : 여자음부같이 생긴 바위가 있는데 언제나 물이 비치고 있는 바위가 있는 산등을 말한다. 이 바위가 마을에 보이면 처녀들이 도망간다고 해서 옛날에는 나무를 해다가 울타리를 만들어 막다가 안되어 후에 도래솔 같이 나무를 심어서 막았다 한다. 여자를 꽃에 비유하고 음부가 벌어진 것이라 해서 꽃바아라 부르고 그래서 그 바위가 있는 산등을 꽃바아등대라고 한다. 그리고 다른 전설은 이 바위가 있는 산등에 묘터가 좋은곳이 있는데 후손들이 묘를 이장하려고 하는데 풍수가 와서보니 묘터가 너무 좋아서 옮기지 말라고 말은 못하고 이장을 하고 난 뒤 후손들 눈에 안 보였는데 다른 사람들이 보니 묘를 파낸 곳에 함박꽃이 활짝피어 있더라고 한다. 그 후에 알고 보니 후손들이 옮기고 난 뒤 망해버리고 이 마을 처녀들도 이 묘터 아래 바위가 비치며는 바람이 나서 도망 가버리고 해서 나무를 심어 막았다고 한다. 그래서 꽃보라는 뜻인 꽃 바아등대 라고 한다고 함.

개골 : 기와를 굽던 골짜기라고 한다. 이 지방에서는 기와를 개와라고 한다.

안골짝 : 마을 안쪽에 있는 골짜기.

만득말 : 마을 앞 언덕위에 있는 마을. 만디(마루의 사투리) 언덕마루 위에 있는 마을 이라는 뜻.

작곡거랑 : 작곡에서 흘러오는 도랑. 작곡은 여러 가지 잡곡을 심었던 곳이라 한다.

개골거랑 : 개골에서 흘러오는 도랑.

야목골 : 들을 많이 볼 수 있는 곳인데 이끼也(야)자 같이 생긴 곳이라 하지만 들이 많이 펼쳐진 곳이다.

작곡 : 옛날 여러 가지 잡곡을 많이 심은 곳이라 한다. 잡곡이 작곡으로 부르게 된 것이다.

어덕내 : 매우 어두운 곳이란 뜻의 깊은 골짜기.

아래운굴 : 마을의 아래에 있는 우물.

복판운굴 : 마을의 중간에 있는 우물.

윗운굴 : 마을의 위쪽에 있는 우물.

범솔밭 : 범이 나올 듯이 검은 솔밭.

말오줌바우 : 말의 뒷 엉덩이 같이 생긴 바위.

달구진 : 소 질매(길마)위에 얹는 기구인데 이곳에서 부러뜨렸다고 한다.

불선바우 : 불을 켜고 빌던 바위. 이 지방에서는 '켠다'를 '선다'라고 함.

시북골 : 수렁이 있는 골짜기 이 지방에서는 수렁을 시북골이라 한다.

맹맹뒷골짝 : 맹맹이라는 새가 많이 날아오는 바위가 있는 뒷 골짜기를 말한다. 칼새를 이 지방에서는 맹맹이라 한다.

지치바우 : 바위가 지층으로 쌓여 있다는 뜻 임.

넙떡바우 : 바위가 널따랗게 펼쳐진 것을 말한다.

미리티고개 : 반탕골과 산내면 내이리 수이동으로 넘어가는 고개를 미리티고개라 한다. 수이동은 물이 많은 곳이라 물을 미리라고 말하는 것 같다.

향나무운골 : 우물가에 향나무가 있던 우물인데 지금은 향나무가 없다.

당수나무 : 느티나무인데 1972년 새마을 사업 때 길을 내면서 베어 버렸다고 한다.

말오줌바우폭포 : 말 엉덩이같이 생긴 바위에 떨어지는 물줄기 폭포. 전설에 의하면 경치가 너무 좋아 신선들이 놀다갔다고 한다.

맹맹이골 : 맹맹이(칼새)라는 새가 많이 날아와서 울던 곳을 말한다.

말오줌바우 폭포

비지리 노거수

비지리 빌기 감나무

20년 전만해도 수백 년 된 감나무가 많았는데 몇 년 사이에 다 베어졌는데 이 근처
에서는 감나무로서는 제일 오래된 나무 같다.
나무이름:감나무 유실수 한 그루
- 나무나이 : 100여 년
- 높이 : 10m
- 첫가지높이 : 1m
- 둘레 : 300㎝

비지리 빌기 독적골 참나무

비지1리 빌기 마을에서 산내면 수이동 넘어가는 고개 아래쪽에 있는 나무이다.
- 나무이름 : 참나무 정자나무 한 그루
- 나무나이 : 150년
- 높이 : 20m
- 둘레 : 2m

비자리 학동 느티나무

동제목으로 모시는 나무인데 본래 느티나무는 죽고 50여 년 전에 다시 심은 나무인데 동제목으로 모시는 나무는 제일 큰나무이고 나머지 두 그루는 가까이에 붙어 있다. 동제는 매년 음력 정월 보름날 지내 왔으나 몇 년 전부터 지내지 않고 있다.

■ 나무이름 : 느티나무 동제목 두 그루
■ 나무나이 : 50여년
■ 높이 : 10m
■ 둘레 : 290cm
■ 첫가지높이 : 160cm

비자리 학동 독적골 개오동나무

■ 높이 : 15m
■ 둘레 : 160cm

비지2리
점말,돌꽂이

점말(혹은전말)

이 마을에 왓갓당이란 곳에서 몇 년 전에 기와 굽던 가마터가 발견되었는데 파괴하였다고 한다, 이 마을에 기와와 옹기를 만들던 곳이 있었다고 한다. 훌정쇠와 낫등 각종 쇠를 다루던 곳이 있었는데 그곳이 지금 민가가 들어서 있다고 한다. 이 마을에 옹기를 만들어 판 점이 있어서 점말로 부르고 있다. 옛날에는 옹기와 솥을 만들던 곳을 점터(점태)로 부르고 그 마을을 점마을에서 점말 전말로 쓴듯하다. 울산 박씨들이 많이 살고 있다.

비지2리 점말 전경

윗깃당에 기와굽던 굴이 있어 점말이라고만 전해 왔는데
누군가 지금 마을 집안에 옛날에 쇠를 다루던 곳이 있었는데
솥도 만들고
낫도 만들어
팔기도 하여
점말이라고 했다네

둥굿방구에 빌고
산수골에 산수유 나무 많았고
달애비알 나래덩굴 많기도 하였다지
설칭이 물은 서늘 하고
술래태는 수레 단닌터이고
파래웅탕 팔팔 끓는 물
겨울에 빨래하기 좋아라.

오래된 고목나무
태풍에 떠내려 보내고
아쉬움에 다시 심은 귀목나무
이 마을 사람들 모여드네

거대한 산 뻗어 내려 오다
돌꼿이서 주춤하다
뒤 등성이 이루다
앞산과 만날듯 하는곳에
이루어진 마을
양쪽산이 만날듯 하는 곳에
설칭이 찬물보고
여름이면 모여드는 사람들
논농사,밭농사 많지는 않지만
일년 내내 바쁘기만 한 사람들

| 동제 |

나무 : 서나무(300여 년 된 나무였는데 1959년 사라호 태풍 때 떠내려 가고 지금은 그 자리를 30여 년 된 느티나무가 지키고 있다.

제일 : 여름

제관 : 여러명이 지냈음.

제물 : 마을자금으로 장만. 지금은 안지냄.

비지2리 점말 당수나무(느티나무)

| 토박이 땅이름 |

진나무골 : 골짜기가 긴 나무골이다 나무가 많이 우거져 짐나가는 나무가 있다는 뜻 이기도 하다. 이 지방에서 우거진 것을 보고 산이 짓다고 함 길다는 것을 질다고 하 기 때문에 진은 긴의 뜻이다. 언제나 물에 젖어 진곳에 있는 나무골이라 한다. 그리 고 나무가 많이 우거져서 짐나가는 나무가 있다는 곳이다고도 한다. 알고 보면 골짜 기가 긴 곳의 나무골이다.

발봉산 : 마을앞에 바로 보인다는 산 봉우리.

윗기당 : 기와를 구웠던 곳으로 기왓장이 와기당으로. 왓기당이 윗기당으로 변함. 근래까지도 있었는데 누군가 부서 버렸 다 함.

점 : 낫 같은 것을 벼루면서 팔던 자리.

설칭이 : 내바닥에 돌이 많이 깔린 곳. 푸 른돌이 깔린 내로 서늘한 곳이다. 이곳 에만 가면 서늘하다.

윗기당터

달래비알 : 달래 덩굴이 있는 산비탈.

산수골 : 산수유나무가 많은 골. 산수유나무가 있는 산골짜기.

뒤산 : 마을 뒤쪽에 있는 산.

밭답들 : 밭을 논으로 만든 들.

갱빈 : 점말 앞 냇가를 말한다.

달부지기 : 소달구를 부러지게 한 곳. 옛날 어느사람이 이곳에서 소달구를 부러지게 한 곳이라 한다.

보두막 : 옛날 양반들을 맞이하던 곳인데. 보뚝에 막을 지어서 거기서 양반들을 맞이 했다 함.

뒷논들 : 점말 뒤쪽의 논들. 마을 뒤의 논들.

매태고개 : 점말서 매태로 넘어가는 고개.

소맷골 : 옛날 소를 많이 매어 놓던 곳.

안골새 : 마을의 안쪽에 있는 골짜기.

장군밭 : 옛날 장군들이 훈련 하면서 일군 밭이라 한다.

법당골 : 옛날 절에 법당이 있던 곳.

송치미갓골짝 : 송치미란 사람 소유의 산이 있는 골짜기.

범우굴 : 범의 굴이 있던 곳이라 한다.

새창골 : 동쪽으로 난 골짜기. 동쪽 창이란 뜻이다.

큰고개 : 점말서 화천으로 넘어가는 고개인데 이 주위에서 제일 큰 고개.

절골 : 옛날 절이 있던 골짜기.

화장골 : 옛날 화랑들이 훈련하던 곳이라 한다 화랑이 화장으로 불리게 된 것이다.

황새미기 : 황새 목 같이 생긴 곳.

들간도가리 : 돌이 많아서 들어 얹친 논 뙈기 '도가리'는 '동가리' 란 뜻으로 뚝과 뚝을 경계로 한 논밭의 뙈기를 말한다.

밭답 : 밭처럼 물이 잘 빠지는 논으로 물이 있으면 논이고 물이 없으면 밭이 되는 논들. 그리고 옛날 밭이던 곳을 논으로 만든 논.

윗밭답 : 밭답들 중에서 위쪽에 있는 들.

아래밭답 : 밭답들 중에서 아래쪽에 있는 들.

분솔밭 : 분처럼 부드러운 솔이 돋아난 곳.

갱빈들 : 강변에 있는 들. '강변'을 '갱빈' 이라고 부른다.

동구뱅이 : 마을 입구를 말한다. 마을 앞을 뱅 돌아온다는 뜻.

둥굿백이 : 둥근 바위가 있는 곳인데 옛날 많은 사람들이 빌던 곳이라 한다

파래웅탕 : 팔팔끓는 더운물이 솟는다는 웅덩이. 겨울에도 얼지 않고 따뜻한 물이 새는 웅덩이란 뜻.

아래보 : 마을 아래쪽에 있는 보.

윗보 : 마을 위쪽에 있는 보.

밭답보 : 밭답들에 물을 대는 보

쿵쿵미 : 묘위에 올라가서 뛰며는 쿵쿵거라는 묘. ‘묘’를 이 지방에서는 ‘미’라고 함.

왕걸깡 : 왕골을 지배하던 논 ‘왕골’을 ‘왕걸’이라고 함. 한마지기를 10으로 보면 이 논은 5에 해당되는 논이다.

다뙈지기 : 한미지기(200평정도)의 반정도(100평) 되는 뙈기논을 말함.

두마지기 : 평수에 관계없이 수량이 두마지기 정도 되는 논:>한마지기는 네 가마니 즉 두 섬 정도로 수량이 나는 논을 말하니 두마지기면 네 섬 정도 나는 논을 말한다.

서마지기 : 평수에 관계없이 수량이 세마지기 정도 되는 논 여섯 섬(열두 가마니 정도)

버들미기 : 산과 산이 벌어져 목같이 생긴 곳이라 한다.

안골새 : 마을 안쪽에 있는 골짜기.

북쪽골짝 : 산의 북쪽에 있는 골짜기.

서나무골짝 : 서나무가 있는 골짜기.

섶갓 : 산에 바위가 있는데 마을에서 보이면 해롭다 하여 울섶을 하듯 나무를 심어 우거지게한 산.

달애비알 : 달을 보던 산의 비탈을 말한다.

큰거랑 : 이 마을에서 제일 큰 내. ‘내’를 ‘거랑’이라고 한다.

돌중미 : 묘 양쪽에 문무인상이 중머리 같이 생겼다고 ‘돌중미’라 한다 묘비에 의하면 절충장군 첩지중추부사 제주 고씨 묘이다. 묘 양쪽에 문무인상이 중머리 같이 생겼다고 한다.

뒷거랑 : 마을 뒤에 있는 내 돌꼿이서 물이 내려오는 내.

못안들 : 못 안쪽에 있는 들.

말미태 : 말의 묘가 있는 터라고 한다, 또는 마을 밑의 들이라고 한다.

산수거랑 : 산수유나무가 많이 있던 내.

불선들간 : 불을 켜고 많이 빌던 돌의 들간. 들간은 돌이 들어 얹힌 것을 말하는데 흔히들 큰 돌 무더기를 말한다.

범굴 : 범이 살았다는 굴이 있는 곳

술래태 : 옛날에 수레가 많이 다닌 터라고 한다. ‘수레’가 ‘술레’로 변한 것이다.

큰골짝 : 골짜기의 큰곳을 말한다.

작은골짝 : 큰골짜기에 비해 작은 골짜기.

북골 : 마을의 북쪽에 있는 골짜기.

매태골짝 : 매태쪽에 있는 골짜기.

돌꽂이

돌이 많이 있는 마을로서, 돌이 많이 꽂혀있다 하여 돌꼬지 라고도하고, 꽂혀있는 돌이 꽃같이 아름답게 보인다는 데서, 한자로 석화동(石花洞) 이라고도 한다. 혹은 석동(石洞) 이라고도 한다. 그리고 돌에 꽃이 많이 피는 아름다운 마을로 난이 있을 때 마다 피난처이기도 했다. 옛날에는 이곳에서 돈을 만들었다고 해서 돈꼬지라고 도 했다 한다. 산중턱에 있는 마을로서 온통 돌로 이루어 진 마을이다. 꽂 힌돌이 하도 많아 돌꽂이라 하고. 또는 꽂힌 돌이 아름답다 해서 돌꽃이라 하고 한자로 표기 할때는 석화동(石花洞) 이라 한다. 또 어떤 사람들은 돌꽂이라 하니 베를 날 때 쓰는 도구인 돌꽂이 같이 생긴 마을이라고도 한다. 월성 최씨들이 많이 살고 있다.

비지2리 돌꽂이 전경

| 동제 |

나무 : 숲을 이루고 있음, 서나무(400여 년 정도)와 느티나무.
제일 : 여름.
제관 : 여러 명이 지내다가 1986년 부터 안 지내는데 요사이는 음력 정월 초열흘날 고 유만 함.

돌꽃이

거대한 산더미
느릿느릿 뻗어내려오는
중간 산비알
좁을 골짜기
돌틈에 이루어진 마을

따가운 햇살이 숨을 죽이는 사이
가파른 산비알 틈틈마다
꽂힌 돌이 하도 많아
꽃처럼 아름다운 돌꽃이라네

돌틈마다 심겨진
온갖 작물들이
넓은 들판보다 무성히 자람은
돌틈마다 쌓이고 쌓이며, 질기고 질긴
기름진 생명력이 있기 때문이다.
가는 곳마다 돌이요
발끝마다 돌이라
꽂힌 돌이 꽃이로다

분등에 풀베다
목축인 굴운굴
학동들이 글읽다
목축인 서당운굴
마을 사람들
무병 장수하는 향나무운굴
더위 식혀 주는
산수골 찬운굴

장구밭 넓은 골에
장수들이 밭을 일구고
바리봉에 횃불 올리면
솔안개 피어 올라 안기어

갓대배기 더 높게 보이고
수구메기 숲막아
마을 지켜주고
안잘에 오리 날아들면
안온함에 마음 놓이고
법당골 깊은 산속
스님의 목탁소리는
옛 전설처럼 들리고

돌많고 가파른 산비알
버리고 가는 사람들보다
돌틈사이 일구며
돌도 꽃인양 여기고
일하는 사람들
그래도 살아가는 님이
아름답기만 하여라.

갓대배기 : 돌꽂이에서 제일 높은 산봉우리를 말함. 제일 높은 곳을 이곳에서는 대배기라 한다.

돌꽂이들 : 돌꽂이 마을앞에 있는 들. 돌꽂이 마을 앞들을 말한다.

불선굴 : 불을 켜면서 빌던 곳. 불을 켠다는 것을 이 지방에서는 선다고 함.

매바우 : 매가 많이 날아와서 앉은 바위.

법당골 : 옛날 절의 법당이 있던 골짜기.

달메만디 : 이 마을에서 달맞이 하던 산마루.

바리봉 : 이 마을에서 바로 보이는 산봉우리.

불당골 : 절의 불당이 있던 곳.

새밭미기 : 억새밭이 있는 들머리 ‘억새’ 를 이 지방에서는 ‘새’ 라고 한다.

숲메기 : 마을 앞에 있는 숲으로 마을을 보호해주는 숲. 즉 마을을 막아주던 숲 ‘메기’ 는 ‘입구’ 들머리’ 라는 뜻이다. 이 숲메기는 이 마을을 막아주므로 해서 마을이 있는지 조차도 모른다.

솔안개 : 소나무가 마을을 안아 주듯이 있는 곳. 전설에 의하면 부녀들이 안개 속에서 베를 짜면서 솔을 안긴 곳이라 한다.

큰골 : 이 마을에서 제일 큰 골.

장구밭 : 옛날 장군들이 주둔 하던 곳이라 함. 이곳에는 기와 조각이 많이 나온다 함.

매봉재 : 옛날에 매가 많이 날아오던 산봉우리가 있는 곳의 고개. 돌꽂이서 화곡, 소리미. 어링로 넘어가는 고개.

대밭미기 : 대밭이 있는 들머리.

뒷골새 : 마을 뒤에 있는 골짜기.

대밭새 : 대밭이 있는 사이 골짜기.

중미떵 : 중요한 묘가 있는 땅. ‘미떵’ 이란 묘가 있는 땅을 말한다.

독미땅 : 외로 떨어져 있는 묘가 있는 땅.

소매골 : 소를 많이 매어 놓던 곳.

분등 : 옛날 논, 밭에 거름을 하기 위해 봄부터 풀을 가꾸면서 베던 산등.

수구메기 : 마을 앞을 막아 주던 숲. ‘메기’ 란 목, 입구, 들머리를 말한다. 수는 숲을 말하고 구는 들머리를 말한다.

박씨네산 : 박씨들 소유의 산.

분등목재 : 분등에 있는 고개로 목같이 푹 들어간 고개.

큰맷골 : 맷골 중에서 큰골.

바리뱅이 : 이 마을에서 보면 바로보이는 산. 다른 마을에서 흔히 말하는 안산과 같다.

범바우 : 범의 굴이 있고 범이 나타난 바위.

수구메기운굴 : 수구메기에 있는 우물.

동산 : 마을 소유의 산.

안자래 : 마을 안쪽에 자리 잡은 곳이란 뜻.

윗각단 : 마을 위쪽에 있는 마을.

아래각단 : 마을 아래쪽에 있는 마을.

굴은굴 : 굴 같이 생긴 우물.

서당운굴 : 옛날에 서당앞에 있는 우물.

산수골 : 옛날 산수유나무가 많이 있던 곳인데 요즘은 산속에 물이 좋다는 곳을 말한다.

깨밭골 : 옛날에 깨(참깨, 들깨)를 심었던 골짜기.

탕건바우 : 머리에 쓰던 탕건같이 생긴 바위.

향나무운굴 : 우물가에 향나무가 있는 우물.

붉은팅이 : 흙이 붉은 등성이.

안잘 : 오리가 많이 날아와서 앉은 곳이라 한다.

작은맷골 : 맷골 중에서 작은골.

매봉 : 매가 많이 날아오는 산봉우리.

서당골 : 옛날 서당이 있던 곳.

맷골 : 매가 많이 날아오는 산골짜기. 또는 토기나 기와, 옹기등을 굽던 가마터가 있던곳이라 한다. 가마골을 가맷골이라 하고 줄이어서 맷골이라고도 한다.

바리봉산: 이 마을에서 보면 바로 잘 보이는 산.

비지2리 노거수

비지2리 돌꽂이 숲메기 숲

이 마을 앞을 막고 있다고 해서 숲메기라고 한다.

- 나무이름 : 느티나무 숲을 이룸(동제단)
- 나무나이 : 300년
- 둘레 : 450cm
- 첫가지높이 :
- 나무높이 :
- 목적 : 동제목
- 나무상태 : 양호

비지2리 돌꽂이 솔안개 고개마루 소나무

고갯마루 언덕에 소나무가 한 그루 있는데 수세가 왕성하게 잘 자라고 있다.

- 나무이름 : 소나무
- 둘레 : 283cm
- 나무높이 : 13m

비지2리 돌꽂이 솔안개 감나무

곁가지는 10여 미터 올라가서 뻗어 있는데 아래 둥치는 속이 비어 있어서 잎도 적고
나무 굵기와 크기에 비해 너무 위에서 가지가 뻗어 있다.

- 둘레 : 250cm
- 나무높이 : 21m

비지2리 돌꽂이 솔안개 소나무

돌꽂이 솔안개라는 곳에 소나무가 한 그루 있는데 땅에서부터 두 가지로 갈라져 자
라고 있는 데 수세가 왕성하다.

- 둘레 : 450cm(동쪽가지), 230cm(서쪽가지)
- 나무높이 : 12m(동쪽가지), 10m(서쪽가지)

제2장

경주시 황남동
(사정동, 탑동, 율동, 배동, 황남동)

<황남동 약도>

5통 ~ 7통
(뒤사정)
1통 ~ 4통
(앞사정)
황남동
사정동
8통 ~ 9통
(국당)
다리 10통, 11통
탑 동
식해골
12통
선무말
낙간
16통
15통 (율동 4리)
매바위
도초
포석 18통 (배리 2리)
14통
율동
(율동 2리) 배 동
13통 (율동 1리)
보안
배리
17통 (배리 1리)

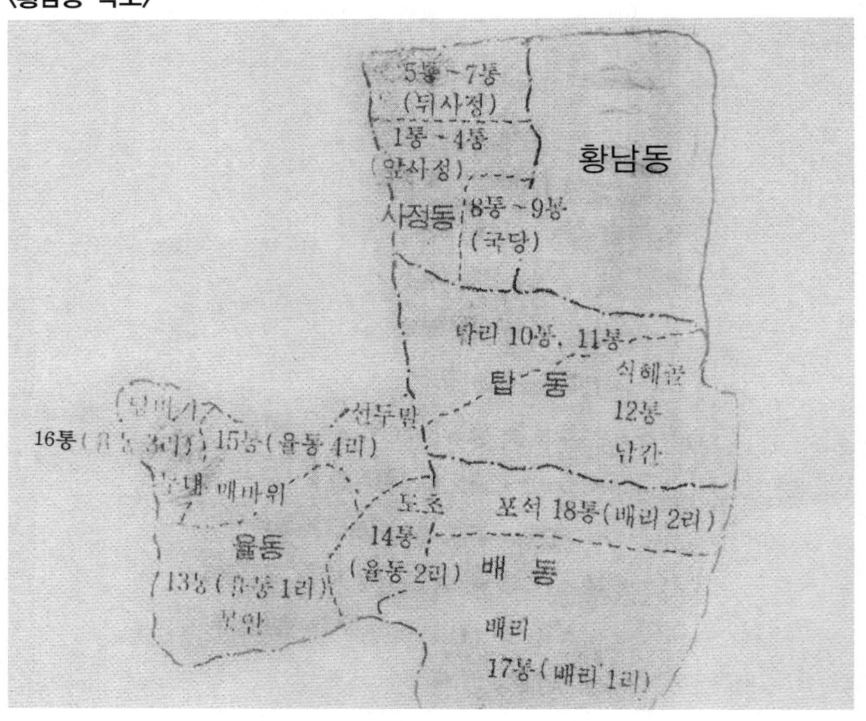

황남동의
내력

경주시 행정구역 개편 때 탑동의 '탑' 자와 사정동의 '정' 자를 따서 탑정동이라 하고 월성군 내남면 율동리(1, 2, 3, 4리)와 배리(1, 2)를 1975년 10월 1일자로 경주시 탑정동에 포함시켜서 당시에는 18통으로 되어 있었다. 그리고 1, 2, 3, 4.통은 앞사정, 5, 6, 7통은 뒷사정, 8, 9통은 국당, 10, 11통은 답리, 12통은 남간과 식혜골, 13통은 율동, 못안, 14통은 도초, 15통은 선두말, 매바위, 16통은 두 대, 당미기, 17통은 배리, 18통은 포석이라 한다. 그리고 2009년 경주시 황남동과 통합하여 황남동으로 부르게 되었다.

수많은 전설과 유적 속의 황남동

높고 낮은 고분과 고분 신라의 무덤군
흥륜사 옛절터 흔적도 희미한채 명문기와 나와도 혼란스럽다. 믿어주지 않
고
전설 많이 간직한 영묘사 명문기와 나와도 믿어주지 않으며
영흥사는 추측만 할 뿐이고
담엄사 절터 탑은 어데간지 마을 이름만 전해오지만
모두가 신라 칠처 가람 속에 들어가니
성지속의 성지로다.
물맑은 문천 모래는 거슬러 가고
사정동 물바로 모래 바로
탑리애 탑보다 오릉이 더빛나고

문천에서 여인이
남자신 남산의 굳은 바위 굴곡 많은 골짜기
여자신 망산쪽 언제나 푸른 기상, 벽도산 줄기가 망산을 끌어 안고
고요 속에 흐르는 강줄기 마다
옛정이 스려 있고
한산한 남천 옛날은 분주한곳
서천의 맑은 물 도심 속으로 빠져 들어가네
남산 기슭의 수많은 전설 속에
신라는 건국 되고
분주하던 옛터 지금은 고요 속에
텅비어 있네
자꾸 자꾸 살아가다
비켜 가는 오늘날 옛자취 사람짐은
그리움 속에 깊어가는 곳이로다.

〈사정동 약도〉

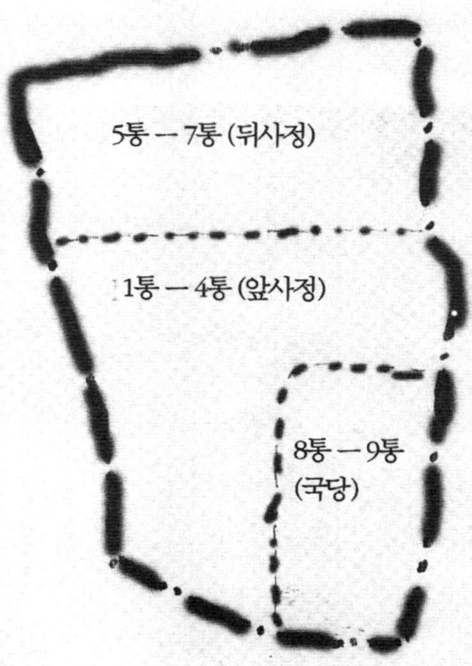

01

사정동
(沙正洞)

사정동(탑정동1통~9통)은 신라 때 삼기팔괴 중의 하나인 문천도사. 즉 물은 아래로 흐르나 모래는 거슬러 올라가는 현상이 반월성 아래 남천(일명:문천)에서 생겨나 사람들이 두려워 살지 못하고 이곳으로 옮겨오니 서천쪽의 물과 모래가 올바르게 흘러 내려가는 것을 보고 안심하고 살게 되었다고 해서 사정이라 했다. 남천의 물과 모래를 보면 거꾸로 흐르는 것 같은데 서천의 물을 보면 올바르게 흐르는 것이어서 사정이라 한다.

사정동

물은 바로 흐르는데
모래는 꺼꾸로 올라 간다는
모래로 이루어진 남천내을 지나
서천내로 물이 흘러옴에
물도 모래도 바로 흐르는 냇가에 자리잡은 마을
사정동
흥륜사가 있고 영흥사가 영묘사가 있어
신라때는 성스러운 곳이었나 보다

활대배미에 서당터 참새미는 사정 토박이들은
다 알고 있는 것
세월이 흘러 철도역도 있다가 없어지고
지금은 학교가 있고해도
도시속의 고요한 마을 인가 보다

전쟁터에 나가 죽은 사람들을 위해
지은 영묘사에 제사 많이 지내왔으나
시대가 바뀌고 세월이 흘러 허물어진 것
조선시대 매월당 김시습 영묘사 목탑 보았다 하네

천경림 흥륜사
삼기 천 영흥사
사천미 영묘사
신라의 칠처 가람중의 하나로다.
이곳은 신라 불교의 성지요

수많은 전설 간직한 채
변하는 세월 속에 묻혀만 가네

앞사정(옛 탑정동1통~4통)

사정동의 앞쪽(경주공고의 앞쪽)을 가리키는 말이다.

경주시 사정동 앞사정

새각단 : 사정동 중 새로생긴 마을 즉 앞사정.
윗마을 : 사정동 위쪽에 있는 마을로서 앞사정의 일부임.
참새미 : 매우 차가운 물이 새는 우물. 경주공고 서쪽에 있음.
흥륜들 : 경주 공고 앞쪽에 있는 들로서 신라시대 흥륜사가 있던 들.
흥륜사터 : 신라시대 큰절인 흥륜사가 있던 터. 지금의 경주공고 주변.
큰거랑 : 형산강 본류인 이조 쪽에서 내려오는 물과 모량 내가 함수되어 내려오는 물을 말하는데 자갈이 많은 서천을 말한다.
작은거랑 : 남천을 말하는데 모래가 많다.
활대배미 : 활대같이 길게 휘어진 논으로 길이가 200m가 넘음. 지금은 도로가 건설되어 잘려나가고 없다.
사정밭 : 현재 경주공고가 있는 곳으로 옛날에 사정동에서 제일 큰 밭. 옛날에는 그 지방에서 제일 중심지에 있는 밭은 그 땅 이름을 따서 부르는 예가 많다. 그래서 옛날에 경주공고 자리도 그렇게 부르는 것 같다.
서천 : 경주 서쪽에 있는 내. 자갈이 많다.
서당자리 : 1987년 당시 탑정동사무소 자리로서 옛날에 서당이 있던 자리.
생이질 : 옛날에 상여집이 있던 곳. '상여'를 '생이'라 한다. 생이가 있는 거리라는 뜻이다. '질'은 '길'을 말한다.
남천 : 경주 남쪽에 있는 내. 모래가 많다.
숲각단 : 옛날에 숲이 있던 마을.
안태진태 : 마을의 안쪽의 터 진지라는 뜻인데 그만큼 좋은 터라고 한다.
앞각단 : 사정 마을의 앞쪽을 말한다.
거랑각단 : 냇가에 이루어진 마을.

활대배미 앞에서 이 마을 통장과 함께(1987. 9)

천냥배미 : 천냥주고 산 논이라고 한다, 그만큼 좋은 논이라 한다.
큰소탕걸 : 청소로 들어가는 탄탄한 내인데 큰내이다.
작은소탕걸 : 청소로 들어가는 탄탄한 작은 내.
소탕걸 : 청소로 들어가는 탄탄한 내.
한섬지기 : 벼가 한섬 정도 수량이 나는 논 즉 반마지기 다뙈지기 논이다.
황새배미 : 옛날 황새가 많이 날아오던 논이라 한다.
흥륜밭 : 옛날 흥륜사 근처에 있는 밭. 지금의 경주공고 주변에 있던 밭.
첨성로 : 앞사정 앞도로로 첨성대쪽으로 난 도로.
대구로타리 : 옛날 시청과 버스정류장이 있던 중심지에서 보면 대구쪽에 있는 로타리, 지금의 서라벌 문화회관 앞으로 서라벌광장이라 한다.
내남사거리 : 옛날 경주 중심지에서 보면 내남면 쪽에 있는 네거리를 말한다.
서라벌광장 : 지금의 서라벌문화회관 앞을 말한다.

뒷사정(탑정동5,6,7통)

사정동의 뒷쪽에 있다 해서 뒷사정이라 한다. 즉 경주공고의 뒤쪽을 말한다.

탯밭 : 현재는 도시화 되어있으나 옛날에 집앞에 있는 밭터를 일컬음.

발뚝골목 : 경주 고속버스터미널 앞 골목으로 밭뚝 길 이라고도 함.

구드레논 : 구들(오릉앞의논)의 논. 구드레논으로 변한 듯, 귀들이 구들이 되어 두두이 패들이 하루밤 사이에 단단한 돌을 놓았다는데서 귀교들이라 한 것이 줄여서 귀들 또는 부르기 쉽게 구들이라 부름. 두두리란 도깨비를 말한다.

서천내 : 경주 서쪽에 있는 내로서 형산강 본류임.

참새미 : 경주공고 서쪽에 있는 샘으로 물이 매우 차가운 샘이다.

서라벌광장 : 서라벌 문화회관앞 옛 대구로타리 주변을 말한다.

서천다리목 : 현 서천교 입구. 고속터미널 서쪽.

서천갱빈 : 사정 서쪽 서천가의 모래강변.

장태 : 옛날 사정장이 열리던 곳 장날은 4일9일 장은 없어져도 장날은 있어서 얼마 전 까지는 경주 새장이라 했다. 경주 장날인 2일7일은 큰 장날인데 이사정장은 4.9일로 새장이라 했다. 즉 2.7일의 샛장인 것이다.

뒷각단 : 사정의 뒷 마을이다.

대구로타리 : 경주 중심가에서 보면 대구쪽에 있는 로타리. 지금은 서라벌광장으로 부른다.

내남사거리 : 내남 방면으로 가는 곳에 있는 네거리.

금성로 : 경주공고 앞 도로로 1973년 1월에 개통되었다.

뒷둔덕 : 사정 뒤에 언덕이 약간 진 곳 지금은 흔적조차 없음.

서천듬비 : 서천 냇가에 움푹 들어간 자리.

태종로 : 사정 뒤 고속버스터미날 앞 도로를 말한다. 태종무열 왕릉으로 가는 길이다.

윗사정 최인식씨 댁에서 땅이름을 조사중인 필자
1987. 9

국당(탑정동8, 9통)

옛날에 이 마을에 살던 선비가 집 주위에 국화꽃이 만발하였다 하여 국당이라고 했다 한다. 그리고 나라의 제사를 지내는 당이 있었다고하여 국당이라는 말도 있다. 이 마을에 현재 흥륜사터로 여기는 절터에서 영묘지사라는 명문기와가 나온 것을 보면 영묘사터인데 영묘사는 신라시대에 전쟁터에 가서 죽은 사람들을 모시고 제사를 지낸 곳으로 나라의 당이므로 해서 국당이라 하는 것이다. 전에는 사정동으로 불리웠으나 경주시 행정구역 개편 때 탑정동 8. 9통으로 되었다. 지금은 황남동이라 한다.

국당

신라때 나라를 위해 죽은이들을 위해 재를 올리던 절인
영묘사가 있던 마을
나라의 당이 있고
재를 올린 마을이라내

느른 들판에 곡식이 잘 익어가는데
시가지는 넓어질듯 넓어질듯
오다가 멈추는 곳

흥륜들판에
물이 합쳐지는
합수 거리
도시가 가까워지니
옛 이름이 자꾸 사라지네

오랜 세월 속에
아직도 옛티를 못 벗어난 마을
도시에 가깝지만
문화재로 옛날 살던 그대로 간직된 곳

흥륜들에 흥륜사 어딘지
나라 위한 사람 제사 지낸 영묘사
명문 나왔지만 아무도 안 믿어
지금도 그 절터에 이름있는 절만 있네
앞 들판에 벼가 누렇게 익어가면
비닐하우스 정 붙이고 살아가는 사람들
옛처럼 나라 위한 마음 한결 같구나.

당수나무터 : 옛날 당수나무가 있던 터

흥륜들 : 신라때 흥륜사라는 큰절이 있었던 들. 신라시대 7처 가람중의 하나이다.

흥륜보 : 흥륜들에 물을 대는 보

흥륜들길 : 흥륜들에 있었던 큰길로 옛날에 장보러 다녔던 장나들이 길이었다. 그리고 1950~60년대 까지만 해도 이길로 경주시내 사람들이 나무를 하러 다니던 길이다.

대보뚝 : 남천내 둑을 말함. 둑을 크게 막았다는 뜻

위합수거리 : 이조 쪽에서 내려오는 형산강 본류인 기린내(인천)와 모량천(대천)의 물이 합수되는 곳으로 위에 있음. 기린내와 남천이 만나는 위라는 뜻.

아래합수거리 : 이조 쪽에서 내려오는 형산강 본류인 기린내(인천)와 남천의 물이 합수되는 곳으로 기린내와 모량내가 만나는 아래라는 뜻.

수라질 : 옛날 큰길이라 수레가 많이 다니던 길이라고 한다. 그리고 순병들이 다닌 길이라 전하기도 한다. '질'은 '길'을 말한다.

돈대밭 : 옛날 감나무가 많이 있던 밭 약간 높은 둔덕에 감나무가 많이 있던 밭. 높다는 말을 이 마을에서는 '돋다' 라고 한다.

남천내 : 경주 남쪽에 있는 내

삿뒤밭 : 절 뒤에 있는 밭이라 한다

구들이 : 신라시대 귀교가 있던 들. 전설에 의하면 두두리 패가 하루밤 사이에 다리를 놓았다고 한다. 두두리는 귀신패를 말한다.

갱빈들 : 남천내와 서천내가 만나는 곳의 들. 강변의 들이다.

탑배기 : 옛날 탑이 있던 곳.

귀교 : 옛날 귀신도깨비패(두두리패)가 하루밤 사이에 놓았다는 다리. 그래서 귀한다리인 것이다.

서천 : 경주 서쪽에 있는 내. 형산강의 본류이다.

갱빈 : 서천과 남천이 만나는 곳의 강변을 말한다.

〈탑동 약도〉

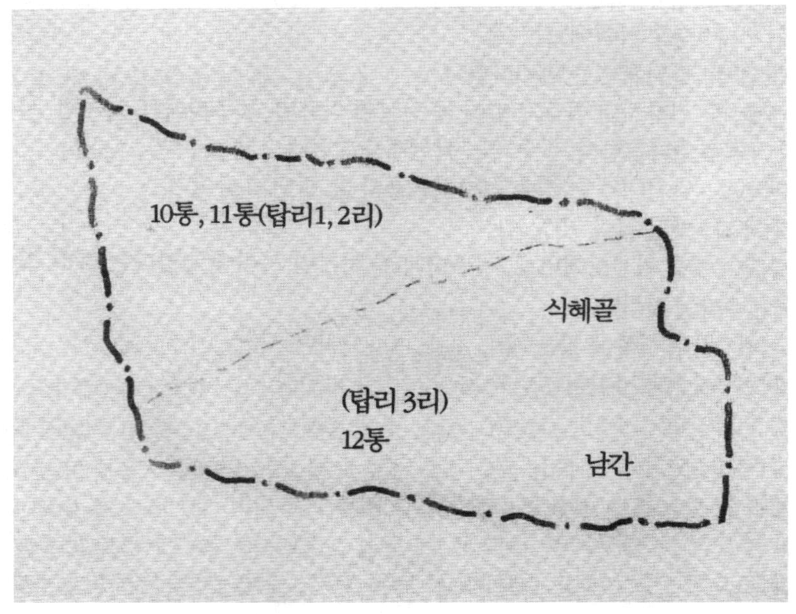
10통, 11통(탑리1, 2리)
식혜골
(탑리 3리)
12통
남간

02

탑동
(탑정동10통,
11통, 12통)

신라 때 담암사 라는 절이 있었는데 그 절터에 큰 탑자리가 있어 탑
리라 했다 한다. 경주시에 편입되기 전에는 경주군 내남면 탑리라 하
고 탑리를 1리, 2리로 나누고, 남간과 식혜골을 탑리3리로 하였으나,
1955년 경주시에 편입되면서 탑동으로 부르다가 경주시 행정구역 개
편때 탑동의 탑자와 사정동의 정자를 따서 탑정동으로 하면서 탑리1
리를 10통, 탑리2리를 11통으로 탑리3리인 남간과 식혜골을 12통으로
부르다가 2009년 부터는 황남동으로 불리고 있다.

탑리

신라 때 담암사라는 절이 있었는데 그 절터에 큰 탑자리가 있어 탑리라 했다 한다.
전에는 월성군 내남면 탑리1리와 2리였으나 경주시에 편입됨으로 해서 탑동으로 부
르다가 경주시 행정구역 개편 때 탑정동 10통, 11통으로 부르게 되었다. 그리고 지금
은 황남동 00통이다.

경주시 탑동의 탑리 전경

탑리

담엄사란 절터가 있는데 거기에 탑이 있어,탑리라 하는데
절터는 어디며 탑자리는 어딘지 알 수가 없네
옛부터 불려오는 마을 이름만 전하네
탑보다는 오능이 있어 능말이라야 되지만
입에 익은것 하는 수 없다
귀신 두두리들이 놓았다는 귀교가 있는 앞들이라 귀들 하든 것이
구들이로 불리우고
물대다 살인사건 나서 고을원님 모셔놓고 똑같이 물대려고
동태같은 바위 같다 놓은 동태 돌뱅이
모래를 실어 붙인 물개실
모래더미로 이루어진 사디기
남천내 지나 오면 탑리 부터는 경주시가 되기전에는
내남면인데 이 마을 부터 동제 지내는데 동제목은
느티나무,갈참나무 한그루씩이라 도시는 도시라지만
시골과 마찬가지다
귀신 많은 구들이들 오가는 차소리에 귀신도 도망가는데
오릉에는 왕 귀신들이 묻혀있네

탑 있고 왕릉 있는 곳
옛 전설 간직한 채
넓은 들판 곳곳에
수많은 이름 간직하고 있는 가운데
풍년도가리 풍년 들듯이 비가 많이 와야하고
황토물 많이 들어 늘 황사 술통
팔고 다니는 다부사리
죄수 가둔 옥도가리
옛 신라적 유적 이름 많은줄 알았는데
근래 이름들만 판을 치는 가운데
구들이 들판에 황금물결 이루듯
차돌은 쉴 새 없이 내달리기만 하네

| 동제 |

나무 : 느티나무(귀목나무) 한그루. 갈참나무 한 그루.
제일 : 정월 초열흘날(음 1월 10일) .
제관 : 통장, 새마을지도자, 각반장이 지냄.
제물 : 동자금으로 장만.

경주시 탑동의 탑리 당수나무(느티나무, 갈참나무)

| 토박이 땅이름 |

천원들 : 천원 마을 앞의 들.
히멀리 : 하늘처럼 희미하게 멀리보이는 마을 탑리서 천원 마을을 말함.
남천내 : 경주 남쪽에 있는 내. 일명 문천이라 한다.
구들 : 오릉 앞에 있는 들을 말하는데 오릉에 귀신들이 많이 있다 해서 귀들이라 한 것을 부르기 쉽게 구들이라 한 것임. 전설에 의하면 두두리 패들이 하룻밤사이에 단단한 돌다리를 놓았으므로 '귀교들' 이라 한 것이 '귀들' 로 다시 '구들' 되었음. 두두리란 도깨비를 말함.
구들봇도랑 : 구들들에 물을 대는 보의 도랑.
대보뚝 : 남천내 둑을 말함. 둑이 크다는 데서 유래.
귀교 : 신라시대 두두리패(귀신)들이 하룻밤사이에 놓았다는 다리, 오릉 뒤 남천내에 있다.
수리도랑 : 보문저수지 물이 흘러오는 도랑. 즉 보문저수지는 지금의 농촌 공사의 전신인 농지개량조합을 당시 수리조합으로 하고 운영하였으므로 수리도랑이라 함.
양수도랑 : 논에 물을 대기 위해 양수기로 물을 푸면 흘러내리는 도랑.
풍년도가리 : 물이 잘빠지고 잘 마르는 논 도가리 이므로 가물 때는 벼가 잘 안되고,

528

비가 자주 와서 물이 흔할 때는 벼가 잘되어 풍년이 든다는 논도가리.

자래배미 : 근래까지만 해도 자라가 살던 논.

몰개실 : 모래로 이루어진 논으로 아무리 물을 넣어도 논 끝까지 안 들어가는 곳. 즉 모래번답. 모래를 이 지방에서는 '몰개' 라 함.

옥도가리 : 죄수를 가두던 감옥이 있던 자리의 논.

선창보 : 이중보를 말함. 즉 가로로 물이 흘러가는데 그것과 교차하여 그 위로 물이 흘러가게끔 만든 보. 물이 흘러가는 긴 도랑의 중간에 물빼는 장치한 곳을 말한다.

잉어배미 : 잉어같이 생긴 논도가리.

활대배미 : 활대같이 길게 휘어진 논.

황사술통 : 황토물이 들어오는 수통.

동태돌뱅이 : 한 갈래로 흘러내려 오는 물길이 이곳에서 두 줄기로 갈라지는데, 서로 자기 논에 물을 많이 대려고 하다가 이곳에서 살인사건이 났다 함. 이 소식을 들은 경주 부윤이 직접 와서 여기 논있는 사람을 모아놓고 어느 쪽이 든 물을 더 많이도 더 적게도 못대도록 동태같이 둥글고 큰돌을 놓고서 물이 양갈래로 똑같이 흘러가서 논에 물을 골고루 대개한 곳.

윗사디기 : 형산강 본류인 서천내와 남천내가 만나는 사이로 모래가 많이 쌓여 있는 곳의 위쪽을 말함.

아랫사디기 : 서천내와 남천내가 만나는 곳으로 모래가 많이 쌓여 있는 곳의 아래쪽을 말함.

원집 : 옛날에 고을 원이 지나다니던 곳에 지은 집으로 고을 원이 지나가면서 쉬던 집. 흑은 지나는 행인이 먹고 자던 집을 말함.

흘덤비 : 흙이 많이 모인 곳. 더미를 이 지방에서는 덤비라 함.

위합수거리 : 이조쪽에서 내려오는 형산강 본류인 기린내(인천) 모량천(대천)의 물이 만나는 곳으로 서천내와 남천내 물이 만나는 곳의 위라는 뜻.

아래합수거리 : 형산강 본류인 서천내에 남천내 물이 합쳐지는 곳으로 형산강 본류인 기린내(인천)와 모량천(대천)이 만나는 곳 아래 있다는 뜻.

장승백이 : 옛날 장승이 서 있던 곳.

선창배미 : 옛날 선창이 있던 곳의 논.

원앞 : 원집 앞을 말함.

장수나달 : 큰물을 건너는 곳. 큰물을 나다닌다는 뜻. 또한 옛날에 장꾼들이 많이 건너 다녔다 해서 장나들이로도 부름.

물방아태 : 원집이 있던 자리로서 구들이 봇도랑 끝에 떨어지는 물로 물레방아를 이용했다 함.

빨래태 : 구들 논 중간인데 옛날에 빨래를 많이 한 곳.

시준지주막태 : 어연은 경주시내 내남면 화곡2리인데 월성(경주) 김씨 삼효자각이 있던 곳으로 옛날에 주막이 있었다 함. '시' 는 셋(삼효자각)을 뜻하는 말이며 '준' 은 주막을 뜻하는 말이고. '지' 는 땅을 뜻함

도당산모팅이 : 도당산의 모퉁이를 말함. 도읍지 동쪽산의 모퉁이. 즉 오릉 동쪽에 있

는 산 신라시대 도읍지의 당이 있던 곳이라 한다

담안 : 옛날 도둑을 막기 위해 쳐 놓은 담안에 있는 논.

담밖 : 옛날 도둑을 막기 위해 쳐 놓은 담밖에 있는 논.

바깥다부사리 : 팔아버린 논을 다시 샀는데 그중에서 바깥쪽에서 있는 논. 지금은 다시 팔아버린 논을 다시 사기 쉬우나 옛날에는 팔았던 것을 다시 사기가 매우 어려웠는데서 다시 싼 것을 말한다.

안다부사리 : 팔아버린 논을 다시 산 논중에서 안쪽에서 있는 논.

광어배미 : 광어같이 생긴 논.

중간숲 : 이조쪽에서 내려오는 물과 모량천이 합치는 곳에서 이조 쪽으로 흐르는 물가에 있는 숲으로 중간쯤에 있음.

어깨배미 : 사람 어깨 같이 생긴 논.

벼락탑 : 탑동 수원지 근처에 있는 탑으로 벼락을 맞은 탑.

구들이보 : 구들이에 물대는 보.

꼴도랑논 : 꼴도랑 같이 생긴곳에 있는 논. '매우 좁은 도랑 '을' 꼴도랑 '이라 한다.

도당산 : 신라시대 처음 도읍지의 당이 이 있는 산이라 한다. 중신들이 중요한 사항을 논의하던 산이라 한다.

둘안태 : 둑의 안쪽에 있는 터라고 한다.

된디논 : 논이 크므로해서 일하는데 힘들다는 뜻 '힘들다' 는 것을 이 지방에서는 '되다고' 함.

마당배미 : 마당처럼 넓고 단단한 논.

무질배미 : 논의 물을 댈 때 물질 역할을 하는 논 . '물질' 이란 '물길' 을 말한다.

벼락도가리 : 옛날 벼락이 친 논.

새에가리 : 구돌이 논에서 보면 동쪽 갈래에 있는 논들..

쌍돌맹이 : 돌이 두 개 나란히 있는 논.

장바태 : 옛날 일꾼들이 나무하러 가서 장치기 놀이 하던 곳.

태로봇들 : 태로 봇물을 대는 논 들.

탑배기 : 옛날 탑돌이 박혀 있던 곳.

개안들 : 내 안쪽에 있는 들.

부체듬비 : 옛날 부처를 발견한 '듬백이' '덤벙' 을 듬백이라 한다.

오릉숲

숲모팅 : 오릉의 숲 모퉁이.

탑자리 : 옛 담엄사 절터의 탑자리로 전하는 곳.

태로봇도랑 : 태로 봇물이 흐르는 도랑

오릉 : 신라 시조 박혁거세와 알령부인, 2대 남해왕, 3대 유리왕, 5대 파사왕의 능이 있는 곳을 말한다(사적 172호).

알령정 : 박혁거세 왕비 알령부인이 알에서 태어났다는 우물이 있는 곳.

탑리3리(탑정동12통)
남간, 식혜골

월성군 내남면 일대는 탑리3이였으나 1955년 경주시에 편입되면서 탑동으로 부르다
가 경주시 행정구역 개편 때 탑정동 12통으로 하였으나 2009년부터 황남 동 00통으
로 부른다.

남간

남간사라는 절이 있었다고 하나 지금은 없어지고 당간 지주와 우물등 흔적만이 남
아 있다. 이 절의 이름을 따서 남간이라 하였다 한다. 또는 경주 남쪽의 사이에 있다
해서 남간이라 한다고도 전한다.

경주시 탑동 남간마을 전경(당간지주는 남간사터 당간지주)

남간

남간사터가 있어 남간이라고도 하고
월성남쪽이라 월남이라고도 하네
남간사 절이 있을때는
사용하던 우물과 당간지주
절 강당터에 막은 강당못
명랑법사 전설 전하는 금광사터에 막은 금광못
절 당간지주에 덕을 건다고 그 들을 덕걸들이라 하고
박혁거세 알에서 태어났다는 나정
육부촌장이 의논한 양산대
처음 궁궐지인 창림사 무너진 번듯하게 다시 세워져 있고
귀부는 쌍귀부
추사선생 창림사 비 보았다는 데
지금은 어데간지 알 수 없고
발굴 작업으로 주변은 모두 파헤쳐 있네
얼마나 많은 유물 찾아 냈는지
문이 열린 곳이란 문뜸고개는 신라 역사 문이 열린 곳이고
댕댕 덩굴이 많은 댕댕만디

역사의 땅
역사의 언덕
남간 마을은 신라 역사가 처음 열린곳이다
그러나 지금은 고요한 시골마을이다
동제 지내는 홰나무 골목 언덕에 비좁고 답답한듯
그러나 옛 역사 만지나 고풍스런 것을
동제 지냄은 고맙고 고맙네

| 동제 |

나무 : 홰나무 두 그루
제일 : 정월초열흘날.
제관 : 구판장을 하시는 분이 지내며.
제물 : 마을에서 거둬서 장만 함.

경주시 탑동 남간 당수나무(홰나무)

| 토박이 땅이름 |

장밭 : 제7대 일성왕릉(사적 173호)이 있
는 골짜기로 임금이 묻힌 밭이란 뜻. 혹
은 신라 때 장이 있었다고도 한다.
새안 : 동쪽의 안골짜기.
맬개질 : 강당못 맬개물이 흐르는 내.
물창매미 : 물의 창고 같은 논인데 물이
많은 논.
부채듬비 : 부처가 많은 골짜기.
장바대 : 옛날 일꾼들이 장치기 놀이를

일성왕릉 숲

하던 곳이라 한다.

학갓들 : 학이 많이 날아오던 산이라 한다.

건들바우 : 바위를 건들이면 흔들거릴 듯 한 바위.

큰골 : 주위에서 제일 큰골.

생이바우 : 상여 같이 생긴 바위 '상여'를 '생이'라 한다.

기눈바우 : 게눈 같이 생긴 바위. 바다에 있는 '게'를 이 지방에서는 '기'라고 한다.

기눈바우재 : 게눈 같이 생긴 바위가 있는 고개 해목령을 말한다.

문뜸 : 마을과 마을 사이에 솟은 언덕이라 한다. 즉 문이 떡하게 열린 곳이란 뜻이다.

능갓 : 일성왕릉(사적 173호)이 있는 산 일성왕은 신라 제7대왕인데 박씨다.

능골짜기 : 일성왕릉이 있는 골짜기.

강당못 : 절의 강당이 있었던 자리에 막은 못을 말함.

금광못 : 금광사 절터에 막은 못. 지금 못은 없고 논으로 되어 있음.

금광들 : 금광 못물을 대는 들.

덕걸들 : 절 당간지주가 있는 들로 덕을 건다는 뜻. 남간사지 당간지주가 있는 들.

나정 : 신라 시조 박혁거세 왕이 알에서 태어났다는 우물이 있는 곳.

큰골짝 : 주위에서 제일 큰 골짜기.

옻밭 : 옻나무가 많은 골짜기.

댕댕이만디 : 가늘고 뾰족한 산마루을 말함. 즉 댕댕이 덩굴같이 가늘다는 산마루.

뱁새들 : 해마다 봄이면 무우 장다리가 많이 올라오는데 뱁새가 많이 날아 와서 따먹는데서 뱁새들이라 함.

나정 숲

양산대 : 신라 역사의 첫장을 연 유서 깊은 언덕. 사조 육부촌장들이 의논하여 박혁거세를 왕으로 추대한 곳이라 한다.

문뜸고개 : 신라역사의 문이 처음 열린곳의 언덕의 고개란 뜻. 즉 문이 떡 열린 곳이란 뜻. 남간서 식혜골로 가는 고개.

명지만디 : 유명한 땅의 마루.

탑등 : 탑이 있는 산등 창림사지 석탑이 있는 산등.

도덕들 : 도와 덕을 닦던 곳이라 하는데 신라시대 큰 절이 있었다고 한다.

창림사터 : 신라시대 최초의 궁궐지로 알려진 곳인데 근래 복원한 삼층석탑과 쌍귀부가 있는데 근래 발굴작업 한다고 많이 파헤쳐져 있다.

양산 : 육부촌장이 의논하여 박혁거세를 왕으로 추대한 곳이라 한다.

월남

월성 남쪽에 있다 해서 월남이라 하기도 하고, 이곳에 신라때 월남사라는 절이 있었다 해서 절 이름을 따서 월남이라 한다. 월암공 김호 장군의 선조인 월남장군이 산수가 수려하여 후세에 영재가 날 것을 예지하여 이곳에 정착했다 해서 월남이라 한다는 설도 있다.

식혜골

옛날 이 마을에 있던 절에 식혜라는 도승이 살았다는데 그 도승의 호를 따서 식혜골이라 한다. 또는 6부촌장들이 의논해서 박혁거세를 신라왕으로 추대 하였다는데서 유래되었다는 설도 있다. 즉 6부 촌장들이 의논해서 박혁거세로 하여금 임금을 하라고 시킨 곳이라는 뜻이다. '시킨골' → '식혜골'

경주시 탑동 식혜골 전경

식혜골

전하는 바에 의하면 이 마을에 있던 절에 식혜라는 도승이 살았다고
해서 식혜골이라고 한다
그러나 문뜸은 문이 떡 열린 곳으로 양산대를 말하고   육부촌장이 모여
박혁거세를 왕으로 시킨곳이 시킨이 식혜로 변했다고 한다
어느 것이든 식혜란 말은 정말 재미 있는 말이네
곰곰히 생각해 보면 알것이다.
신삼만디는 세신이 살던 곳이고
안장골은 안정된 곳이란 뜻이고
바위 덩어리에 동제지내는 마을
바위도 연결되어 붙은 바위
나무보다 바위가 더 영험있어
바위에 지낸다네

김장군 살던 집
오래된 우물
신라적 우물인 것을 알 수 있다.
양산 언덕 너머
아련히 보이는 옛집들
들판에 자리잡은 마을
옛 신라적 냄새가 물씬 풍기는 곳
고요속에 깃든
그리운 마을
아! 찬란한
신라의 역사가
시작된 역사의 마을인가 보다.

제단 : 바위.
제일 : 정월 초열흘날(음 1월 10일)
제관 : 선정해서 지냄.
제물 : 마을자금으로 지냄.

경주시 탑동 식혜골 동제단(바위)

| 토박이 땅이름 |

문뜸 : 신라 역사의 문을 처음 연 언덕이란 뜻. 즉 문이 떡 열린 곳, 문떡이 문뜸으로 변한 것이다. 문이 열린 언덕이란 뜻이다.

신삼만디 : 새신이 있는 산 마루란 뜻.

안장골 : 말안장 골이란 뜻. 혹은 말 안장같이 생긴 골짜기란 뜻.

소공동산 : 작은 공동산. 즉 공동묘지가 있는 작은 산.

못안 : 못안에 있는 곳. 혹은 못의 안쪽에 있는 곳

대청골 : 대청사라는 절이 있었던 골짜기.

황룡들 : 황룡들이 황룡들로 바뀜. 또는 황룡사라는 절이 있었다고 한다.

구들이들 : 오릉 앞들로서 오릉에 귀신이 있다는데서 이들을 귀들이라 한다 함. 전설에 의하면 두두리(도깨비)들이 하룻밤 사이에 돌다리를 놓았다는데서 귀교들 또는 귀들이라 하던 것이 구들이로 부르게 된 것임.

뒷말 : 뒤쪽에 있는 마을.

왕정골 : 왕이 자주 드나들며 사용하던 우물이 있는 골.

태련들 : 태련 봇물을 대는 들. 태련보는 월성군 내남면 용장2리 머수 앞에 있는 보의 이름. 이 보는 굽이 치는 강물을 막았는데 틀려 가는 강물을 막았다는 뜻임. 이곳 주변에는 태로원이 있었다 한다. 그래서 태로보가 태련보로 불리고 그 봇물을 대는 들을 태련들이라 한다.

학갓들 : 옛날 학이 많이 날아오던 산.

도당산모팅 : 도당산의 모퉁이.

천은골 : 옛날 천은사가 있던 곳이라 한다.

술앳재 : 옛날 수레가 더나던 고개.

사제절 : 사제사의 명문 기와가 나온곳으로 신라시대 사제사가 있던 곳.

탑리(탑동)의 노거수

탑리(탑동)의 당수나무

느티나무는 수령 200여 년, 갈참나무는 수령 200여 년으로 이 마을에서 동제목으로 모시는 나무인데, 음력 초열흘날(음 1월 15일) 동제를 모시는 나무로 아직 수세가 왕성하다

오릉(사적 172호) 숲

신라 시조 박혁거세와 부인 알고 정 왕비 그대 남해왕 3대 유리왕 5대 파사왕 의릉이 있는 곳으로 주변에 200여 년 된 소나무들이 숲을 이루고 있다. 이곳은 사적지라 잘 다듬어 보호하고 있어서 인지 각종나무들이 왕성하게 자라고 있다.

탑동 남간 당수나무(화나무)

이 마을 동제신으로 모시는 나무인데, 주변에 또 한그루의 화나무가 있는데 수령은 300여 년이다. 동제는 음력 정월 초 열흘날(음력 1월 15일), 수세가 왕성하다

나정 숲

사적 245호 신라 시조 박혁거세가 알에서 태어났다는 우물이 있는 곳에 소나무가 숲을 이루고 있다. 몇 년 전에 비와 비각 그리고 담장이 있었으나 허물고 발굴 작업하고 난 뒤 지금 주변을 정비작업 중이었다. 소나무는 수령이 200여 년 된 나무들로 숲을 이루고 높이 솟아 자라고 있다.

일성왕릉 숲

사적 173호인 신라 제7대 일성왕릉인데 주변에 소나무가 숲을 이루고 있다. 수령 200여 년 된 소나무가 수세가 왕성하다.

〈율동 약도〉

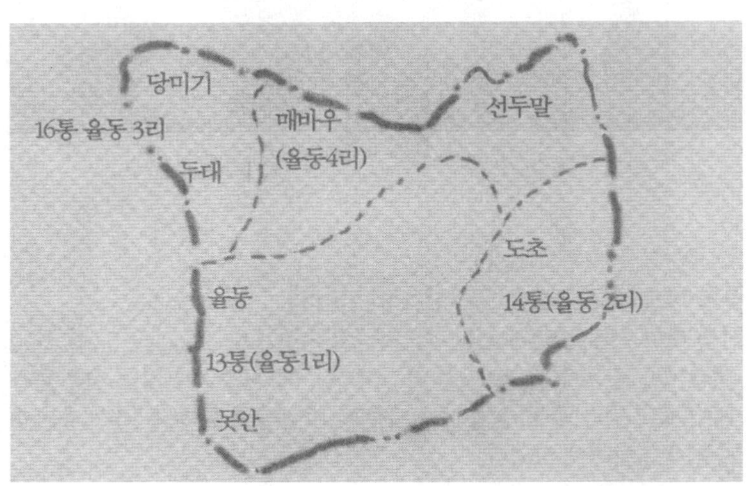

03

율동(栗洞)
(탑정동13통
~16통)

신라시대 경주군 내남면 망성리 등굴의 탑골이라는 곳에 절이 있었는데, 이 절의 주지스님이 율동에 있는 염불지 못을 두군데나 막았다고 한다. 이 중에서 위쪽에 있는 큰 못을 안못이라 하고 밑에 있는 작은 못을 밖의 못이라 일컬었는데, 율동은 밖의 못 쪽에 있는 마을이라 해서 밖못골이라 하였다. 이것이 오랜 세월동안, 발음의 변천에 의해 '밤목골'로 잘못부르게 되어 '밤나무골'이 되고 한자로 율동으로 부르게 된 것 같다. 삼국유사에 '율리'라는 지명이 있는 것으로 보아 신라시대 때부터 율동이라고 했다는 설도 있다.

전에는 월성군 내남면 율동리라 하고, 율동과 못안을 율동1리, 도초를 율동2리, 두대·당미기를 율동3리, 매바우·선두말을 율동4리라 했으나, 1975년 10월1일 경주시 탑정동에 편입됨으로 해서 율동1리(율동·못안)을 탑정동 13통, 율동 2리(도초)를 탑정동 14통, 율동4리(매바우.선두말)를 탑정동 15통, 율동3리(두대·당미기)을 탑정동 16통으로 하였으나. 2009년부터는 황남동으로 불리고 있다. 그리고 통도 다시 정해서 부르고 있다.

율동1리(탑정동13통:율동,못안)

월성군 내남면 일대는 율동과 못안을 율동1리라 했으나 1975년 경주시에 편입되면서 탑정동 13통이라 하였으나 2009년부터 황남동 00통이라고 한다.

율동(栗洞)

못 밖에 있는 마을이라는 뜻의 '밖못골' 이 오랜 세월동안 말의 변천에 따라 밤목골로, 밤나무골로 부르다가 한자로 율동(栗洞)으로 부르게 되었다. 그리고 옛날부터 밤나무가 있었다 해서 밤목골이라 했는데 한자로 율동(栗洞)이라 한다고도 함. 월성 손씨와 안동 권씨들이 많이 살고 있다.

경주시 율동 마을 전경

율동

염불지 큰못은 안못이고
이못은 아래못인데 바같못이라
밖못골이 밤목골이 되고 율동이 되어
밤나무가 많은 마을이 되었네
그래서 가실과 설처녀의 전설이 전해오고
염불지와 망산의 전설이 전하는 마을
신라 도성서 보이는 산아래 바같못가의 마을
염불지는 큰못 이못으로 부르고
못아래 큰들에도 구석 구석 이름 전한다
큰샘이 있는 대새미
말방태 말 훈련 시킨곳이라
헛골은 흙파낸곳
준아리. 이무리, 샛가리, 야꾸밭, 홈걸이
논뙈기 많다고 망산 다랭이
이 마을 뒤에 소나무산의 끝이라 솔끝에 들판은 솔넘들
그기에 소나무에 동제 지내던 마을
이제는 소나무 숲도 자꾸 사라져만 가네
세월이 흐름에 사람사는 위주로 가다 보니
자연은 훼손되어 가는데
너무 많이 훼손 되기 전에 보호해야지
후손을 위해서
툭 튀어나온 앞니 비알 정기 받아
앞에 마을 이룬 곳
마을 앞 들판 넓어
가뭄에 목말라 염불지 못 막고
비내려 주심사
망성산에 기우제 지내
염불지에 물 가득채워
못바지 들에 뿌림은
변치않는 풍년 들판
바라보는 마을이로다.

| 동제 |

옛날에는 율동 염불지이못뚝의 느티나무에 지냈으나 일제시대 못을 넓히면서 베어지고 부터 율동 솔밭의 소나무에 지냈다고 한다. 근래까지만 해도 느티나무 등처가 못 속에 있었다.
나무 : 소나무(숲을 이루고 있음).
제일 : 음력 정월 대보름날(음 1월 15일)
제관 : 선정해서 지냈음, 10여 년 전부터 안 지냄.

경주시 율동 당수나무

| 토박이 땅이름 |

염불지못 : 신라시대 등굴에 있는 절주지가 이 못을 막으면서 염불을 했다 하는 데서 염불지라 부르고 있으며 염불지 못이 두 군데 있는데 밑에 있으면서 작다 해서 이 못 혹은 아래못이라 함.
이못바지 : 염불지 이못물을 대는 논들.
대새미 : 들에 큰 샘에 있는 들.

염불지, 망산, 경주 남산

헛골 : 신라때 흙을 많이 파낸 곳으로 지금은 헛진 곳임. 즉 흙을 많이 파낸 흙 곳. 전설에 의하면 이곳의 흙을 파서 경주시내 고분을 만들었다 한다.

말방태 : 신라 때 이곳에서 말을 방목하던 터라 함. 이곳이 신라 때 가실과 설처녀의 전설이 있던 곳이라 하기도 하고 신라때 방이 있었는데 동쪽의 끝방은 외동말방리이고 서쪽의 끝방은 이곳이라는 설도 있음. 신라때 화랑들의 훈련장이기도 하다.

야꾸밭 : 경지정리 하기 전에는 냇가로서 여뀌가 많던 곳. 여뀌를 이 지방에서는 야꾹대라 부른다.

준아리보 : 율동 못바지를 으뜸들로 위쪽에 있는 들이면서 두번째 준에 해당하는 보라고도 한다.

준아리봇도랑 : 준아리 봇물이 흐르는 도랑.

큰못도랑 : 큰못물이 흐르는 도랑.

큰못맬개도랑 : 큰못 맬개 물이 흐르는 도랑.

율동 권오준씨댁에서 땅이름을 조사중인 필자

이못안 : 염불지 이 못 안쪽.

홈걸이 : 홈을 걸어 물을 대던 논이 있던 곳.

망산다랭이 : 망산 아래에 있는 다락논.

샛가리 : 남쪽 갈래와 북쪽 갈래의 중간에 물 대는 곳. 동쪽에 해당하는 갈래.

이무리봇도랑 : 임무리 봇물이 내려오는 도랑. 봇도랑 길이가 8 ㎞넘게 된다.

이무리들 : 사람 이마같이 위에 있는 보로서 광명동에 있음. 율동 못바지들까지 이무리 봇물을 댄다.

준아리들 : 못바지들 아래 이무리 봇물 대는 논. 아래로 두 번째 봇물을 대는 들이란 뜻. 그리고 신라 때는 경주 남산에 절이 많이 있고 맞은편 벽도산 아래 큰 절이 있는데 중이 많이 드나들었다 하여 중나들이들→중알이들→준아리들로 바뀐 것이다.

솔넘들 : 율동 마을 뒷산이 뻗어 내려온 끝에 소나무가 많이 있는 들.

솔끝 : 율동 마을 뒷산이 뻗어 내려온, 소나무가 많이 있는 산의 끝.

큰못바지 : 염불지 큰 못물을 받아대는 들.

선창 : 율동 마을 앞에 있는 도랑으로, 가로로 물이 흐르는 위에 세로로 물이 흐르는 곳. 다시 말하면 가로로 낮게 물이 흐르는 것은 선이고 세로로 위를 흐르는 것은 창의 역할을 한다는 뜻임. 물도랑이 긴데 중간에 창같이 물을 빼서 만든 장치.

열녀각논 : 열녀각이 있던 논. 열녀각은 수십 년 전 허물어져 있었는데, 그 후손들이 너무나 가난해서 수리할 능력이 없어 남들이 안 보는 어느날 밤에 불태웠다 전한다.

열녀각앞 : 열녀각이 있던 앞들.

제공갓 : 등굴의 안동 권씨묘가 있는 산, 권덕린(1529~1573)의 배, 숙인 하양 허씨 묘와 생원진사 권응립(1577~1648)의 묘와 배, 의인 곡산 한씨의 묘와 제실이 있는 산으로 등굴의 안동 권씨 문중 소유의 산.

서당골 : 서당이 있던 골.

참나무밭 : 참나무가 많은 산.

밤나무골 : 밤나무가 많은 산골짜기.

새앙골 : 새앙굴이 있는 곳. 새앙은 산과 산사이 깊은 산골짜기인데 동쪽의 안쪽 골짜기로도 볼 수 있다.

앞니비알 : 앞니같이 툭 튀어나온 산비탈.

비선당 : 비가 서 있는 곳.

몰개논 : 모래로 이루어진 논.

용맷골 : 용과 같이 생긴 산골.

미뜸불 : 경지정리가 되기 전 율동 못바지 말방태에 묘가 있던 곳.

갓골짝 : 갓 같이 생긴 산꼴짜기.

도래솔 : 묘 둘레 심은 소나무가 있는 산. 묘 둘레 심은 소나무를 이 지방에서는 도래솔이라 함.

성장군 : 성장군 묘가 있는 곳.

맬개도랑 : 이 못에 물이 많아 맬개로 넘어오는 물이 흐르는 내.

망산 : 신라시대 여인들이 화랑을 전송하던 산. 멀리 망을 볼 수 있는 산인데 신라 때는 시망산이라 해서 해마다. 왕이 직접 이 산위에 가서 하늘에 제사 지내던 산이라 한다. 전설에 의하면 문천에서 여인이 빨래를 하는데 남쪽에서 남자신과 여자신이 오는데 산같은 사람을 봐라해야 할 것을 산봐라! 한데서 남자신이 선것은 남자같이 울퉁불퉁한 바위산인 경주 남산이 되고 여자신이 선 것은 여자같이 아름답고 푸른 망산이 되었다 한다. 1960년대까지만 해도 이산 정상에서 기우제를 지냈는데 지금도 기우소가 있다.

못안

신라 때 둥굴의 어느 절 주지가 염불하면서 막았다는 염불지 큰못 안쪽에 있는 마을
로서, 옛날에는 둥굴에 딸린 마을이었다. 안동 권씨들이 많이 살면서 동제와 상여는
둥굴 마을 것을 이용하고 함께 살고 있으나 일제 때 행정구역을 개편하면서 율동1리
에 속했다가 행정적으로 경주시 탑정동 13통이었으나 지금은 황남동에 속한다. 안
동 권씨들이 많이 살고 있다.

경주시 율동 못안 마을 전경

못안

염불지 안쪽에 있는 마을
윗각단,아래각단,뒷각단
잘 나누어 부르는데
자래등 같은 둥성이 위에 있는 바위를 자래바우라 하고
여우같은 간사스런 산봉우리에 바위가 많다고 예수 바우
옛무덤 많은 능밭줄기
큰 못 안에 흙이 채인다는 못체
나뭇꾼들이 지게 받치고 쉬면서 담배 피우던 담배구딩이
이제는 흔적조차 없네

못안 마을 사람들에게는
염불지가 정원이고
망산이 안산인 것을
자래바우는 이 마을의 상징처럼 되고 있네

옛날 둥굴로 넘나들던
술구름고개, 못안고개, 원고개 있지마는
술구름고개, 원고개 차가 많이 다니지만
못안고개 걸어 다닐 때
제일 사람 많이 다닌 곳
지금은 다니는 사람 없네
이 고개 너머
초, 중, 고 다닌다고 열심히 넘던 고개
지금은 전설같은
옛날이어라

염불지큰못 : 신라시대 둥굴에 있는 절주지가 염불을 하면서 막았다 해서 염불지라 하는데, 이 못 아래 못물을 대면서 농사짓는 사람 대다수가 둥굴 사람 의논이다. 그래서 옛날 문서에는 두동대제라고 했다. 두동대제란 둥굴의 큰못이란 뜻이다. 그래서 얼마 전 까지만 해도 둥굴 큰못이라 불렀다.

염불지큰못

천장골: 둥굴에 있는 희강왕릉을 천장군묘라 하는데 그쪽에 있는 골짜기를 말함

천장골고개 : 못안서 원고개 쪽으로 가는 고개. 천장골 골짜기로 들어감

방매 : 매 같이 생긴 산. 또한 옛날에는 매가 많이 날아왔다 함. 그리고 매를 방목하던 산이다.

잿갓 : 원고개가 있는 산으로 망산 남쪽에 있는 산

잿갓고개 : 큰못 뒤에서 새말로 넘어가는 고개

향나무백이운굴 : 향나무가 있던 우물.

안산 : 못안 앞에 있는 산으로 마을 안쪽으로 들어온 산.

못채 : 염불지 큰 못안에 흙이 쌓인 곳을 말함. 즉 큰 못안. 흙이 쌓이는 것을 이 지방에서는 체인다고 함.

자래바우 : 자라같이 생긴 등에 있는 바위. 전에는 이 등에 무묘와 밤나무가 많이 있었으나 지금은 농토로 일구어져 있음. 이 바위가 고인돌이다.

사태만디 : 사태진 산의 마루.

능밭줄기 : 큰 고분이 많이 있는 등성이. 능 같이 큰 고분이 많이 있는 밭의 줄기.

화련당 : 전염병 환자를 격리 수용했다는 곳이라고도 하고, 이곳에 우물이 있는데 여름에는 차고, 겨울에는 따뜻하다는 데서 화인탕이라고도 한다 함.

큰못바지 : 큰 못물을 받아서 농사짓는 들

약물탕골짜기 : 약물탕이 있는 골짜기

참나무밭 : 참나무가 많은 산

범우굴 : 범의 굴이 있는 곳

물풍디미 : 물이 굽이쳐 나가는 곳. 물이 풍덩풍덩 굽이치면서 더미를 이루며 흐르는 곳

망산다랭이 : 망산아래 있는 논으로 다락논임. 논둑이 많은 작은 논들이 다닥다닥 붙어 있는 논들

경주 남산과 망산, 염불지(큰 못)

새앙골 : 바위에 뚫린 작은 굴이 있는 산골짜기. 혹은 산과 산 사이의 깊은 골짜기. 동쪽에서 부는 바람을 샛바람이라 하는 데서 동쪽으로 된 골짜기의 안쪽이라 한다.

열녀각앞 : 열녀각이 있던 앞들. 열려각이 허물어지는 데 후손들이 수리할 능력이 없어서 아무도 안보는 어느날 밤 불태워 버렸다 한다.

예수바우 : 이곳에 여우굴이 있다 해서 예수(여우)바위라 하기도 하고, 또한 이산에 올라가 보면 여인이 염불지 못에 머리를 감는 것 같다 해서 옥녀봉이라고도 함. 이 곳에 맑은 물이 새는 약물탕이 있다 해서 여수암이라고도 함. 그리고 모든 산이 경주 중심지로 향하고 있으나 이 산만은 뒤돌아 있다 해서 간사스러운 여우같은 산. 여우를 이 지방에서는 예수라 한다.

뒤번디기 : 못안 뒤쪽에 있는 산으로 넓고 편편한 곳. 번디기란 넓고 편편한 곳을 말함.

갓골짜기 : 못안 뒤쪽에 있는 산의 골짜기로 갓같이 생긴 골짜기

아래각단 : 못안 마을 아래쪽에 있는 마을

위각단 : 못안 마을 위쪽에 있는 마을

뒤각단 : 못안 마을 중 가장 뒤쪽에 있는 마을

담배구딩이 : 나무꾼들이 쉬면서 담배를 피우던 곳(큰못 밑)

추자나무밑 : 호두나무가 있는 곳. 호두나무를 이 지방에서는 추자나무라 함. 몇 년 전에 나무가 죽고 없음.

망산 : 신라시대 부녀자들이 화랑을 전송하던 곳. 이 산마루에 기우제단이 있다. 전설에 의하면 경주 남산은 남자신이 선것이고 망산은 여자신이 선것이라고 한다.

큰못안 : 염불지 큰못 안쪽에 있는 들.

향나무백이 : 향나무가 있던 곳.

못안고개 : 못안 아래 각단서 둥굴 탑골로 넘어가는 고개

술구름고개 : 못안 윗각단서 둥굴 술구름 각단으로 넘어가는 고개. 수레가 많이 굴러 다닌 고개

원고개 : 못안서 둥굴 아랫마을로 넘어가는 고개. 고을원이 지날 때 자주 쉬던 고개.

추자나무밑 시불구시 : 옛날 호두나무가 있는 아래 있는 수렁 호두나무를 이 지방에서는 추자나무라하고 수렁을 시불구시라 한다.

자래바우시불구시 : 자라같이 생긴 등에 있는 바위 아래 있는 수렁

큰못도랑 : 큰못물이 흘러 내리는 도랑.

큰못맬개도랑 : 큰못 맬개 물이 흐르는 내.

방매고개 : 못안서 방매로 가는 고개.

율동2리(탑정동14통 : 도초)

월성군 내남면 일대는 율동2리라 했으나 1975년 10월 1일 경주시에 편입되면서 탑정동 14통이라 하였으나 2009년부터 황남동이라 한다.

도초

망산의 뒷쪽에 있다 해서 뒤초 혹은 뒤치미로 부르는데 와전되어 도초로 부르고 있다. 그리고 신라 시대 남으로 오면서 처음으로 풀이 있었다고 해서 도초라 부른다고도 한다. 그리고 삼국유사에 나오는 도림이 이 마을을 근처라고도 한다. 삼국유사에 의하면 성부산은 도림 남쪽에 있다 하였다. 지금의 위치로 보면 이 마을 근처일 것이라는 것도 어느 정도 일리가 있다고 본다. 삼국유사에 성부산이 도림 남쪽이라 하니 도림이 도림사 아닌가라고 하는데 도림사가 아니고 신라의 도읍지 경주 남쪽에 숲이 많은 곳이라고 볼 수 있다. 그러면 지금의 도초 부근일 것이라고 할 수 있다. 도초(道草)가 바로 도림(道林)과 말만 틀린다 분이지 뜻은 똑같은 것이다.

경주시 율동 도초 전경

도초

망산 뒤라 옛 사람들은 뒤치미라 부르는데
요즈음 와서 풀 많은 도초라 부르네

뒤침이도 맞고
도초도 맞은 것이

뒤침이는 망산 뒤라서 일것이고
도초는 길가에 풀 많다고 하는데
어링이 화실 동굴등에서 토기를 많이 생산 했는데
새말을 거쳐 이곳으로 거쳐 갔는 것인데
냇가라 풀이 많았을 것이다

큰냇가라 내와 관계된 땅 이름들이 많은데
채봉뚝, 갯들.갯보,준아리들이 있으니 말이다

이 냇가에 포구나무에 동제 지내온
마을이었네
동제를 지내야 마을이 편안하고
단결심이 생기는 법이로다

옛사람들 무엇으로 마을의 단결심을 이루겠나
줄다리기,달맞이,동제,두레등의 놀이로
마을 사람들을 모으고 있으니 말이다

신라때 도림이라는 숲이 있었는데
도초 주변의 숲을 말하는데
흔히들 신라 경문왕의 귀가 당나귀 귀를 알린 복두장수의
전설 도림사로 알지만 도림은 어디까지나
숲인 것을 도초(道草)라는 말과 딱 맞는
도림(道林)인 것이 아닌가 말이다.
그래도 옛 도림이어서 인지
망산숲 아래 이뤄진 마을이네

| 동제 |

나무 : 포구나무 두 그루(주변에 물포구
　　　　나무 두 그루, 측백 나무 한 그루,
　　　　팽나무 1그루).
제일 : 정월 대보름날.(음 1월 15일)
제관 : 선정해서 지내는데 복 입은 사람
　　　　은 안된다.
제물 : 마을에서 거둬서 지냄.

경주시 율동 도초 당수나무

| 토박이 땅이름 |

갯보 : 갯들에 물을 대는 보.
갯들 : 내를 논으로 만든 들.
준아리보 : 임무리 아래 물대는 보로서 두 번째라는 뜻. 그리고 신라시대 경주 남산
에 절이 많이 있고 건너편 벽도산 아래 큰절이 있어 중이 내를 건너다니던 곳에 막
은 보라고 한다.
청수비알 : 청소가 있는 산비탈.
섶갓 : 울섶을 하여 막던 산.
양달갓 : 양달쪽에 있는 산.
봇갓 : 보소유의 산.
큰갓 : 커다란 산이란 뜻.
채봉뚝 : 봄에 나물을 많이 뜯던 둑.
자래바우 : 자라같이 생긴 바위.
갱빈들 : 강변에 있는 들, 강변을 갱빈이
라 부른다.

도초에서 마을 노인들과대화중인 필자

준아리들 : 준아리 봇물을 대는 들.
준아리봇도랑 : 준아리 봇물이 흐르는 내.
음달갓 : 음달쪽에 있는 산.
새갓비알 : 동쪽산 비탈.
죽라소 : 신라55대 경애왕의 사랑을 받던 궁녀인데 경애왕이 후백제 견훤의 침입을 받
아 죽음을 당하자 달아나 이 소에 빠져 죽었다고 전한다. 이곳을 신라 낙화암이라 한다.
죽라보 : 이 근처에 막은 보로 준아리들에 물대는 보.
죽라들 : 죽라 봇물을 대는 논들.
새갓비알 : 동쪽산 비탈.
핑굿소 : 물이 핑돌아가는 곳에 생긴 소. 이곳에서 경애왕이 후백제 견훤에게 포석정
에서 피살되고 궁녀들이 끌려갈 때 여기서 풍덩 빠져 죽은 곳이라 한다. 그래서 이
곳을 신라의 낙화암이라고 한다.

율동4리(탑정동15통:매바우,선두말)

1975년 경주시로 편입되기 전에는 매바위와 선두말을 율동4리라 했으나 경주시로 편입된 이후 탑정동 15통이라 하였으나 2009년부터 황남동 00통이라 한다.

매바우

이 마을 앞에 바위가 있는데 매가 자주 와서 앉았을 뿐아니라 바위 생긴 모양이 매와 같이 생겼다는 데서 매바우라 한다.

경주시 율동 매바우마을 전경

매바우

마을 앞에 바위가 있는데
매가 자주 와서 앉았을 뿐 아니라
매같이 생기기도 했네

경부고속도로가 나기전에는
염불지 큰못도랑뚝에 떡버들 다섯 그루 있었는데
거기에 동제 지내왔으나
고속도로 때문에 나무가 베어지고 나서는
마을 앞 소나무에 지내고 있네

고속도로 때문에 밀리어 간 마을
지금도 차소리 벗삼고 살아가는 사람들

남가래,북가래,솔넘가래는 그쪽 갈레의 들이고
샘배미,독새배미가 있는가 하면
십리바우 용맷골,도둑골등도 있는데
고속도로 때문에 있고 없어진 곳이다

매바우 상징처럼
매바우 있었으나
지금은 어데간지 몰라
그리움속에
옛 추억 더듬어 보지만
흐르는 세월
하루가 다르게 바뀌는 시대
어쩔 수 없다.

| 동제 |

나무 : 본래는 땅버들나무(왕버들)가 다섯 그루 있었으나 1968년 고속도로 공사로 인
　　　해 없어지고 지금은 소나무 한그루임.
제일 : 정월 대보름날(음 1월 15일).
제관 : 마을에서 깨끗한 사람을 선정해서 지냈음.
제물 : 동제답 455평 부치는 사람이 지내면서 장만함. 지금은 안 지냄.

경주시 율동 매바우 당수나무(소나무)

| 토박이 땅이름 |

매바우 : 매가 자주 와서 앉았다는 바위.
서당갓 : 서당이 있던 뒷산.
용맷골 : 용같이 생긴 산 아래골.
남가래 : 남쪽 갈래의 논이 있는 들.
두대모팅이 : 두대로 가는 산모퉁이.
북가래 : 북쪽 갈래의 논이 있는 들.
이무리봇도랑 : 이무리 봇물이 내려오는 도랑.
솔넘가리 : 율동솔너머 있는 들. 율동 솔숲이 있는 너머의 갈레란 뜻.

예수바우 : 여우굴이 있는 바위.

보못뚝밑 : 봇도랑 둑의 아래쪽.

보못뚝 : 봇도랑 둑.

뒤갓 : 마을 뒷산.

속등 : 속에 있는 산등.

뱀이등 : 뱀등 같이 길고 가는 산등.

앞산 : 마을 앞산..

이무리들 : 이무리 봇물을 대는 들.

이무리장재 : 이무리 봇물을 중간에서 흘러내리게 만든 장치.

갯밭 : 냇가에 있는 밭.

샘뱀이 : 마을 길가에 있던 우물인데, 지금 경부고속도로로 대구에서 경주로 들어가는 길목에 있었음.

큰못도랑 : 율동 염불지 큰못물이 흐르는 도랑.

당수나무태 : 옛날 당수나무가 있던 곳. 경부고속도로 공사(1968년)때 없어졌다(떡버들다섯 그루).

도둑굴 : 옛날 길가는 행인을 많이 해치기 위해 도둑들이 숨어 살던 곳. 지금은 경부고속도로 경주 인터체인지에 들어가고 없음.

십리바우 : 이 바위에 올라가서 보면 십리나 되게 보인다는 바위.

두대 백기환씨댁에서 땅이름을 조사중인 필자

효현다리 : 국도 4호선 다리인데 경주에 효현과 울동 매바우 사이에 있는 다리인데 이 다리가 경주에서 가장 오래된 다리이다, 1980년 새 다리가 놓임으로 해서 이 다리는 차가 다닐 수 없다. 그러나 이 다리는 오래 보전 할 가치가 있는 다리이다

이무리 봇도랑 : 이무리 봇물이 내려오는 도장, 이 도장은 경주시 광명서 당비기, 두대, 매바우를 거쳐 율동 못바지까지 이어지는 도랑이다.

옛 효현다리

이무리 봇뚝 : 이무리 봇물이 흐르는 도장의 뚝.

이무리 선창 : 이무리 봇물을 중간에 흘러내리게 만든 장치.

선두말

모량천과 이조 쪽에서 내려오는 형산강 본류와의 사이에 있는 마을로 섬 같이 생겼으며 둑의 끝에 있는 마을이란 뜻이다. 즉 '섬뚝마을'이 선두말로 변한 듯하다. 그리고 대천(모량천)과 기린(인천)내의 제일 앞 즉 선두에 해당되는 마을이란 뜻이기도 하다.

경주시 율동 선두말 전경

경주시 율동 원경, 왼쪽이 경주시가지, 산 아래는 경부고속도로로 경주 교차로 나들목, 그 옆이 선두말이다.

| 동제 |

현재는 안 지냄.

선두말

모량내,기린내가 만나는 곳에 자리 잡은 마을
말 그대로 내의 선두에 있는 마을인데
섬뚝 마을 같기도 하다
뒤는 듬백이 이루는 내
앞은 확트인 들판
지금은 도로가 가로막아
차가 쌩쌩 달리네

물이 합치는 합수 나달에
장보러 다니는 사람
큰물을 거니는 장수나달
냇가에 밤나무가 많은 밤숲
둥굴,율동,화실 사람들이
경주 장보러 다니던 길이
장나들이 길도 들판에 있었네
그러나 지금은 사라진지
오래되어
모르는 차만 왔다갔다 하네

밤숲 : 옛날에 냇가에 밤나무가 많아 숲을 이루던 곳.
위합수나달 : 형산강 본류와 모량천 물이 만나는 곳. 즉 물이 합쳐서 나간다는 뜻. 즉 물이 합해서 나달아 난다는 뜻.
숲마을 : 숲속에 있는 마을을 말하는데 옛날에 이곳에 밤나무 숲이 많았다 함
뒤듬비 : 마을 뒤에 물이 깊은 곳. 이 지방에서는 덤벙을 듬비라 함.
외각단 : 외따로 떨어진 집이 있는 마을.
준아리들 : 준아리 봇물을 대는 들.
이무리봇들 : 이무리 봇물을 대는 들.
선창보 : 선창이 있던 보. 선창이란 가로 세로 도랑이 있는 곳을 말함.
듬끝 : 깊은 물이 있는 곳의 끝.
구불디기 : 마을 위쪽에 물이 굽이 치는 곳. 굽다는 것을 이 지방에서는 구불디기라고도 함.
장창보 : 큰 내를 막은 보로서 즉 물창고란 뜻.
장수나달 : 큰물을 건너다닌다는 뜻. 장꾼들이 많이 건너다닐 때에는 장나들이라 했음. 나달이란 날이 모여 달이 된다는 뜻. 이곳은 물이 합쳐지는 것을 보면 그런 뜻이 분명함. 즉 작은 물이 모여 큰물이 된다는 뜻임. 또는 물이 내 달아 난다는 뜻이기도 하다.
나정교 : 신라 시조 박혁거세가 태어났다는 나정의 이름을 따서 1969년 고속도로 경주 나들목에서 포항으로 가는 산업 도로를 건설할 때 만든 다리.
큰물나달 : 큰물을 건넌다는 뜻의 내.
장나들이길 : 둥굴, 화곡 사람들이 경주 장 보러 다닐 때 걸어 다니던 길.
아래합수나달 : 서천내와 남천 냇물이 만나는 곳인데 기린내(인천)와 포랑내(대천)가 만나는 곳의 아래 논 뜻.
합주나달 : 형산강 본류인 기린내(인천)과 모랑내(대천)의 물이 합해져서 내 달아 난다는 곳.
둥굴문중논 : 둥굴의 안동 권씨 문중 소유의 논, 지금은 경주나들목 도로에 들어가고 없다.
이무리들 : 이무리 봇물을 대는 논들
준아리들 : 준아리 봇물을 대는 논들
못바지들 : 율동 염불지 못물을 대는 논들
뒷갱빈 : 마을 뒤에 있는 강변

율동3리(탑정동16통:두대,당미기)

1975년 경주시로 편입되기 전에는 두대와 당미기를 월성군 내남면 율동3리라 했으나 경주시에 편입되면서 탑정동 16통이라 했으나 2009년부터 황남동 00통이라 한다.

두대

이 마을에서 하늘을 보면 북쪽만 보이며, 또한 동네가 북쪽으로 향하고 있다 해서 북두칠성의 두자를 따서 두대라 하였다 한다. 그리고 북쪽만 트이고 동, 서, 남쪽은 높은 산으로 둘러 있어 두지와 같이 생긴 마을이라 두 대라고도 함. 뒤주를 이 지방에서는 '두지' 라고 함.

경주시 율동 두대마을 전경

두대

동,서,남쪽은 높은 산으로 둘러 쌓여 있고
북쪽만 트인 마을
북쪽이 트이니 북두칠성이 보이는 터의 마을이라
두대라 한다네
그리고 두지 같이 생긴 마을로도 보네
두대리 마애 삼존불상과 벽도산 마애불상이 있는 마을
북쪽만 트인 마을이 신기 하구나
부인네들이 팠다는 부인네 웅탕
기생미가 있는 기생미땅
산모퉁이가 담처럼 생긴 담뱅이산
마을 아래 말애들
마을앞의 넓고 편편한 앞번덕산에
정을 두고 살아 가는 사람들

옛날 기차 통학하던 학창시절 매일 매일
이 마을 율동역에 우리들의 정이 깃든 마을
지금은 옛 이야기가 되었네
두대리 마애불 오르다 보면
아직도 싱싱하게 푸르른 생기 넘쳐나는 홰나무
이 마을 동제신으로 모시네

동,서,남 산이 있고
북쪽 트인 곳
들판 이어지고
큰 냇물 흐르는 마을
하루 하루가 다르게
변해만 가네

동쪽 산기슭
성주골 마애불 부처님
신라 천년의 웃음
맞은편 서쪽벽도산 마애불
목이 긴것은
멀리 보는 기린의 모습으로
이 마을 지켜주네.

나무 : 홰나무 두 그루(보호수).
제일 : 정월 대보름날.
제관 : 선정한 부부가 지냄.
제물 : 마을에서 거두워서 장만함.

경주시 율동 두대 당수나무(홰나무) 보호수

| 토박이 땅이름 |

앞번덕산 : 마을 앞쪽에 있는 산으로 넓고 편편한 산.
새잔들 : 둑 사이에 있는 들. 즉 새의 잔들. 잔은 작다는 뜻임.
말애들 : 마을 아래 있는 들.
부처바우 : 부처가 새겨진 바위.
부처골 : 부처가 있는 골짜기.
아래사답 : 모래 논들로서 아래 있는 논.
윗사답 : 모래 논들로서 위에 있는 논.
담뱅이들 : 산모퉁이 아래 있는 들. 산모퉁이가 있는 들로서, 즉 담을 뱅 돌아가는 곳에 있는 들.
성주골산 : 두대리 마애석불(보물 122호)이 있는 산으로 불상이 있으므로 해서 거룩한 땅으로 성스러운 산이란 뜻.
절태골 : 절터가 있는 골짜기.
기생산 : 기생의 묘라는 큰 고분이 있는 산.
기생갓골짝 : 기생의 묘라고 부르는 고분이 있는 산골짜기.
약수갓 : 약수탕이 있는 산.
약수탕 : 약물탕이 있는 곳.
부인네웅탕 : 부인네들이 판 우물. 들에 크게 판 우물을 이 지방에서는 웅탕이라 함.
분지골짜기 : 분처럼 곱고 부드러운 흙이 있는 골짜기 혹은 분처럼 곱고 부드러운 풀을 베던 산골짜기. ‘분’은 분처럼 부드러운 것을 말하고 ‘지’는 짚을 말하며 곧 풀을 뜻함. 그리고 깊은 골짜기라 부지갱이로 밀어 넣듯이 깊은 골이란 뜻의 골짜기라고도 한다.
속등 : 골짜기 깊숙이 있는 산등.
얼음골 : 얼음 같이 차가운 물이 새는 골짜기.
동산 : 이 마을 소유의 산.
분등 : 옛날 퇴비를 하기 위해 풀을 가꾸고 베던 산의 등.
질매질 : 소질매 같이 생긴 고개. 또는 소에 질매를 싣고 많이 다닌 고갯길. 길마를 이 지방에서 질매라 한다. 두대서 둥굴로 넘어가는 고개.

안골짝논 : 마을 안골짜기에 있는 논.
예수골짜기 : 여우굴이 있는 골짜기.
장촌 : 큰 마을이란 뜻.
선창거리 : 선창이 있는 곳
음달 : 음달쪽에 있는 산.
양달 : 양달쪽에 있는 산
무등 : 무제를 지내던 산등
안등 : 안쪽에 있는 산등
이부리봇도랑 : 이무리 봇물이 내려 오는 도랑.
절골 : 옛날 절이 있던 골짜기.
사답 : 모래로 이루어진 논
율동역 : 율동역이 있는곳 2018년이면 동해 남부선이 다른 곳으로 옮김에 따라 역은 없어진다.

당미기

옛날 당나무가 있던 마을이다. 1960년대 중반 도로 확장을 할 때 당나무를 없애고 당집을 지어 놓았다. 그런데 지금은 어느 절의 산신당으로 여기고 있다. 그리고 왜적을 물리치기 위해 돌을 던지려고 쌓아둔 당이 있던 마을이라고도 한다.

경지시 율동 당미기 전경

당미기

당이 있는 들미리 마을
1960년대 중반까지만 해도
오래된 큰 느티나무에 당집지어
신을 모신마을
도로 공사로 당나무 베어지고
당집에 신을 모신마을
마을도 옮기어 갔으나
누군가 그래도 동제를 지내는 마을
음력 칠월 칠석날
은하수 건너 견우 직녀 만날때
동제 지낸다오

임무리 봇물이
은하수처럼 흘러 내림에
끝없이 펼쳐진 들판
흐르는 봇물
율동 못바지 들까지 이어졌네

당나무 사라져도
당집지어 놓고
신을 모시더니
그것도 지내던 사람
다 사라졌는지
산신각이라 붙였으니
마을신이 아니라
산신 모신 집이 되었네

당집은 사라져도
마을은 당미기라 하네

| 동제 |

나무 : 느티나무 였으나 1966년 도로 확장공사로 사라지고 현재는 당집을 지어 놓고
지냄(주위에 낙우송 여덟 그루. 홰나무 20여 그루가 있다) . 지금은 어느 절에
서 산신각으로 사용하고 있다.
제일 : 음력 칠월 칠석날(음 7월 7일)
제관 : 옛날엔 당미기 마을에 살던 사람들이 지냈으나 지금은 안 지냄.
제물 : 제물을 당미기 마을에서 모아 두었던 자금으로 장만함

경주시 율동 당미기 옛 당집

| 토박이 땅이름 |

당모기 : 당나무가 있던 모롱이.
이무리보 : 사람의 이마 같이 못바지들에서 바라보면 맨 위쪽에 있는 보. 봇도
랑의 길이가 8km쯤 됨. 광명 이무리보가 있는데서 당미기, 두대, 매바위를 거쳐 율
동 못바지들까지 이어짐.
이무리들 : 이무리 봇물을 대는 들.
이무리봇도랑 : 이무리 봇물이 흘러오는 도랑.
당위 : 당나무가 있던 위쪽..
당밑 : 당나무가 있던 아래.
아래사답 : 모래로 이루어진 들중에 아래 있는 논들.
윗사답 : 모래로 이루어진 들중에 위쪽에 있는 논.
이무리봇뚝 : 아무리 봇물이 흘러가는 도랑의 뚝.
사답 : 모래로 이루어진 논들.
당집 : 옛날 당수나무가 있고 당집이 있는 곳.

율동의 노거수

율동 솔숲

마을 뒤 북쪽에 마을을 막아 주는 소나무가 숲을 이루고 있다. 이 마을에는 예전에 는 동제목이 염불리 이 못뚝에 오래된 느티나무에 지냈으나 일제 때 못을 넓히면서 베어버리고 이곳의 소나무에 동제를 지내왔으나 소나무가 죽고 느티나무를 심어 지내 왔으나 지금은 동제를 안 지낸다고 한다. 주변에 수백 년 된 소나무가 숲을 이루고 있었으나 지금은 마을 경로당과 고시원들을 지으면서 많이 훼손되었으나 주변에 그래도 소나무가 숲을 이루고 있다.

율동 도초 당수나무
(팽나무(표구나무))

이 마을 동제목으로 모시는 팽나무가 두 그루 있고 주변에 물포구나무 두 그루, 측백나무 한 그루, 표구 나무 한 그루가 기세등등하게 자라고 있다. 수령 200여 년, 음력 정월 대보름날(음 1월 15일)동제를 지내고 있다.

율동 매바우 당수나무(소나무)

이 마을 동제목으로 모시는 나무인데 매년 음력 정월 대보름(음 1월 15일) 지내왔으나 지금은 안지내고 있다. 소나무가 마을 앞에서 수세는 왕성하나 외로이 서있다. 수령은 200년 정도.

율동 두대 화나무(회화나무)

이 마을 동제목인데 보호수이다. 동제는 음력 정월 대보름(음 1월 15일) 지내고 있다. 두 그루가 나란히 있는데 수세가 왕성하다 수령은 300여 년 돼 보인다.

율동 당미기 당숲

옛날에 큰 느티나무가 있었는데 1966년 국도 4호선 넓히면서 베어 버리고 당집을 지어 놓고 동제를 지내 왔으나 취락 구조사업으로 전 주민이 두대 마을로 옮겨 갔으나 계중을 모아 지내다가 언젠가부터 어느 절의 산신각이 되어 있다. 주변에 낙우송 여덟 그루, 화나무 스무 그루가 있다.

〈배동 약도〉

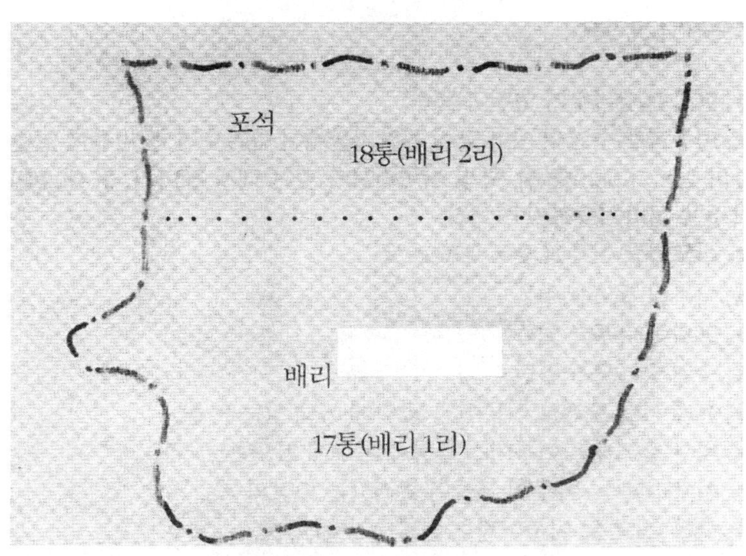
포석
18통(배리 2리)
배리
17통(배리 1리)

04

배동(排洞)
(탑정동
17,18통)

경주시에 편입되기 전에는 배리라 했으나 경주시에 편입되면서 배동이라 함. 전에는 월성군 내남면 배리라 하고 배리를 배리1리, 포석을 배리2리로 하다가 1975년 10월 1일 경주시 탑정동에 편입되면서 배리1리(배리)를 탑정동 17통, 배리2리(포석)을 탑정동 18통으로 하였다. 2009년부터 황남동 00통이라고 한다.

배리(탑정동17통:배리1리)

1975년까지는 경주시로 편입되기 전에는 월성군 내남면 배리1리로 하였으나 경주시로 편입된 후부터 탑정동 17통이라 하였으나 2009년부터 황남동 00통이라 한다.

배리

삼릉은 왕이 묻혀 있기에 지날 때는 반드시 배례를 하고 지나가야 한다고 해서 배례동이라 하다가 조선조 말에 와서 배리라 하였다 함. 전설에 의하면 신라시대 '유렴'이라는 재상이 자기 부친의 제사 때 천도를 위하여 고승을 초빙했던바 남루한 옷으로 참여하였기에 거절하였더니 고승은 장삼 속에서 조그마한 짐승을 꺼내 큰 사자로 변하게 하여 그 사자를 타고서 유유히 사라산으로 사라졌다 한다. 이것을 보고 재상은 도승을 몰라본 자기의 어리석음을 후회하면서 도승이 사라진 곳을 향하여 수없이 절을 했다는데서 배리라고도 한다.

경주시 배동 배리 전경

배리

성스런 셋 왕릉 있어
언제나 절을 하고 지나간 마을
전설로 이어져 오는데
어느 재상이 부친의 제삿날
천도에 고승을 초청하니
남루한 옷에 거절함에
고승에 장삼속에서 조그마한 짐승을 내니
큰사자로 변해 타고 사라산으로 사라짐에
그때서야 재상은 깨닭고
고승이 사라진곳으로 수없이 절을 하고 빌었다 한다

삼릉 계곡 수많은 부처님
보는 부처마다 조각솜씨 다르고
표정도 다르고 하지만
깨어지고 부서지고 망가지고 가져간것
지금와서 붙이고 일어세우고 한답시고
야단 법석이다
만든 사람 누구고
깨는사람 누구이며
다시만드는 사람 누구인가
없어진 부처님 찾으러 해도 없고
빌고 빌어 단니는 사람 생각다르고
깨트리지 말고 보호해야지

소나무 숲속에 어린 느티나무
등제목으로 모시고
거대하게 동제 지내는 마을
빌고 비는 것을
으뜸으로 여기는 마을

냉골에 바둑바우
가마바우,삿갓골은 어딘지
부처님 미소따라
골짜기 마다 모여드는 사람들
웃음소리 가득하네

골골이 전설 있고
바위마다 부처님상 새겨두고
골짝마다 유적 있는 곳

냉골 관음보살, 웃음 머금고 의젓한 모습
선각 육존불, 여섯 부처님
서로 밝은 모습 보기 좋고
석불좌상, 깨어지고 코 문드러진 건
다시 붙이고 일어 세워 놓고
마애석가여래상, 바위에서 금방 툭
튀어나올 듯한 모습
선각여래상, 익살스러운 모습
상사바위, 빌고 영험 얻고
명문 새겨두고 냉골 높은 봉
옥보고의 가야금소리 온 천지에
퍼져나갈 듯 아름다운 곳

나무 : 홰나무 두 그루(숲 속에 있음).
제일 : 음력 시월 초닷새 안에 날을 정함(음 10월 5일경).
제관 : 축관 1명, 제관 3명, 제주 1명을 정함
제물 : 제물은 반드시 코 뀐 황소 한 마리를 잡고, 마을에서 거둔 자금으로 지냄. 제
관들이 돈을 거두러 가면 누구든지 당일 틀림없이 돈을 내게끔 되어 있다고
한다.

경주시 배동 배리 당수나무

| 토박이 땅이름 |

마당배미들 :마당 같이 단단한 논이 있는 들.
새밭들 : 억새가 많이 있는 들.
갯들 : 냇가에 있는 들.
삼릉계곡 : 삼릉의 뒷골짜기.
태련봇들 : 태련 봇물을 대는 들.
가는골 : 산골짜기가 다른 골짜기에 비해 가는 곳.
갓골 : 머리에 쓰는 갓같이 생긴 골.
황금바우부체 : 황금빛 난다는 바위에 새겨진 부처상을 보고 말한다.

거북바우 : 거북이 등같이 생긴 바위. 경주 남산의 지도감이 새긴 바우

부부바우 : 부부가 안고 있는 듯한 바위.

골안 : 골짜기의 안골짜기.

기눈바우 : 게눈같이 생긴 바위. 바다의 '게'를 보고 이 지방에서는 '기'라고 한다.

기암골 : 바둑판같이 생긴 바위가 있는 골짜기.

바둑바우 : 바둑 같이 생긴바위 전설에 의하면 바둑 구경을 하던 노인이 신선세계에 간 이야기가 전한다.

상사바우 : 상사병이 난 사람들이 많이 빌던 바위로 조선시대 어떤 사람이 이 바위에 빌고 영험있다 하여 새긴 명문이 있다.

넘비봉 : 큰 골짜기를 넘어 빌던 곳의 산 봉우리라 한다.

태진지 : 큰 진지에 막은 못.

도디기못 : 도와 덕을 쌓던 곳에 막은 곳이라 한다.

배실 : 사람들이 많이 빌던 골짜기라 한다.

복판마을 : 이 마을의 복판에 있는 마을.

부처등 : 부처가 새겨진 바위가 있는 산등.

배리 김상조씨댁, 땅이름을 조사하는 중(1987. 7)

부처바우 : 부처가 새겨진 바위.

새밭미기 : 억새가 많이 있는 들머리.

새밭 : 억새가 많은 밭. 이 지방에서는 '억새'을 '새'라고 한다.

샘배미 : 샘이 있는 논.

생이바우 : 상여 같이 생긴 바위. 이 지방에서는 '상여'를 '생이'라고 한다.

선방골 : 신라때 선방사라는 선을 닦던 절이 있던 곳. 현재 삼체석불이 있는 곳

섬보 : 섬같이 생긴 곳에 막은 보.

큰절골 : 절이 있던 골짜기로 큰 골짜기.

중보 : 마을 중간에 막은 보.

중절태 : 산 중간에 있는 절 터.

윗절태 : 절터 중에서 위쪽에 있는 절 터.

아래절태 : 절터 중에서 아래 있는 절 터.

지당골 : 옛날 지당이 있는 골짜기.

채뜨기 : 곡식 고를 때 쓰는 키같이 생긴 곳.

태로보 : 굽이치는 곳에 버드나무가 많은

하늘재만디(경주 남산 금오봉)

곳에 막은 보인데 옛날 태로원이란 원집이 있었다 한다.

하늘재만디 : 경주 남산에서 제일 높은 금오봉을 말하는데 하늘같이 높은 산이라는뜻.

황새선창 : 황새 같은 새가 새겨진 돌이 있는 선창

황금바우 : 황금빛이 나는 바위. 바위 빛이 붉고 노란 색깔이다.

아래말 : 이 마을의 아래쪽에 있는 마을.

윗말 : 이 마을 중에서 위쪽에 있는 마을.

외능 : 외따로 떨어져 언제나 외롭다는 능인데 경애왕릉을 말한다.

큰적골 : 크게 적막한 골짜기라 한다.

작은적골 : 적막한 골짜기로 작은 골.

삼릉 : 세왕릉이 있는데 신라 8대 아달라왕, 53대 신덕왕, 54대 경명왕릉이 있는 곳. 모두 박씨 왕이다.

향나무운굴 : 향나무 아래에 있는 우물.

숲운굴 : 숲속에 있는 우물.

당계 : 마을의 당수 나무가 있는 곳.

상선암계곡 : 상선암이 있는 골짜기.

큰냉골 : 여름에도 찬 기운이 감도는 큰 골짜기.

작은냉골 : 여름에도 찬 기운이 감도는 작은 골짜기.

뜸수골 : 바위 틈 속에 물이 뜸뜸이 새어 나는 골짜기.

삼릉(아달라, 신덕, 경명왕, 사적 219호)

경애왕릉(외릉, 애릉, 사적 222호)

큰골 : 다른 골짜기에 비해 큰 골짜기.

천왕봉 : 남산에서 제일 높은 봉으로 두 봉우리가 나란히 있음.

가마바위 : 가마 같이 생긴 바위.

불송골 : 불을 밝히고 빌던 곳.

갈미봉 : 비올 때 갓 위에 쓰는 갈모같이 생긴 산..

삼형제바위 : 바위가 세 개 나란히 있어서 붙은 이름.

삿갓골 : 삿갓 같이 생긴 곳

애릉 : 신라 55대 경애왕릉 후백제 견훤의 침입을 받아 애타게 죽었다고 해서 그 왕릉을 애능이라 부른다 함.

냉골 : 여름에도 찬 기운이 난다는 골짜기.

삼릉골짜기 : 삼릉(신라8대 아달리왕. 53대 신덕왕 54대 경명왕)이 있는 뒤 골짜기.

작은절태 : 절터중에서 작은 곳.

큰절태 : 절터 중에서 큰 곳.

작은절골 : 절이 있었던 곳으로 작은 골짜기.

큰부체골 : 큰 부처가 있는 골짜기.

작은부체골 : 부처가 있는데 작은 골짜기.

냉골큰부체방구 : 삼릉계

냉골작은부체방구 : 담담하게 미소짓는 모습의 냉골 관음보살상이 새겨진 바위.

탱바우 : 선각육존불(부처님 뒤에 탱화 같은 부처님이 새겨져 있음)이 새겨진 바위.

냉골만디 : 옥보고가 거문고 탓다는 금송정이 있던 산마루, 냉골 암봉이라고도 함.

냉골암봉 : 냉골에 있는 바위로 이루어진 산봉우리

포석(탑정동18통:배리2리)

월성군 내남면 일대는 배리 2리라 했으나 1975년 10월1일 경주시에 편입되면서 탑정동 18동이라 했으나 2009년부터 황남동 00통이라 한다.

포석

신라의 이궁인 포석정이 있는 마을이다. 이곳에서 신라55대 경애왕이 후백재 견훤에게 피살된 곳으로 잘 알려진 곳이다. 포석정은 물이 흐르는 돌홈이 전복 같이 생겨서 포석정이라 한다.

경주시 배동 포석마을 전경

경주시 배동 포석정(사적 1호)

포석

산좋고 물좋아 경치좋아
이곳에 돌홈 만들어
굽이 굽이 흐르는 물결따라
왕족 귀족의 놀이터 성남이궁터
포석정이 있는 마을
경애왕이 이곳에서
후백제 견훤의 습격으로 최후를 마친곳
슬픈 종말의 아픔속에
오늘도 물 굽이굽이쳐 흐르는
돌틈마다 사연이 깃들고
옛날이 그리워 다시 찾은 곳
부엉골 황금 바우 부처님 빛나고
뿌땅만디 탑은 더 높아 보이고
윤을곡 부처님 끼리 속삭이고
큰넘버 작은 넘비
큰백시 작은 백시 다 뜻있는곳
상실 높은 골짜기에 소부리고 농사 짓는 사람들 아름답기도 하였지
포석정 느티나무에 마을제 올리면서
옛 전설처럼 살아가는 사람들.
늠비봉
높은 곳에 높다란 탑 우람도 하지
서라벌이 훤히 보이는 곳
부엉골 황금부처님
늦가을 황혼빛
낙조에 빛난다.
골골이 전설 있고 유적있는 곳
어디를 보나
아름다운 곳이로다.

| 동제 |

나무 : 느티나무(포석정 안에 있는 나무).
제일 : 음력 10월 초열흘날.(음 10월 10일)
제관 : 한 사람이 지내며.
제물 : 동자금으로 거두어서.

경주시 배동 포석 당수나무(포석정 내)

| 토박이 땅이름 |

포석정 : 물이 흐르는 돌홈이 전복 같이 생겨서 포석정이라 한다.
거품덤비 : 강 물줄기가 굽이치면서 거품을 이루는 곳.
장구배미 : 장고 같이 생긴 논.
우물배미 : 우물이 있는 논.
황금바우 : 황금빛이 나는 바위.
큰백시 : 흰 빛이 나는 큰 골짜기.
작은백시 : 흰빛이 나는 큰 골짜기 너머의 작은 골짜기.
큰넘비 : 큰 절터가 있는 넘어 골짜기.
작은넘비 : 작은 절터가 있는 넘어 골짜기로 현재 부흥사가 있음.
모시밭골짜기 : 모시 풀이 있는 골짜기.

새밭미기 : 억새밭이 있는 곳. '억새'를 이 지방에서는 '새'라고 한다.

생이바우 : 상여같이 생긴 바위. '상여'를 이 지방에서는 '생이'라 함.

흔들바우 : 흔들린다는 바위.

큰잿골 : 큰 기와집으로 이루어진 절터가 있는 곳.

작은잿골 : 큰 기와집으로 이루어진 절터로 작은 골.

큰적골 : 크게 적막한 골이라 한다.

작은적골 : 작게 적막한 골짜기라 한다.

부엉디미 : 부엉이가 많이 날아온 골짜기.

도덕들 : 도를 닦고 덕을 쌓는다는 뜻. 즉 도와 덕이 도덕으로 바뀐 듯함. 이곳에는 신라시대 절이 많았던 것으로 보아서 돌로써 도를 깨치고 덕을 쌓은 곳이라 함.

청림사지 : 신라시대 창림사로 알려진 절터. 신라 초기의 궁궐터이다. 지금 삼층석탑과 쌍거북상이 있다.

청지갓 : 후백제 견훤이 지었다고 전하는 산. 천진난만한 경애왕을 피살케 한 곳이라 함.

태진지 : 터의 진지에 막은 못.

태진들 : 태진지 아래에 있는 들.

능갓 : 지마왕릉이 있는 산.

뿌당만디 : 산끝 뿌뚝솟은 산등성. 이곳에 불당이 있었다 함. 불당만디가 뿌당만디로 불리게 된 것이다.

무제단산 : 기우제를 지내는 산.

기바우 : 게 같이 생긴 바위. '게'를 이 지방에서는 '기'라고 한다.

봇갓 : 구들이보 소유의 산.

북녘들 : 포석 북쪽에 있는 들.

남녘들 : 포석 남쪽에 있는 들.

구들이갱빈 : 구들이 들이 있는 강변.

삼체석불

기솔밭 : 긴 솔밭을 말한다.

배상지 : 배리 상실 골짜기에 있는 저수지란 뜻.

뜸바우 : 떠 있는 것 같이 보이는 바위.

밥도가리 : 큰 논 도가리로서 옛날에 밥먹고 힘내서 논을 크게 만들었다는 논

죽도가리 : 작은 논도가리로서 옛날 죽 먹고 힘이 없어서 논을 작게 만들었다는 뜻.

포석정 : 경애왕이 후백제 견훤의 침입으로 피살된 곳인데 신라의 이궁인데 물이 흐르게 만든 홈이 전복 같다하여 포석정(사적 1호)이라 한다.

바둑바우 : 신선들이 내려와서 바둑을 두던 바위라 함. 전설에 의하면 한 노인이 산에 나무하러 가서 바둑 두는 것을 구경하다가 신선 세상에 갔다 왔다는 이야기가 전한다.

삼체석불 : 부처가 세 개 있는 곳. 지금 삼불사 절이 있음.

해목령 : 게눈같이 생긴 바위가 있는 고개.

너머백시 : 큰 백시 너머 골짜기를 말한다.

상실 : 이 마을 높은 산골에 있는 들.

장구태 : 옛날 바둑을 두던 곳이라 한다. 전설에 의하면 신선들이 바둑을 두던 곳이라 한다.

봉황바우 : 봉황새가 날아 왔다는 바위.

개바우 : 개같이 생긴 바위.

산수대이 : 삼신불이 새겨져 있는 곳. 어린 아이를 낳아 달라고 비는 것을 삼신풀이 삼신이라고 하는데 이곳에 가서 많이 빈곳이라 한다.

아래말 : 이 마을의 아래쪽에 있는 마을.

유느리골 : 윤을골 불상이 있는 곳이다.

작은넘비봉 : 험한 골짜기를 넘어 빌던 봉우리로 작은 봉.

큰넘비봉 : 험한 골짜기를 넘어 빌던 봉우리로 큰 봉.

큰절골 : 절이 있던 곳으로 큰 골짜기.

작은절골 : 절이 있던 골짜기로 작은 골짜기.

너머백시 : 흰빛이 나는 바위가 있는 큰 골짜기 넘어를 말한다.

큰백시 : 흰빛이 나는 바위가 있는 큰 골짜기.

작은백시 : 흰빛이 나는 바위가 있는 작은 골짜기.

태로보 : 굽이치는 곳에 버드나무가 있는 곳에 막은 보인데 이곳에 옛날에 태로원이란 원집이 있었다 한다.

능갓 : 지마왕릉(사적 221호)이 있는 산. 신라 제6대 왕으로 박씨다.

큰적골 : 크게 적막한 곳이라 한다.

작은적골 : 작게 적막한 곳이라 한다.

도장나무골 : 회양목 나무가 많은 골짜기 회양목을 이 지방에서는 도장 나무라 한다.

왜비절태 : 작고 비좁은 절터라고 한다.

선방골 : 선을 닦던 절이 있던 골이라 한다. 현재 삼체석불이 있는 곳이다.

잿골 : 옛날 기와를 굽던 곳이라 한다.

황금부체 : 황금빛이 난다는 부처, 부엉골에 있는데 바위 색깔이 황금색인데 거기에 새긴 부처를 말한다.

부체바우 : 부처가 새겨진 바위, 윤을곡 마애삼존불이 새겨진 바위를 말한다.

유느리골 : 윤을곡을 말하며 윤이나게 빛나는 곳이라고 한다. 바위에 부처가 3구 새겨져 있는데 언제나 웃음 머금고 빛나는 얼굴을 가진데서 그 골짜기를 보고 말한다.

윤을곡 : 윤을곳 마애삼존불상이 새겨진 부처바위에 윤을곡이라는 명문이 있기 때문이다.

배동의 노거수

배리 동제목 화나무

이 마을에서 매년 음력 10월 5일 안에 날을 전해 동제를 지내오고 있는 나무인데 수령은 40년 정도 이다.

포석정내 느티나무

이 마을에서 매년 동제를 지내 왔으나 동제목으로 섬기던 나무가 죽으므로 해서 2016년 부터는 안 지낸다고 함. 포석정(사적 1호)에는 느티나무가 여덟 그루 있는데 수령은 300여 년 된다고 한다. 그리고 주변에는 근래 심은 나무들이 많이 있다. 포석정

은 신라의 별궁으로 전복모양의 돌홈이 남아 있어 포석사적 정이라 하는데 신라 55대 경애왕이 후백제 견훤의 침입을 받아 최후를 마친 곳이다.

삼릉숲(사적 219호)

신라 8대 아달라왕 53대 신덕왕 54대 경명왕릉이 있는 주변에 소나무가 잘 자라고 있으면서 면적도 꽤 넓다. 산 아래는 토질이 좋아 나무가 왕성하나 능 위쪽은 토질이 안 좋아 나무가 앙상하게 자라고 있다. 아마 수령은 200 년 내지 300년은 되어 보인다.

삼릉숲

경애왕릉 숲(사적 222호)

삼릉 옆에 있는 신라 55대 경애 왕릉이다 경애왕은 후백제 견훤의 침입으로 포석정
에서 최후를 마친 왕인데 왕릉 주변에 소나무 숲이 많이 우거져 있다.

지마왕릉 솔숲

포석정 옆에 있는 신라 6대 왕인 지마왕릉이 있는데 능 주변에 솔숲이 왕성하다 수
령 200여 년 된 소나무가 많이 자라고 있다.

경애왕릉 숲

지마왕릉 솔숲

삼체석불 숲

보물 63호인 배리 삼존석불입상이 있는 주변에 소나무가 숲을 이루고 있다.

〈황남동 약도〉

황오동
오릉동
노동동
인왕동
내남사거리
태종로
어름원
천마총
황남대총
나정동
미추왕릉
중리
황남초등
첨성로
교동
못전
황남교보
죽당
남천
내남
탑동

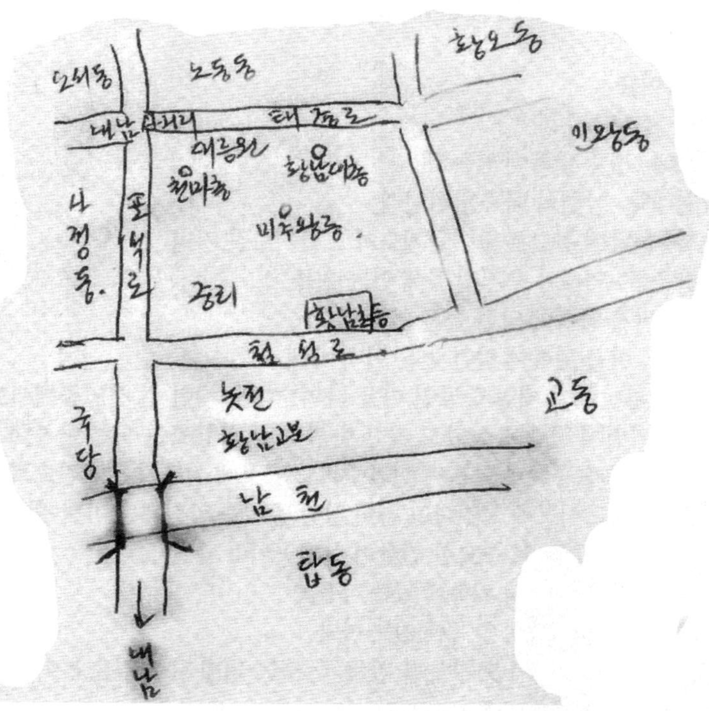

05

황남동
(皇南洞)

경주시내 있는 큰 고분을 봉황대라고 부르는데 그 남쪽에 있는 마을
이라고 한다. 그리고 경주시 탑정동과 2009년 통합하여 황남동으로
부르고 있다. 경주시내 큰 무덤들이 많이 있는데 이것을 이곳 사람들
은 봉황대라 부르고 그 남쪽에 있는 마을이라 해서 황남동이라 하는
데 2009년 탑정동과 통합하여 황남동 00통 이라 부르고 있다.

황남

봉항대 남쪽
고분과 고분 사이
빼곡시 들어선 집들
대숲솔숲 벗삼고
살아가는 사람들
한집 두집
뜯기어 가다가
고분 발굴에 하늘을 나르는
말이 나와 천마총
쌍고분 이름 몰라 황남대총
손효자비 있는 선돌 백이
황남의 중심지 사통팔달 이어진 거리
지금 놋쇠는 어디 간지
이름만 전해 지는 녹천거리
이 마을 중심지라 중리라 하는데
권선비, 이선비, 한선비 주선비 모여들고 하더니
임진왜란으로 의병활동으로 뿔뿔이 흩어 지고
권선비는 둥굴 옥수골로
한선비는 두릉골로
주선비 구트란으로
이선비는 어디론가 가버린곳
댓닢귀신 모인 미추 왕릉 밤숲으로 알려지고
집도 하나 둘 뜯기고
무덤만 늘어가네
봉황새 알처럼
둥근 무덤에
표주박 같은 쌍무덤
곳곳에 있어
이름하여 해바라기 무덤
고분의 댓숲 빛깔도 좋겠지만
댓바람 소리에 천년의 바람이 일고
솔바람 소리에 향긋한 신라의 냄새가 짙어가고
쪽박샘에 목축이며 옛이야기 전해지는 곳
지금은 꿈같은 옛날이로다.

경주시 황남동 전경

| 동제 |

대릉원 안 회나무에 지냈다고 전한다.

| 토박이 땅이름 |

남천내 : 경주 남쪽에 있는 내.

남천내뚝 : 남천의 내뚝을 말한다.

놋점 : 옛날에 놋그릇을 만들기도 하고 팔기도 한거리.

새밭운굴 : 억새가 우거진 곳에 있는 우물.

동산 : 마을 동쪽에 약간 높은 언덕.

동산밑 : 마을 동쪽에 약간 높은 언덕 아래.

중리 : 황남에서 제일 중앙인 마을, 매헌 권사민공과 곡산 한씨 둥굴 입향조인 숙천한 언호공이 이곳에 살다가 둥굴로, 신안 주씨도 이곳에 살다가 구트란으로, 관람이승증공도 이곳에 살았다고 하니 황남 중리는 임진왜란 이전에는 많은 유학자들이 살던 곳이라 할 수 있다.

뒷중리 : 중리 마을의 뒤쪽에 있는 마을.

앞중리 : 중리 마을의 앞쪽에 있는 마을.

듬방배미 : 덤벙이던 곳에 논을 만든 곳. 또는 덩벙같이 깊은 논이라 한다.

모채골 : 옛날 못이던 곳. 못이 채인 곳, 즉 못을 메운 곳이라 한다. 못이 '매인 곳'을 이 지방에서는 '채었다'고 한다.

못깡태 : 못처럼 언제나 물이 고여 있는 곳을 말한다.

밤숲 : 미추왕릉 주위에 옛날에 밤나무가 많아서 밤숲이라 한다.

밤숲배미 : 밤숲에 있는 논.

선돌백이 : 고려 때 효자 손시양비(보물 68호)가 있는 주변을 말한다

쪽샘이 : 쪽박으로 샘물을 뜰수 있다는 샘.

봉황대 : 황남동에 있는 신라시대 큰고분들을 말한다.

미나리깡 : 황남동 신라고분 밑에 미나리를 많이 재배하던 곳.

대밭운굴 : 대밭밑에 있는 우물.

동메운굴 : 마을 동쪽 언덕아래 있는 우물.

동메 : 마을의 동쪽에 있는 산. 산이라기 보다 언덕이다.

형제산 : 신라시대 대형 고분이 두 개 맞붙은 것을 보고 의좋은 형제 산이라 한다. 요즈음은 쌍고분 또는 표주박 무덤이라 한다.

지영달 : 제관들이 임금을 맞이 하던 곳이라 한다. 숭혜전이 있는 앞마을인데 숭혜전에 신라왕을 모셔 놓았기에 왕을 맞이한다는 마을이다.

지영다리 : 지영달에 있는 다리인데 숭혜전 행사 때 이 거리를 걸어갔다고 한다.

대숲 : 대나무 숲이 있는 곳. 황남동은 대체로 고분에 대나무가 많은데 그 아래 있는 곳을 말한다.

밤숲새미 : 밤 숲에 있는 우물.

미추왕릉 : 신라 13대왕, 신라 김씨 왕중에서 제일 먼저 왕이 되었다. 사적 175호.

숭혜전 : 제13대 미추왕과 30대 문무왕 56대 경순왕의 위패를 모신 사당이다.

천마총 : 제155호 고분인데 1973년 고분 발굴 당시 천마도 그림이 나왔기에 붙은 이름.

황남대총 : 쌍고분인데 황남동에서 제일 큰 쌍고분이다.

대릉원 : 미추왕릉과 천마총, 황남대총 등 신라시대 고분이 많은 곳을 정비하여 대릉원이라 한다.

황남 대릉원내 천마총

황남동의 노거수

황남동 대릉원 숲

신라 시대 대형 고분이 밀집해 있는 곳으로 1973년 발굴 작업으로 천마도가 나온 천마총과 발굴한 쌍고분 표주박 모양 또는 누에고치 모양의 황남 대총 등 대형 고분과 미추 왕릉이 있는데 주변에 오래된 소나무 등 여러 종족의 나무들이 많이 있다.

미추왕릉 숲

신라 제13대 미추왕(재위 261~284)의 등 주변에 소나무와 느티나무 등 오래된 나무들이 많이 있다. 이곳은 옛날에 밤숲이라 해서 많이 있었다 한다. 본래 이 지역은 미추왕릉(사적 175호)만 보초 한다고 담장도 있고 했으나 황남동 고분군을 정비하면서 대릉원이라 하여 주변의 왕릉급 고분을 모두 묶어 보호하고 있다.

숭혜전 앞 느티나무

신라 제13대 미추왕과 30대 문무왕 56대 경순왕의 위패를 모신 사당이다. 이 앞에 300여 년 된 느티나무가 있는데 둘레가 6m 정도, 높이가 10m 정도 되는 나무이다. 이 도시에 이런 큰 나무가 있다는 것은 큰 자랑이다.

최고는 못되더라도 최선을 다하여 탑을 쌓되, 아름답고 튼튼하게 영원히 무너지지 않게 쌓으려고 한다. 부지런히 일하면서 열심히 배우는 것을 꾸준히 하며, 무엇이든지 아끼고 보살피며, 선의로써 남을 돕고 후대에 부끄러움이 없이 살아가고자 노력할 것이다. 그리고 틈이 나는 대로 땅이름뿐 아니라 사라져가는 우리말과 전설, 나무 등 모든 풍속과 풍습들을 조사 연구해 볼 것이다.

토박이 마을 땅이름과 나무

펴낸날   초판1쇄 인쇄 2016년 12월 26일
          초판1쇄 발행 2017년 01월 16일
지은이   권순채
펴낸이   최병윤
펴낸곳   리얼북스
출판등록   2013년 7월 24일 제315-2013-000042호
주소   서울시 마포구 동교로 18길 33, 202호
전화   02-334-4045
팩스   02-334-4046
이메일   sbdori@naver.com